Jan Philipp Schmidt

Verfahren zur Charakterisierung und Modellierung von Lithium-Ionen Zellen

Schriften des Instituts für Werkstoffe der Elektrotechnik,
Karlsruher Institut für Technologie

Band 25

Eine Übersicht über alle bisher in dieser Schriftenreihe
erschienene Bände finden Sie am Ende des Buchs.

Verfahren zur Charakterisierung und Modellierung von Lithium-Ionen Zellen

von
Jan Philipp Schmidt

Dissertation, Karlsruher Institut für Technologie
Fakultät für Elektrotechnik und Informationstechnik
Tag der mündlichen Prüfung: 11. Juli 2013
Referenten: Prof. Dr.-Ing. Ellen Ivers-Tiffée, Prof. Dr.-Ing. Thomas Wetzel

Impressum

Scientific
Publishing

Karlsruher Institut für Technologie (KIT)
KIT Scientific Publishing
Straße am Forum 2
D-76131 Karlsruhe

KIT Scientific Publishing is a registered trademark of Karlsruhe
Institute of Technology. Reprint using the book cover is not allowed.

www.ksp.kit.edu

Print on Demand 2013

ISSN 1868-1603
ISBN 978-3-7315-0115-2

Verfahren zur Charakterisierung und Modellierung von Lithium-Ionen Zellen

Zur Erlangung des akademischen Grades eines

DOKTOR-INGENIEURS

von der Fakultät für

Elektrotechnik und Informationstechnik

des Karlsruher Instituts für Technologie (KIT)

genehmigte

DISSERTATION

von

Dipl.-Ing. Jan Philipp Schmidt

geb. in: Heilbronn

Tag der mündlichen Prüfung: 11.07.2013

Hauptreferentin: Prof. Dr.-Ing. Ellen Ivers-Tiffée

Korreferenten: Prof. Dr.-Ing. Thomas Wetzel

Danksagung

An erster Stelle möchte ich Frau Professor Ivers-Tiffée dafür danken, dass ich diese Arbeit am Institut für Werkstoffe der Elektrotechnik (IWE), mit seiner einzigartigen, kollegialen und gleichzeitig beflügelnden Atmosphäre, anfertigen durfte. Das entgegengebrachte Vertrauen, die fachliche Freiheit, die Förderung aber auch die gestellten Herausforderungen während meiner Tätigkeit haben viel zum Gelingen dieser Arbeit beigetragen.

Auch bei Herrn Professor Wetzel bedanke ich mich herzlich – nicht nur für die Übernahme des Koreferats. Ohne das genuine, fachliche Interesse und die Offenheit hätte die erfolgreiche Kooperation mit dem Institut für thermische Verfahrenstechnik (TVT) nicht so reibungslos funktioniert.
So möchte ich mich auch ganz herzlich bei den Kollegen am TVT, Herrn Loges und Herrn Werner, für die gute, interdisziplinäre Zusammenarbeit und stets freundschaftliche Atmosphäre bedanken.

Herrn Professor Hohmann danke ich für das Interesse an dieser Arbeit, die fachlichen Diskussionen und für die Unterstützung der Zusammenarbeit zwischen dem Institut für Regelungs- und Steuerungssysteme (IRS) und dem IWE.

Im Rahmen meiner Institutstätigkeit durfte ich in verschiedenen Projekten auch mit industriellen Partnern zusammenarbeiten. Das dort erfahrene Feedback half mir meine Ideen und Ansätze auch unter praktischen Anforderungen zu betrachten und zu bewerten. Ganz herzlich möchte ich mich bei Herrn Dr. Lamp, Frau Dr. Liebau, Herrn Dr. Scharner und Herrn Dr. Bohlen bedanken, die mich als Projektpartner bei der BMW AG eine lange Zeit begleitet haben.
Ebenso wenig möchte ich die Kooperation mit Frau Dr. Wohlfahrt-Mehrens und Frau Dr. Tran am Zentrum für Sonnenenergie- und Wasserstoff-Forschung Baden-Württemberg (ZSW) unerwähnt lassen; auch hier vielen Dank für das entgegengebrachte Vertrauen. Auch für die Zusammenarbeit mit der Bosch GmbH bedanke ich mich bei Herrn Dr. Ziegler.

Teile dieser Arbeit entstanden auch im Rahmen von öffentlich geförderten Projekten. Hier sind im Einzelnen der Batterieverbund Süd, die Brennstoffzellen- und Batterie-Allianz Baden-Württemberg (BBA-BW) sowie das Helmholtz-Portfolio zu nennen, für deren Unterstützung ich mich bedanke.

Ein ganz besonderer Dank gilt meinen Kollegen der Batteriengruppe und meinem Gruppenleiter Dr. André Weber. Stellvertretend für alle Mitglieder möchte ich mich bei Jörg Illig und Moses Ender für die fachliche und nichtfachliche Unterstützung bedanken. Auch allen anderen Mitgliedern des Instituts bin ich für die gute Atmosphäre und die Kollegialität sehr dankbar.
Bei der Werkstatt, den technischen Mitarbeitern des IWEs sowie der Sekretärin Frau Schäfer bedanke ich mich für die gute Zusammenarbeit.

Nicht zuletzt möchte ich mich bei allen Studenten bedanken, die ich im Laufe meiner Arbeit betreuen durfte. Auch wenn nicht jede Arbeit fachlich im Rahmen der Arbeit angesiedelt war, so hat mir die Zusammenarbeit sehr viel Freude bereitet.

Meinen engen Freunden und meiner Familie schulde ich großen Dank, für den persönlichen Rückhalt und die Nachsicht für den zeitlichen Aufwand, den eine Promotion mit sich bringt. Meinen Eltern danke ich besonders für ihre Unterstützung und dafür, dass ich die Freiheit hatte, das zu studieren und später auch weiter verfolgen zu können was mir am interessantesten erschien.

Schließlich danke ich meiner Frau Katharina, insbesondere für das entgegengebrachte Verständnis, dass die gemeinsame Zeit durch Tagungsteilnahmen, Literaturrecherche sowie durchprogrammierte Nächte oft begrenzt war.

Jan Philipp Schmidt
Karlsruhe, 7. November 2013

Inhaltsverzeichnis

1 Einleitung

1.1 Motivation

Die Lithium-Ionen Zelle und deren Weiterentwicklung

Batterien sind im Alltag der meisten Menschen allgegenwärtig. So sind in Handys, Smartphones, Notebooks oder Tablets Lithium-Ionen Zellen eingesetzt und sorgen für Laufzeiten und Anwendungsmöglichkeiten, die vor zehn Jahren noch undenkbar waren. Aber auch bei den so genannten Power-Tools spielen die Lithium-Ionen Zellen eine immer größer werdende Rolle. Waren vor wenigen Jahren noch Akkuschrauber mit NiMH-Batterien das einzige batteriebetriebene Werkzeug, so hat sich, dank der hohen Leistungsfähigkeit, das Spektrum deutlich erweitert. Als Beispiel seien hier Kreissägen oder exotische Anwendungen wie automatische Roboter-Rasenmäher genannt.

Neben diesen Consumer-Anwendungen soll der Einsatz von Lithium-Ionen Zellen auch dabei helfen die Erderwärmung in den Griff zu bekommen. Zum Zeitpunkt der Drucklegung wurde ein Rekordwert von 400 ppm CO_2 in Mauna Loa im US-Bundesstaat Hawaii gemessen [1]. Wird eine maximal tolerierbare, durchschnittliche Temperaturerhöhung um 2 K gegenüber vorindustriellem Niveau zugrunde gelegt, so darf ein Grenzwert von 450 ppm CO_2 nicht überschritten werden [2].

Vor diesem Hintergrund betrachtet, erscheinen die Bestrebungen zum Ausbau der erneuerbaren Energien umso wichtiger. Ein Großteil der so erzeugten Energie aus Windkraft oder Sonnenenergie ist jedoch großer Volatilität unterworfen, so dass hier Speicherlösungen zum Einsatz kommen müssen. Vom Einsatz von Batterien zur zentralen Speicherung großer Energiemengen wird dabei von Experten abgeraten [3], zur Netzstabilisierung gibt es jedoch schon heute marktfähige Konzepte. Die mehrmalige Novellierung des Gesetzes für den Vorrang Erneuerbarer Energien (EEG) führte zu einer sinkenden Einspeisevergütung und lässt damit den Eigenverbrauch wirtschaftlich attraktiver erscheinen. Dies und die Förderung durch den Gesetzgeber [4] werden zu einer steigenden Nachfrage von dezentralen Batterie-Speicherlösungen führen.

Einen weiteren Beitrag zur Reduktion des CO_2-Ausstoßes und der Feinstaubbelastung kann eine voranschreitende Elektrifizierung des Antriebstrans im Kraftfahrzeug leisten. Auch wenn nach Einschätzung der Automobilindustrie der Verbrennungsmotor noch lange Bestand haben wird, ist die Tendenz zur Hybridisierung deutlich zu erkennen. Eine stärkere Verbreitung von rein elektrischen Fahrzeugen könnte auch durch den Trend zu Megacities weiter vorangetrieben werden. So wurde Anfang dieses Jahres in Peking ein Wert für Feinstaub PM 2,5 von $886\,\mu g/m^3$ auf dem Gelände der amerikanischen Botschaft gemessen [5], die Sichtweite war deutlich eingeschränkt [6]. Die Bezeichnung PM 2,5 umfasst Partikel mit einem Durchmesser kleiner $2,5\,\mu$m, für deren Jahresmittelwert nach der europäischen Richtlinie 2008/50/EG ein Zielwert von $25\,\mu$g/m^3 angegeben wird. Auch wenn die Ökobilanz eines Elektrofahrzeugs *well to wheel*[1] durch die Verwendung von Strom aus fossilen Brennstoffen dem Traum von emissionsloser Mobilität widerspricht, so kann doch lokal in den Ballungsräumen eine Entspannung der Situation erreicht werden [7]. Eine Form der Elektromobilität, die bereits heute in den Ballungsräumen von Schwellenländern weit verbreitet ist, ist der Einsatz von Elektrorollern und Pedelecs. Der Einsatz und die Weiterentwicklung der Lithium-Ionen Batterien ist also mit den großen Entwicklungen und Trends *Mobilität*, *Erderwärmung* und *Megacities* verknüpft und kann wesentlich zur Bewältigung der damit verbundenen Herausforderungen beitragen. Umso wichtiger ist es Materialentwicklern Werkzeuge bereitzustellen, die es ermöglichen die Zellen umfassend zu charakterisieren und verständnisfördernde Modelle zu erstellen.

Echtzeitfähige Modelle

Neben der Erforschung neuer Materialien kann über eine optimierte Betriebsführung auf die Lebensdauer und Leistungsfähigkeit der Lithium-Ionen Zellen Einfluss genommen werden. So ist beim Einsatz von Lithium-Ionen Zellen ein Monitoring immer notwendig, vielfach wird ein Battery Management System (BMS) eingesetzt, das abhängig von der Komplexität Funktionen wie Ladezustands- und Alterungsschätzung, Zellsymmetrierung und thermisches Management umfassen kann. Diese Funktionen basieren auf elektrochemischen und thermischen Modellen, sowie Modellen die beides koppeln. Hierbei sind üblicherweise Echtzeitanforderungen einzuhalten, so dass Modelle basierend auf der Finite Elemente Methode (FEM) und komplexe Modelle, die auf partiellen Differentialgleichungen zur Beschreibung von Physik und Elektrochemie basieren, nicht in Betracht kommen.

Aber auch für Offline-Anwendungen werden Verhaltensmodelle von Lithium-Ionen Zellen benötigt, wenn zum Beispiel die Funktionsentwicklung parallel zur Hardwareentwicklung verläuft und ein Test auf dem Zielsystem nicht vorgenommen werden kann. So kann der kostenintensive und zeitaufwändige Aufbau von Prototypen reduziert werden.

Ein weiteres Bewertungskriterium der Modelle ist deren Parametrierung, denn beim Wechsel der Batteriezelle (andere Materialchemie, anderer Hersteller, Veränderungen im Herstellungsprozess oder Alterung) müssen die Parameter neu ermittelt werden. Besonders bei der Verwendung von physikalisch basierten Modellen ist die Ermittlung der Material- und Strukturparameter aufwändig und eine in-situ Messung nicht möglich. Daher muss bei der Wahl des Modells auch an die durchzuführenden Messungen zur Parametrierung gedacht werden. Dies rückt Modelle in den Mittelpunkt, die eine automatische Parametrierung und schnelle Adaptierung der Funktionen des BMS erlauben.

---

[1]der Begriff well to wheel umfasst die komplette Kette von der Energiegewinnung bis zur Umwandlung im Fahrzeug, im Gegensatz zu tank to wheel.

1.2 Zielsetzung dieser Arbeit

Um das elektrochemische und thermische Verhalten einer Lithium-Ionen Zelle zu beschreiben, soll ein Modell mit folgenden Eigenschaften entwickelt werden:

- Skalierbarkeit bezüglich Genauigkeit und Echtzeitfähigkeit,
- automatische Parametrierung,
- Übertragbarkeit auf beliebige Zellchemien und
- Bereitstellung von Schnittstellen zur physikalisch motivierten Modellierung.

Hierzu wird das Modell strikt in vier Domänen eingeteilt: statisches elektrochemisches und statisches thermisches Verhalten sowie dynamisches elektrochemisches und dynamisches thermisches Verhalten (siehe Abbildung 1.1).

Die Charakterisierung erfolgt mittels linearer Messverfahren, die eine Parameteridentifikation ohne Vermischung der Domänen zulassen. Hierzu müssen zunächst existierende Messverfahren evaluiert und neue Verfahren entwickelt werden. Insbesondere zur Charakterisierung des dynamischen elektrochemischen Verhaltens im niederfrequenten Bereich und zur Charakterisierung des thermischen Verhaltens fehlen Charakterisierungsverfahren, so dass ein dringender Entwicklungsbedarf besteht.

Diese Herangehensweise steht im Gegensatz zur üblichen Praxis, stark vereinfachte Modelle mit nichtlinearen Strom-/Spannungsverhalten direkt im Zeitbereich bei Verwendung hoher Ströme zu parametrieren. Dabei kann gerade bei großformatigen Zellen eine Vermischung von nichtlinearen elektrochemischen und thermischen Verhalten nicht ausgeschlossen werden. Durch die getrennte Charakterisierung von linearen thermischen und linearem elektrochemischen Verhalten sowie der anschließenden Kopplung beider Teilmodelle, kann die Frage beantwortet werden:

Bis zu welchen Strömen kann ein gekoppeltes thermisch/elektrochemisches Modell die Klemmenspannung und Temperaturentwicklung gut abbilden, wenn die Teilmodelle selbst nur mittels linearer Messverfahren charakterisiert werden?

Schließlich soll das gekoppelte Modell und die damit verbundene Software als Framework dienen, um auch komplexere Probleme (Alterung, poröse Elektrode, Blend-Elektroden, usw.) im Zeitbereich simulieren zu können und somit eine Schnittstelle zur physikalisch motivierten Impedanzmodellierung und Mikrostrukturanalyse bieten.

1.3 Gliederung der Arbeit

An die Einleitung schließt sich mit Kapitel 2 der Grundlagenteil an, in welchem Funktionsweise, Komponenten und thermodynamische Grundlagen der Lithium-Ionen Zelle eingeführt werden.

Die Unterteilung der weiteren Kapitel orientiert sich stark an der in Abbildung 1.1 dargestellten Gliederung der Arbeit. Die Darstellung des Standes der Technik wird in drei Kapitel (Kapitel 3 bis 5) aufgeteilt: Charakterisierung des elektrochemischen Verhaltens, Charakterisierung des thermischen Verhaltens und Modellierung.

Die Charakterisierung des elektrochemischen Verhaltens wird in Kapitel 6 ausgeführt und umfasst die Evaluation und Optimierung von bestehenden Messverfahren sowie die Entwicklung des neuen Pulse-Fitting-Verfahrens.

Kapitel 7 beinhaltet die Charakterisierung des thermischen Verhaltens. Es wird ein neues Messverfahren, die elektrothermische Impedanzspektroskopie (ETIS), in verschiedenen Varianten und ein darauf basierendes Verfahren zur beschleunigten Messung der Reaktionsentropie eingeführt.

Nachfolgend werden in Kapitel 8 das Leerlaufspannungsmodell, das Impedanzmodell der Elektrochemie und das thermische Impedanzmodell entwickelt. Eine Kopplung des elektrochemischen und thermischen Modells bildet den Abschluss des Kapitels.

Kapitel 9 schließt mit einer Zusammenfassung sowie einem Ausblick auf mögliche Erweiterungen und interessante Anwendungsgebiete die Arbeit ab.

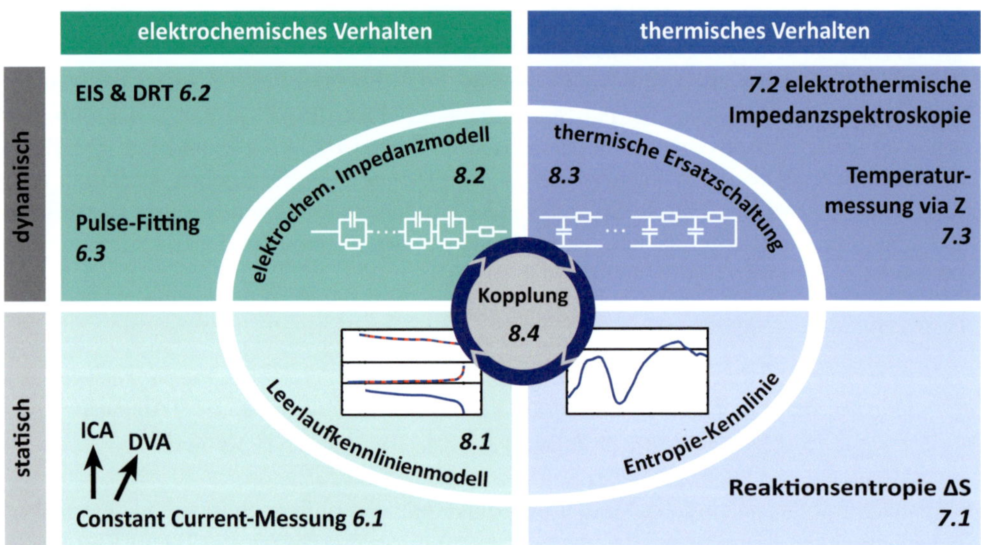

Abbildung 1.1: Übersicht und Gliederung der Arbeit, diese orientiert sich an der Trennung von Charakterisierung und Modellierung, elektrochemischen und thermischen Verhalten sowie statisches und dynamisches Verhalten.

2 Grundlagen der Lithium-Ionen Zelle

2.1 Galvanische Zelle

2.1.1 Funktionsprinzip

Eine Lithium-Ionen Zelle ist eine galvanische Zelle[1]. Dabei ist den galvanischen Zellen gemein, dass in ihnen eine chemische Redoxreaktion spontan abläuft, wobei über die Elektroden ein äußerer Strom fließt. Dazu müssen die Elektroden räumlich durch einen Separator getrennt werden und über einen Elektrolyten ionisch leitend verbunden sein. Die Gesamtreaktion lässt sich dann in zwei Halbzellenreaktionen unterteilen, eine Oxidation an der Anode und eine Reduktion an der Kathode.

Lassen sich die Reaktionen durch Anlegen eines entgegengesetzten Stromes umkehren, spricht man von einer *Sekundärzelle* oder einem Akkumulator. Kann die Reaktion nur in eine Richtung stattfinden, handelt es sich um eine *Primärzelle*. Entsprechend dieser elektrochemisch einwandfreien Definition würde sich die Bezeichnung Anode und Kathode für Ladung und Entladung gerade umkehren. Daher wird in dieser Arbeit die Bezeichnung der Elektroden beim Entladen gewählt: die positive Elektrode ist die Kathode und die negative die Anode.

In Abbildung 2.1 ist beispielhaft der Aufbau einer Lithium-Ionen Zelle mit einer Graphit-Anode und einer Kathode aus Lithiumkobaltoxid dargestellt. Die Halbzellenreaktion an der Anode beim Entladen ist entsprechend mit

$$\mathrm{Li_1 C_6} \longrightarrow \mathrm{Li_{1-x} C_6} + x\mathrm{Li^+} + x\mathrm{e^-}$$

gegeben und die gleichzeitig ablaufende Reaktion an der Kathode mit

$$\mathrm{Li_y CoO_2} + x\mathrm{Li^+} + x\mathrm{e^-} \longrightarrow \mathrm{Li_{y+x} CoO_2}$$

wobei der Ausgleich der Lithium-Ionen über den Elektrolyten geschieht und die Elektronen über den äußeren Stromkreis fließen. Das Lithium wird dabei in das Wirtsgitter der Elektroden ein- oder ausgelagert – man spricht hier auch von Inter-/Deinterkalation. Im Gegensatz zu Lithium-Metall Zellen, die eine Anode aus Lithium aufweisen, verändert sich damit die Morphologie der Elektroden nicht und es kommt im normalen Betrieb nicht zu Dendritenwachstum.

---

[1]Der Begriff Batterie und Zelle wird hier gleichbedeutend benutzt, früher wurde unter einer Batterie eine Anordnung aus mehreren Zellen verstanden.

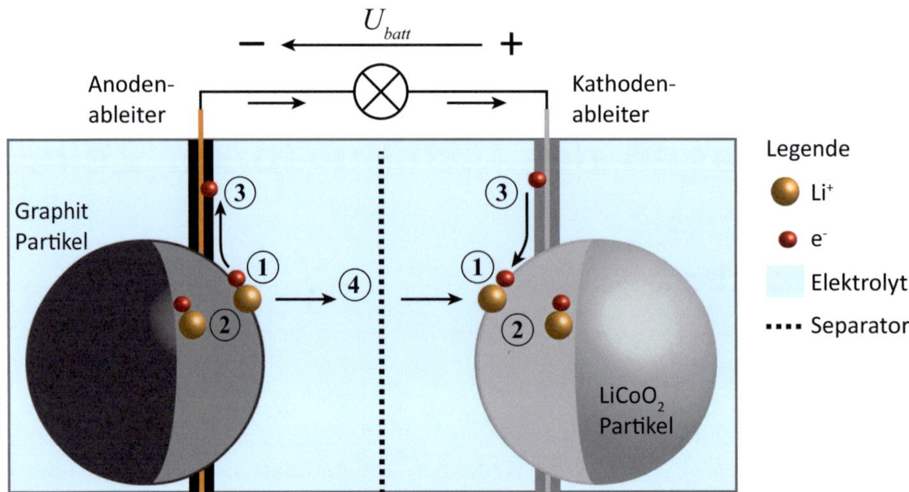

Abbildung 2.1: Galvanische Zelle am Beispiel Graphit/Lithiumkobaltoxid, die Prozesse (1) Ladungsdurchtritt, (2) Festkörperdiffusion, (3) Elektronenleitung und (4) Ionenleitung im Elektrolyten sind mit eingezeichnet.

Im Betrieb der Zelle (vergleiche Abbildung 2.1) laufen dabei die folgenden elektrochemischen beziehungsweise physikalischen Vorgänge ab:

Ladungsdurchtritt (1): Hiermit wird die Inter-/Deinterkalation des Lithiums im Aktivmaterial bezeichnet. Diese Reaktion ist verlustbehaftet, wobei die Durchtrittsüberspannung abfällt.

Festkörperdiffusion (2): Die interkalierten Lithium Atome diffundieren aufgrund des Konzentrationsgradienten vom Rand des Aktivmaterial ins Innere. Auch hiermit ist eine Überspannung assoziert, die Diffusionsüberspannung.

Elektronenleitung (3): Die Elektronen müssen vom äußeren Stromkreis bis zum Aktivmaterial transportiert werden, wo der Einbau der Lithium-Ionen erfolgt. Der hierbei entstehende Spannungsabfall wird als Ohmsche Überspannung bezeichnet.

Ionenleitung im Elektrolyten (4): Die Ionenleitung im Elektrolyten basiert auch auf Diffusion und erzeugt ebenfalls eine Überspannung. Im Gegensatz zur Festkörperdiffusion baut sich diese jedoch sehr schnell auf und wird daher mit den Verlusten aus der Elektronenleitung zur Ohmschen Überspannung gezählt.

Generell können Überspannungen, die durch eine Stromfluss verursacht werden, durch einen Widerstand beschrieben werden. Besitzt diese Überspannung noch eine Dynamik, so müssen komplexe Impedanzen herangezogen werden.

2.1.2 Thermodynamik

Die Energie, welche in einer Zelle als elektrische Energie entnehmbar ist, wird als freie Reaktionsenthalpie ΔG bezeichnet und berechnet sich aus der Reaktionsenthalpie ΔH verringert um die Reaktionsentropie ΔS:

$$\Delta G = \Delta H - T \cdot \Delta S. \tag{2.1}$$

Dabei entspricht der Term $T \cdot \Delta S$ der Wärme, die bei der Reaktion der Umgebung entzogen ($\Delta S < 0$) oder an sie abgegeben wird.

Über das Faradaysche Gesetz

$$Q_{el} = n \cdot z \cdot F, \tag{2.2}$$

welches besagt, dass die umgesetzte Stoffmenge n proportional zur elektrischen Ladung Q_{el} und der Ladungszahl z ist, kann eine Beziehung zur Gleichgewichtsspannung der Zelle hergestellt werden. Wird weiterhin berücksichtigt, dass ein Potential multipliziert mit einer Ladung gerade einer Energie entspricht, folgt aus 2.1 und 2.2 für die Gleichgewichtsspannung U_0

$$\Delta G = -\frac{U_0}{n \cdot z \cdot F}. \tag{2.3}$$

Da die freie Reaktionsenthalpie und damit auch die Gleichgewichtsspannung abhängig von der Aktivität der Reaktanten und somit von der Konzentration der Lithium-Ionen ist, kann über die Nernstgleichung eine ladezustandsabhängige Gleichgewichtsspannung formuliert werden:

$$U_{\mathrm{OCV}} = U_0 + \frac{R \cdot T}{n \cdot F} \sum_m \ln\left(a_m^{k_m}\right). \tag{2.4}$$

Dabei ist a_m die Aktivität des Reaktanten m, k_m die Anzahl der Äquivalente welche an der Reaktion beteiligt sind und U_0 entspricht der Gleichgewichtsspannung unter Standardbedingungen.

Da die Gleichgewichtspotentiale in Abhängigkeit von der Konzentration der Lithium-Ionen für viele Interkalationsmaterialien nicht ideal über die Nernstgleichung beschrieben werden können, existieren weitere Ansätze wie die Beschreibung über die Margules-, Van Laar- oder Redlich-Kister-Gleichung [8]. Diese haben zum Ziel, die Nernstgleichung um zusätzliche Terme zu erweitern, welche eine konzentrationsabhängige Abweichung der Aktivitätskoeffizienten realisieren.

2.2 Systemkomponenten

Um die zuvor beschriebene Funktion einer Lithium-Ionen Zelle erreichen zu können, besteht diese aus mehreren Komponenten mit entsprechenden funktionalen Eigenschaften. Auch die Elektroden selbst sind wiederum aus mehreren Komponenten zusammengesetzt:

Ableiter: stellt die elektrische Verbindung zum Aktivmaterial dar und garantiert die mechanische Stabilität der Elektrode.

Aktivmaterial: chemisch aktiver Bestandteil, welcher die Einlagerung von Lithium-Ionen erlaubt.

Binder: verbindet die Aktivmaterialpartikel mechanisch untereinander und das Aktivmaterial mit dem Ableiter.

Leitruß: erhöht die Elektronenleitfähigkeit in der Elektrode und verbindet die einzelnen Aktivmaterialpartikel elektrisch leitend.

Im Folgenden wird nun kurz auf Anode, Kathode, Separator und Elektrolyt eingegangen.

2.2.1 Anode

Nachdem es beim Einsatz von Lithium-Sekundärzellen mit Lithiummetall-Anoden in Mobiltelefonen der Firma Moli 1989 zu Explosionen kam, wurde vom weiteren Einsatz von Lithium-Metall in Sekundärzellen abgesehen. Problematisch bei dessen Verwendung ist die hohe Reaktivität in Verbindung mit dem Aufwachsen von Lithium-Dendriten, welche den Separator penetrieren und in Folge zu einem internen Kurzschluss führen können. Eine Lösung für dieses Problem stellte Sony 1994 mit der Einführung von Hard-Carbon als Interkalationsmaterial [9] vor.
Seitdem werden in Lithium-Ionen Zellen größtenteils Kohlenstoffe als Aktivmaterial an der Anode eingesetzt. Dabei wird zwischen Hard-Carbon, Soft-Carbon und natürlichem Graphit unterschieden [10]. Bei Hard-Carbon handelt es sich um amorphen Kohlenstoff, der nicht graphitisiert werden kann, während dies für Soft-Carbon mittels Wärmebehandlung möglich ist. Da Graphit die höchste spezifische Kapazität erreicht, wird derzeit in den meisten Zellen eine spezielle Form, Mesocarbon Microbeads (MCMB), eingesetzt. Ein weiterer Unterschied ist auch der Verlauf der Ruhespannungskennlinie, die bei Graphit mehrere Plateaus aufweist, von denen zumindest die zwei mit dem niedrigsten Potential als Stages bezeichnet werden [11]. Die für Ladung und Entladung beobachtbare Differenz in der Ruhespannungskennlinie wird als Hysterese bezeichnet [11–13].
Durch das niedrige Potential gegenüber Lithium ($< 0,8$ V vs. Lithium) im geladenen Zustand wird das Stabilitätsfenster des Elektrolyten unterschritten und es kommt zum Aufwachsen einer Festkörperschicht aus Reaktionsprodukten des Elektrolyten und des Leitsalzes [14]. Diese Schicht wird Solid Electrolyte Interphase (SEI) genannt [15] und verhindert eine weitere Zersetzung des Elektrolyts. Um diese Schicht kontrolliert und dicht auszubilden, werden Additive wie zum Beispiel Vinylencarbonat zugesetzt. Ohne diese Schicht würde sich der Elektrolyt immer weiter zersetzen, allerdings resultiert sie auch in einem erhöhten Innenwiderstand.
Das Abscheiden von metallischem Lithium auf der Anode wird als Lithium-Plating bezeichnet und tritt bevorzugt bei niedrigen Temperaturen und hohen Ladezuständen bei hohen Ladeströmen auf. Durchstoßen die aufwachsenden Dendriten den Separator, kommt es zu einem internen Kurzschluss, was wiederum zum thermischen Durchgehen

Tabelle 2.1: Klassifizierung der Kathodenmaterialien nach Materialgruppen, schematische Abbildung der Struktur nach [18].

Struktur	Schichtstruktur (α-NaFeO$_2$)	Spinell	Olivin

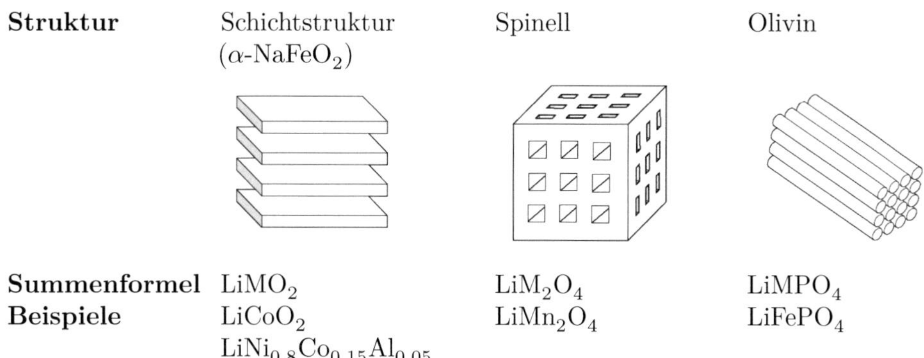

Summenformel	LiMO$_2$	LiM$_2$O$_4$	LiMPO$_4$
Beispiele	LiCoO$_2$	LiMn$_2$O$_4$	LiFePO$_4$
	LiNi$_{0,8}$Co$_{0,15}$Al$_{0,05}$		

der Zelle führen kann.

In der Regel besteht der Ableiter aus einer mindestens $10\,\mu$m starken Kupfer-Folie [16]. Da Kupfer bei einem Potential oberhalb von $3,4$ V vs. Lithium in Lösung geht [17] ist die Tiefentladung ein Schädigungsprozess. Bei erneutem Laden der Zelle wird das Kupfer auf der Kathodenseite reduziert und kann dendritisch aufwachsen, was zu einem internen Kurzschluss und in der Folge zum thermischen Durchgehen der Zelle führen kann.

Neben Graphit wird in der Praxis auch Li$_4$Ti$_5$O$_{12}$ (LTO) als Anodenmaterial eingesetzt. Das Potential gegenüber Lithium liegt höher als bei Graphit, womit sich die Zellspannung reduziert. Dadurch wird das Stabilitätsfenster des Elektrolyts nicht mehr verlassen und es bildet sich keine SEI. Desweiteren tritt bei hohen Strömen und niedrigen Temperaturen deutlich später Lithium-Plating auf. Somit eignet sich LTO besonders für Leistungszellen.

2.2.2 Kathode

Die Elektrodenbeschichtung der positiven Elektrode ist auf einen Ableiter aus Aluminium aufgebracht, da Kupfer bei den Potentialen korrodieren würde. Aufgrund der geringeren elektrischen Leitfähigkeit wird die Foliendicke höher gewählt und liegt über $15\,\mu$m [16]. Als Aktivmaterial kommen verschiedene Interkalationsmaterialien mit unterschiedlichen Strukturen in Betracht, die in Tabelle 2.1 zusammengefasst sind.

Dabei hat die Struktur einen wesentlichen Einfluss auf die Stabilität der Materialien gegen Überladung und auch auf das thermische Verhalten. So reagieren die Materialien mit Schichtstruktur auf eine Überladung besonders kritisch. Eine Übersicht der Eigenschaften von LiCoO$_2$ (LCO), LiNi$_{0,8}$Co$_{0,15}$Al$_{0,05}$O$_2$ (NCA), LiMn$_2$O$_4$ (LMO) und LiFePO$_4$ (LFP) ist in Tabelle 2.2 dargestellt. LFP zeigt sowohl eine schlechte Diffusion als auch eine niedrige Elektronenleitfähigkeit.

Um die Nachteile der spezifischen Materialeigenschaften zu kompensieren, wird beispielsweise zur Erhöhung der Elektronenleitfähigkeit der Elektrode LFP mit Kohlenstoff

Tabelle 2.2: Eigenschaften ausgewählter Kathodenmaterialien nach [19–21], angegeben sind die mittlere Spannung $U_\varnothing$ gegenüber Lithium bei C/20, der Diffusionskoeffizient D_{Li} und die Elektronenleitfähigkeit σ_{el}.

	spez. Kapazität $[\mathrm{mAh\,g^{-1}}]$	$U_\varnothing\ [\mathrm{V}]$	$D_{Li}\ [\mathrm{cm^2\,s^{-1}}]$	$\sigma_{el}\ [\mathrm{S\,cm^{-1}}]$
LCO	155	$3,9$	$10^{-10}\ldots10^{-8}$	10^{-4}
NCA	200	$3,73$	$10^{-10}\ldots10^{-12}$	?
LMO	120	$4,05$	$10^{-11}\ldots10^{-9}$	10^{-6}
LFP	160	3.45	$10^{-14}\ldots10^{-15}$	10^{-9}

gecoatet oder es wird versucht durch Dotierung eine Verbesserung der Diffusion zu erreichen. Aber auch durch ein Design der Elektrodenmikrostruktur können Verbesserungen erreicht werden. So können geringe Diffusionskoeffizienten durch entsprechend kleine Partikel (*nanoskalige Elektroden*) ausgeglichen werden [22].
Eine weitere Möglichkeit die Elektrode an spezifische Anforderungen anzupassen ist der Einsatz mehrerer Aktivmaterialien in einer Elektrode. Diese werden als Blend-Elektroden oder Komposit-Elektroden bezeichnet. Hierdurch soll eine Übernahme der positiven Eigenschaften der Blend-Komponenten bei gleichzeitiger Abmilderung der Nachteile erreicht werden. Entsprechend können Elektroden mit verbesserten Alterungseigenschaften, erhöhter Sicherheit und höhere Stromraten erreicht werden.
Neben der Energie- und Leistungsdichte spielen Faktoren wie Toxizität und Materialkosten eine Rolle. Unter diesen Aspekten ist insbesondere LFP interessant. Weitere Informationen zu Kathodenmaterialien und aktuellen Entwicklungen finden sich in den Reviews [22–26].

2.2.3 Elektrolyt

Gewöhnlicherweise kommen in Lithium-Ionen Zellen flüssige, aprotische Elektrolyte zum Einsatz, die aus mindestens zwei Komponenten bestehen: dem Lösungsmittel und dem Leitsalz. Als Lösungsmittel kommen Carbonate wie beispielsweise Ethylencarbonat (EC), Propylencarbonat (PC) oder Dimethylcarbonat (DMC) in Frage. Meist werden Mischungen dieser Carbonate eingesetzt, wobei durch das Mischungsverhältnis Viskosität und darüber auch das Temperaturverhalten eingestellt werden kann. Die zweite Komponente ist das Leitsalz, für welches besonders häufig $\mathrm{LiPF_6}$ eingesetzt wird. Da $\mathrm{LiPF_6}$ mit Wasser zu Flusssäure reagiert, müssen die Elektrodenkomponenten einen geringen Wassergehalt ($< 10\,\mathrm{ppm}$) aufweisen und die Zellfertigung darf nur in Trockenräumen stattfinden. Eine breite Übersicht über mögliche Lösungsmittel und Leitsalze sowie Reaktionsmechanismen bietet das Review [27].
Wie bei der Beschreibung der Anode schon angemerkt wurde, findet für Potentiale unterhalb $0,8\,\mathrm{V}$ vs. Lithium eine Zersetzung des Elektrolyten statt, jedoch auch etwas oberhalb von $4\,\mathrm{V}$, so dass die Elektrolytoxidation bei hohen Ladezuständen einen Degradationsmechanismus darstellt. Entsprechend muss einer Entwicklung von positiven

Elektrodenmaterialien mit höheren Potentialen gegenüber Lithium auch die Erforschung von Elektrolyten mit einem weiteren Stabilitätsfenster folgen [28].

2.2.4 Separator

Der Separator trennt Anode und Kathode mechanisch voneinander, muss jedoch auch eine ausreichende Porosität aufweisen, um Ionenleitung durch den Elektrolyten zu ermöglichen. Die mechanische Festigkeit des Separators ist zum einen wichtig, um einen internen Kurzschluss durch Elektrodenpartikel oder Dendriten zu verhinden, zum anderen ist diese für die Zellfertigung von gewickelten Zellen der beschränkende Faktor für höhere Durchsätze [20]. Aber auch eine geringe Benetzbarkeit kann zu längeren Befüllzeiten und somit geringeren Duchsätzen führen. In den meisten Fällen besteht der Separator aus einem Polymer (Polyethylen (PE) oder Polypropylen (PP)) mit einer Dicke von 10 bis 25 μm [29]. Je nach Herstellungsverfahren, Extrusion in Trocken- oder Nassfertigung, unterscheiden sich die Separatoren in ihren physikalischen Eigenschaften [30].

2.3 Gehäuseform

Auch wenn die für die Energiespeicherung wesentlichen Reaktionen innerhalb des Zellgehäuses ablaufen und im Allgemeinen davon ausgegangen werden kann, dass das Gehäuse nicht an dieser Reaktion beteiligt ist, so hat das Gehäuse und damit die Bauform einen starken Einfluss auf die Leistungs- und Energiedichte, Strombelastbarkeit und die Lebensdauer. Am Markt üblich sind die in Abbildung 2.2 dargestellten drei Gehäuseformen: zylindrisch, prismatisch und pouch.

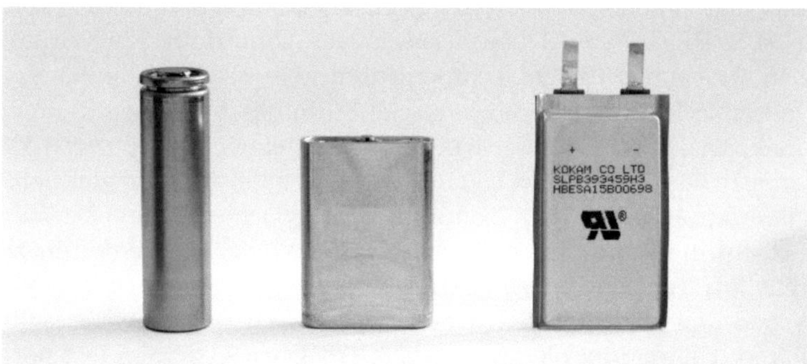

Abbildung 2.2: Marktübliche Gehäuseformen für Lithium-Ionen Zellen, von links nach rechts: zylindrisch (18650), prismatisch und pouch.

Die am häufigsten verbreitete Form ist die zylindrische Zelle im Format 18650 (Durchmesser 18 mm und Länge 650 mm). Die Elektroden sind dabei zu einem Wickel aufgerollt und werden mit Ableiterfahnen elektrisch mit Gehäuse und Pol verbunden. Das Gehäuse besteht dabei aus einem tiefgezogenen Edelstahlblech, welches durch Crimpen gasdicht verschlossen ist und der Zelle mechanische Stabilität bietet. Eine effektive Kühlung der Zelle kann über den Zylindermantel mit einem fluiden Kühlmedium erfolgen. Eine flächige Kontaktierung mittels Kühlkörper ist ungünstiger darzustellen und auch das Verhältnis von Volumen zu Oberfläche ist gering.

Hier liegen die Vorteile der prismatischen Zelle. An den flachen Seiten ist die effektive Wärmeabfuhr über Kühlbleche möglich. Die Wandstärke des Aluminiumgehäuses ist meist höher als bei den zylindrischen Zellen und bietet eine erhöhte Stabilität. Deckel und Gehäuserumpf werden mit Laser verschweißt und sind somit gasdicht verbunden. Die Elektroden können als Stapel („stacked") oder gewickelt („wound") vorliegen. Dabei bietet die Fertigung als Zellwickel gegenüber dem Zellstapel Geschwindigkeitsvorteile und ist somit günstiger.

Bei der Pouch-Zelle besteht das Gehäuse lediglich aus einer mit Kunststoff beschichteten Aluminiumfolie. Durch das geringe Gewicht des Gehäuses werden besonders hohe Energiedichten erreicht und extrem flache Bauformen möglich, wie sie in modernen Notebooks zum Einsatz kommen. Jedoch weisen sie eine sehr geringe mechanische Stabilität auf. Insbesondere die Zellanschlüsse (Tabs) dürfen nicht mechanisch belastet werden, da sie zum Gehäuse mit einem Kunststoffkleber abgedichtet sind und somit leicht Undichtigkeiten entstehen. Die Kühlung kann hier wieder über Kühlbleche oder über die Ableiter erfolgen.

2.4 Sicherheit

Die Sicherheitsanforderungen an Lithium-Ionen-Zellen lassen sich auf verschiedenen Ebenen erfüllen. Zum einen auf der Materialebene, speziell durch die Wahl der Kathodenchemie, und zum anderen auf der Zellebene. Durch den Einsatz von dreilagigen Separatoren (PP/PE/PP) wird beispielsweise ein „Shutdown" bei zu hohen Temperaturen erzielt, wobei das PE bei Temperaturen über 130 °C schmilzt und somit den Stromfluss unterbricht [29]. Die mechanische Stabilität bei hohen Temperaturen soll durch Keramikpartikel erreicht werden, die zudem einen Schutz gegen Dendriten gewähren sollen [31]. Vertrieben wird so ein Separator unter dem Handelsnamen Separion (Herstellungsverfahren in [32, 33]). Teilweise wird jedoch auch eine keramische Schutzschicht direkt auf die Anode aufgebracht [34, 35]. Weiterhin werden in zylindrischen Zellen Current Interruption Device (CID) eingesetzt, welche durch die Gasbildung bei Überladung und den resultierenden Überdruck im Inneren der Zelle geöffnet werden und eine weitere Überladung verhindern [36, 37]. Ebenso werden in Energiezellen oft direkt in der Zelle Kaltleiter (engl. Positive Temperature Coefficient) (PTC)s verbaut, welche bei hohen Temperaturen hochohmig werden und so den Strom begrenzen. Im Zusammenhang mit all diesen Maßnahmen wird auch von intrinsischer Zellsicherheit gesprochen. Zur Überprüfung und Evaluation des Zellverhaltens gibt es verschiedene Standards und Normen, beispielsweise UL 2054 [38] und DIN EN 62133 [39].

Aber auch auf übergeordneter Ebene werden Anstrengungen unternommen, die Sicherheit beim Einsatz von Lithium-Ionen Zellen zu erhöhen. Durch Überwachung der einzelnen

Zellspannungen im Modul kann Tiefentladung oder Überladung detektiert werden, Schütze trennen im Fehlerfall die Batterie vom Netz. Weitere Funktionen auch mit Bezug auf das Thermomanagement sind im Bereich des BMS angesiedelt und können so maßgeblich zur Erhöhung der Sicherheit beitragen. In diesem Zusammenhang sei auch die Norm ISO26262 [40] erwähnt, welche sich mit der funktionalen Sicherheit befasst.

2.5 Thermisches Verhalten einer Lithium-Ionen Zelle

Das thermische Verhalten einer Lithium-Ionen Zelle wird im Folgenden in Wärmeentstehung und Wärmeübertragung gegliedert.

2.5.1 Wärmeentstehung

Wärme ist eine Form von nicht stoffgebundener Energie, die über die Grenzen eines Systems transportiert wird. Dabei ist es wichtig Wärme von der inneren Energie eines Systems zu unterscheiden. Die innere Energie eines Systems ist eine Zustandsgröße, die Wärme eine Prozessgröße. Prozessgrößen treten nur bei Zustandsänderungen eines Systems auf.

Nach Bernardi et al. [41] lässt sich folgende Bilanzgleichung für den Wärmestrom $\dot{Q}$ einer Zelle aufstellen:

$$\dot{Q} = \dot{Q}_{irr} + \dot{Q}_{rev} + \dot{Q}_{react} + \dot{Q}_{mix} \tag{2.5}$$

Dabei beschreiben die einzelnen Terme die Wärmeströme aufgrund folgender Ursachen:

Elektrische (Ohmsche) Verluste Q_{irr}: Im Betrieb werden Lithium-Ionen durch den Elektrolyten und die Interkalationselektroden transportiert. Hierbei entstehen Verluste in Form von Wärme. Auch die Leitung der Elektronen in den Elektroden und den Ableitern ist verlustbehaftet. Die dabei entstehende Wärme dissipiert stets, das heißt sie ändert bei Umkehrung der Vorgänge nicht das Vorzeichen.

Reaktionsentropie Q_{rev}: Die Interkalation und Deinterkalation von Ionen in das Wirtsgitter der Elektroden ist von einem Wärmestrom begleitet, der durch Q_{rev} beschrieben wird und sich mit dem Vorzeichen des elektrischen Stroms umkehrt.

Mischungsenthalpie Q_{mix}: Im Betrieb stellt sich ein Gradient der Lithiumionenkonzentration im Elektrolyten ein. Wird der Stromfluss unterbrochen relaxiert die Lithium-Ionen-Konzentration in einen Gleichgewichtszustand. Dies ist begleitet von einer Entropieänderung und daraus resultierend einem Wärmestrom.

Reaktionswärme durch Nebenreaktionen Q_{react}: Die Nebenreaktionen des Elektrolyten mit den Elektroden kann einen Wärmestrom verursachen. Dieser Prozess ist in der Regel nicht umkehrbar. Der Aufbau der SEI und Alterungsprozesse stellen solche Nebenreaktionen dar.

Zur Beschreibung des thermischen Verhaltens von Zellen im Normalbetrieb kann der Wärmestrom aus den Nebenreaktionen $\dot{Q}_{react}$ vernachlässigt werden. Im Abuse-Verhalten ist dieser Term jedoch nicht weiter vernachlässigbar [42]. Ebenso wird in [43] gezeigt, dass der Wärmestrom aus Mischvorgängen im Elektrolyt $\dot{Q}_{mix}$ nur einen geringen Anteil darstellt und somit ebenfalls vernachlässigbar ist. Für ein thermisches Zellmodell müssen somit die Quellterme des Wärmestroms aus der elektrischen Verlustleistung $\dot{Q}_{irr}$ und dem Wärmestrom aus der Entropieänderung $\dot{Q}_{rev}$ identifiziert und modelliert werden.

Wärmestrom $\dot{Q}_{irr}$ der irreversiblen Wärmequelle

Zur Beschreibung der Verluste aus Transportvorgängen von Lithium-Ionen in Elektrolyt und Elektrode, aus Ladungstransferprozessen an den Elektroden und aus Ohmschen Leitungsverlusten, wird in dieser Arbeit wie in [44] ein Impedanzmodell verwendet. Diesem ähnlich ist auch die Berechnung nach Sato et al. [45], wobei dort zwischen den Ohmschen Verlusten und einem verallgemeinerten Polarisationswiderstand unterschieden wird. Häufiger in der Literatur [43, 46, 47] zu finden ist die Berechnung der Verlustleistung aus:

$$\dot{Q}_{irr} = P_{\mathrm{el}} = u_{cell}(t) \cdot i(t). \tag{2.6}$$

Hierbei ist P_{el} die elektrische Leistung und u_{cell} die Zellspannung. Es ist allerdings zu beachten, dass diese Gleichung nur für elektrische Systeme aus rein realen Widerständen gilt, die Impedanz einer Lithium-Ionen Zelle ist im Allgemeinen jedoch komplex. Dies führt zu einer fehlerbehafteten Berechnung von $\dot{Q}_{irr}$, wenn der Strom kein periodisches Signal darstellt und ein effektiver Wärmestrom berechnet werden soll. Daher wird die Verwendung eines Impedanzmodells bevorzugt.

Die Identifikation der elektrochemischen Impedanz der Zelle wird in Abschnitt 3.3 näher beschrieben. Die so erhaltene Impedanz kann nun durch eine Ersatzschaltung repräsentiert werden, wobei lediglich der Strom durch Ohmsche Widerstände einen Beitrag zur Verlustwärme leistet.

Ist der Strom $i(t)$ sinusförmig, mit der Frequenz f_i und der Amplitude I_{amp}, kann der Wärmestrom über die abgegebene Wirkleistung berechnet werden:

$$\dot{Q}_{irr} = \mathrm{Re}(Z(f_i)) \cdot \left(\frac{I_{amp}}{\sqrt{2}} \right)^2 = \mathrm{Re}(Z(f_i)) \cdot (I_{eff})^2 \tag{2.7}$$

mit Effektivwert des Stromes I_{eff}. Für einen sinusförmigen Strom lässt sich dieser gerade mit

$$I_{eff} = \frac{I_{amp}}{\sqrt{2}} \tag{2.8}$$

berechnen. Für andere periodische Funktionen muss ein anderer Faktor als $1/\sqrt{2}$ verwendet werden.

Wärmestrom $\dot{Q}_{rev}$ der reversiblen Wärmequelle

Zwischen der absoluten Temperatur T eines Systems und der reversiblen Wärme Q_{rev} besteht der Zusammenhang über die Entropieänderung ΔS [44]

$$Q_{rev} = \Delta S \cdot T. \tag{2.9}$$

Beim Laden und Entladen einer idealen Lithium-Ionen Zelle ist die freie Enthalpieänderung ΔG über die Enthalpieänderung ΔH und die Entropieänderung ΔS verknüpft (speziell [48] und allgemein [49]):

$$\Delta G = \Delta H - \Delta S \cdot T. \tag{2.10}$$

Durch Entladen der Zelle wird gespeicherte chemische Energie in elektrische entsprechend

$$\Delta G = -n \cdot F \cdot \Delta E \tag{2.11}$$

umgewandelt. Hierbei ist n die Anzahl der ausgetauschten Elementarladungen, F die Faraday-Konstante und ΔE die Änderung der elektromotorischen Kraft. Die elektromotorische Kraft ist die Potentialdifferenz zwischen Anode und Kathode. Die Unterscheidung zwischen Leerlaufspannung (englisch Open Circuit Voltage (OCV)) U_{OCV} und E wird notwendig, da die gemessene Leerlaufspannung von der theoretischen Potentialdifferenz der Elektroden durch Leckströme (nicht idealer Elektrolyt) und fehlerbehaftete Spannungsmessung (Eingangswiderstand des Spannungsmessgeräts endlich) abweichen kann. Aus Gleichung 2.11 und 2.9 wird deutlich, dass für $\Delta S \neq 0$ Wärme bei Änderungen des Ladezustands entsteht. Der Wärmestrom $\dot{Q}_{rev}$ lässt sich also nach

$$\dot{Q}_{rev} = \frac{T \cdot \Delta S}{n \cdot F} i(t) \tag{2.12}$$

berechnen, wobei i der elektrische Strom in die Zelle ist. Ein negativer Wert für ΔS bedeutet, dass die Zelle beim Laden (positiver Strom) durch die Reaktionsentropie abgekühlt wird, wenn die Verlustleistung nicht überwiegt.

2.5.2 Grundlagen der Wärmeübetragung

Wärmeübertragung findet zwischen zwei Körpern unterschiedlicher Temperatur statt [50]. Hierbei wird unterschieden, ob der Wärmetransport in einem Festkörper stattfindet, in einem Fluid oder ob Wärme ohne ein Medium zwischen zwei Körpern ausgetauscht wird.

Wärmeleitung im Festkörper

Aus dem ersten Hauptsatz der Thermodynamik und dem Fourierschen Gesetz ergibt sich für die Wärmeleitung in Festkörpern die folgende Differentialgleichung [50]:

$$c_{th} \cdot \rho \frac{\partial T(x,y,z,t)}{\partial T} = \mathrm{div}\left(\lambda \cdot \mathrm{grad}\left(T(x,y,z,t)\right)\right) + \dot{Q}. \tag{2.13}$$

Hierbei ist c_{th} die spezifische thermische Kapazität, ρ die spezifische Dichte, λ die Wärmeleitfähigkeit, T die räumliche und zeitabhängige Temperaturverteilung und $\dot{Q}$ ein Quellterm zur Berücksichtigung von Wärmequellen und -senken. Im weiteren wird immer davon ausgegangen, dass die Wärmeleitfähigkeit λ_{th} isotrop und temperaturunabhängig ist. Für die spezifische thermische Kapazität c_{th} und die spezifische Dichte ρ wird Temperaturunabhängigkeit angenommen.

Für den einfachen Fall einer homogenen und isotropen Wärmeleitung durch eine Wand mit der Fläche A, lässt sich die stationäre Lösung für Gleichung 2.13 mit

$$\dot{Q} = -\lambda_{th} \cdot A \frac{\mathrm{d}T}{\mathrm{d}x} \tag{2.14}$$

angeben, wobei x lotrecht zur Wandfläche verläuft. Eine mögliche Näherung zur analytischen Berechnung des instationären Verhaltens wird in 5.3.2 beschrieben.

Wärmeleitung durch Konvektion

Bei der Konvektion findet ein Wärmeübergang von einer festen Oberfläche zu einem umgebenden Fluid statt, wobei zwischen *freier* und *erzwungener* Konvektion unterschieden wird. Für beide Fälle lässt sich der Wärmestrom über

$$\dot{Q} = \alpha_k \cdot A \cdot \Delta T \tag{2.15}$$

berechnen. Hierbei ist ΔT die Temperaturdifferenz zwischen der Oberfläche und dem Fluid, A die Oberfläche und α_k die Wärmeübergangszahl. Eine empirische Korrelation von verschiedenen Einflussfaktoren für α kann über die Nusselt-Zahl hergestellt werden [51]. Weiterhin wird in der Regel davon ausgegangen, dass Konvektion im Inneren einer Lithium-Ionen Zelle als Mechanismus zur Wärmeübertragung eine vernachlässigbare Rolle spielt [52] und somit nur an den Oberflächen zur Umgebung berücksichtigt werden muss.

Wärmestrahlung

Auch ohne ein Transportmedium kann Wärme durch Strahlung übertragen werden. Alle betrachteten Flächen werden dabei als Lambertsche betrachtet. Für eine solche Fläche A gilt das Stefan-Bolzmann-Gesetz

$$\dot{Q} = \varepsilon_{th} \cdot \sigma_{SB} \cdot A \cdot T^4 \tag{2.16}$$

mit der Stefan-Bolzmann-Konstante σ_{SB} und dem Emissionsgrad ε_{th}. Der Emmisionsgrad gibt an, wie ähnlich ein Strahler einem schwarzen Strahler ($\varepsilon_{th} = 1$) ist. Weiterhin ist ε_{th} für gewöhnlich abhängig von der Wellenlänge, wird im Folgenden jedoch als konstant angenommen.

Zwischen zwei planparallen Oberflächen der Größe A kann der Wärmestrom $\dot{Q}$ als Differenz der vierten Potenzen der Temperaturen

$$\dot{Q} = C_{12} \cdot A \cdot \left(T_1^4 - T_2^4\right) \tag{2.17}$$

berechnet werden.

Dabeit ist T_1 die Absoluttemperatur der Fläche 1 und T_2 die Absoluttemperatur der Fläche 2. Die Strahlungsaustauschzahl C_{12} lässt sich mit

$$C_{12} = \frac{\sigma}{\frac{1}{\varepsilon_{th,1}} + \frac{1}{\varepsilon_{th,2}} - 1} \tag{2.18}$$

berechnen. Hierbei sind $\varepsilon_{th,1}$ und $\varepsilon_{th,2}$ die Emissionsgrade der beiden Flächen. Für beliebige Geometrien ist die Berechnung abhängig vom Flächen- und Winkelverhältnis [51]. Es soll hier lediglich darauf hingewiesen werden, dass der Wärmestrom durch Wärmestrahlung wiederum nichtlinear von der Temperatur abhängt.

2.6 Definition wichtiger Größen

Nennkapazität C_N

Die Nennkapazität C_N wird vom Zellhersteller angegeben und bezeichnet die Ladungsmenge[2], die bei Nennbedingungen (Nennstrom I_N, Nenntemperatur, vorherige Ladung nach spezifiziertem Verfahren) mindestens einer Zelle entnommen werden kann. Abhängig von der Anwendung wird zum Beispiel von einer dreistündigen Entladung bei Energiezellen für ein Batterieelektrisches Fahrzeug (engl. Battery Electric Vehicle) (BEV) ausgegangen und einer einstündigen Entladung bei einem Hybridelektrofahrzeug (engl. Hybrid Electrical Vehicle) (HEV) [53].

C-Rate

Unter einer C-Rate von x C wird der Strom verstanden, den man erhält wenn man die Nennkapazität durch x Stunden teilt [54]:

$$I = \frac{C_N}{x}. \tag{2.19}$$

Durch diese Normierung wird erreicht, dass Zellen unterschiedlicher Kapazität miteinander verglichen werden können.

---

[2]Im Zusammenhang mit elektrochemischen Speichern wird oft von einer Kapazität C gesprochen, wenn eine elektrische Ladung Q_{el} gemeint ist, eine Unterscheidung muss deshalb stets im Kontext vorgenommen werden.

Ladezustand SOC

Der Ladezustand (State Of Charge) (SOC) ist in dieser Arbeit definiert als die Ladungsmenge C_{dis}, bezogen auf die tatsächliche Kapazität C_{act}, die noch mit dem Nennstrom
bei Nenntemperatur entnommen werden kann, bis die untere Abbruchspannung erreicht
ist. Es gilt damit der Zusammenhang

$$\mathrm{SOC} = \frac{C_{dis}}{C_{act}} 100\,\%.$$
(2.20)

Vorzeichen des Batteriestroms

In dieser Arbeit wird der Strom, der in die Batterie fließt, mit einem positiven Vorzeichen versehen. Damit wird in der Arbeit der Mehrzahl der wissenschaftlichen Veröffentlichungen gefolgt, es gibt jedoch auch abweichende Defintionen, beispielsweise in
ISO12405-1 [54].

3 Stand der Technik: Charakterisierung des elektrochemischen Verhaltens

Die Bestimmung der Kapazität einer Zelle ist gewöhnlicherweise der erste Schritt jedes Messprogramms, da die ermittelte Kapazität Grundlage für die Einstellung des Ladezustands aller weiteren Untersuchungen ist. Daher wird in Abschnitt 3.1 das Messverfahren kurz erläutert und Messungen an den untersuchten Zellen vorgestellt. Es folgt die Untersuchung der Leerlaufspannungskennlinie und der daraus ablesbaren Interkalationspotentiale in Abschnitt 3.2, welche das stationäre Verhalten der Zelle beschreiben. Zur Untersuchung des linearen, dynamischen Verhaltens wird häufig die Elektrochemische Impedanzspektroskopie angewandt (siehe Abschnitt 3.3). Die daraus erhaltenen Impedanzspektren können mit der Kramers-Kronig Beziehung (vgl. 3.4) und der Verteilungsdichtefunktion der Relaxationszeiten (vgl. 3.5) weiter analysiert und schließlich durch die Beschreibung mittels Ersatzschaltungsmodellen zur physiko-chemikalischen Interpretation herangezogen werden. Während die Impedanzspektroskopie eine Beschreibung des dynamischen Verhaltens direkt im Frequenzbereich darstellt, kann mit einfacher zu realisierenden Messungen eine Beschreibung im Zeitbereich dargestellt werden. Eine Übersicht möglicher Verfahren findet sich hierzu in Abschnitt 3.6.

3.1 Kapazitätsbestimmung

Die Kapazität einer Lithium-Ionen Batterie wird im Allgemeinen durch die Entladung mit einem konstanten Strom nach einer kompletten Ladung bestimmt. Dabei sind die Stromstärke beim Entladen, die Abbruchspannung, sowie das Ladeverfahren durch den Zellhersteller gegeben oder auch in einschlägigen Normen definiert. Als Ladeverfahren wird in den meisten Fällen die CCCV-Ladung angewandt, wobei auf einer Ladung bei konstantem Strom (Constant Current) nach Erreichen der Ladeschlussspannung eine Phase mit konstanter Spannung folgt (Constant Voltage), die beendet wird, sobald der Ladestrom unter einen Schwellwert sinkt oder eine maximale Zeitdauer überschritten wird. Der typische Verlauf von Spannung u_{cell} und Strom i_{cell} für ein solches Ladeverfahren ist in Abbildung 3.1 am Beispiel einer Zelle des Typs HP-LFP1 dargestellt.

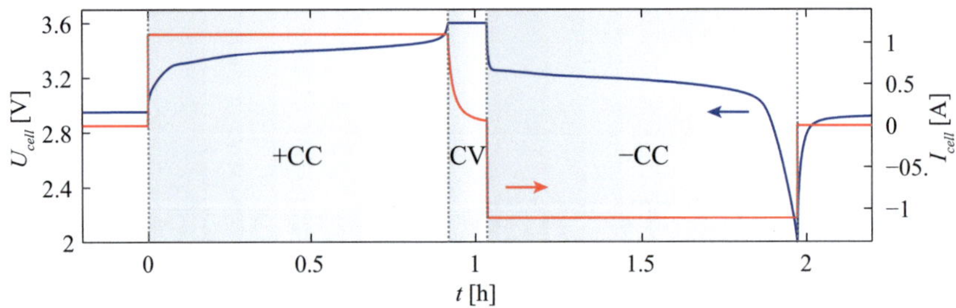

Abbildung 3.1: Kapazitätsbestimmung am Beispiel einer Zelle des Typs HP-LFP1 bei $T_{amb} = 25\,°C$

3.2 Leerlaufspannung und Interkalationspotentiale

Der Verlauf der Leerlaufspannung über den SOC ist einzigartig für jede Materialchemie. Somit eignet sich diese Kennlinie als charakteristisches Merkmal zur Diagnose von Zellen (siehe Abschnitt 8.1). Weiterhin ist die Leerlaufspannung wichtiger Bestandteil jedes Batteriemodells und Kalman-Filters zur Schätzung des Ladezustands und bestimmt somit die Genauigkeit der Ladezustandsschätzung. Der korrekten Ermittlung der Leerlaufspannung und die Wahl eines geeigneten Messverfahrens kommt daher eine große Bedeutung zu.

Im Folgenden werden drei verschiedene Verfahren vorgestellt, die sich in stationäre und quasistationäre Verfahren unterteilen lassen:

- Relaxationsmessung (stationär), Abschnitt 3.2.1

- Konstantstrommessung (quasistationär), Abschnitt 3.2.2

- zyklische Voltammetrie (Cyclic Voltammetry) (CV) (quasistationär), Abschnitt 3.2.3

3.2.1 Relaxationsmessungen

Bei der stationären Messung wird die vollgeladene Batterie schrittweise entladen und nach jeder Teilentladung die Relaxation der Spannung abgewartet[1]. Die so erhaltene Spannung ist die Leerlaufspannung für den eingestellten SOC. Für mehrere Stützstellen erhält man die Leerlaufspannungskennlinie für die Entladung $OCV^-(SOC)$. Dieser Vorgang lässt sich auch umkehren: wird die Batterie anschließend in Teilladungen wieder aufgeladen, wird die Leerlaufspannungskennlinie $OCV^+(SOC)$ für die Ladung aufgenommen. Beide Leerlaufkennlinien liegen nicht notwendigerweise aufeinander, was als Hysterese bezeichnet wird [56] und für verschiedene Elektrodenmaterialien unterschiedlich ausgeprägt ist. Wird die Relaxationsphase beendet bevor sich die Zelle im Gleichgewicht befindet, so wird

---

[1] Das Verfahren ist auch unter dem Begriff Coulometrische Titration [55] bekannt.

eine Näherung der Ruhespannung gemessen. Durch Extrapolation mit einer Exponenti-alfunktion kann die Leerlaufspannung im stationären Zustand abgeschätzt werden [57]. Da die Messung dann nicht in einem stationären Zustand erfolgt, ist auch diese Messung streng genommen eine quasistationäre. Diese Variante ist jedoch unter praktischen Gesichtspunkten relevant, da die Relaxation bei Raumtemperatur für handelsübliche Zellen bei mehreren Stunden bis zu einigen Tagen liegen kann. Eine Extrapolation des weiteren Spannungsverlaufs ist auch mit der in Abschnitt 6.3 entwickelten Methode möglich und wird in Abschnitt 6.1 demonstriert und bewertet.

3.2.2 Konstantstrommessung

Bei der Konstantstrommessung wird die Zelle mit einem geringen, konstanten Strom geladen oder entladen. Weitere übliche Bezeichnungen für das Verfahren sind galvanostatische Messung und Chronopotentiometrie [49]. Auch hier kann nach Erreichen der Entladeschlussspannung die Richtung des Stroms umgekehrt werden und es ergibt sich ein zyklisches Verfahren.
Durch Integration des Stroms kann die Zellenspannung über die geflossene Ladung oder normiert über den SOC aufgetragen werden. Im Gegensatz zur Relaxationsmessung unterscheidet sich die Klemmenspannung von der Leerlaufspannung durch Polarisationsüberspannungen und Ohmsche Überspannungen. Wird der Strom hinreichend klein gewählt, können diese Verluste vernachlässigt werden. So ist es in der Literatur auch üblich, Leerlaufkennlinien bei einer Entladung zwischen C/40 und C/10 aufzunehmen. In der Literatur wird diese auch als „quasi-equilibrium" [58] oder „close-to-equilibrium" [59] bezeichnet. Eine allgemeingültige Definition der Quasitationarität besteht nicht, daher wird hier folgende Bedingung gewählt:

$$\frac{|U_{cell}(\mathrm{SOC}) - U_{\mathrm{OCV}}(\mathrm{SOC})|}{U_{max} - U_{min}} \leq 1.5\%. \tag{3.1}$$

In der Praxis wird die Chronoamperometrie mit geringen Strömen ($\leq C/20$) auch häufig dazu herangezogen, um die Interkalationspotentiale bei Halbzellen zu bestimmen oder die Kapazität einzelner Phasen [60]. Für höhere C-Raten wurden zur Interpretation der Messungen verschiedene Theorien aufgestellt, die diffusionskontrollierte Elektrodenreaktionen [61] sowie einschrittige [62] und mehrschrittige [63] Elektronentransferreaktionen beschreiben.
Im Gegensatz zur stationären Messung entfallen bei der quasistationären Methode die Relaxationsphasen, was zu einem erheblichen Geschwindigkeitsvorteil führt. Da mehr Punkte pro SOC-Intervall vorliegen und somit ein annähernd kontinuierliches Signal, können weitere Auswertemethoden wie die Incremental Capacity Analysis (ICA) und die Differential Voltage Analysis (DVA) angewandt werden.

Differentielle Kapazität $C_{\Delta Int}$

Die differentielle Kapazität $C_{\Delta Int}$ ist über die Ableitung der akkumulierten Ladung Q_{el} nach der Spannung U

$$C_{\Delta Int} = \frac{dQ_{el}}{dU} \tag{3.2}$$

definiert und wurde bereits 1976 angewandt [64]. Hierfür wird in der Literatur auch häufig der Begriff ICA [59,65] verwendet[2]. Eine Messmethode bei der die differentielle Kapazität direkt erhalten wird ist die electrochemical voltage spectroscopy (EVS) [66,67], die aktuell kaum angewandt wird. Entsprechend Abbildung 3.2 lassen sich in der differentiellen Kapazität die Plateaus aus der Leerlaufspannungskennlinie und damit die einzelnen Phasen des elektrochemischen Systems als Peaks ablesen und so die Interkalationspotentiale bestimmen. Die Spannungsdifferenz zwischen anodischem und kathodischem Peak wird hierbei als Hysterese bezeichnet [11]. Diese muss mit der Hysterese aus der Leerlaufspannungskennlinie nicht zwingend identisch sein. Eingesetzt wird die Auswertung der differentiellen Kapazität insbesondere zur Diagnose der Alterung [59,68]. Wie später in Abschnitt 6.1 gezeigt wird, ist die Qualität der Spannungsmessung entscheidend für eine Auswertung mittels ICA. Abgesehen von einer entsprechenden Filterung kann die ICA durch die Beschreibung über radiale Basisfunktionen gegenüber Spannungsrauschen stabilisert werden [69].

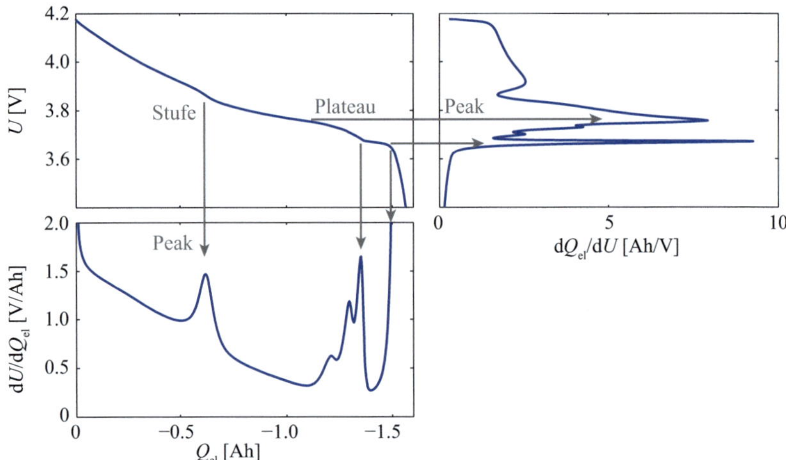

Abbildung 3.2: (a) Quasistationäre OCV bei C/20 für eine Zelle des Typs HE-LCO, (b) daraus berechnete differentielle Kapazität (ICA) und (c) differentielle Spannung (DVA)

---

[2]Um mit den Bezeichnungen der Literatur konsistent zu sein, wird in dieser Arbeit der Begriff ICA verwendet, wenn die differentielle Interkalationskapazität aus Konstantstrommessungen erhalten wurde. Oft wird in der Literatur die Messgröße $C_{\Delta Int}$ selbst als ICA bezeichnet.

Differentielle Spannungsanalyse DVA

Analog zur differentiellen Kapazität ist die differentielle Spannung oder auch DVA als

$$\mathrm{DVA} = \frac{\mathrm{d}U}{\mathrm{d}Q_\mathrm{el}} \tag{3.3}$$

gegeben. Damit bildet die DVA gerade die Steigung in der Leerlaufspannungskennlinie ab, während sie für Plateaus zu Null wird (vergleiche Abbildung 3.2). Sie wird in der Literatur zur Parametrierung von Leerlaufkennlinienmodellen [70] verwendet oder auch zur Diagnose der Alterung [58, 71–73].

3.2.3 Zyklische Voltammetrie CV

Bei der zyklischen Voltammetrie wird der Batterie eine rampenförmige Spannung aufgeprägt und der Batteriestrom aufgezeichnet. Nach Erreichen der oberen oder unteren Umkehrspannung wird das Vorzeichen der Spannungsänderung umgekehrt und es entsteht ein zyklisches Verfahren. Die Spannungsänderungsrate ν_{CV} (englisch slew rate) wird abhängig davon gewählt, welche Prozesse untersucht werden sollen. Zur Auswertung und Interpretation der ermittelten Ströme kommen verschiedene Modelle zum Einsatz. So wurden detailierte Modelle erstellt, um mehrschrittige Prozesse zu untersuchen [49]. Übertragen auf Batterien lassen sich folgende Vereinfachungen angeben: Bei sehr hohen Spannungsänderungsraten werden Ladungsdurchtrittsprozesse angeregt, bei niedrigeren diffusionskontrollierte Prozesse [49]. Für sehr niedrige Spannungsänderungsraten im Bereich von mehreren μV/s spricht man von „super slow cyclic voltammetry" [74], welche die Ermittlung der differentiellen Interkalationskapazität ermöglicht und somit auch die Lage der Interkalationspotentiale wiedergibt.

Hierbei wird an der Lage des Maximums eines Peaks das Interkalationspotential abgelesen, wobei die Wahl der Spannungsänderungsrate einen großen Einfluss auf die ermittelten Interkalationspotentiale hat. Die zugehörige Ladung über die Fläche des Peaks geteilt durch die Spannungsänderungsrate ν_{CV} ergibt die Ladungsmenge des Peaks.

Nach Integration des aufgezeichneten Zellstroms lässt sich auch die Spannung über dem Ladezustand auftragen und somit die Näherung einer Leerlaufspannungskennlinie erreichen. Allerdings wird beim Vergleich mit der Konstantstrommessung ersichtlich, dass gerade die Plateaus nur unzureichend wiedergegeben werden. Eine Gegenüberstellung von ICA und CV am Beispiel einer LFP-basierten Zelle findet sich auf Seite 53.

3.3 Elektrochemische Impedanzspektroskopie

Die elektrochemische Impedanzspektroskopie (EIS) ist ein etabliertes Messverfahren zur Charakterisierung des Kleinsignalverhaltens elektrochemischer Systeme [75–77].

3.3.1 Messprinzip

Dabei wird dem System, wie in Abbildung 3.3(a) dargestellt, ein sinusförmiges Eingangs-signal (Strom oder Spannung) mit einer Frequenz f aufgeprägt. Unter der Bedingung, dass es sich um ein lineares, kausales und zeitinvariantes System handelt, ist das Aus-gangssignal ebenfalls ein Sinussignal mit derselben Frequenz. Gemäß

$$Z(f) = \frac{U_{amp}}{I_{amp}} e^{j\Delta\varphi} \tag{3.4}$$

kann aus dem Verhältnis der Spannungs- U_{amp} und Stromamplitude I_{amp} sowie der Phasendifferenz $\Delta\varphi$ die komplexe und frequenzabhängige Impedanz $Z(f)$ bestimmt werden. Technisch wird dies über einen Frequency Response Analyzer (FRA) entwe-der in Analogtechnik als orthogonale Korrelation oder digital durch die Fast Fourier Transformation (FFT) realisiert. Um ein komplettes Impedanzspektrum zu erhalten,

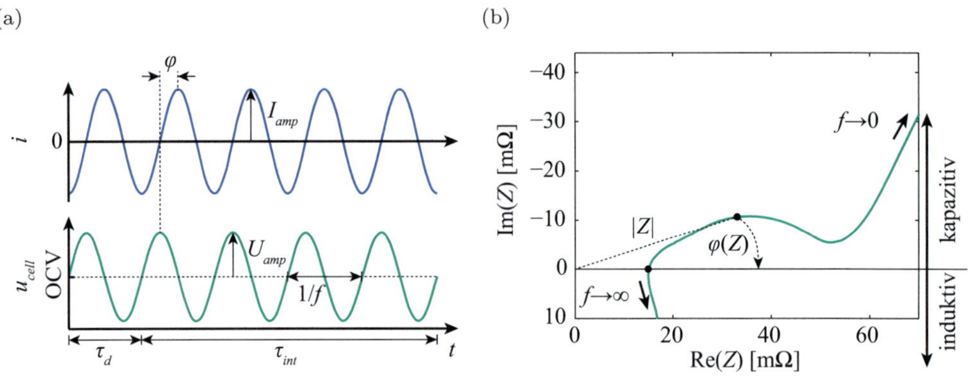

Abbildung 3.3: (a) Strom- und Spannungssignal für die EIS-Messung bei einer Frequenz f (b) Nyquistplot eines Impedanzspektrums am Beispiel der Zelle des Typs HP-LFP1 bei SOC = 90% und $T = 15\,°C$.

wird die Messung für eine Variation der Frequenz mehrfach wiederholt. Das Ergebnis einer solchen Messsequenz ist in Abbildung 3.3(b) als Nyquistplot, am Beispiel einer Zelle des Typs HP-LFP1, dargestellt. Jeder Punkt auf der Linie entspricht dabei genau einer Messung nach Abbildung 3.3(a), wobei der Abstand zum Nullpunkt gerade dem Betrag der Impedanz und der Winkel zur reellen Achse dem Phasenwinkel entspricht. Für ansteigende Frequenzen schneidet das Impedanzspektrum die reelle Achse, wobei am Schnittpunkt in der Literatur oft ein Ohmscher Widerstand abgelesen wird, welcher der Elektronenleitung der Elektroden und der Ionenleitung im Elektrolyten zugerechnet wird [78]. Bei weiterer Erhöhung der Frequenz zeigt die Zelle induktives Verhalten, das heißt der Phasenwinkel ist nun positiv. Für $f \to 0$ verhält sich die Impedanz kapazitiv und strebt gegen einen negativen unendlichen Imaginärteil.

3.3.2 Parameterwahl

Die Anregung mit einem Sinussignal kann dabei in verschiedenen Modi erfolgen:

potentiostatisch: Die Spannungsamplitude U_{amp} und ein Gleichanteil U_{DC} werden vorgegeben.

galvanostatisch: Der Strom wird vorgegeben (Amplitude I_{amp} und Gleichanteil I_{DC}).

pseudopotentiostatisch: Es wird eine Stromanregung durchgeführt und auf die vorgegebene Spannungsamplitude U_{amp} eingeregelt. Eine Überlagerung eines Gleichstroms I_{DC} ist möglich.

Unabhängig vom Anregungsmodus ist bei der Wahl der Anregungsamplitude darauf zu achten, dass sich das System linear verhält. Durch die Überprüfung auf höhere Harmonische kann nichtlineares Verhalten detektiert werden. Entsprechend ist die Anregungsamplitude so weit zu verringern, bis sich das System wieder linear verhält. Weiterhin können die folgenden Parameter gewählt werden:

Offsetstrom I_{DC}: Die Überlagerung mit einem Offsetstrom ist besonders bei der Charakterisierung von Brennstoffzellen interessant, da hier durch die kontinuierliche Brenngaszufuhr ein stationärer Zustand erreicht werden kann. Bei Batterien hingegen wird der Ladezustand während der Messung verändert, so dass die Frequenzpunkte innerhalb eines Spektrums keine konsistente Beschreibung in einem Arbeitspunkt darstellen, da sie bei unterschiedlichen Ladezuständen aufgenommen wurden. Daher sollte im Allgemeinen $I_{DC} = 0$ gewählt oder die Messdauer stark verkürzt werden.

Delayzeit τ_d: Das System benötigt eine gewisse Einschwingzeit, bis es einen quasi-stationären Zustand erreicht hat. Diese Zeitspanne wird nicht zur Auswertung herangezogen. Da diese abhängig von der Anregungsfrequenz f ist, empfiehlt sich ein Wert von $2/f$.

Integrationsdauer τ_{int}: Das Signal innerhalb dieser Zeitspanne wird zur Bestimmung der Impedanz verwendet. Mit diesem Parameter ist eine Anpassung an die Signalstärke und das Rauschniveau möglich, so dass durch Erhöhung von τ_{int} eine Erhöhung der Messdatenqualität möglich ist.

3.3.3 Kontaktierung und Induktivität

Da der Innenwiderstand Z_{cell} von kommerziellen Zellen im Allgemeinen niederohmig ist, ist eine Vierpunktkontaktierung (auch als Kelvinkontakt bezeichnet) empfehlenswert. Der Anregungsstrom erzeugt auf der Stromleitung über R_{L1} zwar eine Spannungsdifferenz, durch den hohen Innenwiderstand der Spannungsmessung fließt allerdings quasi kein Strom über R_{L2}, so dass die Zellspannung korrekt gemessen werden kann.
Bei höheren Frequenzen kann es jedoch zur Einkopplung von Spannungen U_{ind} über die Koppelinduktivität des Messaufbaus L_L in den Spannungsmesskreis kommen. Die

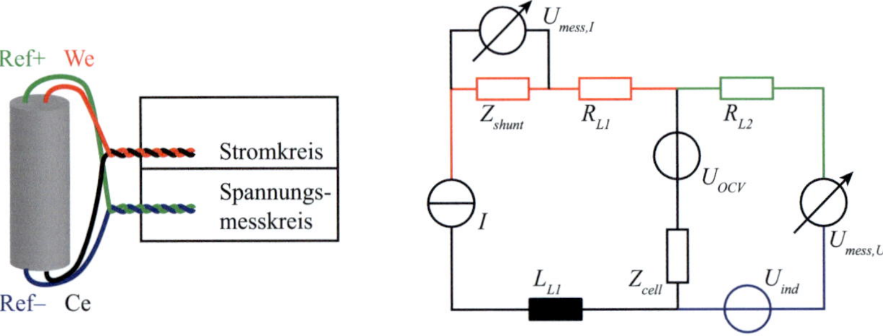

Abbildung 3.4: Links: Skizze der Versuchsanordnung zur Impedanzmessung mit Vierpunktkontaktierung und paarweise verdrillten Kabeln. Rechts: Ersatzschaltungsmodell der Messschaltung.

darüber gemessene Induktivität entspricht dann nicht mehr der reinen Zellinduktivität aus Z_{cell}. Um den Einfluss möglichst gering zu halten, werden die Kabel für Strom- und Spannungsmesskreis paarweise verdrillt, kurz gehalten und in einem Winkel von 90° voneinander weggeführt. Der Einfluss der Kontaktierung auf die gemessene Induktivität wird in Abschnitt 6.2.1 für eine Zelle der Bauform 18650 näher untersucht.

3.3.4 Erweiterungen der EIS

Eine Verkürzung der Messdauer verspricht die *Multisine-EIS*, bei welcher das Anregungssignal aus einer Superposition mehrerer Sinussignale unterschiedlicher Frequenz besteht [79]. Eine Anwendung auf Lithium-Ionen Batterien wird in [80,81] demonstriert. Ein anderer Ansatz, eine kürzere Messdauer und damit eine höhere Zeitauflösung der Impedanzmessung zu erreichen, besteht in der Beobachtung von nur einer Frequenz, was gelegentlich als *single frequency EIS (SFEIS)* bezeichnet wird [82,83]. Auf diesem Ansatz basiert auch die später vorgestellte Temperaturmessung über die Impedanz (siehe Abschnitt 7.1).
Wird der lineare Arbeitsbereich der EIS verlassen, enthält die Systemantwort höhere Harmonische, die weitere Informationen über das System preisgeben. Schon 1962 befasste sich Neeb [84] mit der Analyse solcher Oberwellen. Weitere Ansätze und Methoden, deren Ziel die Untersuchung des nichtlinearen Verhaltens ist, sind in [85] zusammengefasst. In jüngerer Zeit wird die Auswertung der Oberwellen für eine nichtlineare Anregung mittels der EIS als *nichtlineare elektrochemische Impedanzspektroskopie (NLEIS)* bezeichnet [86,87]. Die Auswertung ist verglichen mit der gewöhnlichen EIS deutlich aufwändiger und Untersuchungen an Lithium-Ionen Batterien liegen in der Literatur derzeit noch nicht vor.

3.4 Kramers-Kronig Beziehung

Die Kramers-Kronig Beziehung wurde unabhängig voneinander von Kramers [88] und Kronig [89] hergeleitet. Dabei handelt es sich um eine Integralgleichung, welche es ermöglicht, den Realteil einer Dispersion aus dem Imaginärteil zu berechnen und umgekehrt. Bode wandte das Konzept erstmals auf elektrische Impedanzen an [90]. Eine mögliche Form der Kramers-Kronig Beziehung ist mit

$$Z_{re}(\omega) = Z_{im}(\infty) + \frac{2}{\pi} \int_0^\infty \frac{x Z_{im}(x) - \omega Z_{im}(\omega)}{x^2 - \omega^2} \mathrm{d}x, \tag{3.5}$$

$$Z_{im}(\omega) = -\frac{2\omega}{\pi} \int_0^\infty \frac{x Z_{re}(x) - Z_{re}(\omega)}{x^2 - \omega^2} \mathrm{d}x \tag{3.6}$$

gegeben [91]. Dabei ist zu beachten, dass diese Gleichung nur gilt, wenn das System linear, zeitinvariant und stabil ist. Somit kann unter Verwendung der Kramers-Kronig Beziehung überprüft werden, ob die gemessene Impedanz eines System diese Voraussetzungen erfüllt. Dabei erweist sich jedoch die Integration von 0 bis ∞ in Gleichung 3.5 und 3.6 als Hürde, da Messdaten nur in einem endlichen Frequenzbereich vorliegen können. Daher müssen die Daten für $f \to \infty$ sowie $f \to 0$ extrapoliert werden.

Abhilfe schafft die Verwendung eines Messmodells. Da alle passiven Ersatzschaltungen der Kramers-Kronig Beziehung konform sind, bilden sie eine Untermenge in der Menge der Systeme, welche der Kramers-Kronig Beziehung folgen. Wird dementsprechend ein Messmodell an ein gemessenes Spektrum angefittet, so können die Residuen als Ersatz für die aus der Kramers-Kronig Beziehung gelten. Dabei wird an das Messmodell die Anforderung gestellt, das Frequenzverhalten eines Systems gut wiedergeben zu können ohne auf die physikalische Bedeutung der Parameter einzugehen. Hierfür ist besonders ein Foster-Modell[3] geeignet, welches aus einer Serienschaltung von beliebig vielen RC-Gliedern besteht.

Werden sowohl die Kapazitäten als auch die Widerstände eines Foster-Modells an ein Spektrum angefittet, so kann die Lösung mit einem komplexen, nichtlinearen Verfahren zur Minimierung der Fehlerquadrate (Complex Nonlinear Least Squares (CNLS)) berechnet werden [91, 92]. Wenn die Zeitkonstanten der RC-Glieder zuvor festgelegt werden [93], reicht eine lineare Schätzung aus und der Rechenaufwand sinkt erheblich. Durch eine logarithmische Verteilung der Relaxationszeiten wird eine gleichmäßige Abdeckung aller Frequenzen erreicht.

In allen Ansätzen ist auch die Wahl von negativen Widerständen möglich. Somit können auch induktive Schleifen in der Impedanz modelliert werden. Um auch Batterien, welche für hohe Frequenzen rein induktives und für niedrige Frequenzen rein kapazitives Verhalten aufweisen, mit einem Messmodell beschreiben zu können wird das Foster-Modell um eine Kapazität und eine Induktivität erweitert. Die Schätzung der Parameter erfolgt ansonsten wie in [93]. Neben der Verwendung eines Foster-Modells lässt sich auch die im Folgenden vorgestellte DRT zur Überprüfung der Kramers-Kronig Beziehung anwenden.

---

[3]in der Elektrochemie auch Voigt-Modell genannt

3.5 Verteilungsdichtefunktion der Relaxationszeiten DRT

Die Verteilungsdichtefunktion der Relaxationszeiten erlaubt die Darstellung von Impedanzdaten, wobei im Gegensatz zum Nyquist-Plot Intensität und charakteristische Frequenz des Prozesses gleichzeitig dargestellt werden können. Als weiterer Vorteil zeigt sich die bessere Unterscheidbarkeit von Prozessen ähnlicher charakteristischer Frequenzen [94].

Im Folgenden wird kurz die Herkunft aufgezeigt, es werden die grundlegenden Gleichungen diskutiert und der Übergang von einer kontinuierlichen zu einer diskreten Verteilung durchgeführt. Anschließend wird die Berechnung aus analytisch gegebenen Impedanzen diskutiert und der Unterschied zur Berechnung aus gemessenen, diskreten Impedanzdaten illustriert.

Prinzip

Für einen idealen Plattenkondensator der Kapazität C mit einem idealen Dielektrikum lässt sich der Zusammenhang zwischen Strom i und Spannung u als einfache Differentialgleichung darstellen:

$$i(t) = C\frac{\mathrm{d}u(t)}{\mathrm{d}t}. \tag{3.7}$$

Für ein nicht ideales Dielektrikum mit einer verbleibenden Elektronenleitfähigkeit lässt sich dieser nicht ideale Kondensator als RC-Glied darstellen. Wird der Kondensator nun auf eine Spannung aufgeladen und die Klemmen anschließend geöffnet, so lässt sich ein exponentieller Abfall der Spannung beobachten. Die damit verbundene Dauer wird als Relaxationszeit bezeichnet.

1907 entdeckte v. Schweidler [95], dass dieser Zusammenhang an Glimmerkondensatoren nicht exakt gilt. Der reale Verlauf lässt sich besser durch eine Summe von RC-Gliedern mit unterschiedlichen Relaxationszeitkonstanten beschreiben. Darauf spezifizierte Wagner [96] die Summe als eine Verteilungsfunktion und verwendete eine Gauß-Glocke für die Verteilungsdichtefunktion der Relaxationszeiten.

Es lässt sich also eine kapazitive Impedanz, für die

$$\lim_{\omega \to \infty} \mathrm{Im}\,(Z(\omega)) = 0 \tag{3.8}$$

gilt, durch eine Verteilung der Relaxationszeiten gemäß

$$\underline{Z}(j\omega) = R_0 + R_{pol} \int_0^\infty \frac{\gamma(\tau)}{1 + j\omega\tau}\mathrm{d}\tau \tag{3.9}$$

ausdrücken [94]. Hierbei ist R_0 der verbleibende rein Ohmsche Widerstand, R_{pol} der Gesamtpolarisationswiderstand und γ die Verteilungsdichtefunktion der Relaxationszeiten τ, wobei für eine Dichtefunktion

$$\int_0^\infty \gamma(\tau)\,\mathrm{d}\tau = 1 \tag{3.10}$$

gilt. Es hat sich für die Darstellung als vorteilhaft erwiesen, die Verteilungsdichtefunktion nicht über die Relaxationszeit darzustellen, sondern als normierten Logarithmus der Kreisfrequenz [94]. Ansonsten wären die Peaks der Prozesse bei geringen Kreisfrequenzen bei gleichem Anteil am R_{pol} deutlich niedriger als die Peaks der höherfrequenten Prozesse. Durch die logarithmische Darstellung wird dies verhindert, sie bietet aber auch bei der Berechnung Vorteile. Mit der Substitution

$$x \quad = \quad \ln \frac{\omega}{\omega_0} \tag{3.11}$$

$$y \quad = \quad \ln \omega\tau \tag{3.12}$$

folgt

$$y - x \quad = \quad \ln \omega_0\tau \tag{3.13}$$

$$\mathrm{d}y \quad = \quad \frac{1}{\tau}\mathrm{d}\tau. \tag{3.14}$$

Hierbei ist x die logarithmische Kreisfrequenz und ω_0 eine frei wählbare Kreisfrequenz zur Normierung. Ohne Beschränkung der Allgemeinheit wird $\omega_0 = 2\pi\ \mathrm{s}^{-1}$ gewählt. Die neue Verteilungsfunktion $g(x)$ kann nun wiederum zur Berechnung der Impedanz herangezogen werden:

$$\underline{Z}(x) = R_0 + R_{pol} \int_{-\infty}^{\infty} \frac{g(x)}{1 + j\omega\tau}\mathrm{d}x. \tag{3.15}$$

Für den Übergang auf die diskrete DRT wird das Integral aus Gleichung 3.15 zu einer endlichen Summe umformuliert, mit der Voraussetzung, dass die Diskretisierung für logarithmisch äquidistante Kreisfrequenzen stattfindet:

$$x_n \quad = \quad \ln \frac{\omega_n}{\omega_0} \tag{3.16}$$

$$x_n - x_{n+1} \quad = \quad \mathrm{const} \tag{3.17}$$

$$\underline{Z}(x) \quad = \quad R_0 + R_{pol} \sum_{n=1}^{N} \frac{g_n}{1 + j\omega\tau_n}\delta\tau_{log}. \tag{3.18}$$

Hierbei ist g_n die nun diskrete Verteilungsfunktion an der normierten und logarithmierten Kreisfrequenz x_n. Da die Stützstellen von g_n äquidistant verteilt sind, ist

$$\delta\tau_{log} = x_n - x_{n+1} \tag{3.19}$$

konstant.

Die Darstellung der DRT erfolgt in der Literatur [97] oft nicht als einheitenlose Verteilungsdichtefunktion, sondern direkt als $g \cdot R_{pol}$, welche dann mit der Einheit Ω behaftet ist und als Verteilungsfunktion bezeichnet wird. Dies hat den Vorteil, dass der Betrachter unmittelbar einen Eindruck von der Dimension der Impedanz erhält. Auch wenn die Variable (mathematisch nicht konsistent) weiterhin mit g bezeichnet wird, ist durch die Einheit die Bedeutung unmittelbar einzusehen.

Eine Auftragung von g kann über der Frequenz f oder der Relaxationszeit τ erfolgen. Entsprechend wird die Einheit Ωs oder Ω/s angegeben. Dies darf nicht darüber hinwegtäuschen, dass zur Berechnung der Impedanz nach Gleichung 3.15 weiterhin über die logarithmierte Kreisfrequenz integriert werden muss. Um mit der Literatur konsistent zu bleiben, wird daher an dieser Praxis der Angabe der Einheiten festgehalten.

Berechnung aus einer analytisch gegebenen Impedanz

Unter Berücksichtigung, dass Real- und Imaginärteil einer Impedanz über die Kramers-Kronig Transformation [98] verbunden sind kann nach [94] die Verteilungsdichtefunktion $g(x)$ für einen gegebenen analytischen Impedanzausdruck $\underline{Z}_{ana}(x)$ in analytischer Form mit

$$g(x) = -\frac{1}{\pi R_{pol}} \left[\underline{Z}_{ana}(x) \left(x + j\frac{\pi}{2} \right) + \underline{Z}_{ana}(x) \left(x - j\frac{\pi}{2} \right) \right] \tag{3.20}$$

berechnet werden. Für Impedanzen ohne Singularitäten (zum Beispiel ein RQ-Element mit $n < 1$) kann dieser Ausdruck numerisch ausgewertet werden. Impedanzen deren Verteilungsfunktion der Relaxationszeiten Dirac-Impulse enthalten besitzen Singularitäten und müssen mittels Gleichung 3.20 analytisch hergeleitet werden.

Berechnung aus gemessenen Impedanzdaten

Die Berechnung der DRT aus Impedanzdaten stellt ein schlecht gestelltes, inverses Problem dar, dessen Lösung nicht eindeutig ist. In der Literatur finden sich mehrere Lösungsansätze hierzu [99–101]. In dieser Arbeit wird dem in [97] verwendeten Ansatz gefolgt, der die Tikhonov-Regularisierung [102] zur Stabilisierung der Lösung einsetzt. Die Regularisierung erfolgt in diesem Fall auf die Krümmung von g wodurch bei der Wahl von hohen Werten für den Regularisierungsparameter λ diese stärker „bestraft" wird. Dieser Einfluss wird in Abbildung 3.5 verdeutlicht. Es ist die DRT für ein Leitermodell aufgetragen wobei die Sprossen mit RQ-Elementen (der fraktionalen Hochzahl 0,98) besetzt sind. Für abnehmende Werte von λ steigt die Peakhöhe des Hauptpeaks bei $0,16\,\text{Hz}$, wobei gleichzeitig Peaks bei Frequenzen entstehen, die in der analytischen Lösung nicht vorhanden sind (z.B. im Frequenzbereich von $0,2\,\text{Hz}$ bis $4\,\text{Hz}$). Diese Peaks werden im Weiteren als Artefakte bezeichnet. Für eine Verringerung von λ nähert sich zwar die numerische DRT der analytischen an, jedoch zeigen die Peaks weiterhin eine andere Form, die daraus resultiert, dass dies unter Berücksichtigung der Krümmung das Minimum der Gütefunktion darstellt.

Ebenso lässt sich erkennen, dass für $f > 30\,\text{Hz}$ die sich wiederholenden Peaks der analytischen Lösung nicht mehr korrekt wiedergeben lassen und nur noch im Mittel angenähert werden. Hierbei ist zu beachten, dass bereits der Peak bei der drittniedrigsten Frequenz nur noch $0,7\,\%$ der Höhe des Hauptpeaks erreicht und somit nur noch einen geringen Beitrag zur Gesamtimpedanz leistet. Trotz des Auftretens von Artefakten und der abweichenden Form der Peaks, kann für eine geeignete Wahl von λ (in diesem

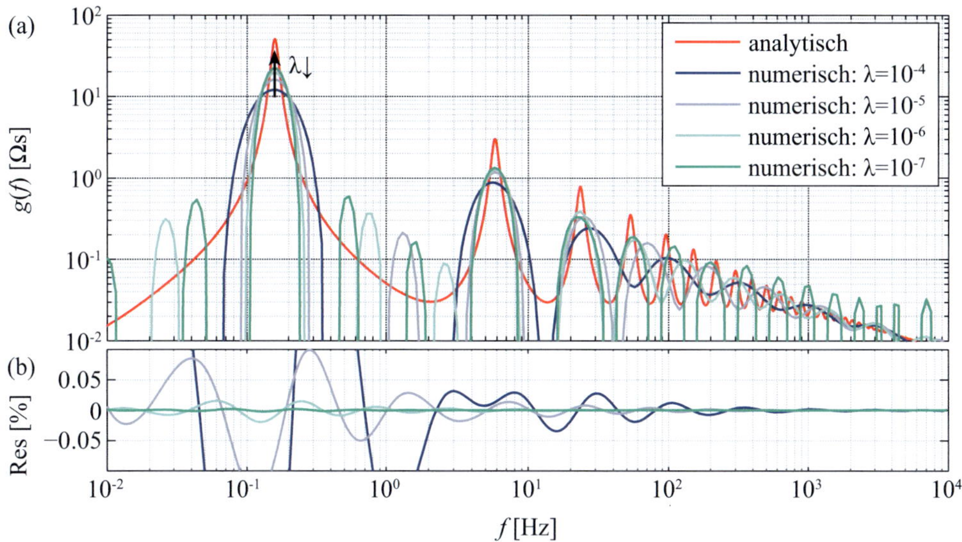

Abbildung 3.5: (a) Vergleich der analytisch und numerisch berechneten DRT am Beispiel der Impedanz eines Leitermodells unter Variation der Regularisierungsparameters λ. (b) Residuen des Realteils aus der zurückgerechneten Impedanz für die numerische DRT.

Fall $\lambda \leq 10^{-6}$) die Impedanz gut beschrieben werden, wie die in Abbildung 3.5 (b) angegebenen Residuen des Realteils der aus der DRT berechneten Impedanz zeigen.

Es ist aus dieser Betrachtung gut nachzuvollziehen, dass sich bereits ein geringes Rauschen in der Impedanzmessung stark auf die Berechnung der DRT auswirkt. Je höher das Rauschen, desto höher muss λ gewählt werden, allerdings ist dann das Auflösungsvermögen der DRT umso geringer. Das bedeutet, die Peaks werden deutlich breiter wiedergegeben und können sich so weit überlappen, dass eine eindeutige Trennung nicht mehr möglich ist. Daher ist die Überprüfung der Messdatenqualität mittels der Residuen aus der Kramers-Kronig Transformation und die Optimierung der Messdatenqualität die Grundvoraussetzung für eine Auswertung mit der DRT.

3.6 Zeitbereichverfahren

Während mit der EIS einzelne Frequenzpunkte vermessen werden konnten, können für manche Auswertemethoden im Zeitbereich Prozesse für einen gewissen Frequenzbereich nur summarisch betrachtet werden (vgl. Abschnitt 3.6.1). Andere basieren auf der Annahme eines zugrundeliegenden Modells (vgl. Abschnitt 3.6.2) und implizieren so das dynamische Verhalten. Durch den Einsatz aufwändigerer Algorithmen kann jedoch auch aus Anregungen mit beliebiger Signalform eine Impedanz berechnet werden (vgl. Abschnitt 3.6.3).

3.6.1 R_τ - **Widerstände**

Eine in der Praxis gängige Methode um das transiente Verhalten von Zellen zu beschreiben besteht darin, die Veränderung der Zellspannung nach Aufschaltung eines Strompulses der Höhe I_p und Dauer T_p sowie nach einer definierten Zeitspanne τ abzulesen [54, 103–106]. Diese Spannungsdifferenz ΔU wird dann durch den Strom I_p gemäß

$$R_\tau = \frac{\Delta U}{I_p} \tag{3.21}$$

geteilt.

Dabei kann die Spannungsdifferenz während des Sprungs oder nach Abschalten des Stroms ermittelt werden (vgl. Abbildung 3.6(a)). In [54] wird dies als „overall discharge resistance" bezeichnet. Beide Methoden liefern unterschiedliche Werte, die neben möglicher Temperaturtransienten besonders durch die Änderung des Ladezustands begründet sind. Der Ladezustand bleibt nach Abschalten des Stroms konstant, ändert sich jedoch während eines Stromflusses. Somit ist eine Änderung der Leerlaufspannung zu berücksichtigen, die mit

$$\Delta U_{SOC} = \frac{\tau \cdot I_p}{C_{\Delta int}} \tag{3.22}$$

beschrieben werden kann und somit abhängig von $C_{\Delta Int}$ ist. Da die abgelesene Differenz der Zellenspannung für $t_p - t_0$ diese Veränderung der Leerlaufspannung enthält, wird ein höherer Widerstand abgelesen als für die Differenz $t_{end} - t_p$. Dies kann auch in Abbildung 3.6(b) nachvollzogen werden. Hier wurde der R_{10} für eine Zelle des Typs HP-NCA bei einem SOC von 50% und einer Pulsstärke von 4 A bestimmt.

(a)   (b)

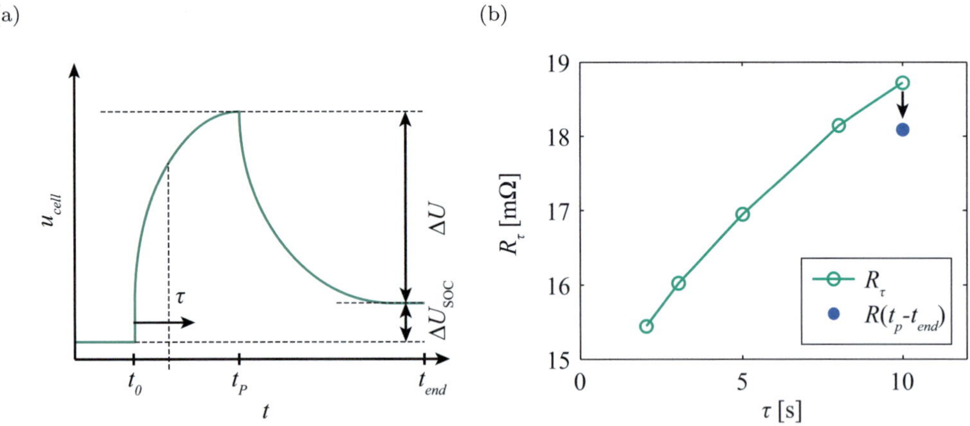

Abbildung 3.6: (a) Definition von R_τ und Illustration des Einflusses der SOC-Änderung, (b) Beispielmessung des R_τ an einer Zelle des Typs HP-NCA bei $SOC = 50\%$, $I_p = 4$ A und einer Pulsdauer von 10 s.

3.6.2 Modellbasierte Verfahren

Ist bereits ein grundlegendes Modellverständnis des Systems vorhanden, kann eine Charakterisierung des Systems auch über die Anpassung der Modellparameter (Fitting) erfolgen. Reine Verhaltensmodelle, bestehend aus einfachen Ersatzschaltungen, können so zumindest das grobe Verhalten nachbilden [80, 107, 108]. Ein Verfahren zur Bestimmung der Impedanz an einem verallgemeinerten Messmodel mittels eines Chirp-Signals wurde in [109] vorgestellt.

Als eigenständige Messmethode haben sich für die Charakterisierung der Diffusion die Verfahren Galvanostatic Intermittent Titration Technique (GITT) und Potentiostatic Intermittent Titration Technique (PITT) etabliert, beispielhaft seien hier [110, 111] genannt. Dabei wird vorausgesetzt, dass die Diffusion durch das Ficksche Gesetz beschrieben werden kann. Bei der GITT wird auf das System ein Strompuls gegeben und die Spannungsrelaxation beobachtet. Mit

$$D_{\text{GITT}} = \frac{4}{\pi} \left(\frac{IV_M}{zFS} \right) \left[\frac{(\mathrm{d}E(X)/\mathrm{d}x)}{(\mathrm{d}E(t)/\mathrm{d}\sqrt{t})} \right]^2 \tag{3.23}$$

kann dann die Diffusionskonstante bestimmt werden, wobei F die Faradaykonstante ist, z die Ladungszahl, S die elektrochemisch aktive Partikeloberfläche, V_M das molare Volumen des Aktivmaterials und I die Stromstärke [112].

Umgekehrt kann auch ein Spannungssprung auf das System gegeben und das Abklingen des Stroms beobachtet werden. Für die PITT gilt dann der Zusammenhang [113]

$$D_{\text{PITT}} = -\frac{\mathrm{d}\ln I(t)}{\mathrm{d}t} \frac{4L^2}{\pi^2} \tag{3.24}$$

In beiden Fällen muss darüber hinaus $t \ll L^2/D_{\text{GITT/PITT}}$ sein, mit der charakteristischen Diffusionslänge L der Partikel.

Sind die Grundvoraussetzungen der Fickschen Diffusion und der geometrischen Annahmen verletzt, so können die Diffusionskonstanten nur noch als scheinbare Diffusionskonstanten betrachtet werden. Eine Erweiterung auf das Zweiphasenverhalten von Lithiumeisenphosphat wird in [114] vorgeschlagen. Eine Anpassung an poröse Elektroden mit einer entsprechenden Stromverteilung wird in [115] vorgenommen.

3.6.3 Transformation in den Frequenzbereich

Der inhärente Nachteil der modellbasierten Verfahren kann durch eine direkte Transformation in den Frequenzbereich umgangen werden. Durch die Laplace- oder Fouriertransformation kann dies auf analytischem Wege erreicht werden. In der Anwendung auf reale Messsignale ergeben sich hier aufgrund der endlichen Messdauer jedoch Probleme. Eine praktische Umsetzung mittels der FFT wird in [116–118] dargestellt und als FT-EIS eingeführt.

Andere Gruppen [119–121] verwenden die Laplace-Transformation in Kombination mit einer geeigneten Filterung und einer segmentierten Auswertung. Auf diesem Verfahren beruht auch das am IWE implementierte [122], welches auch in dieser Arbeit Anwendung findet (siehe Abschnitt 6.3.7).

4 Stand der Technik: Charakterisierung des thermischen Verhaltens

Die Charakterisierung des thermischen Verhaltens wird hier in zwei Teile gegliedert: die Charakterisierung der Quellterme (statisches Verhalten) und die Charakterisierung der Wärmeübertragung (dynamisches Verhalten). Zunächst wird in Abschnitt 4.1 beschrieben, wie der Quellterm für die Reaktionsentropie bestimmt werden kann, der Quellterm für die Verlustleistung wurde bereits bei der Charakterisierung des elektrochemischen Verhaltens bestimmt. Anschließend werden in Abschnitt 4.2 Ansätze zur Charakterisierung des dynamischen Verhaltens vorgestellt, welche die thermische Kapazität, die Wärmeleitung in der Zelle und die Ankopplung an die Umgebung umfassen.

4.1 Reaktionsentropie ΔS

Um die Reaktionsentropie ΔS messtechnisch zu bestimmen sind in der Literatur zwei Verfahren bekannt und werden gleichermaßen eingesetzt.

4.1.1 Kalorimetrie

In einem Kalorimeter kann eine Zelle bei niedrigen Raten entladen und geladen und gleichzeitig der Wärmestrom aufgezeichnet werden. Unter der Annahme, dass die irreversiblen Verluste beim Laden und Entladen identisch sind und da der reversible Wärmestrom $\dot{Q}_{rev}$ mit dem Strom das Vorzeichen wechselt, kann er vom irreversiblen unterschieden und getrennt werden. Diese Messung kann sowohl für kleine Experimentalzellen in Mikrokalorimetern durchgeführt werden [123–126], wobei die Anforderungen an die Genauigkeit sehr hoch sind, als auch für größere kommerzielle Zellen [127–129].

4.1.2 Potentiometrische Messung

Entsprechend Gleichung

$$\Delta G\left(\mathrm{SOC}, T\right) = -n \cdot F \cdot U_0\left(\mathrm{SOC}, T\right) \tag{4.1}$$

ist die Leerlaufspannung mit der freien Reaktionsenthalpie ΔG in Abhängigkeit der Temperatur und des SOC gegeben [130]. Zusammen mit

$$\Delta G\,(\text{SOC}, T) = \Delta H\,(\text{SOC}, T) - T \cdot \Delta S\,(\text{SOC}, T)\,, \tag{4.2}$$

lässt sich die Reaktionsentropie ΔS nun in Abhängigkeit der Leerlaufspannung angeben und anschließend nach der Temperatur ableiten. Unter der Voraussetzung, dass sowohl ΔH als auch ΔS in einem kleinen Intervall unabhängig von der Temperatur sind, gilt:

$$\Delta S(\text{SOC}) = F\left(\left.\frac{\partial U_{OCV}(\text{SOC}, T)}{\partial T}\right|_{\text{SOC}}\right). \tag{4.3}$$

Entsprechend kann durch Variation der Temperatur und Beobachtung der Leerlaufspannung ΔS ermittelt werden. In den meisten Fällen werden die Ladezustände sequentiell angefahren und eine ausreichend lange Zeit zur Relaxation der Spannung eingehalten. Anschließend wird die Temperatur in Schritten variiert, wobei sich eine homogene Temperatur eingestellt haben muss, bevor die Spannung ausgewertet werden kann[1]. Daher ist das Verfahren besonders bei großen, kommerziellen Zellen äußerst zeitintensiv. Die kostengünstige Messtechnik und einfache Auswertung machen es jedoch zu einem sehr häufig angewandten Verfahren [44, 47, 123, 124, 128, 129, 132–135].
Beispielhaft ist mit Abbildung 4.1 die Temperaturvariation für eine Zelle des Typs HP-NCA bei einem SOC von 55 % dargestellt. Der für die Temperaturstufen berechnete Gradient $\mathrm{d}U/\mathrm{d}T$ variiert leicht. Daher wird in manchen Publikationen für die einzelnen Temperaturschritte jeweils ein Wert für ΔS ermittelt oder eine Regressionsanalyse durchgeführt, so dass Fehlerbalken angegeben werden können [123, 128, 129, 132].
Zur Durchführung der Messung bestehen zumindest für kleine Zellen bereits integrierte Lösungen am Markt, üblicherweise wird jedoch der Messaufbau aus separaten Laborgeräten und einem Klimaschrank zusammengestellt. Da die Messgenauigkeit von den Geräteeigenschaften und dem Messaufbau stark abhängen werden im Folgenden kurz die Anforderungen umrissen:

Genauigkeit der Spannungsmessung: Der Betrag von $\mathrm{d}U/\mathrm{d}T$ liegt in vielen Fällen unter $0,2\,\mathrm{mV} \cdot \mathrm{K}^{-1}$, lediglich Naturgraphit erreicht für starke Delithiierung Werte von über $0,6\,\mathrm{mV} \cdot \mathrm{K}^{-1}$ [135]. Da die Reaktionsentropie nur für kleine Temperaturänderungen als unabhängig von der Temperatur betrachtet werden kann, wird bei den Messungen im Allgemeinen eine geringe Temperaturvariation in Temperaturschritten von 5 K vorgenommen. Dies bedeutet aber, dass die Spannungsmessung besonders genau erfolgen muss. Bei einer erwünschten Auflösung $\epsilon_{\mathrm{d}U/\mathrm{d}T}$ von $0,01\,\mathrm{mV} \cdot \mathrm{K}^{-1}$ muss demnach die Spannungsmessung mit einer Genauigkeit von mindestens $0,05\,\mathrm{mV}$ erfolgen.

Selbstentladung der Zelle: Besonders bei Experimentalzellen zeigt sich oft eine gegenüber kommerziellen Zellen erhöhte Selbstentladung. Um diese möglichst gering zu halten, empfiehlt es sich die Temperaturvariation bei Temperaturen unterhalb der

---

[1]Neben der Messung bei stationärer Temperatur existiert noch der weniger verbreitete Ansatz langsame Temperaturrampen abzufahren, um so direkt aus dem Plot die Steigung und damit ΔS ablesen zu können [48, 131].

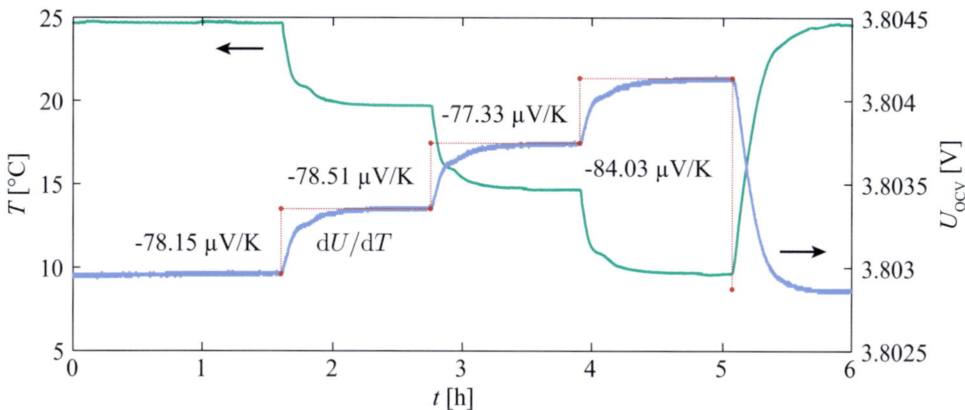

Abbildung 4.1: Messung der Reaktionsentropie, illustriert am Beispiel einer Zelle des Typs HP-NCA bei $SOC = 55\,\%$. Die ermittelten Spannungsdifferenzen sind rot eingezeichnet und mit dem ermittelten Wert für $\mathrm{d}U/\mathrm{d}T$ versehen.

Raumtemperatur durchzuführen. Besonders problematisch ist die Selbstentladung, wenn deren Zeitkonstante die Größenordnung der Dauer der Temperaturvariation erreicht. Liegt die Zeitkonstante deutlich darunter, wird in der Literatur [47,136] die durch die Selbstentladung verursachte Spannungsdrift durch eine lineare Näherung kompensiert.

Homogene Zelltemperatur: Ebenso muss gewährleistet sein, dass die Temperatur der Experimentalzelle homogen ist. Befinden sich zwei elektrische Leiter auf verschiedenen Temperaturniveaus, kann es zur Ausbildung einer Thermospannung, aufgrund des thermoelektrischen Effekts, kommen. Diese kann in der Größenordnung des Entropie-Terms liegen und damit die Messung stark verfälschen [137].

Gleichgewichtszustand der Zellenspannung: Da die Reaktionsentropie bei unterschiedlichen Ladezuständen erfasst werden soll, muss die Zelle zwischen den Messungen ent- oder geladen werden. Abhängig von Material, Temperatur und Ladezustand kann die daraufhin folgende Relaxationsphase sehr lange dauern. Um sicherzustellen, dass die Messung der Reaktionsentropie nicht von einer überlagerten Relaxation beeinflusst wird, muss der Spannungsgradient (bezogen auf die Zeit) geringer sein als die gewünschte Genauigkeit des Entropie-Terms $\epsilon_{\Delta S}$ multipliziert mit der maximalen Differenz der Temperaturvariation ΔT und bezogen auf die Dauer der Temperaturvariation Δt_{Mess}:

$$\frac{\partial U}{\partial t} \leq \frac{\epsilon_{\Delta S} \cdot \Delta T}{\Delta t_{Mess}}. \tag{4.4}$$

In der Literatur werden hier Werte unter $1\,\mathrm{mV\,h^{-1}}$ und $0{,}1\,\mathrm{mV\,h^{-1}}$ angegeben [130, 136].

4.2 Dynamisches Verhalten

Zur Charakterisierung des dynamischen thermischen Verhaltens bestehen in der Literatur zwei grundlegend verschiedene Ansätze: Zum einen kann in einem Top-Down Verfahren das Gesamtverhalten des Systems bestimmt und anschließend Rückschlüsse auf die thermischen Materialparameter gezogen werden. Zum anderen können in einem Bottom-Up Verfahren erst die thermischen Materialparameter ermittelt und anschließend aus einer Zerlegung der Zelle in Volumenelemente ein Modell gebildet werden, welches das thermische Systemverhalten wiedergeben soll.

Zunächst sollen die Top-Down Verfahren betrachtet werden. Barsoukov et al. [138] umwickeln die Zelle mit einem Heizdraht und regen sie pulsförmig an um die resultierende Temperaturentwicklung an der Zelloberfläche zu verfolgen. Die Übertragungsfunktion des Wärmestroms auf die Oberflächentemperatur leiten sie aus der Pulsantwort ab und bezeichnen dies als thermische Impedanz. Einen anderen Weg wählen Forgez et al. [47], die a priori ein thermisches Ersatzschaltungsmodell aufstellen und dies dann an Messdaten der Zelle unter Belastung anpassen.

Bei der Charakterisierung des thermischen Verhaltens von Leistungshalbleitern wird ebenfalls eine Abkühlkurve ausgewertet. Hierbei wird zunächst der Wärmestrom über den pn-Übergang eingestellt und anschließend dessen Schwellspannung zur Messung der inneren Temperatur herangezogen [100]. Dadurch wird es möglich die für den Betrieb relevante Übertragungsfunktion des Wärmestroms auf die innere Temperatur abzuleiten. Hier haben sich auch dedizierte Auswertemethoden etabliert, die eine Auflösung der dünnen Schichten in einem IC-Gehäuse ermöglichen [100].

Generell bieten die Top-Down Verfahren den Vorteil, dass die thermische Ankopplung der Zelle an die Umgebung stets mit erfasst wird und so bei einer in-situ Messung im realen Anwendungsfall (z.B. im Modul) ebenfalls messtechnisch charakterisiert wird.

In der Mehrzahl der Veröffentlichungen wird jedoch das Gesamtverhalten des Systems aus einer Zerlegung in Volumenelemente mit entsprechenden thermischen Materialparametern dargestellt (Bottom-Up Verfahren). Die Bestimmung der spezifischen Wärmekapazität c_p kann dabei über eine Abkühlkurve erfolgen oder in einem Kalorimeter adiabatisch ermittelt werden [139]. Die thermische Leitfähigkeit kann über ein stationäres Messverfahren oder über dynamische Verfahren ermittelt werden. Bei den stationären wird bei bekanntem Wärmestrom aus der Temperaturdifferenz, welche sich über die Probe einstellt, die Wärmeleitfähigkeit berechnet. Bei dynamischen Verfahren wie der (Xenon) Flash Methode [140] wird wiederum ein Abkühlverhalten über die Fouriersche Gleichung beschrieben und daraus der Parameter gewonnen.

Ein in der Literatur auf Lithium-Ionen Zellen noch nicht angewandtes Verfahren stellt die photothermische Strahlablenkung dar, die es ermöglicht die Temperaturleitfähigkeit zu erhalten.

5 Stand der Technik: Modellierung

Für die Anwendung von Modellen gibt es unterschiedliche Motive:

Beschleunigung des Entwicklungszyklus Der Aufbau von Prototypen und die Erprobung dieser ist äußerst zeitaufwändig und kostenintensiv. Daher wird in einem frühen Entwicklungsstadium versucht das Produkt (zum Beispiel ein Elektrofahrzeug) in der Simulation zu erproben und gegebenenfalls das Design iterativ zu verbessern. Auch bei Hardware-in-the-Loop Tests wird das umgebende System simuliert und somit ein Modell erforderlich.

Steuerung und Regelung von System In komplexeren Regelsystemen werden oft Modelle des zu regelnden Systems oder der Umgebung benötigt. Dabei sind besonders hohe Anforderungen, bezüglich der Echtzeitfähigkeit, an das Modell gestellt. Entsprechend werden Verhaltensmodelle bevorzugt, wenn diese die Leistungsfähigkeit des Gesamtsystems erhöhen.

Diagnose In komplexen Systemen sind nicht alle Zustandsgrößen zugänglich. Durch die Verwendung von Modellen können diese Zustände beobachtbar werden. Anschließend muss ein Diskriminator die Unterscheidung zwischen fehlerhaftem und fehlerfreiem Verhalten ermöglichen.

In jeder technischen Anwendung ist der Einsatz eines Modells stets mit Randbedingungen verknüpft („Accuracy, Computational complexity, Configuraton effort, Analytical insight" [141]), so dass nicht zwangsläufig das detaillierteste Modell das Optimum darstellt. Das Ziel besteht daher nicht darin das „korrekte" sondern das für die Anwendung optimale Modell auszuwählen.

5.1 Klassifizierung der Batterie-Modelle

Diese folgende Übersicht klassifiziert die bestehenden Modellansätze, um eine Einordnung des in dieser Arbeit vorgestellten Modellansatzes in die bestehenden vornehmen zu können. Die Systemtheorie ordnet Modelle nach dem Grad ihrer physikalischen Interpretierbarkeit nach *white box, grey box* und *black box* Modellen [142]:

White box: Ein Modell basierend auf physikalischen und elektrochemischen Differentialgleichungen ist ein white box Modell. Dieses wird oft mit einem FEM-Tool simuliert, wobei die räumliche Auflösung unterschiedlich ausfallen kann. Angefangen bei 0D-Modellen, über homogenisierte Modelle [143], Partikel-Modelle [144]

(1D) und homogenisierte 2D-Modelle [145, 146] bis hin zu 3D-Modellen [147], erhöht sich dabei stets der Berechnungsaufwand. Die Mikrostruktur kann bei den Modellen entweder als Rekonstruktion einer realen Elektrode vorliegen, durch die generische Erzeugung einer Mikrostruktur mit definierten Parametern gewonnen werden oder homogenisiert berücksichtigt werden. In den meisten Fällen werden die zur Parametrierung notwendigen Materialkonstanten der Literatur entnommen oder müssen durch separate Messung aufwändig bestimmt werden. Eine andere Möglichkeit ist die Optimierung der Parameter am FEM-Modell selbst, was jedoch mit einem hohen Berechnungsaufwand verbunden ist.

Grey box: Als grey box Modelle können elektrische Ersatzschaltungsmodelle bezeichnet werden, die bereits schon vor dem Einsatz von Lithium-Ionen Batterien in technischen Anwendungen verwendet wurden [148]. Die physikalische Interpretierbarkeit kann hierbei erhalten werden. So bildet z.B. die Warburg-Impedanz die Diffusion korrekt ab [149], der nichtlineare Ladungstransfer kann über einen nichtlinearen Widerstand abgebildet werden [150–152]. Jedoch schließt die Mehrdeutigkeit der Ersatzschaltungen eine Fehlinterpretation nicht aus, obwohl das Klemmenverhalten korrekt wiedergegeben wird. Hier ist die Erfahrung des Simulators gefragt. Weiterhin muss eine fraktionale Impedanz wie sie die Warburg-Impedanz ist, zunächst durch eine Summe nicht fraktionaler Impedanzelemente angenähert [150] oder über die Implementierung eines fraktionalen Integrators gelöst werden (für Pb-Batterie [153, 154], für NiMh [155], allgemein [156]). Im Allgemeinen weisen Ersatzschaltungsmodelle einen geringen Rechenaufwand auf und können daher für Anwendungen mit Echtzeitanforderungen angewandt werden. Die örtliche Auflösung durch Ersatzschaltungsmodelle kann nicht die einer rekonstruierten, realen Mikrostruktur erreichen. Allerdings können durch Leitermodelle Porosität nachgebildet [75, 81, 157, 158] und durch Segmentierung ein grob ortsaufgelöstes Modell erstellt werden [159, 160]. Die Parametrierung der Ersatzschaltungsmodelle erfolgt oft durch einen Fit an gemessene Impedanzspektren [81, 151, 161–167]. Aber auch eine Parameteroptimierung auf einem Strom- und Spannungsprofil ist möglich [168–173]. Moderate Rechenleistungen genügen zur Simulation. Diese Modelle werden sehr häufig in Kalman-Filter [174–176] eingesetzt, die in verschiedenster Ausprägung weit verbreitet sind.

Black box: Zu den black box Modellen werden künstliche neuronale Netze [177–180] und Fuzzy-Logik [181] oder NARMAX Modelle [182] gezählt. Diese Modelle werden überdies hauptsächlich für Diagnosezwecke eingesetzt und nicht zur Wiedergabe des Strom-/Spannungsverhaltens. Die Parameter dieser Systeme können nicht mehr physikalisch interpretiert werden. Dem gegenüber stehen eine voll automatisierte Parametrierung und ein kaum notwendiges Verständnis der physikalisch-chemischen Vorgänge in einer Batterie.

Um die Zielsetzung dieser Arbeit umsetzen zu können, wird ein Ersatzschaltungsmodell und damit ein grey-box Modell gewählt.

5.2 Leerlaufspannungsmodell

Zur Modellierung der Leerlaufspannung existieren unterschiedliche Ansätze in der Literatur, je nach notwendigem Detailierungsgrad und Anwendungsfall. Daher wird im Folgenden auf die Modellierung von einzelnen Elektroden, Vollzellen und der Hysterese eingegangen.

5.2.1 Einzelne Elektroden

In vielen Fällen wird die Leerlaufspannung als *Wertetabelle* hinterlegt [57,151,183,184] oder *empirisch* mittels rationaler Funktionen oder als eine Summe von Exponential- und tanh-Funktionen beschrieben [185–189].

Neben dieser empirischen Herangehensweise wird ein stärker an der Thermodynamik orientierter Ansatz, über eine Beschreibung mittels der *Nernst-Gleichung*, versucht [190]. Für Elektroden mit Phasenseparation wird eine abschnittsweise Definition vorgenommen [191,192], wobei die Übergänge zwischen den Abschnitten mit Gaußfunktion geglättet werden [191].

Eine bessere Beschreibung lässt die Modellierung über die *Redlich-Kister-Gleichung* [193] zu, welche die Exzessenthalpie von Mischungen beschreibt. Einen zusätzlichen Vorteil bietet die physikalische Interpretierbarkeit der Parameter. So leiten Karthikeyan et al. [8] aus den Parametern der Redlich-Kister-Gleichung die Aktivitätskoeffizienten ab und setzen diese zur Beschreibung der Diffusion ein, Colclasure et al. [194] verwenden die Aktivitätskoeffizienten zur Parametrierung der Butler-Volmer Gleichung.

Soll die Leerlaufspannung von Blend-Elektroden beschrieben werden, so ergeben sich, abhängig vom gewählten Modell, zwei Möglichkeiten. Werden die einzelnen Partikel getrennt beschrieben, kann entsprechend der Materialchemie des Partikels die jeweilige Leerlaufspannungskennlinie hinterlegt werden [195]. Soll für die gesamte Blend-Elektrode ein effektives Partikel betrachtet werden, muss aus den einzelnen Leerlaufkennlinien der verschiedenen Materialien die Gesamtleerlaufspannung berechnet werden. Tran [18] berechnet diese durch die gewichtete Summe der Leerlaufspannungen der Einzelmaterialien in Abhängigkeit der Ladung. Dubarry et al. [196] sehen die unterschiedlichen Anteile direkt in der ICA, quantifizieren diese jedoch nicht. In Abschnitt 8.1.4 wird eine neue Methode vorgestellt, die beide Ansätze vereint.

5.2.2 Vollzellenspannung

Werden im Modell die Vorgänge in Anode und Kathode getrennt simuliert, so müssen beide Leerlaufkennlinien getrennt hinterlegt werden. Über einen Parametersatz wird das Kapazitätsverhältnis von Kathode und Anode (*Balancing*) sowie der verwendete SOC-Bereich der Einzelelektroden (*Alignment*) eingestellt.

Werden die Überspannungen summarisch betrachtet und ein Impedanzmodell zur Beschreibung der kompletten Zelle verwendet, so kann aus den Leerlaufkennlinien der Einzelelektroden, unter Berücksichtigung des Balancings und Alignments, die resultierende Leerlaufspannungskennlinie berechnet werden [70].

In vielen Fällen wird bei der Verhaltensmodellierung direkt auf eine gemessene Leerlaufspannungskennlinie der Vollzelle zurückgegriffen. Da sich diese jedoch während der Alterung verändert und nicht durch einfache Skalierung angepasst werden kann, muss während der Lebenszeit die Kennlinie durch neue Messungen ersetzt werden. Eine Alternative bietet hier das Modell nach Honkura et al., da es über die Parameter für Balancing und Alignment einen Großteil der Alterungsursachen nachbilden kann.

5.2.3 Hysterese

Eine Berücksichtigung der Hysterese in der Leerlaufspannung von Graphit und LFP findet in den wenigsten Fällen statt. Die Mittelung der OCV, aufgenommen aus Lade- und Entladerichtung, ist jedoch nicht möglich [191]. Eine physikalische Erklärung für die Hysterese bei Graphit wird in [12,13] diskutiert, für LFP wird in [57] eine Erklärung über die Verarmung von Li-Ionen in den Poren im Zusammenspiel mit dem Shrinking-Core Modell versucht.

Für die Anwendung in einem Verhaltensmodell genügt eine Beschreibung, welche den Verlauf abzubilden vermag. Hierzu zeigt Plett [183] zwei Möglichkeiten auf, Roscher [57] verwendet einen limitierten Integrator, um ein sanftes Umschalten zwischen den Grenzkurven zu ermöglichen.

5.3 Thermische Modelle

Die Ansätze in der Literatur zur thermischen Modellierung werden hier in zwei Klassen eingeteilt: Physikalische Modelle, welche das Fouriersche Gesetz der Wärmeleitung implementieren und so auch komplexe Geometrien abzubilden vermögen und Ersatzschaltungsmodelle, welche die räumliche Verteilung auf konzentrierte Parameter reduzieren. Ein weiteres Unterscheidungsmerkmal ist die Berechnung der Wärmequellterme. Einen guten Überblick der Literatur zur thermischen Modellierung bietet das Review-Paper von Bandhauer et al. [197].

5.3.1 Physikalische Modelle

Der Wärmetransport in der Zelle wird über das Fouriersche Gesetz (siehe Gleichung 2.13) beschrieben. Durch Vernachlässigung von Randeffekten und Berücksichtigung der Symmetrie kann die Dimension des Problems oft reduziert werden. Für die Simulation einer gewickelten Rundzelle zeigten Gomadam et al. [198] auf, wie ein spiralförmiger Elektrodenaufbau wieder auf ein eindimensionales radialsymetrisches Problem zurückgeführt

Tabelle 5.1: Korrespondenzen der thermodynamischen Größen und der elektrischen bei der elektrothermischen Analogie nach [203].

thermodynamisch	elektrisch
T	u
$\dot{Q}$	i
C_{th}	C
R_{th}	R

werden kann. In vielen Fällen werden die einzelnen Elektrodenschichten (Anodenableiter, Anodenmaterial, Elektrolyt, Kathodenmaterial, Kathodenableiter) auch als homogenisiert betrachtet und die Materialparameter gemittelt [199].

Die Parametrierung der Modelle erfolgt in den meisten Fällen mittels Materialparameter aus der Literatur, für die jedoch nur wenige Quellen bestehen [139]. Besonders die Parameter für die Elektrodenbeschichtung sind, neben den reinen Materialparametern des Aktivmaterials, auch abhängig von der Mikrostruktur und von der Leitrußmatrix. Hier fehlen oft entsprechende Werte in der Literatur.

Neben der Simulation ganzer Zellen [200] werden in der Literatur auch Elektrodenpaare [201] oder die Mikrostuktur einer Elektrode simuliert [202].

5.3.2 Ersatzschaltungsmodelle

Wird das thermische Verhalten in FEM-Simulationen abgebildet, so kann die Fourier-Gleichung direkt implementiert werden. Nachteilig ist hierbei die lange Rechenzeit, was insbesondere dann zu Problemen führt, wenn die Parameter des Modells unbekannt sind und durch Optimierung des Modells auf Messdaten identifiziert werden sollen. Ein Modellierungsansatz mit einem deutlich geringeren Rechenaufwand ist die Betrachtung von Ersatzschaltungen. Daher wird zunächst die elektrothermische Analogie erläutert, die es ermöglicht, thermische Größen durch elektrische auszudrücken. Anschließend wird an einem Beispiel eine Ersatzschaltung mit konzentrierten Parametern hergeleitet, eine Erweiterung auf Systeme mit verteilten Parametern findet sich in Anhang B. Abschließend wird ein Überblick der in der Literatur verwendeten Modelle gegeben.

Elektrothermische Analogie

Zu Beginn des 20. Jahrhunderts stellte der deutsche Physiker Jakob das Konzept der *elektrothermischen Analogie* auf [203], welches es ermöglicht Wärmeübertragung in Form von Ersatzschaltungen zu modellieren. Entsprechend der Tabelle 5.1 können die physikalischen Größen aus der Thermodynamik durch die elektrischen Pendants ausgedrückt werden. Eine Impedanz kann somit zur Beschreibung der stationären und instationären Wärmeübertragung verwendet werden.

Der Vorteil der elektrothermischen Analogie besteht in der Verwendbarkeit zahlreicher bestehender Programme zur Simulation von elektrischen Schaltungen (zum Beispiel Simulation Program with Integrated Circuit Emphasis (SPICE) [204]), einer einfachen strukturellen Darstellung und der Parameteridentifikation über einen CNLS-Fit.

Beispielsystem mit konzentrierten Parametern

Für das einfache Beispiel der Wärmeübertragung durch eine Wand unter Vernachlässigung von Randeffekten, wird das in Abbildung 5.1 dargestellte, einfache Ersatzschaltungsmodell (ESM) aufgestellt. Nach Gleichung 2.14 lässt sich der Wärmestrom $\dot{Q}$ durch

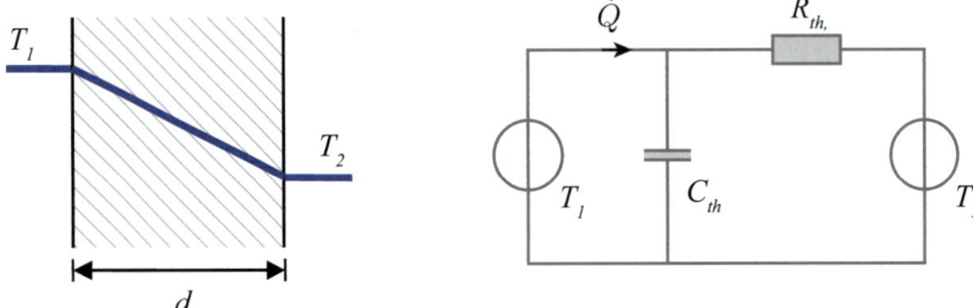

Abbildung 5.1: Links: Skizze für die Wärmeleitung durch eine Wand der Dicke d. Rechts: Daraus abgeleitetes Ersatzschaltungsmodell.

$$\dot{Q} = -\lambda_{th} \cdot A \frac{T_1 - T_2}{d} \tag{5.1}$$

berechnen. Teilt man nun analog zum Ohmschen Gesetz die Temperaturdifferenz $T_1 - T_2$ durch den Wärmestrom $\dot{Q}$ erhält man nach Tabelle 5.1 den korrespondierenden thermischen Widerstand R_{th}:

$$R_{th} = \frac{T_1 - T_2}{\dot{Q}}. \tag{5.2}$$

Eine Näherung des instationären Verhaltens erhält man, durch Berücksichtigung der Wärmekapazität C_{th} der Wand:

$$C_{th} = \rho \cdot c_{th} \cdot V. \tag{5.3}$$

Hierbei ist V das Volumen der Wand und ρ die spezifische Dichte. Entsprechend kann das in Abbildung dargestellte ESM abgeleitet werden. Die dargestellte Schaltung ist ein Tiefpass erster Ordnung und wird in der Regelungstechnik auch als PT1-Glied bezeichnet. Soll der Wärmestrom für Zeiten kürzer als die Relaxationszeitkonstante τ gut nachgebildet werden, wird eine aufwändigere Näherung notwendig (siehe Anhang B.2).

Für ein unendlich ausgedehntes Leitermodell sind die verwendeten Kapazitäts- und Widerstandsbeläge auch weiterhin als physikalisch sinnvolle Materialgrößen interpretierbar. Eine Implementierung kann jedoch nur als Leitermodell mit einer endlichen Anzahl von Elementen durchgeführt werden. Entsprechende Näherungslösungen sind aus der Literatur bekannt [205], wobei die Struktur des Modells und damit auch die physikalische Interpretierbarkeit der Parameter erhalten bleibt.

Linearisierung im Arbeitspunkt

Zur Nachbildung von nichtlinearen Wärmeübertragungsmechanismen können entweder nichtlineare Bauelemente aus der Elektrotechnik eingesetzt werden oder es wird in den Arbeitspunkten ein lineares Modell erstellt und die Parameter der linearen Bauelemente nachgeführt. Hierbei ergibt sich für jeden stationären Arbeitspunkt ein lineares Modell, die entsprechenden Parameter können vor der Simulation in Wertetabellen abgelegt werden. Diese Implementierung ist somit sehr einfach und schnell. Am Beispiel der Wärmeübertragung an einer Oberfläche wird dieses Vorgehen im Folgenden kurz erläutert. Die Wärmeübertragung soll mittels eines Ohmschen Widerstands im Arbeitspunkt, der nun von der Oberflächentemperatur T_{surf} und der Umgebung T_{amb} abhängt, dargestellt werden. Hierbei setzt sich der von der Oberfläche abgegebene Wärmestrom $\dot{Q}$ aus dem Wärmestrom aus Konvektion $\dot{Q}_{conv}$ und Strahlung $\dot{Q}_{rad}$ zusammen. Mit den Gleichungen 2.15 und 2.17 wird damit $\dot{Q}$ berechnet zu:

$$\dot{Q} = \dot{Q}_{conv} + \dot{Q}_{rad} \tag{5.4}$$

$$\dot{Q} = \alpha_k(T_{surf}) \cdot A \cdot (T_{surf} - T_{amb}) + C_{12} \cdot A \cdot \left(T_{surf}^4 - T_{amb}^4\right) \tag{5.5}$$

Unter Verwendung von 5.2 lässt sich eine stückweise lineare Lösung in jedem Arbeitspunkt angeben.

Anwendung in der Literatur

Elektrothermische Ersatzschaltungsmodelle finden in den Quellen [44, 206–209] Anwendung, wobei für die Formulierung des Modells nicht explizit ein Ersatzschaltbild angegeben und als Bezeichnung der Begriff „lumped parameter model" verwendet wird. Die Vorgehensweise entspricht jedoch der bei der Aufstellung eines Ersatzschaltungsmodells: Das zu betrachtende Volumen wird in diskrete Volumenelemente zerlegt. Diese besitzen eine thermische Kapazität, welche über Widerstände mit den Kapazitäten anderer Volumenelemente verbunden sind. Ein einfaches, explizites Ersatzschaltbild mit einer thermischen Kapazität geben Forgez et al. an [47], Fleckenstein et al. zeigen ein Modell mit höherer Auflösung und variieren die Anzahl der Volumenelemente [210]. Die Parametrierung erfolgt teilweise über Materialparameter, in vielen Fällen jedoch durch Anpassung an Messungen unter elektrischer Last.
Während die Beschreibung des thermischen Verhaltens von Lithium-Ionen Batterien

über thermische Ersatzschaltungen mit wenigen Knotenpunkten erfolgt, werden bei der Charakterisierung und Modellierung von Leistungshalbleitern deutlich aufwändigere Ersatzschaltungen eingesetzt [211, 212].

5.3.3 Wärmequellterme

Für die Berechnung des Wärmequellterms wird oft die Gleichung nach Bernardi et al. angeführt [41], wobei lediglich die elektrische Verlustleistung und die Änderung der Reaktionsentropie berücksichtigt werden (siehe Abschnitt 2.5.1). Hierbei wird die elektrische Verlustleistung aus einem gekoppelten elektrochemischen Modell bestimmt oder aus Messungen von Strom und Spannung nach $P_{\mathrm{el}} = (U - U_{\mathrm{OCV}}) \cdot I$ [46]. Allerdings wird in letzterem Fall eine volumetrisch homogene Wärmeentstehung angenommen, während bei Kopplung eines elektrochemischen Modells der Wärmequellterm positionsabhängig sein kann. Ebenso kann nur bei räumlicher Auflösung des elektrochemischen Modells eine inhomogene Stromverteilung und somit auch ortsabhängige Änderung der Reaktionsentropie berücksichtigt werden.

6 Charakterisierung des elektrochemischen Verhaltens

Um zu einem Modell des elektrochemischen Verhaltens zu gelangen, müssen die betrachteten Zellen sowohl für das statische (Leerlaufspannung) als auch für das dynamische Verhalten (Impedanz) charakterisiert werden. Wie im Stand der Technik beschrieben, stehen hierfür verschiedene Messmethoden zur Auswahl.

Zunächst wird in Abschnitt 6.1 das statische Verhalten am Beispiel einer Zelle des Typs HP-LFP2 betrachtet: Von Abschnitt 6.1.1 bis 6.1.3 wird die Aufnahme von quasistationären Leerlaufkennlinien durch Entladung mit einer geringen Stromrate mit Relaxationsmessungen verglichen. Die Auswertung der Konstantstrommessungen mittels ICA und die Anforderungen an die Messungen sowie ein Vergleich mit anderen Messverfahren werden in Abschnitt 6.1.4 diskutiert. Es folgt in Abschnitt 6.1.5 die Auswertung der quasistationären Leerlaufkennlinien mittels DVA.

Anschließend wird in 6.2 am Beispiel der Zelle des Typs HP-NCA das lineare dynamische Verhalten mittels Impedanzmessungen ermittelt und mit der Verteilung der Relaxationszeiten (engl. Distribution of Relaxation Times) (DRT) ausgewertet. Um den erfassbaren Frequenzbereich auf niedrigere Frequenzen auszuweiten wird im darauffolgenden Abschnitt 6.3 ein Messverfahren entwickelt und diskutiert.

6.1 Bestimmung der Interkalationspotentiale und der Leerlaufspannung

6.1.1 Messungen

Alle Messungen wurden in einer Klimakammer bei einer eingestellten Prüfraumtemperatur von 25 °C durchgeführt. Sowohl die Konstantstrommessungen als auch die Relaxationsmessungen wurden mit einem 1470E Celltest System (Solartron) durchgeführt, wobei die Spannung zusätzlich mit einem 34970A (Agilent) aufgezeichnet wurde, um die benötigte Spannungsmessgenauigkeit zu erreichen. Da die Versuchsdauer im Allgemeinen sehr hoch war (mehrere Tage), wurden nicht alle Messungen an derselben Zelle durchgeführt, wobei allerdings beachtet wurde, dass alle Zellen aus der gleichen Lieferung stammen.

Konstantstrommessung Die Zellen wurden nach Vollladung mit C-Raten von C/20, C/25, C/30 und C/40 entladen und anschließend geladen. Zwischen den Zyklen wurde eine vollständige Entladung mit 1 C durchgeführt um eine Abhängigkeit vom Vorgängerzyklus auszuschließen.

Relaxationsmessung $T_{relax} = 6\,$h Für Zellen des Typs HP-NCA und HP-LFP1 wurden Relaxationsmessungen durchgeführt, wobei die Zellen nach Vollladung mit 1 C Pulsen schrittweise um zwei Prozentpunkte entladen wurden und zwischen den Pulsen erfolgte eine Relaxationszeit von sechs Stunden. Nach Erreichen der Entladeschlussspannung wurde die Zelle mit Pulsen der Stärke 1 C wieder geladen mit zwischenliegenden Relaxationszeiten von wiederum sechs Stunden.

Relaxationsmessung $T_{relax} > 6\,$h Weiterhin wurden die in Abschnitt 6.3 vorgestellten Relaxationsmessungen ausgewertet, diese wurden mit einer Pulsstärke von 1 C und einer Pulsdauer von 10 s durchgeführt.

Zyklovoltammetrie Um einen Vergleich der ermittelten Peakpotentiale aus der differentiellen Kapazität mit der Zyklovoltammetrie zu ermöglichen, wurden für eine Zelle des Typs HP-LFP1 Zyklovoltammogramme aufgenommen, wobei die Anstiegsrate so gewählt wurde, dass die Messdauer jener der Konstantstrommessung entspricht.

6.1.2 Vergleich der Leerlaufspannungen

Die Ergebnisse der Konstantstrommessung mit einer C-Rate von $C/40$ sind für alle Zellen in Abbildung 6.1 dargestellt. Die Zellspannungen zeigen hierbei alle eine Spannngsdifferenz zwischen Laden und Entladen. Diese Differenz sinkt zwar mit der C-Rate, allerdings nur noch schwach.

Deutlich lässt sich diese Spannungsdifferenz und der Einfluss der C-Rate an der Zelle Typ HP-LFP1 in Abbildung 6.2 beurteilen. Dass auch noch im belastungsfreien Zustand eine Differenz besteht, zeigt die gemessene Leerlaufspannung für die Pulsmessungen mit einer Relaxationszeit von 6 h (vergleiche Abbildung 6.2 rote Linie). Dieses wird in der Literatur [11, 213, 214] als Hysterese bezeichnet und tritt sowohl für Zellen mit Graphit- als auch mit Eisenphosphat-Elektroden auf.

Allerdings hatte die Spannung auch nach der Relaxationszeit von 6 h nicht den Ruhezustand erreicht. Mit dem in 6.3 eingeführten Verfahren kann jedoch die Leerlaufspannung prädiziert werden. Das Ergebnis ist in Abbildung 6.2 als orangene Linie eingezeichnet und unterscheidet sich nur noch wenig von der nach 6 h gemessenen Spannung. Ähnliche Ergebnisse können auch für die andere Lithiumeisenphosphat-Zelle erzielt werden, bei den Zellen mit kobaltbasierter Kathode fällt die Hysterese deutlich geringer aus [215].

Ebenfalls lässt sich hier gut der flache Verlauf der Kennlinien für die beiden Eisenphosphat-Zellen HP-LFP2 und HP-LFP1 erkennen.

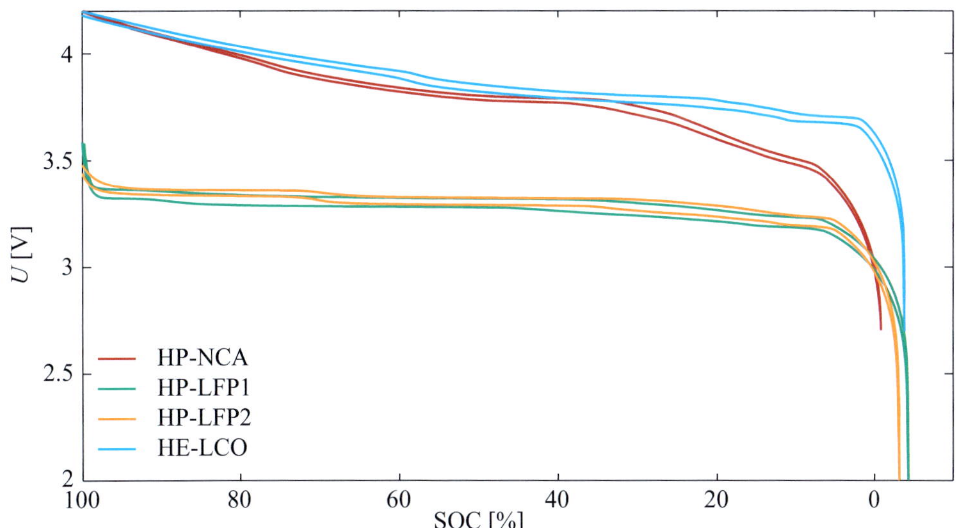

Abbildung 6.1: Quasistationäre OCV aus Ladung und Entladung mit C/40 bei 25 °C.

6.1.3 Extrapolation der Konstantstrommessungen

Wie in Abbildung 6.2 nachvollzogen werden kann, verringert sich die Differenz von Relaxationsmessung zur Konstantstrommessung mit abnehmender C-Rate. Unter der Annahme, dass der Spannungsabfall bei der Konstantstrommessung mit I_C linear ist und die Entladegeschwindigkeit so niedrig, dass die dynamische Impedanz als reiner Ohmscher Widerstand angenähert werden kann, so ist die gemessene Zellspannung $U_{cell}(SOC)$ mit

$$U_{cell}(\text{SOC}) = U_{\text{OCV}}(\text{SOC}) + I_C \cdot R(\text{SOC}) \tag{6.1}$$

gegeben. Wobei hier U_{OCV} die tatsächliche Leerlaufspannung im Gleichgewicht ist und $R(\text{SOC})$ der äquivalente Ohmsche Widerstand, der sämtliche Polarisationsprozesse umfasst. Für eine Variation des Stroms mit verschiedenen C-Raten kann in jedem SOC ein lineares Gleichungssystem für Gleichung 6.1 aufgestellt und die unbekannten Parameter $U_{\text{OCV}}(\text{SOC})$ und $R(\text{SOC})$ ermittelt werden.

Dies wurde für die Zelle des Typs HP-LFP1 anhand der in Abbildung 6.2 dargestellten Messungen durchgeführt. Die so ermittelte Leerlaufspannungskennlinie $U_{\text{OCV}}(\text{SOC})$ nähert sich zwar den gemessenen Werten aus der Relaxationsmessung an, liegt jedoch noch deutlich entfernt von diesen, wie Abbildung 6.2 zeigt (hellblaue, unterbrochene Linie). Die Ursache hierfür ist im nichtlinearen Verhalten der Polarisationsprozesse zu suchen. So weisen die Residuen des Fits an die lineare Gleichung 6.1 eine systematische Abweichung auf, die sich durch ein exponentielles Verhalten besser beschreiben ließe. Die Extrapolation der Konstantstrommessungen führt somit zu einer Verbesserung der Kennlinie aus den C/40-Entladungen, allerdings wird die verbleibende Hysterese weiterhin stark

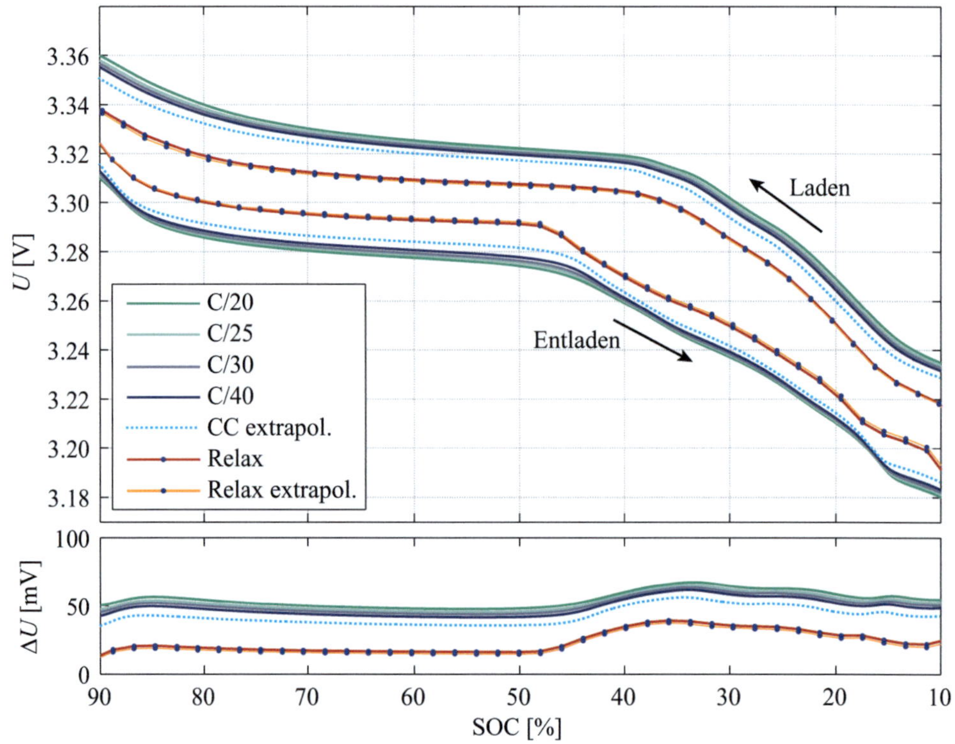

Abbildung 6.2: Oben: OCV aus Konstantstromentladung mit C/20...C/40 und Relaxationsmessungen mit einer Relaxationszeit von 6 h, sowie die Extrapolation nach dem Pulse-Fitting Verfahren an einer Zelle des Typs HP-LFP1 bei $T = 25\,°\mathrm{C}$. Unten: Aus den verschiedenen OCV abgeleitete Hysteresen.

überschätzt. Darüber hinaus gibt diese Untersuchung einen Hinweis auf die nichtlineare Natur der langsamen dynamischen Prozesse.

Umgekehrt geht Dubarry in [166] vor, wo die quasistationäre OCV bei C/25 als tatsächliche OCV angenommen wird und anschließend aus Entladungen mit konstantem Strom der Widerstand ermittelt wird. Allerdings werden hier Raten von C/3 und C/5 verwendet, die deutlich zu hoch gewählt sind. Die Validierung erfolgt ausschließlich an den zur Parametrierung verwendeten Messungen.

6.1.4 Auswertung der differentiellen Kapazität (ICA)

Die differentielle Kapazität findet keinen unmittelbaren Eingang in das Zeitbereichsmodell, ist jedoch ein wichtiges Werkzeug zur Diagnose der Alterung und notwendig für das Leerlaufkennlinienmodell. Daher werden zunächst die Bedingungen für eine qualitativ hochwertige Messung kurz beschrieben und anschließend am Beispiel der Zelle des Typs HP-LFP1 die ICA berechnet. Abschließend erfolgt ein Vergleich der mit anderen Verfahren ermittelten differentiellen Kapazitäten.

Messtechnik und Signalverarbeitung

Da die Berechnung der ICA eine Differentiation enthält ist es erforderlich ein möglichst rauschfreies Spannungssignal bereitzustellen, da die Differentiation das Rauschen verstärkt. Weiterhin führt die Quantisierung der Spannungsmessung zu Stufen, die in der Ableitung als Impulse dargestellt werden. Die erste Maßnahme um gute ICAs zu erhalten ist demnach der Einsatz einer hochauflösenden Spannungsmessung. Hier zeigte sich, dass die mit dem üblichen Testequipment 1470E CellTest System (Solartron) aufgenommenen Spannungen nur bedingt geeignet sind. Daher wird zur Spannungsmessung ein Agilent 34970A eingesetzt, welches eine deutlich höhere Spannungsauflösung erlaubt.

Im zweiten Schritt wurde ein geeignetes Filter im Rahmen einer Diplomarbeit[1] implementiert. Hier besteht die Herausforderung darin so stark zu filtern, dass sich das verbleibende Rauschen nicht auf die ICA auswirkt, gleichzeitig aber alle Details erhalten bleiben. Da sich die Dynamik über die Leerlaufspannungskennlinie stark verändert, muss auch unterschiedlich stark gefiltert werden — für die Zelle HP-LFP1 bleibt die Spannung im Plateau lange Zeit konstant und ändert sich abrupt an den Stufen des Graphits.

Um diese Anforderung zu erfüllen wurde ein adaptives Dezimationsfilter angewandt: Die Werte nach der Filterung werden zu N_{filt} gewählt und die X- und Y-Werte (in diesem Fall Spannung und Zeit) auf einen Wertebereich zwischen Null und Eins skaliert. Die Spannungswerte werden anschließend mit einer Gaußglocke der Fläche eins und variabler Standardabweichung σ_G gefaltet. Hierbei richtet sich σ_G nach dem euklidischen Abstand zum nächsten Messwert. Überschreitet die Entfernung zum Messwert $1/N_{filt}$ so wird ausgehend von diesem Messwert der nächste gefilterte Wert berechnet. Für den Fall einer linearen Abhängigkeit der Spannung von der Zeit werden somit genau $N_{filt} \cdot \sqrt{2}$ gefilterte Werte berechnet, bei anderen Verläufen ergeben sich höhere oder geringere Werte.

Abbildung 6.3 stellt die Auswirkungen des Filters und der Messgerätewahl auf die erhaltene ICA dar. Bei der schwächsten Filterung ($N_{filt} = 10^4$) ist das sehr starke Rauschen in der ICA aus dem Solartron Messgerät zu erkennen, während es für das Agilent sehr gering ausfällt. Bei der mittleren Filterung ($N_{filt} = 10^3$) zeigen beide Messgeräte akzeptable Ergebnisse, mit einer überlegenen Datenqualität des Agilents. Für die stärkste Filterung ($N_{filt} = 10^2$) bleiben die Details in der ICA nicht mehr erhalten: die Peaks verschmieren und im vergrößerten Bereich ist zu erkennen, dass manche Details komplett verschwinden.

---

[1] Jan Richter, „Messung von quasistationären Kennlinien von Batterien und die Simulation der Leerlaufspannung", 2011

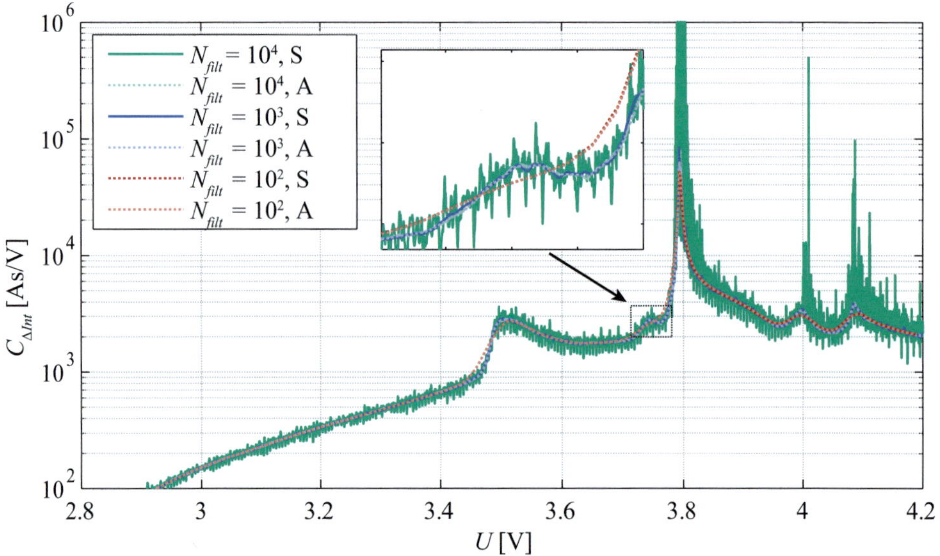

Abbildung 6.3: Einfluss von Filter und Messgerätewahl auf die Güte der ICA: N_{filt} gibt die Auflösung nach der Filterung an, eine kleine Zahl entspricht somit einer starken Filterung. Verwendet wurde ein Solartron 1470E Celltest System (S) und ein Agilent 34970A (A).

Messungen

Beispielhaft ist in Abbildung 6.4 die ICA der Zelle des Typs HP-LFP1 für vier C-Raten dargestellt. Die LFP-Kathode dieser Zelle zeigt über den gesamten SOC-Bereich ein Plateau, so dass die in der ICA auftretenden Peaks direkt dem Staging der Graphit-Anode zugerechnet werden können. So kann P_1 Stage I und P_2 Stage II zugerechnet werden. Für Zellen mit Kathodenmaterialien, die kein ideales Zweiphasenverhalten über den gesamten SOC-Bereich aufweisen, ist dies nicht der Fall. Diese zeigen nur dort einen Peak, wo Anode und Kathode gleichermaßen ein Plateau aufweisen. Daher ist die Interpretation von ICA einer Elektrode gegen metallisches Lithium, das eine konstante Spannung über den gesamten Ladezustand aufweist, deutlich einfacher.

Auch für die ICA lässt sich wieder eine Hysterese angeben, die als Differenz der Potentiale der zusammengehörenden Peaks angegeben wird, wie in Abbildung 6.4 für P_2 dargestellt. Hierbei sollte jedoch beachtet werden, dass diese Hysterese sich von der Betrachtung von Leerlaufkennlinien über den SOC unterscheiden kann. Im letztgenannten Fall wird die Spannung für Ladung und Entladung bei gleichem SOC verglichen, bei der ICA das Potential, bei welchem die Steigung der OCV minimal wird. Entsprechend kann für diese Punkte auch eine Hysterese des SOCs angegeben werden.

Durch Verringerung der C-Rate lässt sich diese Hysterese weiter verringern. Weiterhin fällt die Asymmetrie zwischen Lade- und Entladerichtung auf (P_{3a-}, P_{3b-} und P_{4-}).

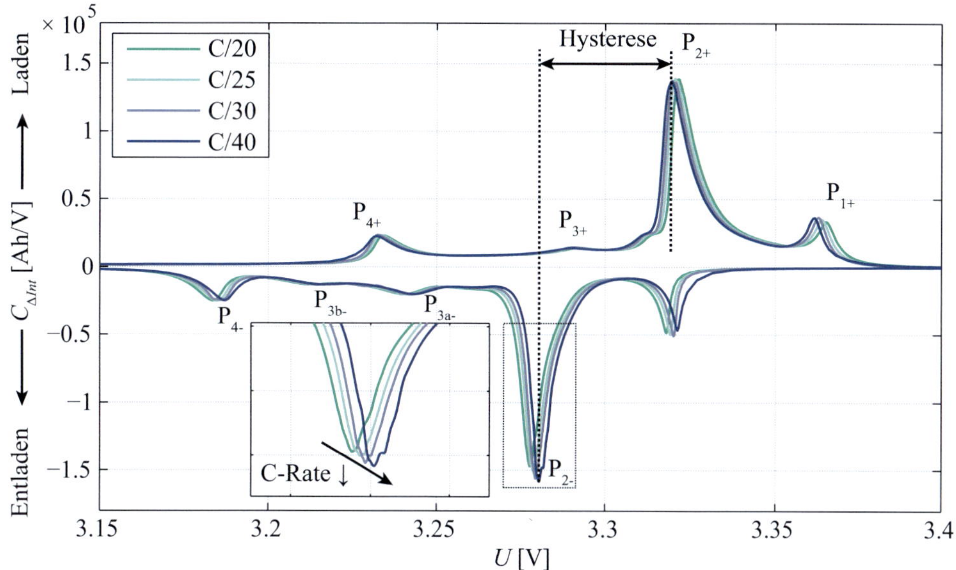

Abbildung 6.4: ICA einer Zelle des Typs HP-LFP1 für eine Variation der C-Raten bei $T = 25\,^{\circ}$C.

Vergleich mit der zyklischen Voltammetrie

Während bei der CV ein Strom gemessen wird, der bei einer eingestellten Spannungsänderungsrate fließt, wird bei der ICA die Spannungsänderungsrate bei einem konstanten Strom ermittelt. Um einen Vergleich beider Messgrößen zu ermöglichen, kann die ICA mit der Spannungsänderungsrate der CV multipliziert werden. Das Ergebnis ist der Strom, der fließen würde, wenn die Zelle keine Polarisationsverluste aufweisen würde[2]. Um den Unterschied zwischen ICA und CV herauszuarbeiten wurden CV Messungen mit vergleichbaren Spannungsänderungsraten durchgeführt. Die Ergebnisse sind in Abbildung 6.5(a) dargestellt und zeigen für äquivalente Versuchsdauern (20 μVs^{-1} ≡ C/22 und 11 μVs^{-1} ≡ C/40) deutlich weniger ausgeprägte Peaks. So lässt sich Stage I nicht von Stage II trennen. Erst für eine Spannungsänderungsrate von 5 μVs^{-1} ≡ C/89 kann ein zweiter Peak für die Entladerichtung erkannt werden.
Ein direkter Vergleich von Peakauflösung und Spannungsänderungsgeschwindigkeit wird in Abbildung 6.5(b) möglich. Hier lässt sich ablesen, dass P$_2$ erst ab einer um den Faktor 26 längeren Versuchsdauer dasselbe Potential anzeigt wie in der ICA. Die ICA ist daher der CV vorzuziehen, wenn damit die differentielle Interkalationskapazität bestimmt werden soll (z.B. [110]).

---

[2]Dies konnte durch Simulation der CV mittels des später vorgestellten Impedanzmodells für eine Zelle des Typs HP-NCA nachgewiesen werden.

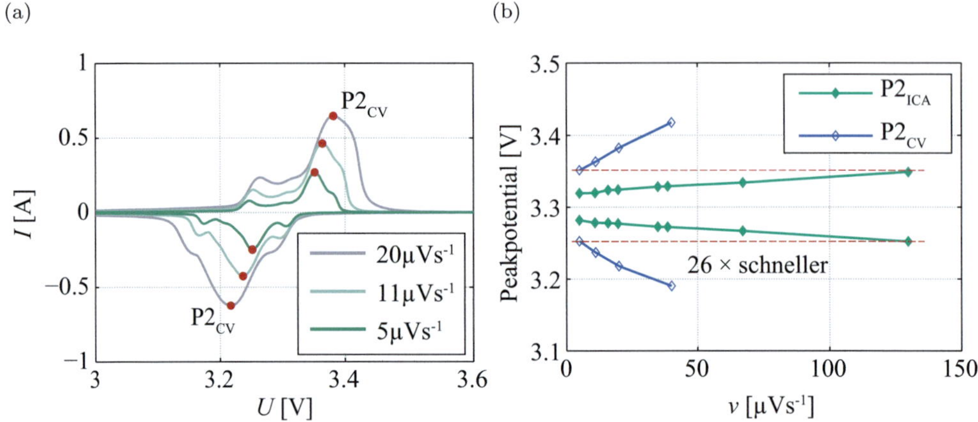

Abbildung 6.5: Vergleich des Auflösungsvermögens von ICA und CV. (a) Zyklisches Voltammogramm einer Zelle des Typs HP-LFP1, die Spannungsänderungsrate entspricht bezogen auf die Messdauer einer Konstantstrommessung mit C/22, C/40 und C/89. (b) Ermittelte Peakpotentiale für CV und ICA. Die Spannungsänderungsrate der ICA wurde bezogen auf die Gesamtmessdauer berechnet.

Differentielle Kapazität aus verschiedenen Verfahren

Die differentielle Kapazität kann nicht nur aus der ICA erhalten werden, ebenso liefern die EIS und die Pulsmessung (siehe Abschnitt 6.3) Werte (vergleiche Abbildung 6.6).

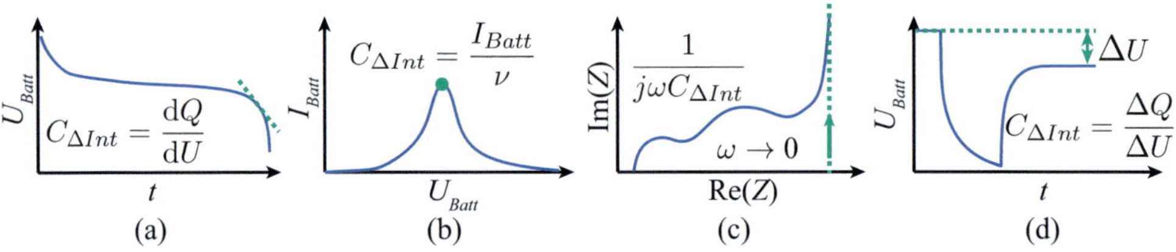

Abbildung 6.6: Methodenübersicht zur Ermittlung der differentiellen Kapazität aus: (a) ICA, (b) CV, (c) EIS und (d) Pulsmessungen.

Für die Zelle des Typs HP-LFP1 wurden alle diese Verfahren durchgeführt und die erhaltenen differentiellen Kapazitäten in Abbildung 6.7 über den Ladezustand aufgetragen. Den Verlauf mit der geringsten Dynamik liefert die CV, gefolgt von der EIS. Die differentielle Kapazität wurde hierbei durch einen CNLS-Fit einer Kapazität im Frequenzbereich von $5\dots10\,\mathrm{mHz}$ angefittet. Besonders im Bereich zwischen $80\,\%$ und $50\,\%$ ist die differentielle Kapazität sehr hoch, so dass der resultierende Imaginärteil der Impedanz betragsmäßig klein wird. Entsprechend überlagert die Diffusion die differentielle Kapazität in diesem Bereich stark und die erhaltenen Werte für $C_{\Delta Int}$ sind zu klein.

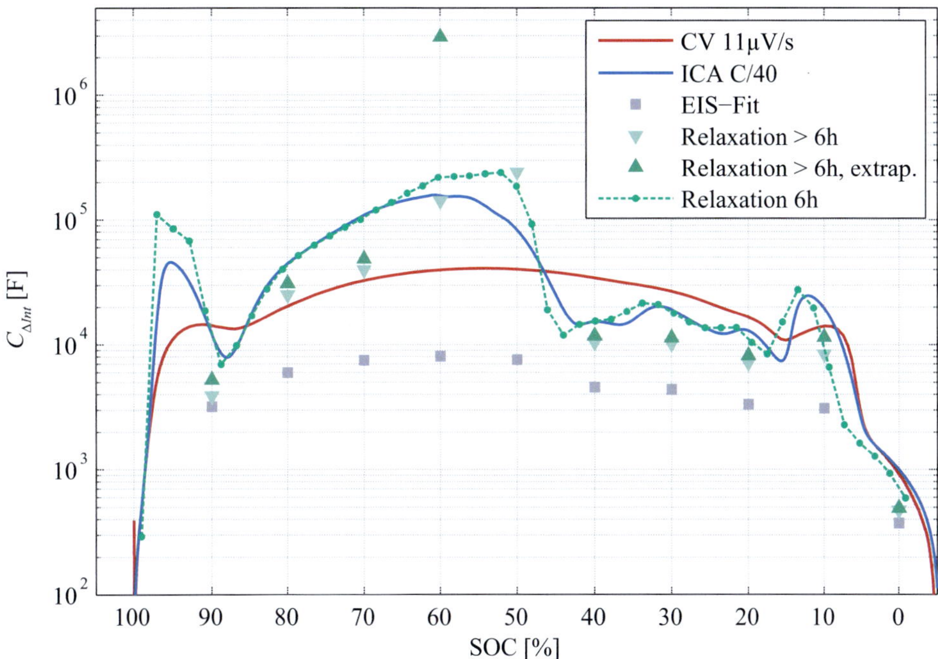

Abbildung 6.7: Vergleich verschiedener Verfahren zur Ermittlung von $C_{\Delta Int}$ an der Zelle des Typs HP-LFP1.

Die aus den Pulsmessungen mit einer Relaxation größer 6 h erhaltenen Werte liegen meistens unter der ICA, im idealen Plateau bei 50 % und 60 % jedoch darüber. Noch größere Werte für $C_{\Delta Int}$ können aus den extrapolierten Pulsmessungen erhalten werden, was der auch bei Relaxationsdauern von bis zu 120 h nicht komplett abgeklungener Spannungsrelaxation geschuldet ist. Für den Wert bei 50 % konnte für den extrapolierten Wert kein $C_{\Delta Int}$ ermittelt werden, da die ermittelte Leerlaufspannung nach dem Puls den Wert vor dem Puls wieder erreichte[3].

Die aus der Pulsmessung mit 2 % -Schritten und einer Relaxationsdauer von 6 h ermittelte differentielle Kapazität liegt nahe an der ICA, erreicht damit jedoch auch nicht die hohen Werte für 50 % und 60 %. Somit wird davon ausgegangen, dass bereits eine Relaxationszeit von 6 h zu einer Verschmierung des Verhaltens auf einen breiteren SOC-Bereich beiträgt. Insgesamt lässt sich feststellen, dass der Trend der differentiellen Kapazität über den Ladezustand für alle Methoden mit Ausnahme der CV übereinstimmt. Bezieht man in diese Betrachtung die Versuchsdauer mit ein, so erscheint die ICA als besonders günstige Methode.

---

[3]Da sowohl Anode als auch Kathode in diesem SOC-Bereich ideales Zweiphasenverhalten aufweisen, wird erwartet, dass sich exakt derselbe Wert nach der Relaxation einstellt. Durch minimale Temperaturschwankungen kann die Spannung nach dem Puls aber auch höhere Werte erreichen als zuvor.

6.1.5 Auswertung der differentiellen Spannung (DVA)

Da die DVA die Grundlage zur Parametrierung des Kennlinienmodells in Abschnitt 8.1 darstellt, ist es wichtig, qualitativ hochwertige DVA-Kennlinien ableiten und Fehler in der Messung erkennen zu können. Die DVA aus den Konstantstrommessungen der Zelle HP-LFP1 ist in Abbildung 6.8 für eine Variation der C-Raten dargestellt, wobei die Achsenskalierung so gewählt wurde, dass die charakteristischen Merkmale im SOC-Bereich von $10\dots90\,\%$ achsenfüllend dargestellt werden.

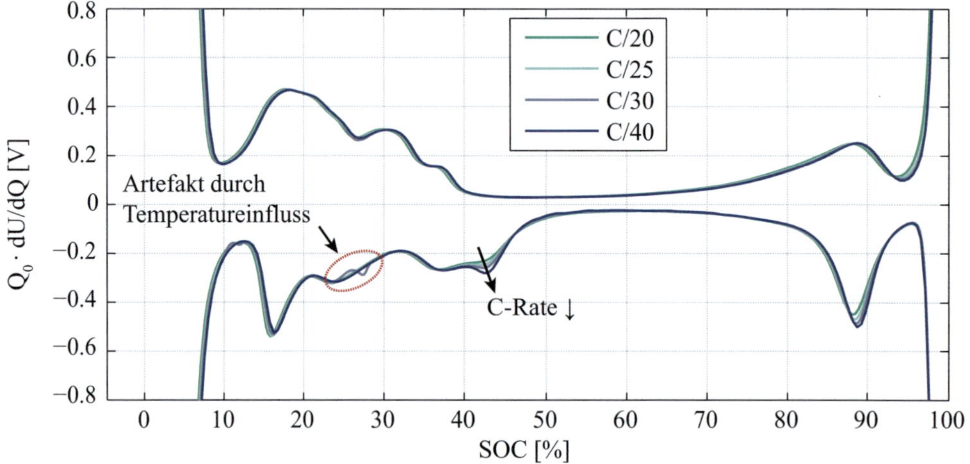

Abbildung 6.8: DVA am Beispiel der Zelle des Typs HP-LFP1 für eine Variation der C-Rate bei $T = 25\,^{\circ}\mathrm{C}$.

Die Stufen in der Leerlaufspannungskennlinie werden nun als Peaks abgebildet: Der Übergang von Stage I auf Stage II ist etwas unterhalb 90% abzulesen, das Durchlaufen weiterer Phasen kann ab SOC 45% beobachtet werden. In der Literatur werden diese Phasen teilweise auch als Stages bezeichnet und mit III bis IV nummeriert [11]. Ebenso lässt sich erkennen, dass für Ladung und Entladung ein unterschiedlicher Verlauf besteht. Auffällig ist der trotz niedriger C-Raten unterschiedliche Verlauf bei SOC 45% in Entladerichtung, da die DVA ansonsten überall sehr nah aufeinander liegt. Eine weitere Abweichung der Entladung mit C/30 lässt sich über eine Temperaturschwankung von 1 K erklären. Diese wurde durch kurzzeitiges Öffnen der Klimakammer verursacht und zeigt die Notwendigkeit, die Temperatur für diese Art von Messung exakt zu regeln.

6.1.6 Zusammenfassung

Alle vier Zellen zeigen auch bei C/40 eine Spannungsdifferenz zwischen Ladung und Entladung. Eine weitere Evaluation verschiedener Verfahren und Auswertemethoden wurde exemplarisch für die Zelle des Typs HP-LFP1 durchgeführt. Hier konnte gezeigt werden, dass sich diese Differenz bei Relaxationsmessungen weiter verringert, aber eine Hysterese verbleibt.

Die Extrapolation der quasistationären Leerlaufspannung, unter Variation der C-Rate, liefert auch für geringe C-Raten nicht die Ruhespannung nach sechsstündiger Relaxation, wobei die Residuen ein nichtlineares Verhalten der Überspannung anzeigen.

Eine signifikante Verbesserung der ICA konnte durch die Wahl eines geeigneten Messgeräts, die Anwendung eines adaptiven Filters und eine penible Temperaturregelung erreicht werden. Sollen die Interkalationspotentiale oder die differentielle Interkalationskapazität bestimmt werden, ist die ICA der CV vorzuziehen. Die Bestimmung der differentiellen Interkalationskapaztität kann mit Relaxationsmessungen noch genauer erfolgen, allerdings bei deutlich erhöhter Messdauer im Vergleich zur Konstantstrommessung. Generell empfiehlt es sich nicht die differentielle Kapazität aus Impedanzmessungen zu bestimmen.

Die DVA zeigt im Allgemeinen eine geringe Abhängigkeit von der C-Rate ($C \leq C/20$), jedoch ist auch hier penibel auf eine konstante Temperatur ($\pm 0,1$ K) während der Messung zu achten.

6.2 Elektrochemische Impedanzspektroskopie

Die Impedanz ist zentraler Bestandteil des später vorgestellten DRT-Modells und somit kommt auch der Messung besondere Bedeutung zu. Die Minimierung der Induktivität der Kontaktierung spielt dabei ebenfalls ein wichtige Rolle und wird in Abschnitt 6.2.1 untersucht. Die EIS-Messung zur Parametrierung des Modells wird anschließend in Abschnitt 6.2.2 beschrieben sowie die Messergebnisse am Beispiel einer Zelle des Typs IIP-NCA auszugsweise vorgestellt.

6.2.1 Bewertung verschiedener Kontaktierungsvarianten

Da die eingesetzten kommerziellen Zellen eine geringe Impedanz aufweisen, ist es in besonderem Maße wichtig bei der Kontaktierung auf eine geringe Koppelinduktivität zu achten. Daher wurden zunächst verschiedene Kontaktierungsvarianten erprobt, die eine unterschiedliche Leitungsführung ermöglichen. Neben den drei reversiblen Kontaktierungsvarianten über Federkontaktstifte (vergleiche Abbildung 6.9 a) bis c)) wurden auch angeschweißte Lötfahnen d) verwendet.

Für jede Kontaktierungsvariante wurden drei Spektren im Frequenzbereich von 100 kHz bis 1 Hz aufgenommen, wobei für die reversiblen Kontaktierungsvarianten die Zelle zwischen den Messungen aus der Halterung genommen wurde. Die Messungen wurden galvanostatisch, bei einer Anregungsamplitude von 200 mA, mit einem 1470 CellTest System (Solartron) bei Raumtemperatur (23 °C) und einem SOC von 50 % durchgeführt. Der Phasenwinkel aller Messungen ist in Abbildung 6.10 dargestellt.

Das ungünstigste Verhalten mit der höchsten Koppelinduktivität zeigt die Kontaktierung

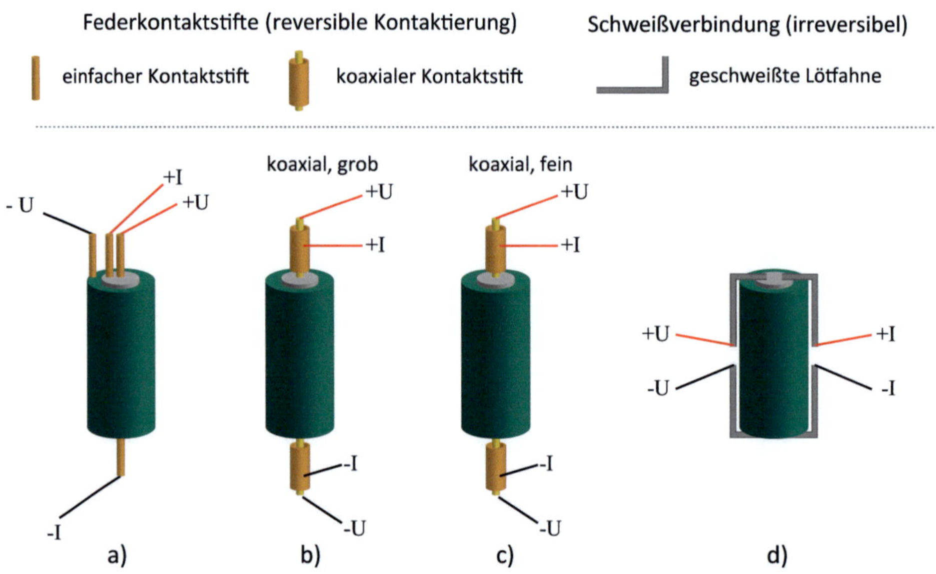

Abbildung 6.9: Untersuchte Kontaktierungsvarianten für zylindrische Zellen.

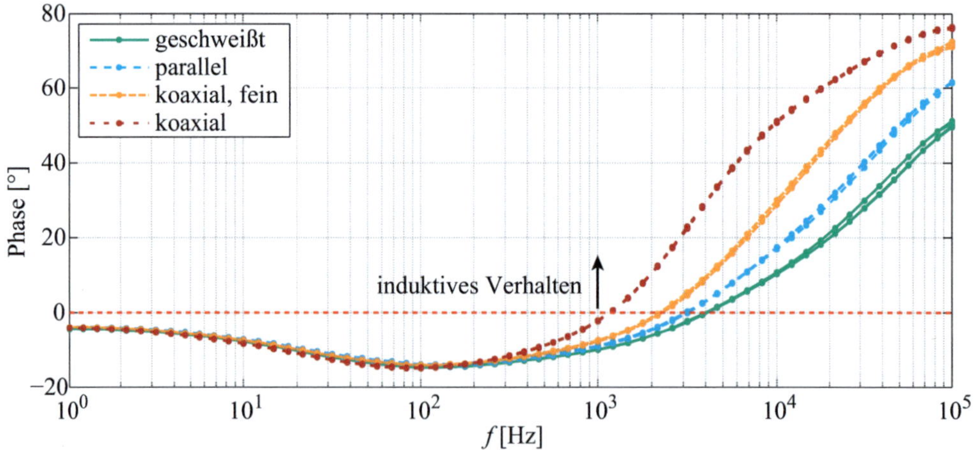

Abbildung 6.10: Phasengang für verschiedene Kontaktierungsvarianten, gemessen an einer Zelle des Typs HP-LFP1 bei Raumtemperatur (23 °C) und einem SOC von 50 %.

über die groben Koaxialstifte, mit einer Durchtrittsfrequenz von circa einem Kilohertz[4]. Eine leichte Verbesserung stellen die feinen Koaxialstifte dar. Jedoch ist auch hier die Strecke, welche Strom- und Spannungsmessleitungen parallel verlaufen, sehr lang, was zu einer starken Einkopplung führt. Die parallele Anordnung der Federkontaktstifte zur Spannungmessung ermöglicht ein früheres Verdrillen der Leitungen und führt somit auch zu einer Abschwächung des induktiven Verhaltens. Hierzu muss jedoch die isolierende Ummantelung der Zelle an der Stirnseite entfernt werden. Das beste Ergebnis liefert das Anschweißen der Lötfahnen und die enge Führung dieser entlang des Gehäuses, die Kontaktierung ist jedoch irreversibel.

Da zur Auswertung der Impedanz über die DRT nur der Teil des Spektrums mit negativem Imaginärteil verwendet werden kann, wird im Folgenden die Kontaktierung über angeschweißte Lötfahnen verwendet. Im Vergleich zur kommerziell erhältlichen Kontaktierung über die Koaxialstifte ist die verwendbare Frequenz um einen Faktor vier höher.

6.2.2 Messungen an kommerziellen Zellen

Alle Impedanzmessungen wurden in einem Klimaschrank ausgeführt und die Temperatur in einem Bereich von $40\ldots0\,°C$ in sieben Schritten variiert. Zu Beginn wurde die Zelle bei einer Prüfraumtemperatur von $25\,°C$ nach dem in Anhang E spezifizierten Verfahren vollgeladen. Anschließend erfolgte eine Variation des Ladezustands in zehn Prozent Dekrementen. Nachfolgend wurde die Prüfraumtemperatur auf $40\,°C$ erhöht und eine ausreichend lange gewählte Relaxationszeit gewartet, um die Zellspannung relaxieren zu lassen. Durch die erhöhte Temperatur klingt der Relaxationsprozess schneller ab und die Wartezeit kann kürzer ausfallen. Anschließend wurde eine Impedanzmessung aufgenommen.

Die Impedanzmessung wird in zwei Teile gespalten: Der Bereich von $1\,MHz\ldots10\,Hz$ wird mit einer Zielamplitude von $10\,mV$ angeregt und mit 16 Frequenzpunkten pro Dekade vermessen. Für den Frequenzbereich von $10\,Hz\ldots10\,mHz$ wird eine Zielamplitude von $5\,mV$ vorgegeben und eine Auflösung von 8 Frequenzpunkten pro Dekade.

Nach Aufnahme des Impedanzspektrums wird die nächste Temperatur angefahren und eine Wartezeit von $4\,h/10\,K$ eingehalten. Nach Erreichen der letzten Temperatur von $0\,°C$ wird die Referenztemperatur von $25\,°C$ eingestellt und der nächste Ladezustand mit $1\,C$ angefahren.

Bei allen Messungen kam ein 1470E Celltest System (Solartron) zum Einsatz. Die Temperatur wurde mittels eines PT1000 Temperatursensors und einem Digitalmultimeter 34970A (Agilent) aufgezeichnet. Die zylindrischen 18650-Zellen wurden mit angeschweißten Ableitern in Vierpunktkonfiguration vermessen, die Pouch-Zelle über eine Klemmvorrichtung, die ebenfalls eine Vierpunktkontaktierung erlaubt.

Beispielhaft sind die Spektren für die Zelle des Typs HP-NCA bei einem konstanten Ladezustand von $10\,\%$ und einer Variation der Temperatur sowie einer Variation des Ladezustands bei konstanter Temperatur von $25\,°C$ dargestellt.

---

[4]Diese Kontaktierungsvariante wird so von Impedanzmessgeräteherstellern als Zubehör angeboten.

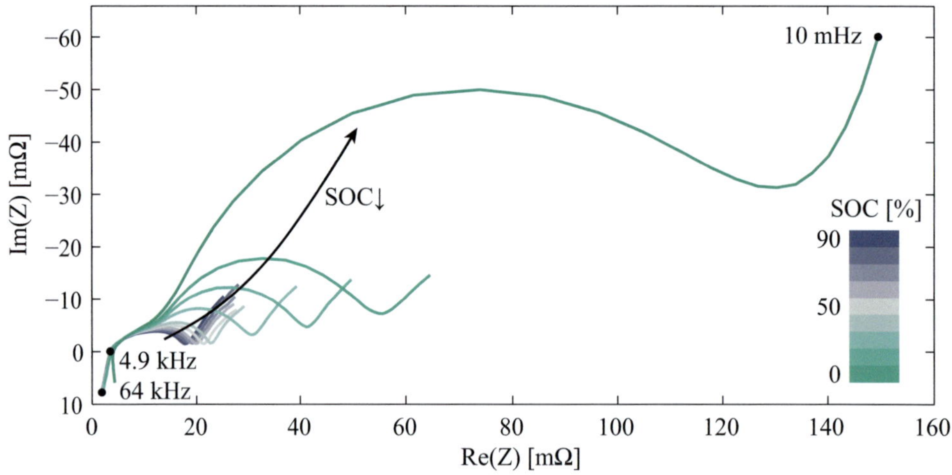

Abbildung 6.11: Nyquistplot der Impedanzspektren für Zellen des Typs HP-NCA bei $T = 25\,°C$ und einer Variation des SOCs in 10% Schritten. Die Abweichung im hochfrequenten Bereich für den SOC 0 % ergibt sich dadurch, dass diese Messung mit einer zweiten Zelle aufgenommen wurde. Die Differenzen können über eine unterschiedliche Kabelführung und Kontaktierung erklärt werden.

Bis zu einem Ladezustand von 50 % verändert sich das Impedanzspektrum nur wenig, erst bei niedrigeren Ladezuständen nimmt es zu – besonders groß ist die Zunahme für die letzten zehn Prozentpunkte. Dieses Verhalten ist dem Ladungstransferprozess des NCA zuzurechnen, dessen Impedanz bei niedrigen Ladezuständen stark zunimmt. Durch den Einsatz des Leerlaufkennlinienmodells aus Abschnitt 8.1 konnten die Halbzellenpotentiale für die jeweiligen Vollzellen-SOCs bestimmt werden [216], wodurch ein Vergleich mit Literaturwerten [21] möglich ist.

Die Abweichungen im höherfrequenten Bereich des Spektrums bei 0 % können dadurch erklärt werden, dass hier eine andere Zelle eingesetzt und die Messung an einem anderen Kanal durchgeführt wurde. Die damit einhergehenden Varianzen im Messaufbau und der Kabelführung können zu diesen Unterschieden führen. Für die Simulation sind diese Differenzen jedoch unerheblich, da diese erst über 4kHz sichtbar sind und somit unterhalb der Abtastzeit des Modells liegen.

Einen direkten Zugang zu den charakteristischen Frequenzen bietet die Darstellung des Spektrums aus Abbildung 6.11 als DRT. In dieser lässt sich erkennen (vergleiche Abbildung 6.12), dass die charakteristische Frequenz des Ladungstransferprozesses mit dem SOC abnimmt.

Um das Temperaturverhalten der Zelle grob zu beschreiben, ist in Abbildung 6.13 die Impedanz bei einem SOC von 50 % bei einer Variation der Temperatur dargestellt. Bereits aus dem Nyquistplot lässt sich erahnen, dass für niedrige Temperaturen mehr als zwei Prozesse einen entscheidenden Anteil an der Gesamtpolarisation haben.

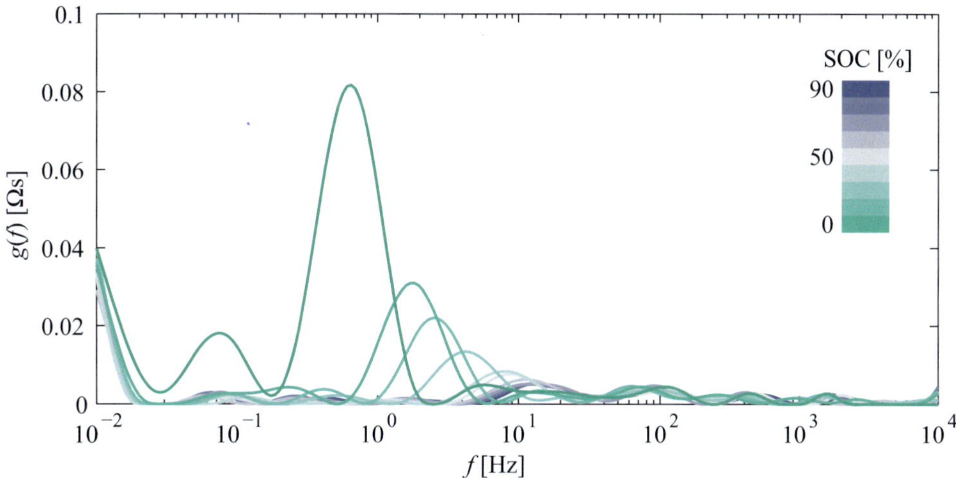

Abbildung 6.12: DRT für die Spektren aus Abbildung 6.11 der Zelle des Typs HP-NCA bei $T = 25\,°\mathrm{C}$: die charakteristische Frequenz für den Ladungstransferprozess sinkt mit dem Ladezustand.

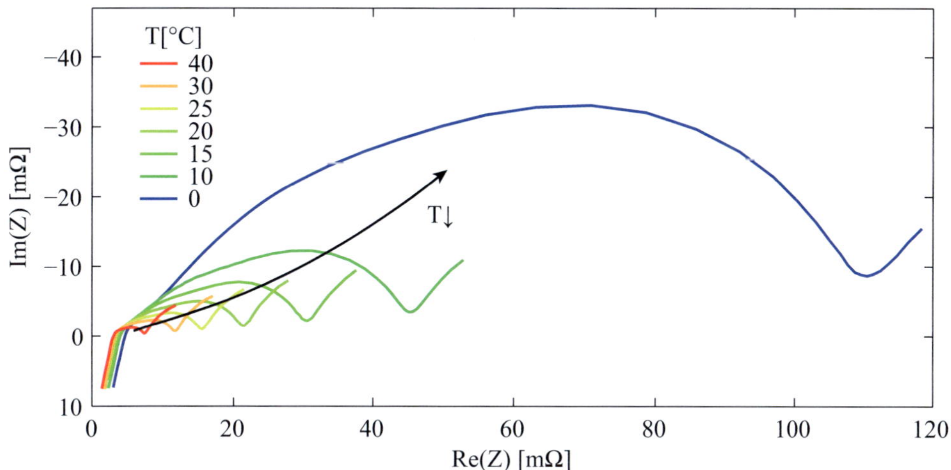

Abbildung 6.13: Nyquistplot eines Impedanzspektrums an einer Zelle des Typs HP-NCA bei $SOC = 50\,\%$ und einer Variation der Temperatur.

Noch deutlicher fällt dies bei der Betrachtung der dazugehörigen DRT in Abbildung 6.14 auf. Hier können zwei Peaks identifiziert werden, deren charakteristische Frequenzen sich ungefähr im Abstand von einer Dekade befinden. Auch eine erste qualitative Aussage bezüglich der Aktivierungsenergien ist möglich: Die Aktivierungsenergie des höherfrequenten Peaks ist größer als die des niederfrequenten. Daher kann der Prozess auch erst ab einer Temperatur von 15 °C gut erkannt werden.

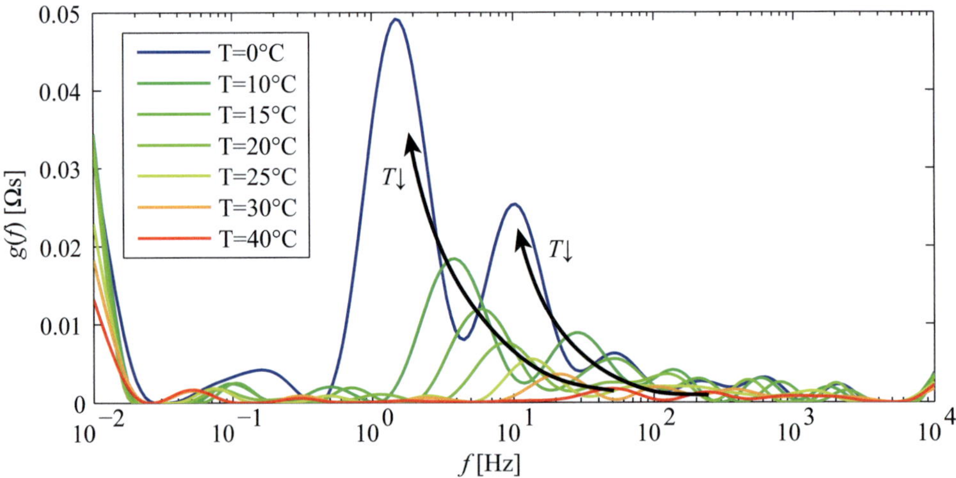

Abbildung 6.14: DRT für die Spektren aus Abbildung 6.13: eine qualitative Bewertung der Temperaturabhängigkeit der zwei Prozesse ist nun möglich.

Auch wenn die dargestellten Spektren nur einen kleinen Ausschnitt aus der Menge aller gemessenen Impedanzen zeigen, so vermitteln sie doch einen Eindruck von den Möglichkeiten, welche über die EIS und einer anschließenden Auswertung mittels der DRT eröffnet werden. In dieser Arbeit dienen sie lediglich als Datenbasis zur Modellierung des dynamischen Verhaltens und werden nicht zur Analyse oder Diagnose der ablaufenden elektrochemischen/physikalischen Prozesse herangezogen. Der interessierte Leser sei hier auf die Literaturquellen [217, 218] verwiesen.

6.3 Pulse-Fitting

Wie im Stand der Technik beschrieben (siehe Seite 31 ff.) können zur Auswertung von Pulsantworten Methoden verwendet werden, die ein Modell der Zelle a priori voraussetzen. Dies kann ein Diffusionsmodell sein, wie bei GITT und PITT oder ein einfaches Verhaltensmodell (zum Beispiel zwei RC-Glieder [107]). Sind Anzahl und Natur der ablaufenden Prozesse nicht genau bekannt, führen diese Methoden jedoch zu fehlerhaften Ergebnissen. Um daher eine nichtparametrische Beschreibung, analog zur EIS, des niederfrequenten Bereichs zu ermöglichen wurde im Rahmen dieser Arbeit ein Verfahren entwickelt, welches es ermöglicht direkt im Zeitbereich eine Impedanz zu ermitteln und darüber hinaus die Verteilungsfunktion der Relaxationszeiten zu berechnen. Damit wird die im Ausblick der Dissertation von Schichlein [94] aufgestellte Forderung, die DRT für die Untersuchung von Prozessen mit deutlich höheren Relaxationszeiten einzusetzen, aufgegriffen und in einem einfachen Verfahren umgesetzt, welches die direkte Messung im Zeitbereich und so eine kostengünstige Messlösung erlaubt.

Das zugrundeliegende Messmodell und die Messgleichung wird in Abschnitt 6.3.1 eingeführt. Es folgt eine Sensitivitätsanalyse in 6.3.2. Die Kombination der Zeitbereichsmessung mit Ergebnissen der EIS wird in 6.3.3 eingeführt und anschließend (siehe Abschnitt 6.3.4) eine Erweiterung um ein Selbstentladungsmodell vorgenommen.

Eine erste Anwendung des Verfahrens auf Zellen des Typs HP-NCA und HP-LFP1 sowie ein Vergleich mit einem aus der Literatur bekannten Verfahren wird in den Abschnitten 6.3.5 bis 6.3.7 dargestellt. Es folgt die Diskussion der Ergebnisse und abschließend die Zusamenfassung.

6.3.1 Messprinzip

Für ein rein kapazitives System kann das in Abbildung 6.15 dargestellte, verallgemeinerte Messmodell angesetzt werden. Mithilfe dessen ist es möglich, mit geringem a priori Wissen, die Impedanz aus der Zelle zu erhalten. Hierbei wird die Leerlaufspannung der Zelle durch die mit der Spannung U_{OCV} vorgeladenen Kapazität $C_{\Delta Int}$ abgebildet, sämtliche Überspannungen werden durch einen Ohmschen Widerstand R_0 und eine RC-Kette mit ausreichend hoher Länge beschrieben. Wird die Anzahl der RC-Elemente ausreichend groß gewählt, können auch Prozesse mit verteilten Parametern, wie zum Beispiel die Festkörperdiffusion, in ihrer Dynamik richtig wiedergegeben werden. Entsprechend kann durch Optimierung des Modells auf Messdaten (Fitten) im Zeitbereich die Impedanz des betrachteten Systems erhalten werden. Wie diese Impedanz für einen Stromsprung ermittelt werden kann, wird im Folgenden genauer ausgeführt.

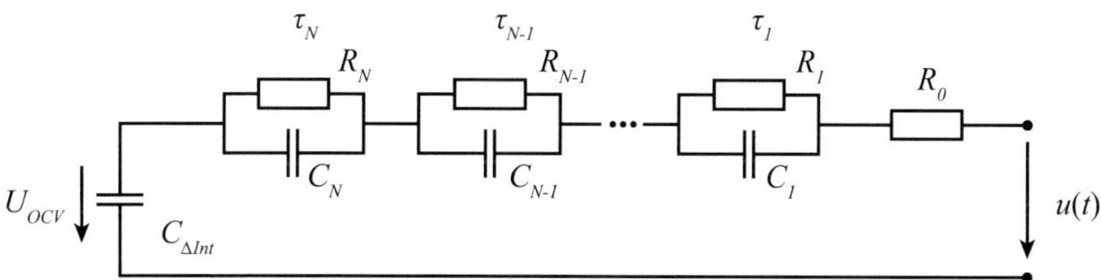

Abbildung 6.15: Ersatzschaltungsmodell für das Pulse-Fitting Verfahren, bestehend aus einer differentiellen Interkalationskapazität $C_{\Delta Int}$ zur Beschreibung der Leerlaufspannung U_{OCV}, einer RC-Kette der Länge N und einem Ohmschen Widerstand R_0.

Es wird zunächst betrachtet, wie sich die Klemmenspannung $u(t)$ durch Aufschalten eines Strompulses entwickelt. Die Zelle wird mit einem Strompuls zum Zeitpunkt t_0, der Dauer T_p und der Stärke I_p angeregt. Aus Abbildung 6.16 wird deutlich, dass es sich hierbei um ein stückweise definiertes System handelt, welches in drei Bereiche aufgeteilt werden kann. Eine geschlossene Darstellung wird durch Anwendung der Sprungfunktion $\sigma(t)$ möglich, welche wie folgt definiert ist:

$$\sigma(t) = \begin{cases} 0, & t < 0 \\ 1, & t \geq 0 \end{cases} \tag{6.2}$$

Das Anregungssignal $i(t)$ lässt sich somit als

$$i(t) = I_p \left(\sigma(t - t_0) - \sigma(t - (t_0 + T_p)) \right) \tag{6.3}$$

darstellen. Es ergibt sich für die Spannungsantwort des Messmodells mit N Relaxations-

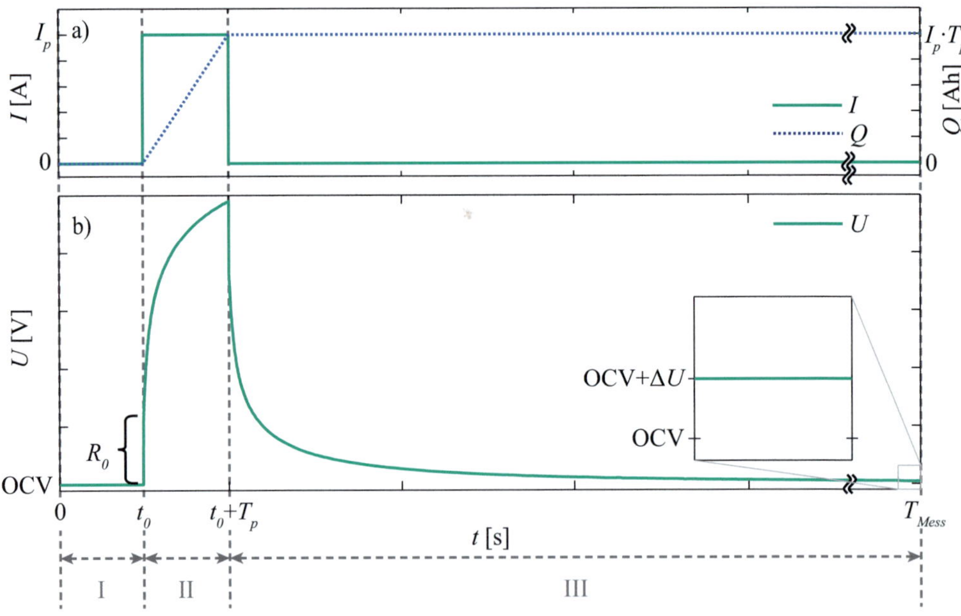

Abbildung 6.16: Spannungsantwort auf einen Strompuls: a) Strompuls der Stärke I_p und der Dauer T_p b) Spannungsantwort für ein System aus fünf RC-Gliedern. Der vergrößerte Ausschnitt zeigt die Differenz der Leerlaufspannung ΔU vor und nach der Messung, die im Modell durch die differentielle Interkalationskapazität abgebildet wird.

zeiten (RC-Glieder) folgende Gleichung:

$$u(t) = \sum_n^N R_n \cdot I_p \left[\sigma(t - t_0)\left(1 - e^{-\frac{t-t_0}{R_n C_n}}\right) - \sigma(t - (t_0 + T_p))\left(1 - e^{-\frac{t-(t_0+T_p)}{R_n C_n}}\right)\right]$$
$$+ R_0 \cdot i(t)$$
$$+ \frac{1}{C_{\Delta Int}} I_p T_p.$$

$$(6.4)$$

Dabei beschreibt die Summe unter dem Summenzeichen von Gleichung 6.4 die Überspannungen an den RC-Gliedern, der zweite Summand die Überspannung durch den rein Ohmschen Widerstand R_0 und der dritte Summand den integrierenden Anteil durch die differentielle Interkalationskapazität.

Der prinzipielle Spannungsverlauf für ein kapazitives System ist in Abbildung 6.16 b) dargestellt. Unter der Annahme, dass die Messdauer lange genug war, um alle Überspannungen relaxieren zu lassen, kann die Differenz ΔU der Leerlaufspannung vor der Messung zum Zeitpunkt $t_0 - \epsilon$ mit der Leerlaufspannung nach der Messung gebildet werden. Da Pulsdauer und Pulshöhe bekannt sind, kann die während des Pulses eingebrachte Ladungsmenge ΔQ_{el} berechnet und die differentielle Interkalationskapazität bestimmt werden:

$$C_{\Delta Int} = \frac{\Delta Q_{\mathrm{el}}}{\Delta U} = \frac{T_p \cdot I_p}{U_{\mathrm{OCV}}(T_{Mess}) - U_{\mathrm{OCV}}(t_0 - \epsilon)} \tag{6.5}$$

Für das System mit fünf Relaxationszeiten aus Abbildung 6.16 ist der Verlauf der einzelnen Überspannungen in Abbildung 6.17 dargestellt. Es ist gut zu erkennen, dass

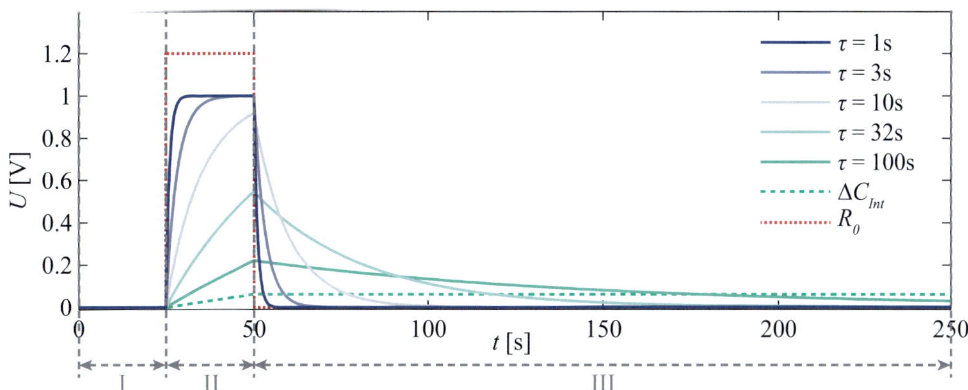

Abbildung 6.17: Überspannungen für ein System mit fünf Relaxationszeiten, Ohmschen Anteil und einer differentiellen Interkalationskapazität $C_{\Delta Int}$.

in Bereich II besonders die Überspannungen der RC-Glieder mit den kurzen Relaxationszeiten groß sind, während sie in Bereich III sehr schnell abfallen und nach kurzer

Zeit kaum einen Beitrag zur Gesamtspannung liefern. Umgekehrt verhält es sich für die RC-Glieder mit den langen Relaxationszeiten. Bei der Betrachtung beider Bereiche wird zugrundegelegt, dass am Ende von Bereich I das System im Gleichgewichtszustand war und somit die Leerlaufspannung U_{OCV} abgelesen werden konnte. Da besonders die Impedanz im unteren Frequenzbereich charakterisiert werden soll, wird der Bereich III ausgewertet. Eine Auswertung des mittleren und hohen Frequenzbereichs ist ebenfalls möglich, allerdings werden dabei deutlich höhere Anforderungen an die Abtastrate gestellt, die mit dem zur Verfügung stehenden Messequippment nicht erfüllt werden konnten.

Die Dynamik des Spannungsverlaufs in Bereich III wird durch den ersten Summanden in Gleichung 6.4 beschrieben. Um eine gleichmäßige Beschreibung der Dynamik im betrachteten Frequenzbereich zu gewährleisten, werden die Zeitkonstanten $\tau_n = R_n C_n$ des verallgemeinerten Messmodells logarithmisch gleichverteilt festgelegt. Für die minimale Zeitkonstante τ_{min} gelten die Beschränkungen des Nyquist-Shannon Abtasttheorems, nach dem das zu rekonstruierende Signal mit mindestens der doppelten enthaltenen maximalen Frequenz abzutasten ist. Dies gilt allerdings nur für periodische Signale bei unendlich langer Beobachtungsdauer. In der Praxis haben sich Werte von

$$\tau_{min} = \frac{100 \cdot 2}{2\pi f_s} \tag{6.6}$$

als brauchbar erwiesen. Für die größte Zeitkonstante τ_{max} ist die Dauer der Relaxationsphase τ_{relax}

$$\tau_{max} \leq \tau_{relax} \tag{6.7}$$

entscheidend.

Da bei der Verwendung des verallgemeinerten Messmodells die Zeitkonstanten der RC-Glieder festgelegt sind, werden die Widerstandswerte R_n gesucht. Durch die Schätzung der Widerstände R_n ist es somit möglich, eine Verteilungsdichtefunktion der Relaxationszeiten direkt zu erhalten ohne zuerst eine Impedanz berechnen zu müssen. Die Impedanz kann dann anschließend aus der Verteilungsfunktion der Relaxationszeiten und der zusätzlichen differentiellen Interkalationskapazität berechnet werden.

Zur Schätzung der R_n wird aus Gleichung 6.4 für den Bereich III für ein einzelnes RC-Glied die folgende Gleichung abgeleitet:

$$u_n(t) = I_p R_n \left[\left(1 - e^{\left(-\frac{t-t_0}{\tau_n}\right)}\right) - \left(1 - e^{\left(-\frac{t-(t_0+T_p)}{\tau_n}\right)}\right) \right]. \tag{6.8}$$

Für die Serienschaltung mehrerer RC-Glieder zuzüglich der Leerlaufspannung ergibt sich nach dem Superpositionsprinzip die folgende Gleichung:

$$u(t) = U_{\text{OCV}} + \sum_{n=1}^{N} u_n(t). \tag{6.9}$$

Hierbei ist $U_{\text{OCV}} = U_{\text{OCV}}(T_{Mess})$, also die Leerlaufspannung nach dem Impuls. Diese Summenformel lässt sich für diskrete Zeiten t_i in eine Matrixgleichung

$$\mathbf{AR} = \mathbf{u} - U_{\text{OCV}} \tag{6.10}$$

umschreiben, wobei $\mathbf{u}$ ein Vektor mit den Spannungen zu den Zeitpunkten t_i ($i = 1 \ldots M$) ist. Die Einträge der Matrix $\mathbf{A}$ lassen sich zu

$$a_{ij} = I_p \left[\left(1 - e^{\left(-\frac{t_i - t_0}{\tau_j} \right)} \right) - \left(1 - e^{\left(-\frac{t_i - (t_0 + T_p)}{\tau_j} \right)} \right) \right] \tag{6.11}$$

$$\text{mit } i = 1 \ldots N \text{ und } j = 1 \ldots N$$

bestimmen. Der Vektor $\mathbf{R}$ enthält die gesuchten Widerstandswerte und soll im Folgenden geschätzt werden. Um auch die Leerlaufspannung U_{OCV} bestimmen zu können, muss diese dem Vektor $\mathbf{R}$ angehängt werden. Es entsteht der Parametervektor $\mathbf{x}$ und es gilt die Matrixgleichung:

$$\begin{bmatrix} a_{1,1} & \cdots & a_{1,N} & 1 \\ \vdots & \ddots & \vdots & \vdots \\ a_{M-1,1} & \cdots & a_{M-1,N} & 1 \\ a_{M,1} & \cdots & a_{M,N} & 1 \end{bmatrix} \cdot \begin{bmatrix} R_1 \\ \vdots \\ R_N \\ U_{\mathrm{OCV}} \end{bmatrix} = \begin{bmatrix} u_1 \\ \vdots \\ u_{M-1} \\ u_M \end{bmatrix} \tag{6.12}$$

$$\begin{bmatrix} \mathbf{A} & \mathbf{1} \end{bmatrix} \cdot \begin{bmatrix} \mathbf{R} \\ U_{OCV} \end{bmatrix} = \mathbf{u} \tag{6.13}$$

$$\mathbf{B} \cdot \mathbf{x} = \mathbf{u} \tag{6.14}$$

Für diese Matrixgleichung kann mit einem linearen Least-Square Schätzverfahren der Parametervektor $\mathbf{x}$ mittels

$$\min_x \| \mathbf{B} \cdot \mathbf{x} - \mathbf{u} \|_2^2 \tag{6.15}$$

und der Nebenbedingung

$$\mathbf{R} \geq 0 \tag{6.16}$$

ermittelt werden. Um die Lösung zu stabilisieren wurde eine Tikhonov-Regularisierung [102] vorgenommen, wobei die Summe der Krümmung der DRT als weiteres Gütekriterium in den Fit mit einbezogen wird. Praktisch wird die Matrix $\mathbf{B}$ dabei um eine Matrix $\mathbf{I}$ erweitert, welche einer zweifachen Ableitung der ersten N Einträge des Parametervektors, bei Multiplikation mit diesem, gleichkommt. Diese beinhalten die Werte für R_j. Die Matrix $\mathbf{I}$ mit der Dimension $[N + 1 \times N]$ ist dabei folgendermaßen zu bilden:

$$\mathbf{I} = \begin{bmatrix} 1 & -0.5 & 0 & \cdots & 0 & 0 \\ -0.5 & 1 & -0.5 & & \vdots & \vdots \\ 0 & -0.5 & 1 & \ddots & 0 & \vdots \\ \vdots & & \ddots & \ddots & -0.5 & \vdots \\ 0 & \cdots & \cdots & -0.5 & 1 & 0 \end{bmatrix} \tag{6.17}$$

Das Produkt $\mathbf{I} \cdot \mathbf{x}$ ergibt die Krümmung des Parametervektors $\mathbf{R}$. Durch die Einführung des Regulierungsparameters λ lässt sich die Gewichtung der Minimierung der Krümmung, bei der Schätzung des Parametervektors $\mathbf{x}$, steuern. Um die Wahl von λ unabhängig von der Anzahl M der in die Schätzung aufgenommenen Messpunkte und der Anzahl N der Relaxationszeiten zu machen, wird λ mit M multipliziert und durch N dividiert. Damit ergibt sich die endgültige Gleichung:

$$\left[\begin{array}{c} \mathbf{B} \\ \frac{\lambda M}{N} \cdot \mathbf{I} \end{array} \right] \cdot \mathbf{x} = \mathbf{u}. \tag{6.18}$$

6.3.2 Sensitivitätsanalyse und Fehlerbetrachtung

Die Pulsmessung selbst lässt als Freiheitsgrade die Messdauer T_{Mess}, die Pulshöhe I_p und Pulslänge T_p zu, bei der Auswertung wiederum können der Regularisierungsparameter λ, die Anzahl der verwendeten Stützpunkte sowie deren zeitliche Verteilung gewählt werden. Weiterhin hat das Messrauschen der Spannungsmessungen einen Einfluss auf das Ergebnis. Inwiefern diese Paramter die ermittelte Verteilungsfunktion der Relaxationszeiten beeinflussen, wird im Folgenden betrachtet.

Wahl des Anregungspulses

Die Verwendung des Messmodells nach Abbildung 6.15 setzt voraus, dass das betrachtete System zeitinvariant und linear ist. Da die differentielle Interkalationskapazität $C_{\Delta Int}$ und die Impedanz im Allgemeinen stark von SOC und Temperatur abhängig sind, müssen folglich die Leistung und die Ladungsmenge des Strompulses begrenzt werden. In dieser Arbeit wurde die Änderung des SOC auf $0,3\%$ begrenzt. Somit stehen bei gleicher Ladungsmenge des Strompulses $Q_P = I_p \cdot T_p$ verschiedene Kombinationen von Pulslänge und -höhe zur Verfügung. Um den Zusammenhang zwischen Pulsstärke, -länge und der resultierenden Spannungsanregung genauer zu beleuchten, wurde eine Parametervariation des Anregungspulses für ein Modellsystem simuliert.
Das Modellsystem weist eine konstante Verteilungsfunktion der Relaxationszeiten von $100\,\Omega s$ auf. Zur Simulation wird daraus ein diskretes System mit 1000 in logarithmischem Abstand gleichverteilten Zeitkonstanten abgeleitet, mit einer maximalen Zeitkonstante von $10\,s$ und einer minimalen Zeitkonstante von $10^5\,s$. Somit lassen sich die Widerstände der RC-Glieder zu $0,92\,\Omega$ berechnen. Es werden nun zwei verschiedenen Fälle simuliert: die Pulshöhe I_p wird variiert und a) die Pulslänge ist konstant $T_p = 10\,s$ oder b) die Pulsladung Q_p ist konstant.

In den Abbildungen 6.18(a) (Fall a)) und 6.18(b) (Fall b)) ist die maximale Spannung dargestellt, die direkt nach dem Puls am RC-Glied mit der Relaxationszeit τ_{RC} abfällt. Die rote Linie stellt die angenommene maximale Spannungsauflösung des Messsystems dar. Liegt die Spannung unterhalb dieses Schwellwerts lässt sich der Prozess mit der entsprechenden Relaxationszeit nicht mehr detektieren. Betrachtet man zunächst Fall a) (Abbildung 6.18(a)), lässt sich ablesen, dass die Zeitkonstante des noch detektierbaren Prozesses mit der Pulshöhe I_p zunimmt. Wird die Pulshöhe konstant gehalten und die

Pulsdauer T_p variiert, steigt die maximal detektierbare Zeitkonstante ebenfalls mit der Pulsdauer. Bei beiden Fällen steigt allerdings auch die Pulsladung.

Um diesen Effekt zu eliminieren wurde Fall b) simuliert. Durch Anpassen der Pulslänge wird trotz Variation der Stromstärke erreicht, dass die Ladungsmenge stets gleich bleibt, in diesem Fall bei $Q_p = 10$ As. Aus Abbildung 6.18(b) lässt sich nun ablesen, dass die maximal detektierbare Zeitkonstante in dem betrachteten Bereich konstant bleibt. Durch Erhöhen der Pulsstärke kann bei konstanter Pulsladung die maximal detektierbare Zeitkonstante nicht vergrößert werden.

Dies zeigt, wie wichtig eine hohe Spannungsauflösung zur Anwendung des Verfahrens ist. Daher wurden die Messungen in dieser Arbeit nicht allein mit dem Solartron 1470E Messsystem aufgenommen, sondern die Spannungsdaten zusätzlich mit einem Agilent DMM 34970A aufgezeichnet. Als Pulslänge hat sich dabei ein Wert von 10s als praktikabel erwiesen und als Pulsstärke ein Wert im Bereich von 1C.

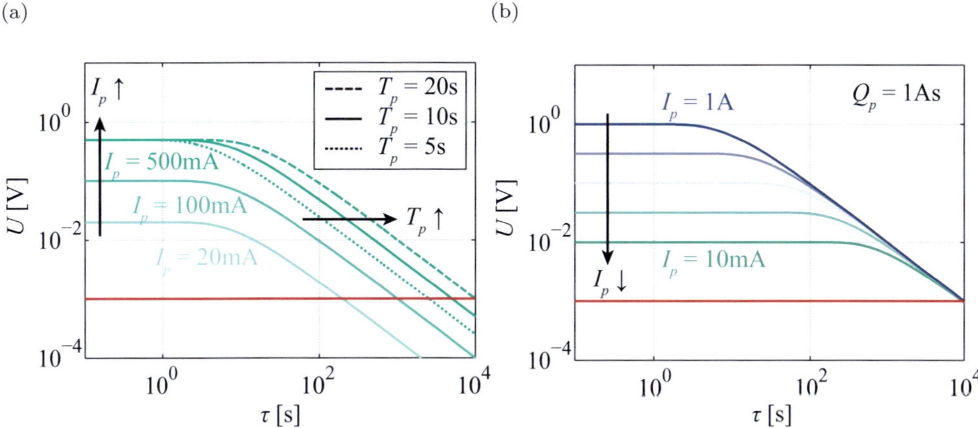

Abbildung 6.18: Überspannung am RC-Element mit der Relaxationszeit τ direkt nach dem Puls unter (a) Variation von Pulshöhe I_p und Pulslänge T_p sowie (b) unter Variation der Pulshöhe bei konstanter Pulsladung Q_p. Die rote Linie markiert die angenommene Auflösungsgrenze der Spannungsmessung.

Wahl der Messdauer T_{Mess}

Neben der Pulslänge kann auch die Messdauer T_{Mess} frei gewählt werden. Wenn die Spannungsantwort so weit abgeklungen ist, dass die Änderung kleiner als die Auflösungsgrenze der Spannungsmessung ist, enthält eine längere Spannungsmessung keine weiteren Informationen. Umgekehrt kann jedoch auch der Fall eintreten, dass die Spannungsmessung gestoppt wird, bevor die Spannung einen stationären Endwert erreicht hat. In diesem Fall sind bei der Auswertung der Messdaten zwei Varianten möglich: I.) die zu identifizierenden Relaxationszeiten werden auf die Messdauer beschränkt oder

II.) es wird beim Fit zugelassen, dass auch höhere Relaxationszeiten gefittet werden, was einer Extrapolation des Verhaltens entspricht. Um die Auswirkung dieser beiden Möglichkeiten zu überprüfen, wurde ebenfalls eine Parametervariation an einem Modellsystem durchgeführt.

Das Modellsystem weist vier unterschiedliche Prozesse auf, deren DRT einer Normalverteilung mit den Mittelwerten $[10^2\ 10^3\ 10^4\ 10^5]$ s und der Standardabweichung $0,5$ entsprechen (vergleiche Abbildung 6.19(a)). Die Pulsmessung wurde mit einer Pulslänge von $T_p = 10$ s und einer Pulshöhe von $I_p = 1$ A simuliert. Um das Verhalten bei einer realen Messung besser zu beschreiben, wurde der simulierten Spannung weißes, gaußsches Rauschen mit einer Standardabweichung von $0,1$ mV überlagert. Der Regularisierungsparameter wurde zu $\lambda = 2 \cdot 10^{-4}$ gewählt.

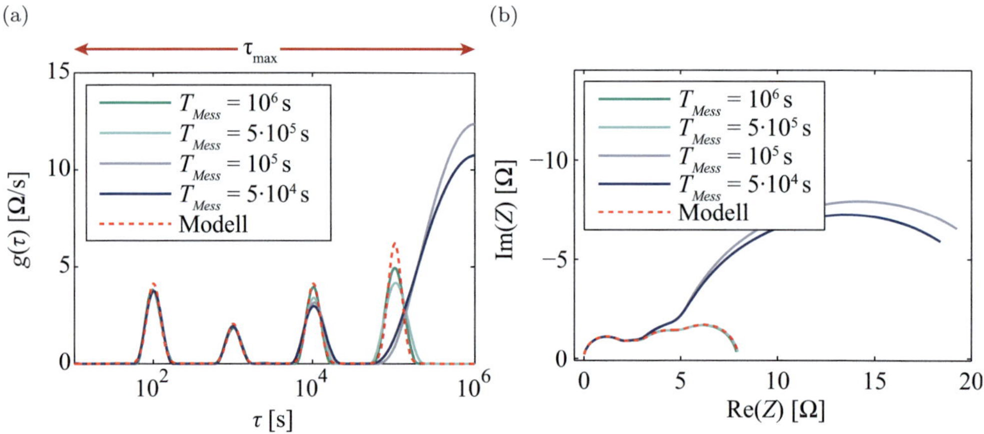

Abbildung 6.19: Variation der Messdauer für die Auswertung nach Fall I.), die maximal geschätzte Relaxationszeit τ_{max} ist stets 10^6 s (rote Linie): (a) vorgegebene und geschätzte DRT sowie (b) vorgegebene und geschätzte Impedanz

Zunächst wird die Auswertung nach Fall I.) durchgeführt, wobei die maximale, geschätzte Relaxationszeit immer bei $\tau_{max} = 10^6$ s liegt. Wie Abbildung 6.19(a) zeigt, wird ab einer Messdauer $T_{Mess} \leq 10^5$ s die DRT falsch geschätzt und es entstehen Artefakte bei niedrigeren Frequenzen. Die resultierende Impedanz (vergleiche Abbildung 6.19(b)) ist im niederfrequenten Bereich deutlich größer als die des simulierten Systems und wird daher falsch geschätzt.

Wird die maximale geschätzte Relaxationszeit τ_{max} gleich der Messzeit T_{Mess} gewählt (Fall II.), so erhält man die in Abbildung 6.20(a) dargestellte Schätzung der DRT. Die maximale Relaxationszeit variiert nun mit der Messdauer und für $T_{Mess} \leq 10^5$ s kann die größte Relaxationszeit des Systems nicht mehr richtig wiedergegeben werden. Jedoch stimmt die geschätzte Impedanz aus Abbildung 6.20(b) im betrachteten Frequenzbereich gut mit der des vorgegebenen Systems überein und die Gesamtpolarisation des Systems wird nicht überschätzt wie für Fall I.)(vergleiche Abbildung 6.19(b)). Daher wird in allen weiteren Messungen die maximale Relaxationszeit auf $\tau_{max} = T_{Mess}$ beschränkt.

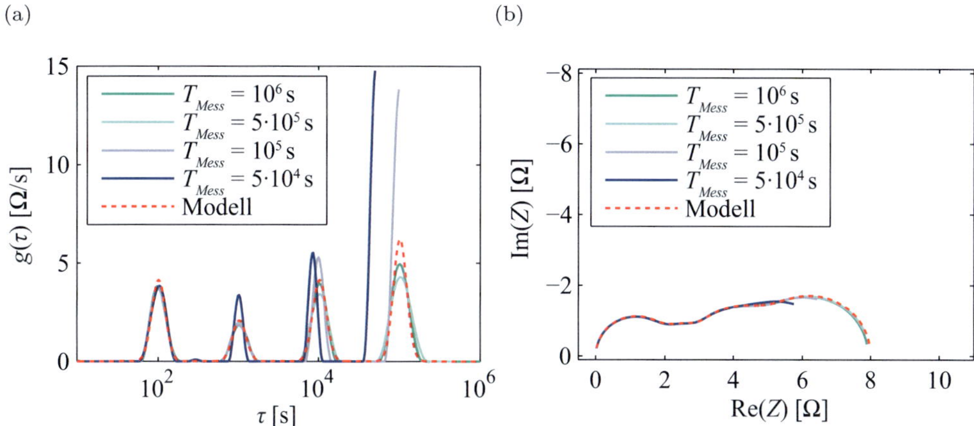

Abbildung 6.20: Variation der Messdauer nach Fall II.), bei maximaler geschätzter Relaxationszeit $\tau_{max} = T_{Mess}$: (a) vorgegebene und geschätzte DRT sowie (b) vorgegebene und geschätzte Impedanz.

Wahl der Abtastzeitpunkte

Der in Gleichung 6.14 notwendige Vektor **u** enthält die Messungen der Klemmenspannung, wobei zunächst keine Einschränkungen bezüglich der Abtastzeitpunkte t_i der Spannungswerte aufgestellt wurden. Bei Abtastung des Spannungssignals mit einer konstanten Abtastzeit, entstünde ein Zeitvektor mit einem linearen Verlauf der Abtastzeiten über die Anzahl der Abtastpunkte wie in Abbildung 6.21 dargestellt. Bei 50 Abtastpunkten werden die ersten 1000 nur durch 5 Punkte beschrieben. Da die Relaxation der Spannung an den RC-Gliedern jedoch einer Exponentialfunktion folgt, ist somit die Dynamik der schnelleren Prozesse nur unzureichend repräsentiert.

Eine erste Verbesserung liefert die Abtastung mit variabler Abtastzeit wobei die Abtastzeit nun einen wurzelförmigen Verlauf annimmt. Die besten Ergebnisse wurden mit einer logarithmischen Verteilung der Abtastzeitpunkte erreicht. Hier werden pro Dekade immer gleich viele Punkte aufgenommen und die Dynamik, analog zur Vorgehensweise bei der Berechnung der DRT, über den gesamten Bereich gleichmäßig abgebildet. Die ersten fünf Punkte fehlen aufgrund der Realisierung der Abtastung, wobei ein zunächst gleichmäßg abgetastetes Signal nochmals mit der logarithmischen Verteilung unterabgetastet wurde. Da die verwendeten Messgeräte nur eine konstante Abtastzeit zulassen, wurde eine nachträgliche Unterabtastung notwendig.

Wahl des Regularisierungsparameters λ und Einfluss des Messrauschens

Der Einfluss des Regularisierungsparameters λ und des Messrauschens auf die ermittelte DRT und Impedanz stehen in engem Verhältnis miteinander und werden daher gemein-

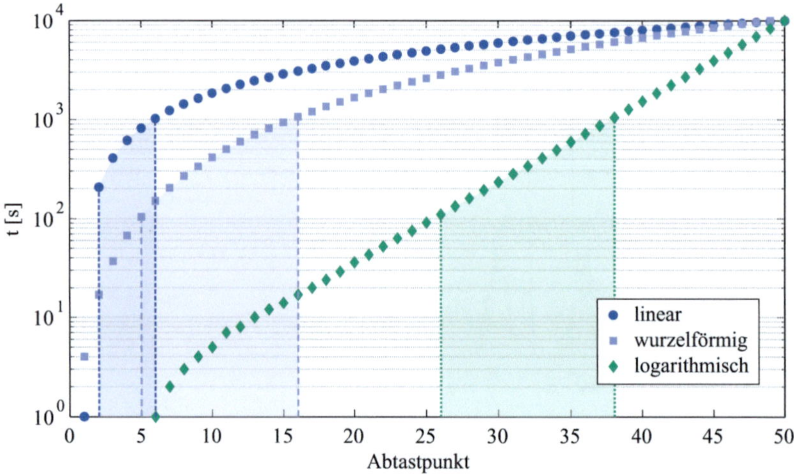

Abbildung 6.21: Abtastzeitpunkte für die Spannung bei der Wahl einer linearen, wurzelförmigen oder logarithmischen Abtastung und konstanter Anzahl von 50 Messpunkten und einer Messdauer von 10^4 s. Die eingefärbten Bereiche kennzeichnen die Abtastpunkte für den Zeitraum 10^2 s $\leq$ $t \leq 10^3$ s.

sam betrachtet. Es kommt wieder dasselbe Modellsystem wie auf Seite 69 beschrieben zum Einsatz. Zunächst wird das Rauschen der Spannungsmessung als weißes, gaußsches Rauschen mit einer Standardabweichung von $0,1$ mV gewählt und der Regularisierungsparameter mit $\lambda = 2 \cdot [10^{-6}\ 10^{-5}\ 10^{-4}\ 10^{-3}\ 10^{-2}]$ variiert.

Abbildung 6.22(a) zeigt die ermittelte DRT bei Variation von λ. Für zu groß gewählte Werte von λ sind die Peaks deutlich breiter ausgeprägt als das Modellsystem, jedoch lassen sich die Zeitkonstanten immer noch korrekt ablesen. Für zu klein gewählte Werte wird die Regularisierung zu schwach durchgeführt. Somit wird eine stärkere Krümmung der DRT zugelassen was zu zusätzlichen Peaks führt. Daher kann ab einem $\lambda \leq 10^{-5}$ die Anzahl und die Zeitkonstante der Prozesse nicht mehr exakt identifiziert werden. Betrachtet man hingegen die geschätzte Impedanz und vergleicht diese mit der des vorgegebenen Systems (siehe Abbildung 6.22(b)), so nehmen die Abweichungen für eine zu schwache Regularisierung nicht zu. Lediglich für eine zu starke Regularisierung wird die Impedanz im niederfrequenten Bereich überschätzt.

Wird der Regularisierungsparameter konstant gehalten und die Standardabweichung des Messrauschens der Spannungsmessung $\sigma_U = [10^{-3}\ 10^{-2}\ 10^{-1}\ 1]$ mV variiert, so erhält man die in Abbildung 6.3.2 dargestellten Ergebnisse. Erhöht sich das Rauschniveau und wird der Regularisierungsparameter nicht nachgeführt, treten in der DRT Artefakte in der Form von zusätzlichen Peaks auf. Dies ist in Abbildung 6.23(a) ab einer Standardabweichung von $0,1$ mV zu beobachten. Die Fehler in der Impedanz halten sich jedoch auch hier in Grenzen, so dass für die gesamte Variation des Spannungsrauschens die Polarisation des Systems gut wiedergegeben werden kann. Es lässt sich somit festhalten, dass die Schätzung der Impedanz mit Hilfe des vorgestellten Verfahrens relativ robust

ist, die Berechnung der DRT jedoch in hohen Maße von den Bedingungen abhängt und
die Wahl des Regularisierungsparameters einen entscheidenden Einfluss hat. Mit einer

(a) (b)

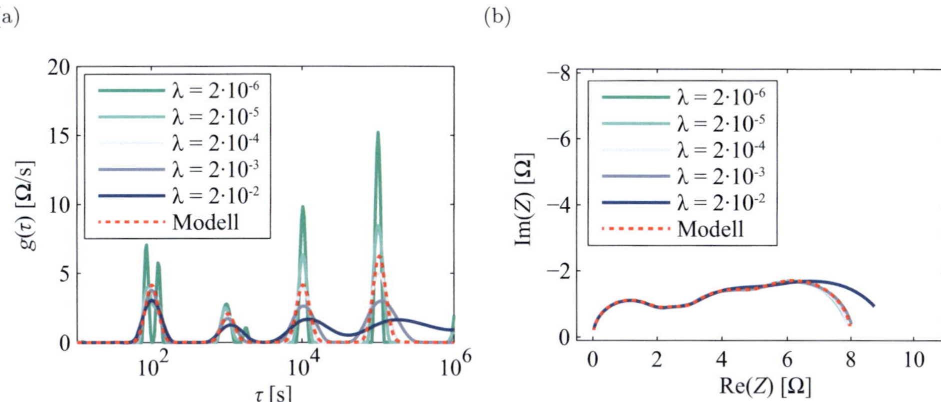

Abbildung 6.22: (a) vorgegebene und geschätzte DRT unter Variation des Regularisierungsparameters λ und konstantem Messrauschen der Spannung von $\sigma_U = 0,1\,\text{mV}$ sowie (b) vorgegebene
und geschätzte Impedanz.

Standardabweichung des Spannungsrauschens von $0,1\,\text{mV}$ scheinen zunächst sehr hohe
Bedingungen an das Messsystem gestellt zu sein. Jedoch ist in dem angewandten Algorithmus noch nicht berücksichtigt, dass bei Verwendung der logarithmischen Abtastung
für lange Messzeiten die Abtastfrequenz sehr stark absinkt und daher das Signal vor der
Unterabtastung einer starken Filterung unterzogen werden kann. Durch die Implementierung eines adaptiven Tiefpassfilters, der für größere Messzeiten die Grenzfrequenz
stark absenkt, ließen sich die Anforderungen an das Messsystem weiter verringern. Keine
Abstriche hingegen können jedoch bei der Langzeitstabilität der Spannungsmessung
gemacht werden.

Genauigkeit der Temperierung

Die Impedanz besitzt im Allgemeinen eine stark ausgeprägte Abhängigkeit von der
Temperatur, insbesondere die Festkörperdiffusion, welche im niederfrequenten Bereich
dominierend ist. Aber auch die Leerlaufspannung ist von der Temperatur abhängig und
über Gleichung 4.3 mit der Reaktionsentropie ΔS verknüpft. Ändert sich somit während
der Relaxationsphase die Zelltemperatur, hat dies einen Einfluss auf die Dynamik der
Relaxation aber auch auf die Leerlaufspannung.
Für eine Pulsmessung an einer Zelle des Typs HE-LCO bei $T = 25\,°\text{C}$, $SOC = 0\,\%$ sind
die Residuen des Fits in Abbildung 6.24 zusammen mit der Oberflächentemperatur der
Zelle dargestellt. Es ist klar zu erkennen, dass die Residuen den Bereich der akzeptablen
Abweichungen (gepunktete Linien) deutlich überschreiten. Hierbei fällt auf, dass die
Residuen mit der Temperatur korreliert zu sein scheinen. Werden die Residuen als durch

(a)   (b)

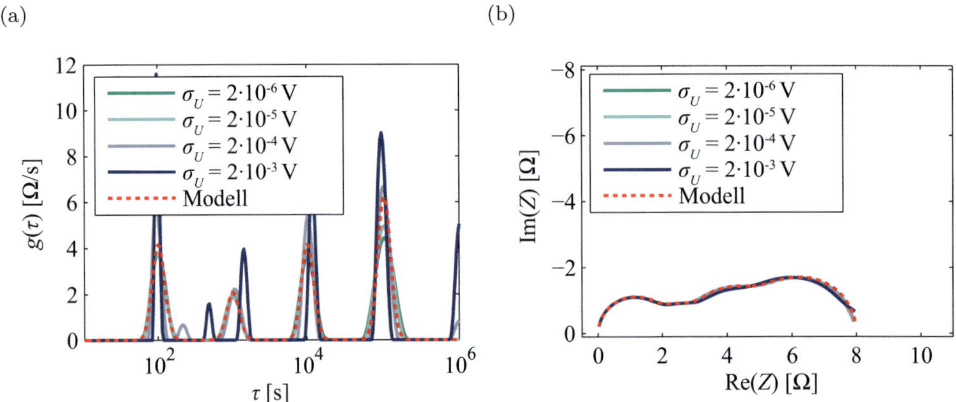

Abbildung 6.23: (a) vorgegebene und geschätzte DRT unter Variation des Messrauschens der Spannung σ_U und konstantem Regularisierungsparameter $\lambda = 2 \cdot 10^{-4}$ sowie (b) vorgegebene und geschätzte Impedanz.

die Temperaturvariation verursachten Spannungsänderungen betrachtet, kann hieraus eine Reaktionsentropie von $\Delta S = 88,8\,\mathrm{J\,mol^{-1}K^{-1}}$ (entspricht $\mathrm{d}U/\mathrm{d}T = -920\,\mu\mathrm{V\,K^{-1}}$) abgeleitet werden. Ein Vergleich mit den in Abbildung 7.21 gegebenen Reaktionsentropien bestätigt die Vermutung, dass die Spannungsänderung durch die Temperaturänderung verursacht wird.

Entsprechend ist bei den Relaxationsexperimenten auf eine äußerst konstante Umgebungstemperatur zu achten.

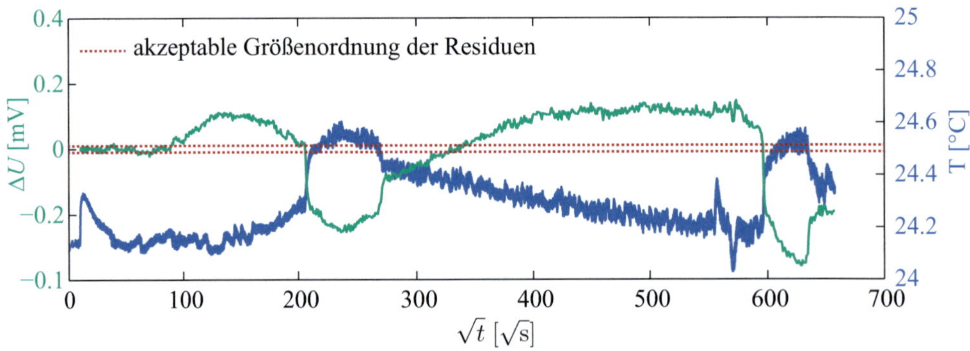

Abbildung 6.24: Residuen und Temperaturverlauf für eine Messung an einer Zelle des Typs HE-LCO bei einem Ladezustand von 0 %. Die gewöhnliche Größenordnung der Residuen liegt bei 0,01 mV und ist mit den rot gepunkteten Linien markiert.

6.3.3 Kombination der Pulsmessung mit der EIS

Da der Ohmsche Anteil sowie alle Polarisationsanteile, deren charakteristische Frequenzen oberhalb der höchsten betrachteten Frequenz liegen, durch die Messung nicht ermittelt werden können, muss dies bei der Verschmelzung mit einem höherfrequenten Impedanzspektrum aus einer EIS Messung Z_{EIS} berücksichtigt werden. Das heißt, die Impedanz Z_{TD} aus der Sprungantwort muss um einen Ohmschen Anteil R_{offset} korrigiert werden. Hierzu wird die Differenz des niederfrequentesten Impedanzwertes f_{min} aus der EIS mit dem Impedanzwert bei der entsprechenden Frequenz aus der Pulsmessung gebildet:

$$R_{offset} = Z_{EIS}(f_{min}) - Z_{TD}(f_{min}). \qquad (6.19)$$

Dabei wird die aus der Impulsmessung ermittelte Impedanz auf der reellen Achse verschoben und es verbleibt eine Differenz im Imaginärteil der Impedanz, was zu einem Knick der verschmolzenen Spektren führt. Für die Impedanzwerte an diesem Knick kann nun eine Phasendifferenz $\Delta\varphi$ angegeben werden (siehe Abbildung 6.25). Diese Phasendifferenz kann durch Messfehler bei der Pulsmessung und der EIS Messung zurückgeführt werden.

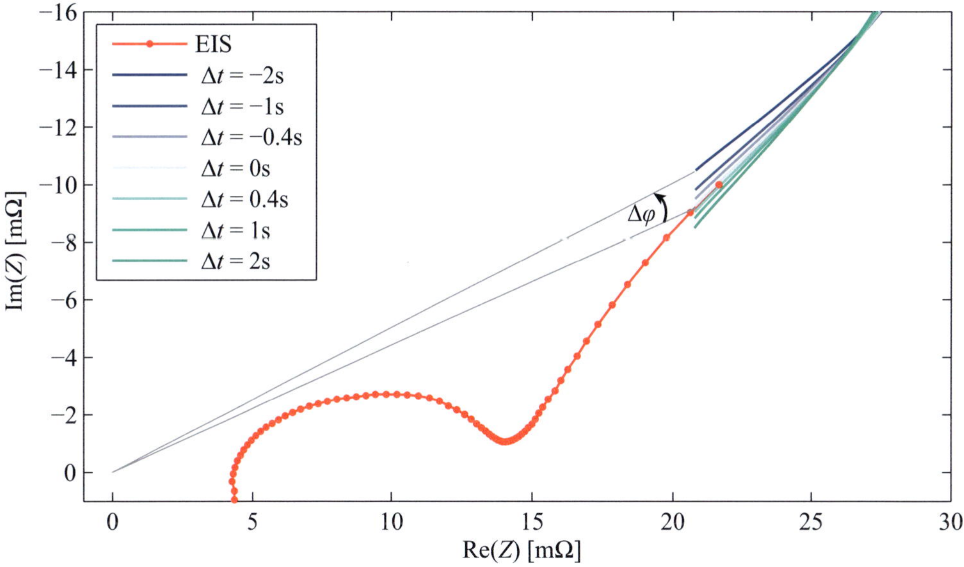

Abbildung 6.25: Nyquistplot eines zusammengesetzten Spektrums aus EIS und Pulse-Fitting bei einer Variation des Synchronisationsfehlers Δt zur Veranschaulichung des entstehenden Phasenfehlers $\Delta\varphi$.

Für die EIS ist dabei die Messgenauigkeit beim verwendeten Gerät (Solartron 1470E) in diesem Frequenz- und Widerstandsbereich mit $0{,}5\,°$ angegeben. Die Abweichungen von bis zu $2\,°$ lassen sich allein dadurch nicht erklären. Weitere Fehler sind durch die

Synchronisierung von Agilent und Solartron zurückzuführen. Für eine Variaton der Synchronisierungszeit ist in Abbildung 6.26(a) der resultierende Fehler bei der Verschmelzung der Spektren dargestellt. Auch die Residuen der Kramers-Kronig Transformation (vergleiche Abbildung 6.26(b)) zeigen deutlich den Einfluss einer unzureichenden Synchronisierung der Messgeräte.

(a)   (b)

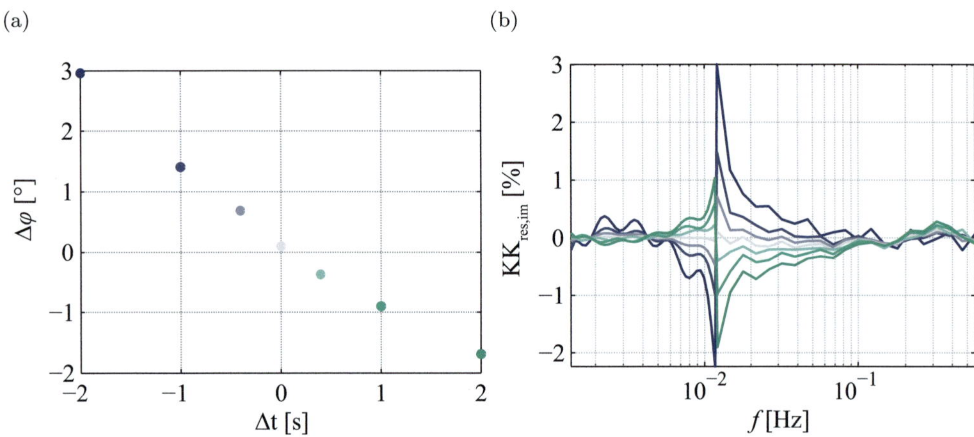

Abbildung 6.26: Auswirkungen eines Synchronisierungsfehlers Δt auf den (a) Phasenfehler $\Delta\varphi$ und (b) auf den Imaginärteil der Residuen aus dem Kramers-Kronig Test im relevanten Frequenzbereich

Um diesen Phasenfehler zu verringern, wird vor der Auswertung der Zeitbereichsdaten der Synchronisationsfehler, auf Basis des Spannungssignals beider Messgeräte, ermittelt und anschließend kompensiert. Infolgedessen wird auch für die Residuen des Kramers-Kronig Tests ein Optimum erreicht.

6.3.4 Erweiterung um die Schätzung der Selbstentladung

Neben der Relaxation der Zellspannung ist für lange Beobachtungszeiten und hohe Temperaturen mit einer Selbstentladung der Batterie zu rechnen. Diese kann durch die Elektronenleitfähigkeit des Elektrolyten, Kriechströme zwischen den Polen, Aufbau der SEI an der Anode [219], einen Shuttle-Mechanismus [220] oder eine Entladung durch den endlichen Eingangswiderstand des Messgeräts bedingt sein[5]. Bei einem negativen Strompuls ist der Beginn des Bereichs, in dem die Selbstentladung die Relaxationsprozesse überwiegt, als Maximum der Zellspannung während der Relaxation abzulesen (vergleiche Abbildung 6.27), während für einen positiven Strompuls diese einfache Einteilung so

---

[5]Durch Messungen konnte der Einfluss des Messgeräts auf die Selbstentladung einer kommerziellen Zelle als vernachlässigbar nachgewiesen werden. Bei dem verwendeten 1470E liegt der Eingangswiderstand bei 10 GΩ.

nicht möglich ist. Daher wurde in den durchgeführten Experimenten in den meisten Fällen ein negativer Strompuls verwendet.

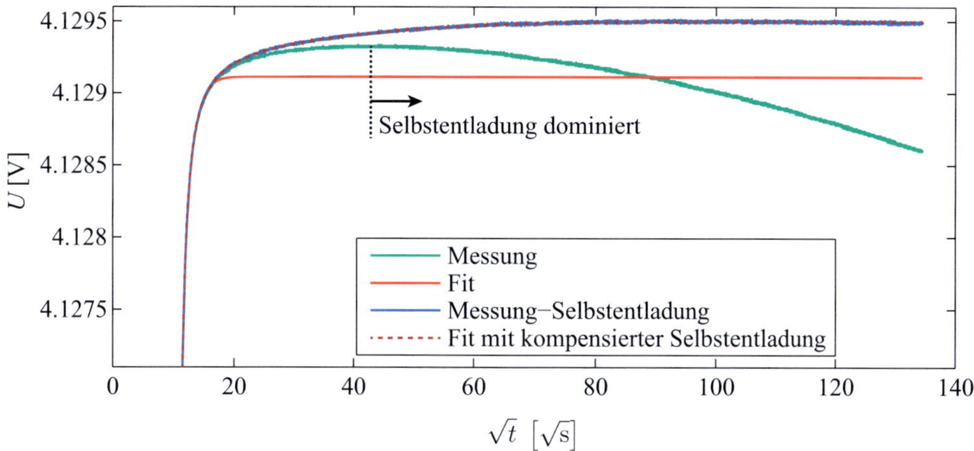

Abbildung 6.27: Spannungsrelaxation nach einem Strompuls bei 40 °C und einem SOC von 95%. Ab einem Zeitpunkt von ungefähr 2000 s überwiegt die Selbstentladung.

Tritt bei einer Zelle während der Relaxation Selbstentladung auf, so kann der oben aufgeführte Algorithmus zur Schätzung der DRT nicht angewandt werden, da das zugrunde liegende Modell nicht das Phänomen der Selbstentladung umfasst. Wie Abbildung 6.27 zeigt, werden die Relaxationszeiten deutlich und systematisch falsch geschätzt, da ein negativer Spannungsgradient nicht abgebildet werden kann. Also muss die Selbstentladung zunächst detektiert, modelliert und kompensiert werden.

Detektion der Selbstentladung

Grundsätzlich kann die Selbstentladung nach einem negativen Strompuls am Gradienten des Zellspannungsverlaufs detektiert werden. Allerdings führt die direkte numerische Berechnung des Gradienten zu unbrauchbaren Ergebnissen, da das Messrauschen verstärkt wird und die Zellspannung harmonische Schwingungen aufweist. Diese sind auf die Temperaturregelung des Klimaschranks zurückzuführen. Die Regelung resultiert in einer Oszillation der Umgebungstemperatur von $0,25\,\text{K}$ mit einer Frequenz von $0,83\,\text{mHz}$ und durch die Reaktionsentropie ergibt sich mit der Temperaturänderung eine Änderung der Leerlaufspannung.

Um die Detektion also möglichst robust zu gestalten wird zunächst der minimal beobachtbare Spannungsgradient ΔU_{min} als

$$\Delta U_{min} = \frac{-\varepsilon_{Mess}}{10 \cdot 3600\,\text{s}} \tag{6.20}$$

abgeschätzt. Hierbei ist für ε_{Mess} die Auflösung des Messgeräts einzusetzen, die bei dem verwendeten Agilent 34970A 5 μV beträgt. Anschließend wird geprüft ob der Gradient zwischen Spannungsmaximum nach dem Strompuls und dem letzten gemessenen Spannungswert unter ΔU_{min} liegt. Wenn der Gradient größer als ΔU_{min} ist, kann keine Selbstentladung detektiert werden und das Verfahren des Pulse-Fittings kann direkt angewandt werden. Andernfalls wird der Bereich nach dem Spannungsmaximum in Intervalle der Länge T_{observ} eingeteilt und es wird für jedes Intervall ein Gradient berechnet. So können kleinere Schwankungen innerhalb des Intervalls vernachlässigt werden. Anschließend wird überprüft, ab welchem Intervall die Abweichung des Gradientens zum Gradienten des letzten Intervalls 10% überschreitet. Dieser begrenzt dann den Bereich, welcher für den Fit des Selbstentladungsmodells herangezogen werden kann.

Selbstentladungsmodell

Ist der Mechanismus für die Selbstentladung in einem Betriebspunkt (SOC und Temperatur) konstant, kann diese über einen Selbstentladungswiderstand R_{self} dargestellt werden. Da sowohl Diffusion im Aktivmaterial als auch Ladungstransfer an dessen Oberfläche während der Selbstentladung auftreten, ist die Topologie der Schaltung wie in Abbildung 6.28 a) zu wählen. Allerdings ist nun die Dynamik, der in der Zelle ablaufenden Prozesse, mit der Selbstentladung verkoppelt und die Entladung kann nicht als superponiert angenommen werden.

Für die Ersatzschaltung b) ist es jedoch möglich die Dynamik der Selbstentladung getrennt zu betrachten. Dabei vermögen beide Ersatzschaltbilder dieselbe Impedanz zu beschreiben, wobei die physikalische Bedeutung und die Parameter sich jedoch unterscheiden. Unter der Voraussetzung, dass der Frequenzbereich der Selbstentladung zwei Dekaden von der Dynamik der anderen Prozesse entfernt ist und auch die Größenordnung des Selbstentladungswiderstands R_{self} zwei Dekaden entfernt ist, können beide Ersatzschaltungen als gleich betrachtet werden. Eine genauere Betrachtung dessen findet sich in Anhang A.

Sind die Dynamik der Selbstentladung und die der anderen Prozesse nun weit genug voneinander entfernt, so kann die Ersatzschaltung b) zur Beschreibung des Spannungsverlaufs während der Selbstentladung herangezogen werden. Nach Abklingen der Überspannungen der sonstigen Prozesse ergibt sich für den Spannungsverlauf an den Klemmen:

$$u(t) = u(t_{0,self}) \cdot e^{\frac{-(t-t_0)}{\tau_{self}}} \,. \tag{6.21}$$

Hierbei ist $t_{0,self}$ der Zeitpunkt am Beginn des Auswerteintervalls und τ_{self} die Zeitkonstante der Selbstentladung. Nach Ermittlung der differentiellen Interkalationskapazität $C_{\Delta Int}$ kann dann auch $R_{self} = \tau_{self}/C_{\Delta Int}$ ermittelt werden. Die Bestimmung des Parameters τ_{self} erfolgt durch einen nichtlinearen Fit. Anschließend kann die gemessene Zellspannung um die Selbstentladung mit

$$u_{corr}(t) = u(t) - U_{OCV}(t_0 + T_p) \cdot \left(1 - e^{\frac{-(t-(t_0+T_p))}{\tau_{self}}}\right) \tag{6.22}$$

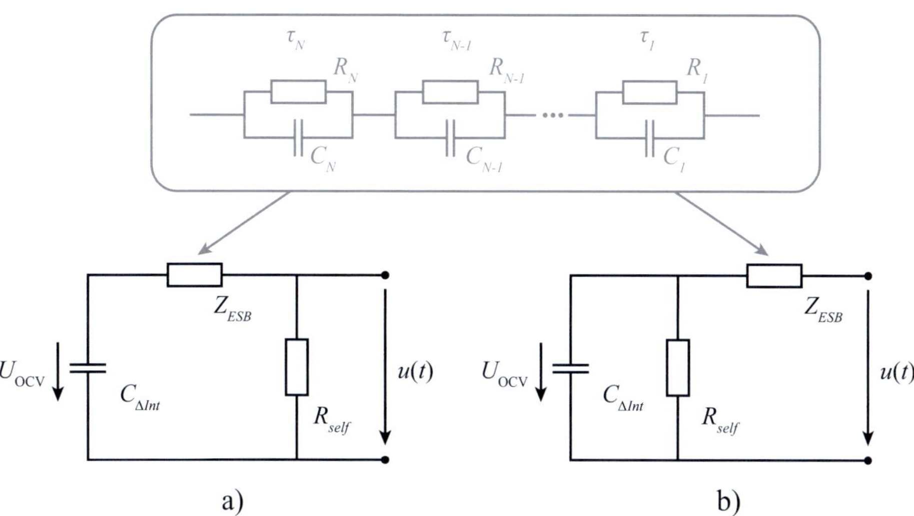

Abbildung 6.28: Zwei verschiedene Ersatzschaltungen zur Beschreibung der Selbstentladung: (a) physikalisch korrekt, (b) zur Verhaltensbeschreibung.

korrigiert werden. Hierbei ist $U_{\mathrm{OCV}}(t_0 + T_p)$ die aus Gleichung 6.21 berechnete Leerlaufspannung unmittelbar nach dem Strompuls. Das um die Selbstentladung korrigierte Spannungssignal ist in Abbildung 6.27 als blaue Linie dargestellt, auf dieses kann nun das Pulse-Fitting erfolgreich angewandt werden.

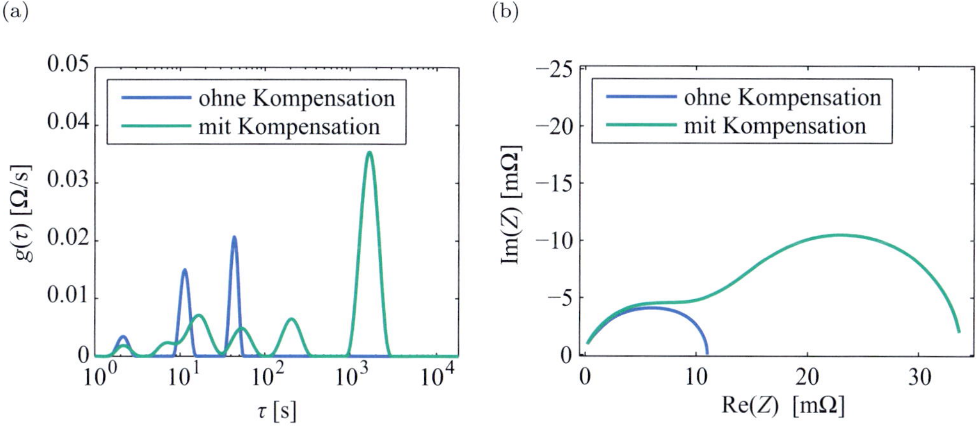

Abbildung 6.29: Auswirkung der Selbstentladung auf die Schätzung von DRT (a) und die Impedanz (b) auf Basis des Pulstests aus Abbildung 6.27.

Tabelle 6.1: Dauer Relaxationsphase für die Pulsmessung der Zelle des Typs HP-NCA vor und nach dem Puls in Abhängigkeit des SOCs.

SOC [%]	95	90	85	80	75	70	65	60	55	50	45	40	35	30	25	20	15	10	5	0
t [h]	10	10	12	12	15	15	16	16	18	18	30	30	32	32	36	36	48	48	48	48

Die geschätzte DRT mit und ohne Kompensation der Selbstentladung ist in Abbildung 6.29(a) dargestellt. Wird die Selbstentladung nicht kompensiert, werden die größten Zeitkonstanten auf den Zeitpunkt limitiert, bei welchem die Selbstentladung im Spannungsverlauf ablesbar war. Entsprechend können die niedrigen Zeitkonstanten nicht richtig geschätzt werden. Auch die Gesamtpolarisation wird falsch geschätzt, wie der Vergleich der geschätzten Impedanzen in Abbildung 6.29(b) deutlich zeigt. Eine Kompensation der Selbstentladung ist somit zwingend erforderlich.

6.3.5 Messung an Zellen des Typs HP-NCA

Um die notwendige Konstanz der Temperatur zu gewährleisten, wurden alle Messungen in einer Klimakammer vom Typ VT4002 (Weiss Klimatechnik) durchgeführt. Nach dem Ladevorgang wurde die Zelle zusätzlich mit Luftpolsterfolie isoliert. Zusammen mit den thermischen Kapazitäten der Kontaktierungsblöcke konnte eine weitere Dämpfung der, durch die Regelung des Klimaschranks verursachten, Schwankungen im Bereich von $0,1\,\mathrm{K}$ realisiert werden. Die Zelle wurde mittels Vierpunktkontaktierung an ein Solartron 1470E angeschlossen, welches zur Ladezustandseinstellung, Impedanzmessung und Pulsaufprägung verwendet wurde. Zur Erhöhung der Spannungsmessgenauigkeit wurde die Zellspannung mit einem Agilent 34970A aufgezeichnet, sowie die Temperatur mit einem PT1000. Die Parameter der Impedanzmessungen waren dabei, wie in Abschnitt 6.2.2 beschrieben, gewählt.

Pulsmessungen: Variation des SOCs

Nach Abschluss der Ladung wurde die Zelle mit 1C auf einen SOC von 90% gebracht und nach einer Relaxationszeit $T_{relax}(\mathrm{SOC})$ ein Puls der Stärke $I_p = 1\mathrm{C}$ und der Länge $T_p = 10\,\mathrm{s}$ aufgeprägt und wieder die selbe Relaxationszeit abgewartet. Anschließend wurde mittels EIS eine Impedanz aufgenommen und der SOC um weitere 10% verringert. Ladezustandseinstellung, Pulsmessung und Impedanzmessung wurden zyklisch wiederholt bis ein Ladezustand von 0% erreicht wurde. Die Relaxationszeit wurde abhängig vom SOC vor Beginn des Experiments manuell vorgegeben und richtete sich nach den Erfahrungen aus Vorversuchen. Anschließend wurde die Zelle wieder aufgeladen und mit dem gleichen Verfahren die Ladezustände, beginnend von 95% abwärts, untersucht. Die Relaxationszeiten nach den Pulsen sind in Tabelle 6.1 zusammengefasst.
Beispielhaft ist die Spannungsrelaxation für einen SOC von 95% in Abbildung 6.30 (grüne Linie, oben) dargestellt. Es zeigt sich, dass für diesen Ladezustand eine Selbstentladung zu beobachten ist und daher durch das Selbstentladungsmodell kompensiert werden muss

(blaue Linie). Der anschließende Fit (rote unterbrochene Linie) stimmt sehr gut mit der um die Selbstentladung kompensierten Messung überein.

Darunter sind die Residuen für den Puls-Fit für den gewählten Regularisierungsparameter λ und einen um Faktor zehn größeren und kleineren dargestellt. Die Residuen sind sehr gering und zeigen keine systematischen Schwingungen. Es wurde demnach nicht zu stark regularisiert und Temperaturschwankungen sind ebenfalls nicht zu beobachten. Die aus den Zeitbereichsdaten berechnete DRT ist in Abbildung 6.31(a) gegeben.

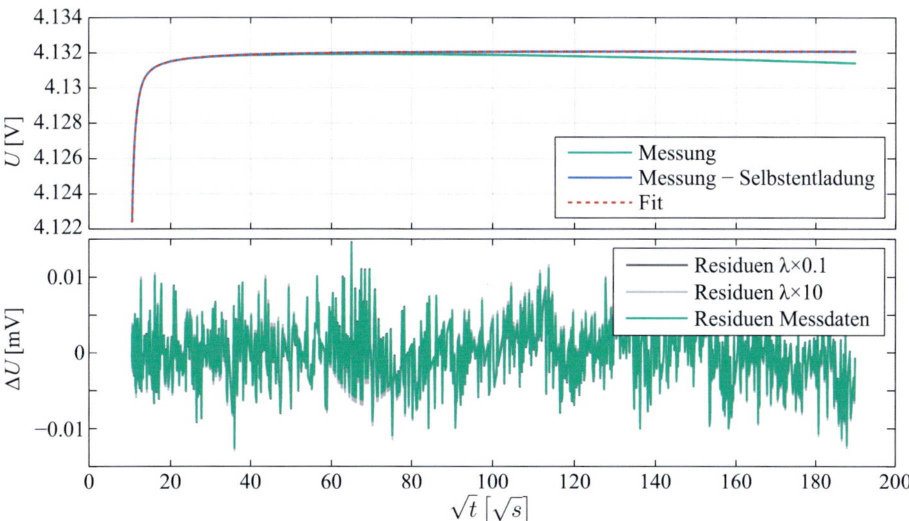

Abbildung 6.30: Oben: Gemessene Zellspannung, mit Kompensation der Selbstentladung und Ergebnis des Pulse-Fittings, für die Zelle des Typs HP-NCA bei einem SOC von 95 % und einer Temperatur von 23 °C. Unten: Residuen für das Pulse-Fitting bei Variation des Regularisierungsparameters λ.

Die Verteilungsfunktion der Relaxationszeiten für die gesamte SOC-Variation ist in Abbildung 6.32 dargestellt, aufgetragen über der Frequenz. Für die Ladezustände [0% 10% 25% 45%] war die OCV-Phase nach dem Puls nicht lange genug gewählt worden, um eine vollständige Relaxation zu erreichen. Wie in der Sensitivitätsanalyse gezeigt, entstehen dadurch sehr hohe Peaks in der DRT (vgl. Abbildung 6.20(a)), die für diese vier Ladezustände über die Achsen hinaus reichen.

Mit enthalten sind auch die Ergebnisse aus der EIS, wobei der Übergang von der Frequenzbereichsmessung zur Zeitbereichsmessung mit der rot gestrichelten Linie dargestellt ist. Im Vergleich zur hohen Polarisation im niederfrequenten Bereich, ist die für die Frequenzen aus der EIS sehr gering. Ebenso kann für den Frequenzbereich, in welchem typischerweise der Ladungstransfer-Prozess angesiedelt ist (zwischen 1 Hz und 10 Hz), ein monotones Verhalten beobachtet werden, für den niederfrequenten Bereich gilt dies nicht.

Verfolgt man den Peak mit der niedrigsten Frequenz (P1), so fällt auf, dass dieser mit dem Halbzellenpotential der Anode korreliert zu sein scheint. Beim Übergang von Stage I

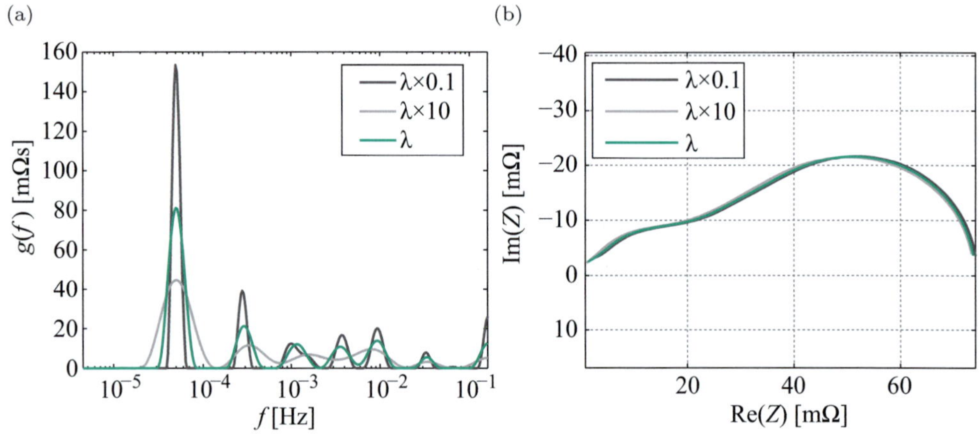

Abbildung 6.31: (a) Resultierende DRT aus dem Pulse-Fitting nach Abbildung 6.30, bei Variation von λ. (b) Aus den DRTs berechnete Impedanz.

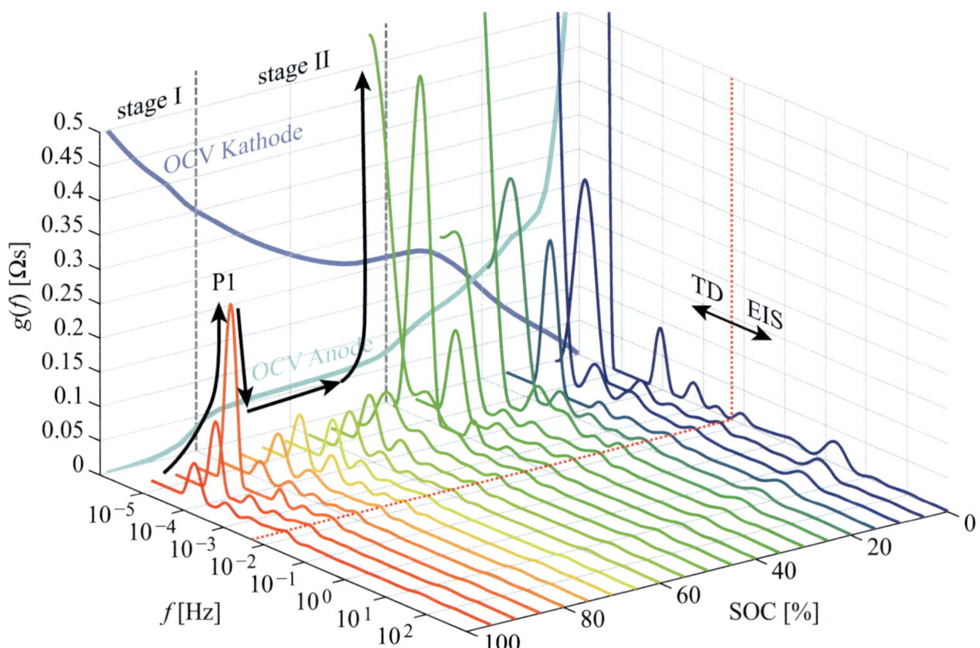

Abbildung 6.32: DRT aus EIS- und Pulsmessungen (TD) für eine Variation des SOCs. In der g/SOC-Ebene sind die Halbzellenpotentiale von Anode und Kathode abgebildet.

zu Stage II im SOC-Bereich von 90% wächst dieser Peak stark an und fällt anschließend wieder auf niedrige Werte ab. Während Stage II, im SOC-Bereich von 90% bis 45%, bleibt dieser weitgehend konstant, wie auch das Halbzellenpotential der Anode. Anschließend zeigt der Peak ein deutlich komplexeres Verhalten über die niedrigen Ladezustände, das ebenfalls eine Korrelation mit dem Wechsel der Phasen zulässt.

Abgesehen davon, dass die Kompensation der Selbstentladung notwendig ist, um korrekte Zeitkonstanten schätzen zu können, bietet sie auch zusätzliche Informationen. So wurde bei dieser Zelle für die betrachteten Messdauern aus Tabelle 6.1 eine Selbstentladung für Ladezustände oberhalb von 70% festgestellt. Der ermittelte Selbstentladungswiderstand ist in Abbildung 6.33(a) aufgetragen und nimmt zunächst mit abnehmenden Ladezustand zu, bis er innerhalb der Messdauer nicht mehr festgestellt werden konnte. Überraschenderweise konnte bei einem SOC von 5% wieder ein Absinken der Spannung beobachtet werden, welches im Rahmen des Modells als Selbstentladung betrachtet und beschrieben wurde. Die Zeitkonstanten der Selbstentladung sind mit dem Selbstentladungswiderstand nach $\tau_{self} = R_{self} \cdot C_{\Delta Int}$ verknüpft. Für diese kann zunächst mit absinkenden Ladezustand eine Zunahme beobachtet werden. Für die Selbstentladung bei $SOC = 5\%$ nimmt die Zeitkonstante trotz stark gestiegenem Selbstentladungswiderstand ab. Dieses Verhalten lässt sich durch die deutlich geringere Interkalationskapazität in diesem Bereich plausibilisieren.

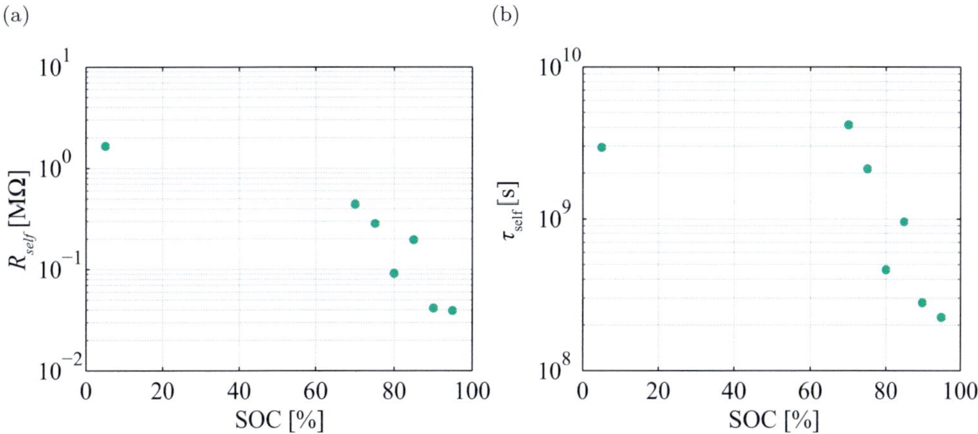

Abbildung 6.33: (a) Selbstentladungswiderstand R_{self}, (b) Zeitkonstante τ_{self} der Selbstentladung

Untersuchung der Selbstentladung: Variation der Temperatur

Wie zuvor gezeigt ist die Selbstentladung abhängig vom Ladezustand. Um die Abhängigkeit von der Temperatur zu untersuchen wurden Pulsmessungen für eine Variation der Temperatur nach Abbildung 6.34(a) durchgeführt. Hierzu wurde zunächst ein SOC von

95% eingestellt und anschließend die Temperaturvariation von 40 °C bis 15 °C viermal hintereinander durchgeführt. Die Dauer der Relaxationsphase vor und nach dem Puls wurde zu fünf Stunden, die Einstellzeit für die Temperatur zu zwei Stunden gewählt. Durch jeden Puls mit der Stärke 1C und der Dauer von 10 s wird der Ladezustand um $0,28\%$ verringert. Somit wird durch die viermalige Wiederholung der Temperaturvariation der Ladezustand pro Temperaturzyklus um $1,4\%$ verändert.

In Abbildung 6.34(b) sind die ermittelten Selbstentladungswiderstände dargestellt. Für eine Temperatur von 15 °C konnte innerhalb der Messdauer von fünf Stunden keine Selbstentladung ermittelt werden. Obwohl der Ladezustand sich zwischen den Wiederholversuchen bei den gleichen Temperaturen um $1,4\%$ veränderte, liegen die ermittelten Selbstentladungswiderstände sehr gut aufeinander. In den Fit wurden die Temperaturen von 40 °C bis 20 °C einbezogen. Die Aktivierungsenergie wurde zu $0,84$ eV bestimmt.

(a)   (b)

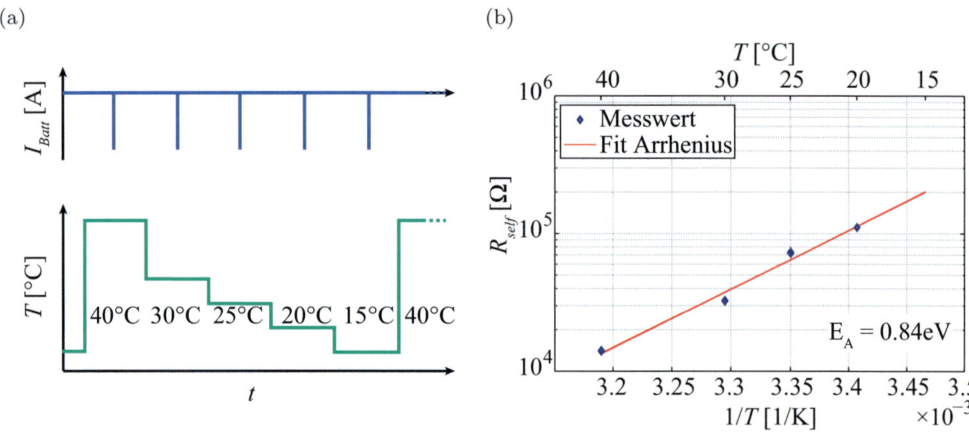

Abbildung 6.34: (a) Messprogramm zur Evaluation der Temperaturabhängigkeit der Selbstentladung. Dargestellt ist ein Zyklus von vier. (b) Arrheniusplot der ermittelten Selbstentladungswiderstände R_{self} und gefittetes Arrheniusverhalten mit einer Aktivierungsenergie von $0,84$ eV.

Selbstentladung aus Auslagerungsexperimenten

Um zu überprüfen welche Aussagekraft die ermittelten Werte von R_{self} besitzen und ob die Selbstentladung in einem reversiblen oder irreversiblen Kapazitätsverlust resultiert, wurde ein Auslagerungsexperiment mit Zellen des Typs HP-NCA durchgeführt. Zur statistischen Absicherung wurden vier verschiedene Zellen verwendet, die jedoch aus einer Bestellung stammten und deren Seriennummern nahe beieinander lagen.

Die Zellen wurden nach dem zuvor vorgestellten Protokoll zur Ermittlung der Temperaturabhängigkeit charakterisiert, wobei nur ein Temperaturzyklus aufgenommen wurde. Unmittelbar wurden die Zellen bei einem SOC von $94,72\,\%$ in einem Inkubator bei einer eingestellten Temperatur von 40 °C ausgelagert. Die Zellspannung aller vier Zellen und die Inkubatortemperatur wurde mit einem Digitalmultimeter 34970A (Agilent) mit einer Frequenz von 17 mHz aufgenommen. Eine Selbstentladung der Zellen über das Digitalmultimeter konnte durch die Verwendung eines Multiplexers und den hohen Eingangswiderstand des Messgeräts ausgeschlossen werden. Die Auslagerungszeit variierte dabei zwischen den Zellen und betrug 12 bis 37 Tage.

Der Verlauf der Zellspannung während der Auslagerung ist in Abbildung 6.35(a) dargestellt, zusammen mit dem aus den Pulsmessungen ermittelten R_{self}. Es kann festgestellt werden, dass der in einem Zeitraum von wenigen Stunden ermittelte R_{self} auch Aussagen über eine deutlich längere Zeitspanne zulässt. So sinkt die Spannung der Zelle B langsamer ab, was konsistent zum höheren R_{self} ist. Nach Ende der Auslagerung wurde die mit

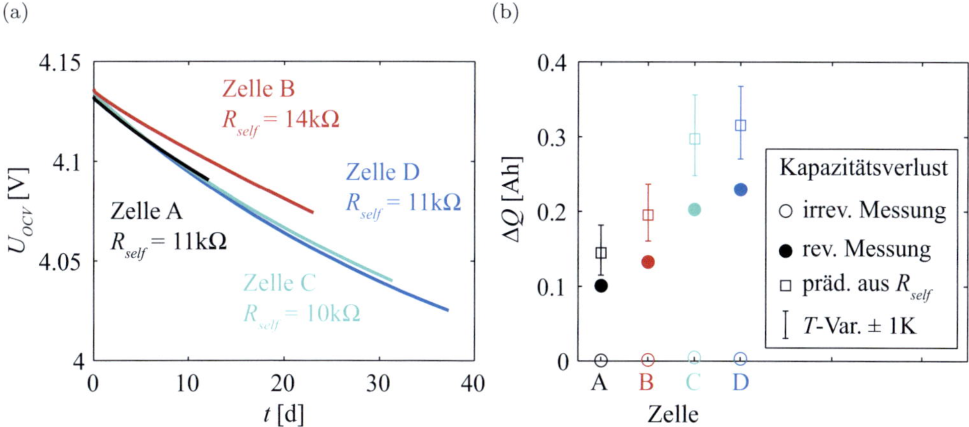

Abbildung 6.35: (a) Verlauf der Zellspannung während des Auslagerungstests bei 40 °C, mit angegeben sind die aus den Pulsmessungen ermittelten Selbstentladungswiderstände R_{self}. (b) Vergleich des gemessenen Kapazitätsverlustes nach dem Auslagerungsexperiment mit dem prädizierten aus R_{self}.

1 C noch entnehmbare Kapazität C_{store} bestimmt und anschließend nach fünfmaligen Zyklieren die Zellkapazität nach einer Vollladung $C_{act,end}$ bestimmt. Unter Verwendung der Zellkapazität vor dem Auslagerungsexperiment C_{act} lässt sich der irreversible Kapazitätsverlust (in Abbildung 6.35(b) mit *irrev. Messung* bezeichnet) und der reversible Kapazitätsverlust (*rev. Messung* in Abbildung 6.35(b)) bestimmen. Der aus der Pulsmessung bei einem SOC von 95 % erhaltene Selbstentladungswiderstand R_{self} wird zur Prädiktion des gesamten Kapazitätsverlusts herangezogen und ist in Abbildung 6.35(b) mit eingezeichnet. Aus der Temperaturvariation wurde die Aktivierungsenergie bestimmt, so dass eine Abschätzung des Fehlers bei einer Temperaturvarianz von 1 K angegeben werden kann.

Insgesamt geben die aus den R_{self} prädizierten Kapazitätswerte den richtigen Trend an, liegen jedoch systematisch über den gemessenen Werten.

Tabelle 6.2: Dauer der Relaxationsphase für die Pulsmessung an der Zelle des Typs HP-LFP1 vor und nach dem Puls in Abhängigkeit des SOCs.

SOC [%]	95	90	85	80	75	70	65	60	55	50	45	40	35	30	25	20	15	10	5	0
t [h]	15	15	20	20	40	40	40	40	40	40	40	40	80	80	100	100	100	100	120	123

6.3.6 Messung an Zellen des Typs HP-LFP1

Die Messungen wurden mit demselben Messaufbau durchgeführt, der für die Pulsmessungen an der Zelle des Typs HP-NCA zum Einsatz kam (siehe Seite 80).

Nach Abschluss der Ladung wurde die Zelle mit 1C auf einen SOC von 90% gebracht und nach einer Relaxationszeit $T_{relax}(SOC)$ ein Puls der Stärke $I_p = $ 1C sowie der Länge $T_p = $ 10 s aufgeprägt und wieder dieselbe Relaxationszeit abgewartet. Anschließend wurde mittels EIS eine Impedanz aufgenommen und der SOC um weitere 10% verringert. Ladezustandseinstellung, Pulsmessung und Impedanzmessung wurden zyklisch wiederholt bis ein Ladezustand von 0% erreicht wurde. Die Relaxationszeit wurde abhängig vom SOC vor Beginn des Experiments manuell vorgegeben und richtete sich nach den Erfahrungen aus Vorversuchen. Anschließend wurde die Zelle wieder aufgeladen und mit dem gleichen Verfahren die Ladezustände, beginnend von 95% abwärts, untersucht. Die Relaxationszeiten nach den Pulsen sind in Tabelle 6.2 zusammengefasst.

6.3.7 Vergleich mit einem FFT-Verfahren

Das hier neu vorgestellte Pulse-Fitting Verfahren wurde zur Validierung mit dem Verfahren nach Klotz et al. [122] verglichen. Da dieses Verfahren geringere Anforderungen an die spezielle Form des Anregungssignals stellt, konnten dieselben Messdaten verwendet werden. Es wurden die Impedanzen der SOC-Zehnerschritte des auf Seite 80 vorgestellten Versuchs ausgewertet. Abbildung 6.36 zeigt exemplarisch den Nyquistplot der Impedanz aus beiden Verfahren, bei einem Ladezustand von 60% und einer Temperatur von 23 °C. Da die differentielle Interkalationskapazität bei niedrigen Frequenzen zu einem sehr großen, negativen Realteil führt, wurde in beiden Impedanzen die identische differentielle Kapazität abgezogen. Dadurch kann die Impedanz im gleichskalierten Nyquistplot so dargestellt werden, dass auch der Verlauf im Realteil und die hohen Frequenzen differenziert wahrgenommen werden können.

Für Frequenzen größer 10 mHz wurde die Impedanz aus den EIS-Messungen übernommen. Die Verschmelzung der Impedanz wird für beide Verfahren unterschiedlich umgesetzt, so dass es beim Übergang zu Differenzen kommen kann. In einem weiten Frequenzbereich von über zwei Dekaden stimmen die Impedanzen beider Verfahren gut überein. Erst etwas unterhalb 52 μHz kommt es zu größeren Abweichungen. So zeigen die letzten zwei Frequenzpunkte der Impedanz aus dem Verfahren, basierend auf der Fourier-Transformation, größere Abweichungen, insbesondere im Imaginärteil. Die gute Übereinstimmung für einen weiten Frequenzbereich und größere Abweichungen bei den letzten zwei Frequenzpunkten konnte für alle Ladezustände beobachtet werden. Die systematische Abweichung bei den niedrigsten zwei Frequenzen kann dadurch erklärt werden, dass der betrachtete Frequenzraum, bezogen auf die Messdauer, zu groß gewählt wurde und nicht den Empfehlungen aus [122] gefolgt wurde. Beschränkt man sich in der Betrachtung auf diesen Frequenzbereich stimmen die Impedanzen beider Verfahren überein.

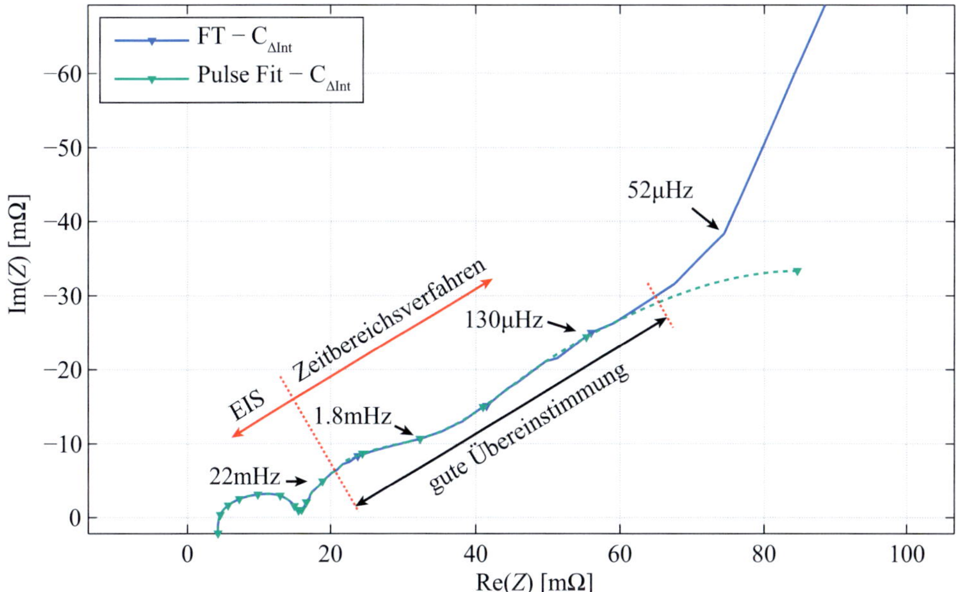

Abbildung 6.36: Nyquistplot der Impedanz einer Zelle des Typs HP-NCA bei $T = 23\,°C$ und SOC = 60% ermittelt mit dem Verfahren basierend auf der Fourier-Transformation nach [122] und mit dem Pulse-Fitting, in beiden Fällen wurde die identische differentielle Kapazität $C_{\Delta Int}$ aus Darstellungsgründen subtrahiert.

Um die Abweichungen zu quantifizieren, wurden die relativen Residuen getrennt für Imaginär- und Realteil im relevanten Frequenzbereich berechnet. Die Residuen für das Spektrum aus Abbildung 6.36, zuzüglich der gemessenen differentiellen Kapazität, sind in Abbildung 6.37(a) dargestellt. Aus diesen Residuen kann sowohl die maximale absolute Abweichung als auch der mittlere absolute Fehler bestimmt werden. Für alle Spektren aus der Reihe sind diese beiden Kenngrößen in Abbildung 6.37(b) aufgetragen, wobei die beiden niedrigsten Frequenzpunkte aus der Betrachtung ausgeschlossen wurden. Für Ladezustände oberhalb von 30% sind, mit Ausnahme des Fehlers des Imaginärteils bei 50% und des Realteils bei 80%, sehr gute Werte zu erreichen. Für niedrigere Ladezustände nimmt der Fehler im Realteil moderat zu.

Somit kann festgestellt werden, dass mit beiden Verfahren aus denselben Messdaten im Zeitbereich übereinstimmende Spektren im Frequenzbereich erhalten werden können.

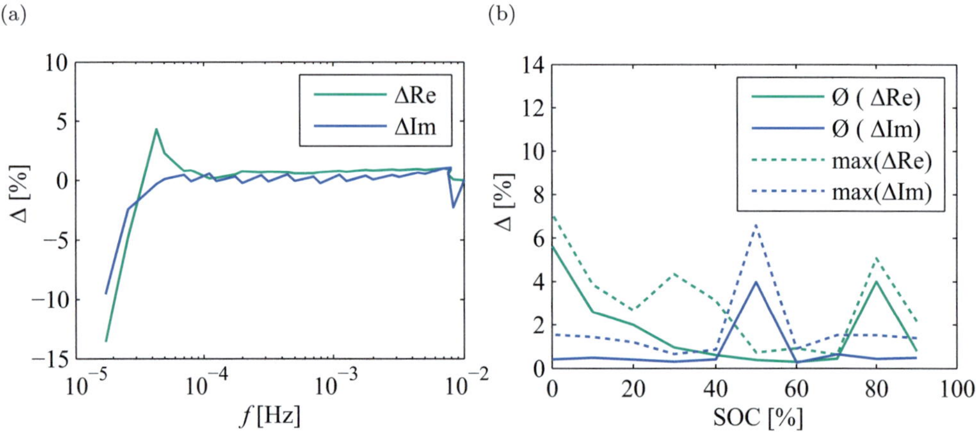

Abbildung 6.37: Quantifizierung der Abweichung (a) beispielhaft als relative Residuen für die dargestellte Impedanz in Abbildung 6.36, (b) mittlere und maximale absolute Residuen für alle Spektren der Messreihe, wobei die jeweils zwei niedrigsten Frequenzpunkte aus der Betrachtung ausgeschlossen wurden.

6.3.8 Diskussion

Polarisationwiderstände

Sowohl die Pulse-Fitting Messungen an der Zelle HP-NCA als auch die an der Zelle HP-LFP1 ergaben große Impedanzen, die teilweise eine Größenordnung über denen lag, die im höheren Frequenzbereich mit der EIS ermittelt wurden. Da auch die Auswertemethode nach Klotz et al. [122] identische Ergebnisse liefert, kann davon ausgegangen werden, dass die bestimmten Polarisationswiderstände die Realität korrekt abbilden.

Es stellt sich dabei jedoch die Frage nach der Ursache dieser hohen Polarisationswiderstände und ob derart hohe Polarisationen auch im Betrieb auftreten. Um dies zu überprüfen wurden die Konstantstromentladungen mit geringer Rate aus Abschnitt 6.1.1 ausgewertet.

Wird die Spannungsdifferenz zwischen Leerlaufspannungskennlinie und Klemmenspannung während der Konstantstromentladung als Polarisationsspannung interpretiert und auf den Strom bezogen, erhält man einen Polarisationswiderstand $R_{pol}(\text{OCV} - \text{CC})$ (vergleiche Abbildung 6.39). Durch die Variation des Entladestroms kann aber unter der Annahme eines linearen Verhaltens auch ohne Kenntnis der tatsächlichen OCV ein Polarisationswiderstand geschätzt werden. Hierzu wird der Zusammenhang nach Gleichung 6.1 herangezogen und man erhält $R_{pol}(\text{C}/20 \ldots \text{C}/40)$.

Für die Zelle HP-NCA sind die Polarisationswiderstände aus der Pulsmessung $R_{pol}(\text{pulse})$ zusammen mit den geschätzten Polarisationswiderständen aus der Differenz zur OCV und der Variation der Entladestromstärken in Abbildung 6.38 dargestellt. Es lässt sich

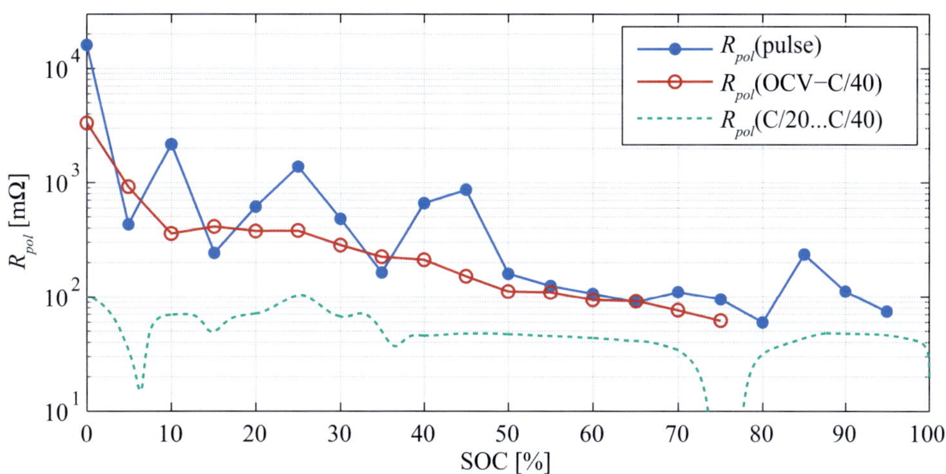

Abbildung 6.38: Vergleich der mit drei verschiedenen Methoden ermittelten Polarisationswiderstände der Zelle des Typs HP-NCA bei $T = 23\,°\mathrm{C}$.

feststellen, dass die drei verschiedenen Widerstände nicht aufeinander fallen. Den geringsten Widerstand zeigt $R_{pol}(C/20\ldots C/40)$, während die Werte für die beiden anderen Widerstände in derselben Größenordnung liegen. Für Ladezustände, die an den Übergängen zwischen den Stages des Graphits liegen, zeigt der Widerstand aus der Pulsmessung außerdem deutlich höhere Werte.

Für die Annahme linearen Verhaltens müssten die Widerstandswerte aller drei Verfahren aufeinander liegen. Liegt jedoch nichtlineares Verhalten vor, ist dies nicht der Fall. In Abbildung 6.39 ist die Strom-/Spannungskennlinie eines nichtlinearen Prozesses aufgetragen, zusammen mit den verschiedenen Definitionen des Polarisationswiderstands. Für die Pulsmessung wird dabei angenommen, dass er die Tangentensteigung im Ursprung liefert, da die Spannungsrelaxation stromlos stattfindet. Abhängig von der Krümmung der nichtlinearen Kennlinie, werden somit unterschiedliche Widerstandswerte erreicht, wobei die Pulsmessung stets die höchsten und die aus der Variation der Entladeraten stets die niedrigsten Werte liefert. Dies ist konsistent mit den Beobachtungen aus Abbildung 6.38, lediglich die höheren Werte aus der Pulsmessung, bei den Übergängen zwischen den Potentialstufen im Graphit, können dadurch nicht erklärt werden.

Eine mögliche Erklärung liefert hier die mechanistische Betrachtung der Vorgänge in der Anode bei einem Strompuls. Vor Beginn des Pulses befinden sich alle Partikel im selben Ladezustand (Punkt 1, Abbildung 6.40). Durch Anlegen eines negativen Stroms werden die Partikel entladen. Da sich die Partikel abhängig von ihrer Größe in Ladungstransferwiderstand und Diffusionswiderstand unterscheiden, werden sie nicht gleichmäßig geladen. Ein kleiner Partikel wird somit schneller geladen und das nächste Potentialplateau erreicht (Punkt 2, Abbildung 6.40), während der größere Partikel noch auf dem niedrigeren Plateau verbleibt. Nach Unterbrechung des äußeren Stromflusses wird es

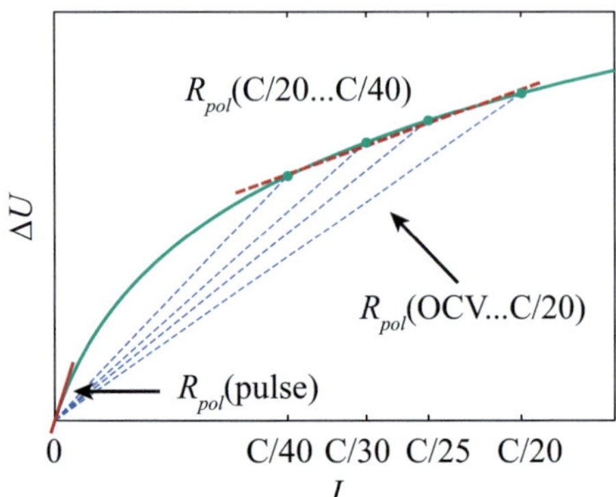

Abbildung 6.39: Bestimmung der Polarisationswiderstände bei Vorliegen eines nichtlinearen Verhaltens aus (i) Konstantstromentladungen durch Annahme linearen Verhaltens zwischen Entladungen unterschiedlicher C-Rate nach Gleichung 6.1 (R_{pol}(C/20...C/40)), (ii) durch Annahme linearen Verhaltens und Verwendung der tatsächlichen Ruhespannung OCV (R_{pol}(OCV...C/20)) und aus (iii) dem Polarisationswiderstand aus der Pulsmessung (R_{pol}(pulse)).

durch den Potentialunterschied zu einem Ausgleichsvorgang zwischen den Partikeln kommen, im Weiteren als Homogenisierung bezeichnet.

Liegt der Startpunkt des Pulses weit entfernt vom nächsten Plateau, verbleiben auch die kleineren Partikel nach dem Puls auf diesem und es kommt nicht zur Homogenisierung. Somit kann erklärt werden, wieso die durch die Homogenisierung verursachten hohen Polarisationswiderstände nur in der Umgebung der Potentialstufen im Graphit beobachtet werden und zum Beispiel nicht während des langen Plateaus von Stage II (SOC = 80...50 %). Wird der äußere Stromfluss nicht unterbrochen, kann die Homogenisierung ebenfalls nicht beobachtet werden.

Der nach Abbildung 6.40 skizzierte Mechanismus beruht auf der Partikelgrößenverteilung der Anode. Neben der Partikelgröße kann es jedoch in großformatigen Zellen allein durch die Ausdehnung der Elektrode und der damit einhergehende Potentialverteilung zu einer inhomogenen Lithium-Verteilung kommen, die in Ruhephasen relaxiert. Hinweise darauf bietet der Vergleich von Messungen an Experimentalzellen, die eine solche Potentialverteilung nicht aufweisen [218]. Obwohl das Messmodell nach Abbildung 6.15 das dynamische Verhalten während der Homogenisierung beschreiben kann, ist eine physikalische Interpretation nicht möglich. Diese würde eine Ersatzschaltung der Topologie nach Abbildung 6.40 erfordern. Folglich darf auch die so erhaltene Impedanz nicht direkt als Kettenschaltung von RC-Gliedern mit einer Leerlaufspannung modelliert werden. Durch das in Abschnitt 8.2 vorgestellte Modell ist eine direkte Implementierung der gemessenen Impedanz, in der Topologie des Messmodells, möglich. Hierbei zeigen die Simulationsergebnisse ein Auseinanderdriften der gemessenen und simulierten Zellspannung zu den Zeitpunkten, an welchen das Staging im Graphit auftritt. Dies bestätigt die Interpretation der höheren Impedanzen bei den Potentialstufen des Graphits als Homo-

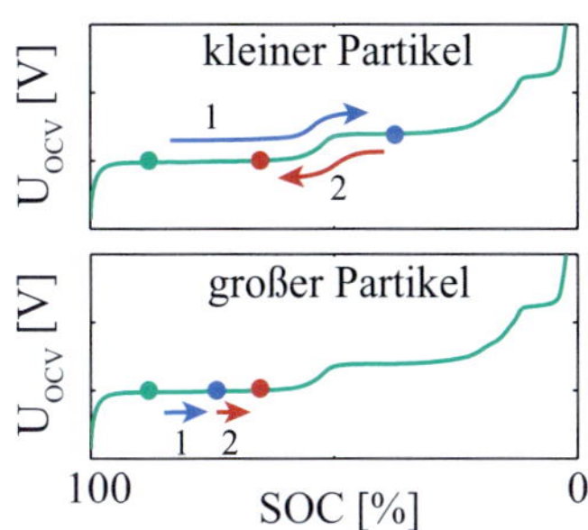

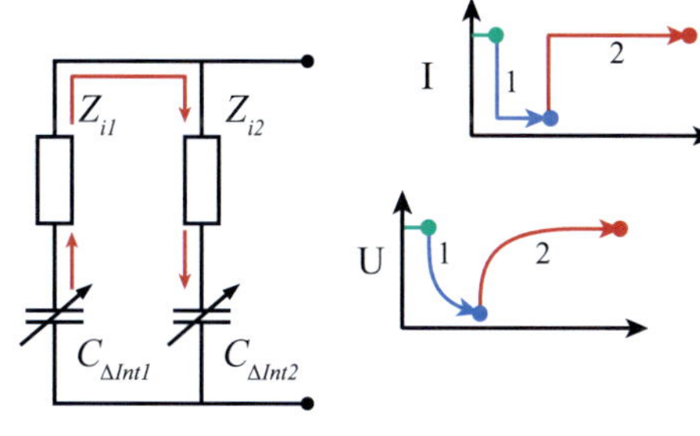

Abbildung 6.40: Illustration zur Homogenisierung der Lithium-Ionenkonzentration in den Partikeln. Links: Potential zweier unterschiedlich großer Partikel. Mitte: Ersatzschaltung zweier Partikel, mit Ausgleichstrom (rot). Rechts: pulsförmiger Anregungsstrom und resultierende Spannungsantwort, die korrespondierenden Zeitpunkte zu den markierten Potentialen (rechts) sind eingezeichnet (grün $\to$ blau $\to$ rot).

genisierung. Folglich muss aber auch vor der Parametrierung eines Impedanzmodells die durch die Homogenisierung verursachte Impedanz entfernt und separat modelliert werden.

Während die für die Zelle HP-NCA aus den Pulsmessungen ermittelten Polarisationswiderstände, im Bereich in welchem keine Homogenisierung festgestellt werden konnte, noch gut mit dem Polarisationswiderstand aus der Differenz der Leerlaufspannung und der Konstantstrommessung übereinstimmte, ergeben sich für die Polarisationswiderstände der LFP-Zelle HP-LFP1 deutlich größere Differenzen. Wie Abbildung 6.41 zeigt, unterscheiden sich die Widerstände um mehr als eine Größenordnung, wobei die Differenz mit sinkendem Ladezustand zunimmt. Auch hier stimmt die Reihenfolge der Widerstandswerte mit der Annahme eines nichtlinearen Prozesses überein. Jedoch ist der nichtlineare Charakter extrem ausgeprägt.

Eine experimentelle Bestätigung des nichtlinearen Verhaltens für Eisenphosphat-Kathoden findet sich in [56]. Dort werden Konstantstromentladungen mit Raten > 1 C durchgeführt, die Nichtlinearität wird über das Butler-Volmer-Verhalten des Ladungsdurchtritts plausibilisiert. Gaberscek et al. [221] stellen bei EIS-Messungen unter Variation der Anregungsamplitude ebenfalls ein nichtlineares Verhalten fest, das allerdings erst bei niedrigeren Frequenzen ($100\,\text{mHz} \leq f \leq 0,5\,\text{mHz}$) in Abhängigkeit von der Stromamplitude zu beobachten ist.

Aber auch in theoretischen Arbeiten, zur Modellierung der Diffusion in Zweiphasensystemen, wird argumentiert, dass die Diffusionskoeffizienten nicht über GITT-Messungen wie in der Literatur üblich zu bestimmen sind [222]. Generell ist ein Vergleich mit GITT-Messungen aus der Literatur nur schwer möglich, da die Messdauer hier üblicherweise unter einer Stunde liegt und somit die Polarisationsprozesse, welche in dieser Arbeit betrachtet werden, nicht umfassen können. Nur in [221] wird eine Messung für einen

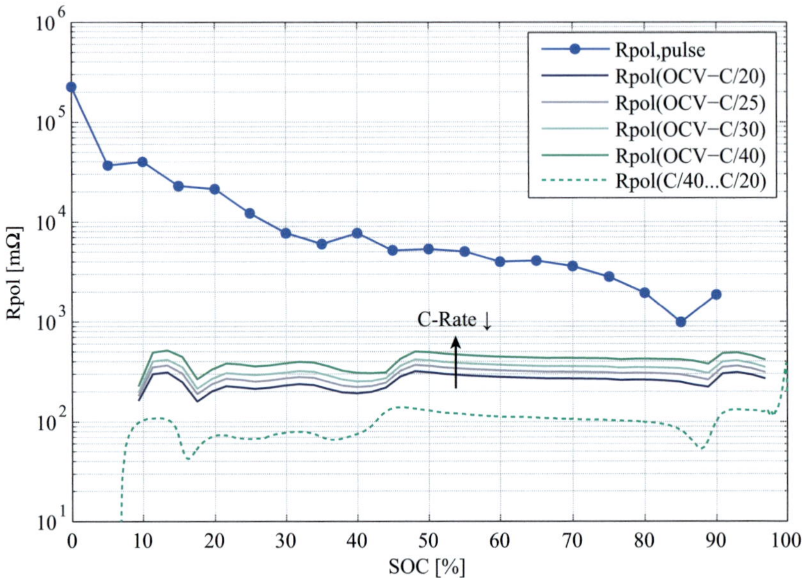

Abbildung 6.41: Vergleich der mit drei verschiedenen Methoden ermittelten Polarisationswiderstände der Zelle des Typs HP-LFP1 bei $T = 25\,°$C.

Zeitraum von neun Stunden gezeigt und bestätigt, dass auch nach dieser Zeitspanne eine weitere Relaxation der Zellspannung stattfindet.

Selbstentladung

Für die Variation des SOCs konnte eine Zunahme des Selbstentladungswiderstands R_{self} bei abnehmenden SOC beobachtet werden. Diesen Trend unterbricht der Messwert für den SOC von 85 %. Dieser liegt am Übergang von Stage I auf Stage II und kann durch die dort ermittelten hohen Relaxationszeiten durch die Interferenz des Selbstentladungsmodells mit dem Spannungsrelaxationsverhalten als Ausreißer betrachtet werden. Eine Überprüfung dessen wäre durch eine Temperaturvariation möglich.

Bei der Frage nach dem Ursprung der Selbstentladung hilft die Betrachtung des Anodenpotentials über den SOC weiter: obwohl das Potential im Stage II konstant bleibt, steigt R_{self} weiter an. Dies legt die Vermutung nahe, dass der mit dem Selbstentladungswiderstand assoziierte Mechanismus nicht an der Anode lokalisiert ist, da der Aufbau der SEI abhängig vom Potential ist und somit R_{self} auf den Plateaus des Anodenpotentials ebenfalls konstant sein sollte.

Das Potential der Kathode zeigt in diesem SOC-Bereich jedoch kein Plateau, so dass die Ursache der Selbstentladung hier zu suchen ist. Als potentialabhängige Mechanismen kommen Elektrolytoxidation und Shuttle-Mechanismen in Frage. Während die Elektrolytoxidation zu irreversiblem Kapazitätsverlust führt, ist der Kapazitätsverlust durch einen Shuttle-Mechanismus reversibel. Die Auslagerungsexperimente zeigen, dass quasi kein irreversibler Kapazitätsverlust durch die Auslagerung bei 40 °C entstanden ist, womit der Shuttle-Mechanismus als wahrscheinlichste Ursache anzusehen ist. Ein Vergleich mit Literaturdaten hierzu ist jedoch nicht möglich, da für die verwendete kommerzielle Zelle die Zusammensetzung des Elektrolyten, insbesondere der eingesetzten Additive, nicht bekannt ist. So ermitteln Sinha et al. [220] für eine LCO/Graphit-Zelle bei 40 °C die Selbstentladung über Auslagerungsexperimente, erhalten jedoch höhere Werte für den irreversiblen Kapazitätsverlust. Mithilfe des Spannungsabfalls und der differentiellen Kapazität aus Konstantstrommessungen kann auch hier ein Kapazitätsverlust angegeben werden, die Einführung eines Selbstentladewiderstands unterbleibt jedoch.

Die Auslagerungsexperimente zeigen jedoch auch, dass der über die Pulsmessung ermittelte Selbstentladungswiderstand die Resultate des Auslagerungsexperiments grob annähern und Unterschiede zwischen den Zellen aufdecken konnte. Bei der Prädiktion war eine Berücksichtigung der SOC-Abhängigkeit noch nicht enthalten. Da der Selbstentladungswiderstand jedoch mit sinkendem SOC ansteigt (vgl. Abbildung 6.33(a)), wird die Selbstentladung konsistent überschätzt. Daher wird durch die Berücksichtigung des SOCs eine deutliche Verbesserung der Genauigkeit erwartet.

Für das Absinken der OCV bei einem SOC von 5 % konnten in der Literatur keine Anhaltspunkte gefunden werden. Denkbar wäre hier eine Homogenisierung der Lithium-Konzentration in der Blend-Kathode. Weitere Untersuchungen sind zur Aufklärung der Ursache notwendig. So könnte zum Beispiel durch Auslagerungsversuche zwischen reversiblem und irreversiblem Kapazitätsverlust unterschieden werden und durch eine Temperaturvariation die Temperaturabhängigkeit untersucht werden.

Das Temperaturverhalten wurde in Abbildung 6.34(b) dargestellt und zeigt, dass die Selbstentladung eine starke Abhängigkeit von der Temperatur aufweist. Bei Wiederholversuchen an vier weiteren Zellen aus einer neueren Lieferung wurde eine etwas höhere und auch unter den Zellen streuende Aktivierungsenergie festgestellt. Durch den gegenüber Auslagerungsexperimenten deutlich verringerten Zeitaufwand empfiehlt sich das Verfahren somit auch als Qualitätskontrolle, um Unterschiede im Selbstentladeverhalten schnell zu detektieren. Eine weitere Anwendung könnte auch die Untersuchung von Redox-Shuttles als Überladeschutz darstellen.

6.3.9 Zusammenfassung

Das Pulse-Fitting lieferte mit anderen Verfahren konsistente Impedanzen und darüber hinaus auch die DRT. Im Gegensatz zu PITT und GITT werden geringere Annahmen bezüglich der Mechanismen gemacht, wodurch sich ein breiteres Anwendungsfeld erschließt. Die so erhaltenen Impedanzspektren sind in erster Linie als nichtparametrische Darstellung des dynamischen Verhaltens zu verstehen.

Die Interpretation der Spektren ist ohne eine gezielte Parametervariation der Elektroden nicht zweifelsfrei möglich. Für Lithium-Ionen Zellen mit Graphitelektrode können beim Übergang der Stages extrem lange Relaxationszeiten beobachtet werden, die vermutlich durch die Homogenisierung der Lithiumionenkonzentration in der Anode bedingt sind. Für LFP konnte ein stark nichtlineares Verhalten festgestellt werden, so dass die ermittelte Impedanz nicht direkt zur Parametrierung eines linearen Ersatzschaltungsmodells herangezogen werden sollte.

Durch den Fit eines Selbstentladungsmodells kann die Selbstentladung quantifiziert und anschließend bewertet werden. Im Gegensatz zu Auslagerungsexperimenten kann dadurch in kurzer Zeit eine Temperatur- und Potentialabhängigkeit der Selbstentladung ermittelt werden. Eine Überprüfung der Ergebnisse an Auslagerungsexperimenten wird jedoch notwendig, wenn zwischen reversiblem und irreversiblem Kapazitätsverlust unterschieden werden soll.

7 Charakterisierung des thermischen Verhaltens

7.1 Messung der Zelltemperatur über die Impedanz

Die über externe Temperatursensoren ermittelte Temperatur entspricht im Allgemeinen nicht der Temperatur im Innern der Zelle. Je nach Bauform und Größe der Zelle können erhebliche Zeitverzögerungen eintreten, bis eine signifikante Temperaturänderung an der Oberfläche zu messen ist - unabhängig von der Wahl der Sensoren. Auch im stationären Zustand besteht zwischen der Kerntemperatur und der Oberflächentemperatur eine Differenz. Jedoch ist das Einbringen von Temperatursensoren in das Zellinnere äußerst aufwändig [47] und nur für Versuche im Labor geeignet.

Daher werden zunächst die Grundlagen eines Verfahrens zur sensorlosen Temperaturbestimmung im Zellinnern dargestellt und bei homogener Temperaturverteilung validiert. Da im Betrieb zwangsläufig eine inhomogene Temperaturverteilung entsteht, wird nachfolgend ein Temperaturgradient kontrolliert aufgebracht und die Auswirkung auf die Temperaturbestimmung ermittelt. Anschließend wird das Verfahren für instationäre Temperaturen angewandt und abschließend eine Bewertung vorgenommen sowie die Übertragbarkeit auf andere Zellen diskutiert.

7.1.1 Messverfahren

Die Impedanzmessungen (siehe Abschnitt 6.2.2) haben gezeigt, dass die Impedanz abhängig von Temperatur und Ladezustand $Z = f(T, \mathrm{SOC}, f)$ ist. Das heißt, dass bei bekanntem Ladezustand und gemessener Impedanz die Temperatur als Umkehrfunktion $T = f^{-1}(Z, \mathrm{SOC}, f)$ ermittelt werden kann. Da jedoch im Betrieb kein komplettes Spektrum gemessen werden kann, beschränkt sich das Verfahren auf die Verwendung von nur einer Frequenz f_{EIS}.

Um die Temperaturbestimmung möglichst unabhängig von der Kenntnis des aktuellen Ladezustands zu machen, sollte daher eine Frequenz gewählt werden, die keine oder nur eine schwache Abhängigkeit vom Ladezustand aufweist. Da die Impedanz Z bei einer Frequenz f_{EIS} alle Polarisationsanteile aller Prozesse mit einer Frequenz kleiner f_{EIS} enthält, liegt es nahe eine Frequenz zu wählen, die oberhalb der charakteristischen Frequenz aller vom SOC abhängigen Prozesse liegt. Für die Zelle des Typs HP-NCA wurde eine Frequenz von $f_{EIS} = 10,3\ \mathrm{kHz}$ leicht oberhalb der Durchtrittsfrequenz der reellen Achse gewählt. Die Impedanz setzt sich hierbei aus der Ionenleitfähigkeit des

Elektrolyten und der Elektronenleitfähigkeit der Ableiter und Elektroden zusammen. Zur Bestimmung der internen Temperatur wird im Weiteren nur der Realteil herangezogen und als R_0 bezeichnet.

7.1.2 Experimentelles

Alle Experimente wurden mit einer Zelle des Typs HP-NCA in einem Klimaschrank WK3-340/70 (Weiss Umwelttechnik GmbH) durchgeführt. Die Impedanzmessungen erfolgten in Vierpunktkontaktierung mit einer IM6 Workstation (Zahner) in einem Frequenzbereich $150\,\text{kHz} \ldots 5\,\text{Hz}$. Die Zelle wurde pseudopotentiostatisch angeregt mit einer Zielamplitude von $10\,\text{mV}$ für Frequenzen über $1\,\text{kHz}$ und $5\,\text{mV}$ für Frequenzen darunter. Die Temperaturmessung erfolgte mittels Mantelthermoelementen (Typ K, $\oslash\,0,5\,\text{mm}$) über ein 34970A Digitalmultimeter (Agilent).

Homogene Temperaturverteilung

Zur Einstellung einer homogenen Temperaturverteilung wurde die Temperatur über die Klimakammer geregelt und vor der Impedanzmessung eine Wartezeit von einer Stunde eingehalten. Die an der Zelloberfläche ermittelten Temperaturen lagen bei $0, 3$, $4, 9$, $9, 8$, $19, 8$ und $29, 9\,^\circ\text{C}$. Um die Sensitivität auf den SOC zu bewerten, wurde außerdem eine SOC-Variation mit den Werten 90, 70, 50, 30 und 10 % durchgeführt.

Inhomogene Temperaturverteilung

Die Aufbringung eines gezielten Temperaturgradienten wurde mit dem in Abbildung 7.1 dargestellten Versuchsaufbau realisiert. Die zwei über Aluminiumplatten mit der Zelloberfläche thermisch kontaktierten Peltierelemente (SPC Multicorp, max. Wärmeleistung $37\,\text{W}$) werden zur Regelung der Oberflächentemperatur eingesetzt. Die Regelung erfolgte über zwei Temperaturregler (Cool Tronic), wobei die Regelgröße über zwei PT1000 Sensoren aufgenommen wurde, die in die Aluminiumplatten eingelassen wurden. Durch die hohe thermische Leitfähigkeit der Aluminiumplatten wird die Ausbildung eines Temperaturgradienten in der xy-Ebene verhindert und sichergestellt, dass allein ein Temperaturgradient in z-Richtung existiert. Weiterhin wurden die seitlichen Flächen der Zelle thermisch isoliert. Die für die Auswertung relevante Oberflächentemperatur der Zelle wurde mit den mittig angebrachten Thermoelementen ermittelt. Auch hier wurde nach Einstellung der Oberflächentemperaturen $T_{surf,top}$ und $T_{surf,bottom}$ eine Wartezeit von einer Stunde vor der Impedanzmessung eingehalten.

Bei einer ersten Messreihe wurde die Temperatur an der oberen und unteren Oberfläche variiert. Die gemessenen Werte hierfür sind in Tabelle 7.1 zusammengefasst. Bei einer

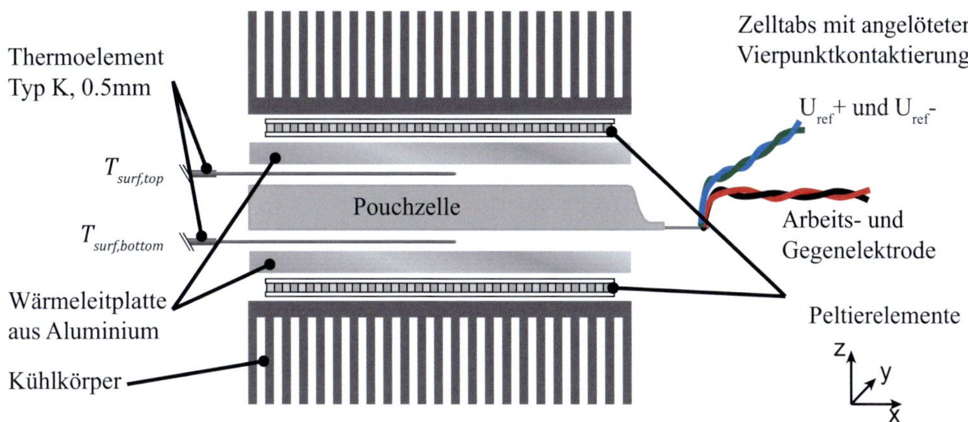

Abbildung 7.1: Versuchsaufbau zur Aufprägung eines Temperaturgradienten in z-Richtung, bestehend aus zwei Peltierelementen thermisch angekoppelt über zwei Aluminiumplatten. Die für die Auswertung relevante Temperatur wurde mit zwei Mantelthermoelementen (Typ K, $\oslash\,0,5\,\mathrm{mm}$) erfasst.

zweiten Messreihe wurde die Temperatur an der Oberseite konstant gehalten und die Temperatur der Unterseite variiert, wobei höhere Temperaturdifferenzen von bis zu 20 K eingestellt wurden (siehe Tabelle 7.2).

Tabelle 7.1: Temperaturen an der Ober- und Unterseite der Zelle für die Messung der Impedanz unter inhomogener Temperaturverteilung.

ΔT [K]	5	10	16	-5	-10	10	0	0	10	10	10	10
$T_{surf,top}$ [°C]	20	13	13	25	23	13	18	21	5	10	15	20
$T_{surf,bottom}$ [°C]	25	23	29	20	13	23	18	21	15	20	25	30

Tabelle 7.2: Temperaturen an der Unterseite der Zelle für die Messung der Impedanz unter inhomogener Temperaturverteilung und konstanter Temperatur der Oberseite der Zelle.

ΔT [K]	20	16	12	8	4	0
$T_{surf,top}$ [°C]	30	30	30	30	30	30
$T_{surf,bottom}$ [°C]	10	14	18	22	26	30

Messung instationärer Temperaturen

Um die innere Temperatur während eines Temperaturtransienten zu beobachten, wurde eine Zelle des Typs HP-NCA in einem Klimaschrank VT4002 zunächst auf eine Umgebungstemperatur von 0 °C temperiert und anschließend mit einem gleichstromfreien

Stromprofil elektrisch aufgeheizt. Nach Abschalten des Stroms wurde der R_0 mittels
Impedanzmessungen mit einer Abtastfrequenz von 2 Hz aufgenommen, wobei die Abtastfrequenz mit fortschreitender thermischer Relaxation bis auf 0, 1 Hz verringert wurde.
Im Gegensatz zu den vorherigen Experimenten wurde die Rückseite der Zelle thermisch
isoliert und die Vierpunktkontaktierung zum Impedanzmessgerät angelötet, um Platz
für die Anbringung weiterer Temperatursensoren zu schaffen. Die Temperatur wurde
in der Mitte der oberen Pouchzellenoberfläche, dem positiven sowie dem negativem
Ableiter mittels Typ K Thermoelemente und einem 34970A Digitalmultimeter (Agilent)
gemessen.

7.1.3 Messergebnisse

Homogene Temperaturverteilung

Die Abhängigkeit des R_0 von der Temperatur bei SOC $= 50\,\%$ ist im Arrheniusplot
in Abbildung 7.2(a) aufgetragen. Ein verbreiteter Ansatz die Temperaturabhängigkeit
analytisch zu beschreiben liegt in der Annahme eines Arrheniusverhaltens

$$R_0\left(T\right) = ke^{\frac{E_A}{RT}}. \tag{7.1}$$

Wie in Abbildung 7.2(a) dargestellt, zeigt das gemessene Verhalten jedoch systematische
Abweichungen zur Beschreibung über den Arrheniusansatz (blau gestrichelte Linie). Die-
ser berücksichtigt die Temepraturabhängigkeit einer Komponente, jedoch liegen mit den
metallischen Ableitern und dem Elektrolyten zwei Komponenten mit unterschiedlicher
Temperaturabhängigkeit der elektrischen Leitung vor. Als eine Konsequenz liegt auch
die ermittelte Aktivierungsenergie mit $E_A(arr) = 0,09$ eV unter den Werten aus der
Literatur von $0, 155$ eV [223]. Dort wurden Experimentalzellen vermessen, wodurch der
Anteil des Elektrolyten am R_0 deutlich höher liegt als die der metallischen Ableiter und
somit auch dessen Temperaturabhängigkeit bestimmend für die ermittelte Aktivierungsenergie ist.

Werden in erster Näherung die metallischen Leitungspfade für die betrachtete Tempera-
turspanne als temperaturunabhängig angenommen, gelangt man zu einem erweiterten
Ansatz:

$$R_0\left(T\right) = R_{col} + ke^{\frac{E_A}{RT}}, \tag{7.2}$$

wobei hier mit R_{col} der konstante Widerstand der Ableiter berücksichtigt wird. Wie
Abbildung 7.2(a) (grüne Linie) zeigt, ist nun eine genaue Beschreibung der Messwerte
möglich. Die ermittelte Aktivierungsenergie von $E_A(arr + R)$ liegt mit $0, 26$ eV nun auch
eher im Bereich der zu erwartenden Werte.

Für die Variation des Ladezustands kann festgestellt werden, dass selbst bei der betrachteten Frequenz von $10, 3$ kHz noch eine leichte Abhängigkeit der Impedanz festgestellt
werden kann (vergleiche Abbildung 7.2(b)). Wird die bei SOC $= 50\,\%$ aufgestellte
Referenzkurve zur Bestimmung der Temperatur angewandt, ergibt sich aus der Wi-
derstandsdifferenz ΔR ein Temperaturfehler ΔT. Dies ist in Abbildung 7.2(b) über

die Pfeile bei einer Temperatur von $16,1\,°C$ illustriert. Entsprechend ergibt sich im betrachteten Temperaturintervall ein maximaler Widerstandsfehler von $0,17\,m\Omega$, der zu einem Temperaturfehler von $\pm 2,5\,K$ führt. Ist der Ladezustand exakt bekannt, so ist eine Temperaturgenauigkeit von $0,17\,K$ zu erreichen.

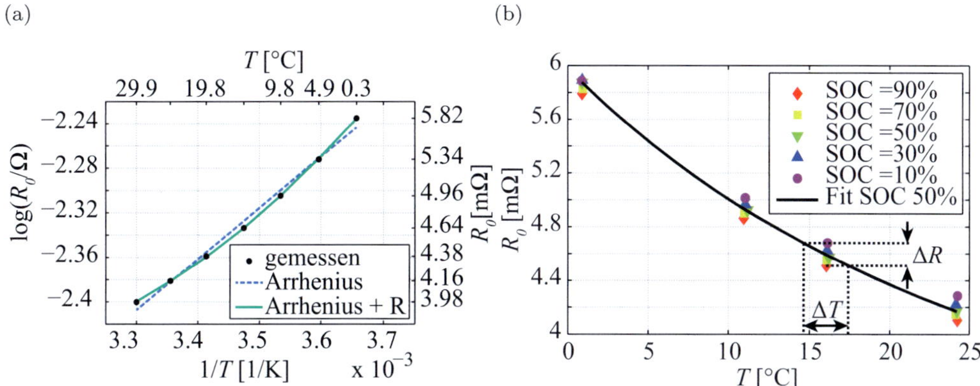

Abbildung 7.2: (a) Arrheniusplot des R_0 und Beschreibung über das Arrheniusgesetz (Gleichung 7.1) und über das erweiterte Arrheniusverhalten (Gleichung 7.2) (b) Referenzkurve des R_0 nach Gleichung 7.2 bei einem SOC von 50% und gemessener R_0 für eine Variation des SOCs.

Inhomogene Temperaturverteilung

Die Darstellung der ermittelten Werte für R_0, für die eingestellten Oberflächentemperaturen aus Tabelle 7.1, erfolgt in Abbildung 7.3(a) über den Mittelwert von $T_{surf,bottom}$ und $T_{surf,top}$. Ebenfalls eingezeichnet ist die ermittelte Referenzkurve aus den Messungen bei homogener Temperaturverteilung (durchgezogene Linie). Hierbei fällt sofort ins Auge, dass die gemessenen Werte sehr gut mit dem Verhalten bei homogener Temperatur übereinstimmen. Die maximale Abweichung von der Referenzkurve liegt bei $0,02\,m\Omega$ und resultiert in einem Temperaturfehler von $0,5\,K$. Entsprechend lässt sich festhalten, dass der R_0 für den verwendeten Zelltyp auch bei inhomogener Temperaturverteilung gut geeignet ist, die mittlere innere Temperatur zu bestimmen.

Um den Einfluss des Verlaufs der Temperaturgradienten auf den R_0 und somit auf die ermittelte Temperatur zu bestimmen, wurde ein einfaches Ersatzschaltungsmodell entworfen, welches die Ohmschen Verluste in der Parallelschaltung der 56 Einzelzellen im Pouchgehäuse abzubilden vermag. Da es sich um eine gestackte Zelle handelt, kann der resultierende Gesamtwiderstand

$$\bar{R}_0 = \left(\sum_{n=1}^{56} \frac{1}{R_{0,n}(T_n)} \right)^{-1} \tag{7.3}$$

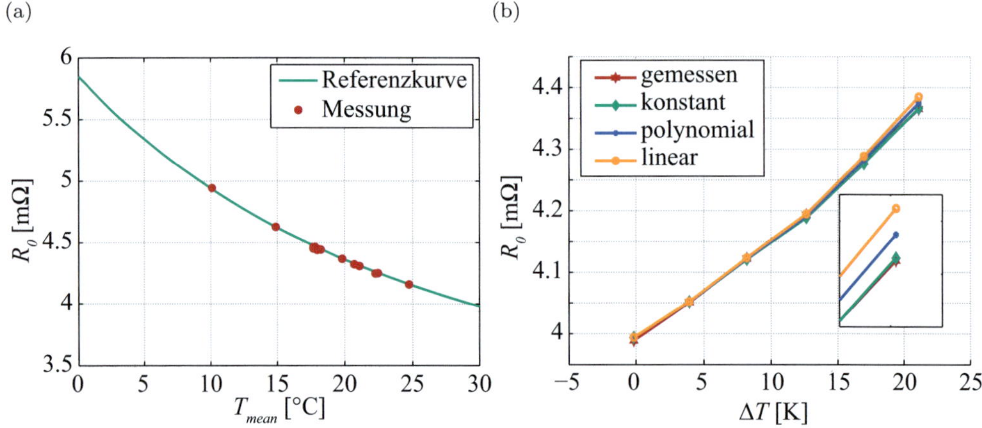

Abbildung 7.3: (a) gemessener R_0 für die Oberflächentemperaturen nach Tabelle 7.1, dargestellt über die mittlere Oberflächentemperatur (b) gemessener R_0 für die Oberflächentemperaturen nach Tabelle 7.2 sowie simulierter R_0 für verschiedene Temperaturprofile.

aus der Parallelschaltung aller $R_{0,n}$ berechnet werden. Hierbei wird die Referenzkurve verwendet, um den Widerstand der einzelnen Elektrolytschichten in Abhängigkeit der Temperatur zu bestimmen. Als mögliche Temperaturverläufe wurden drei Szenarien angenommen:

konstant: Die Temperatur im Innern der Zelle ist konstant und entspricht dem arithmetischen Mittel von Ober- und Unterseitentemperatur. Dies setzt voraus, dass das Zellgehäuse in z-Richtung schlecht leitend ist. Diese Voraussetzung ist durch den Kunststofffilm innen und außen erfüllt. Allerdings besitzt auch der Zellstapel in z-Richtung eine schlechte Wärmeleitfähigkeit. Dem gegenüber steht die gute Wärmeleitfähigkeit in Richtung der Elektroden, die eine Homogenisierung der Temperaturverteilung über die Schweißverbindungen der Ableiter zulässt.

linear: Der Temperaturverlauf ist linear. Dies entspricht der Annahme, dass die Zelle als homogene Schicht betrachtet werden kann.

polynomial: Der Temperaturverlauf wird über ein Polynom dritten Grades beschrieben. Bei dieser empirischen Beschreibung wird eine an den Randbereichen schlechtere Wärmeleitung angenommen und entspricht einem Kompromiss aus linearem und konstantem Verlauf.

Für alle drei Szenarien wurde der R_0 für die Temperaturdifferenzen aus Tabelle 7.2 berechnet und ist zusammen mit der Messung in Abbildung 7.3(b) dargestellt. Dabei ist festzustellen, dass die Differenzen zwischen den drei Temperaturprofilen sehr gering sind und sehr nahe bei den gemessenen Werten liegen. Für die höchste Temperaturdifferenz von 20 K sind die resultierenden R_0 in Tabelle 7.3 dargestellt, zusammen mit den Grenzwerten einer homogenen Temperatur von 10 °C und 30 °C. Es lässt sich ablesen, dass die

Tabelle 7.3: Gemessener R_0 und Simulationsergebnisse für die drei Temperaturprofile.

	$R_0(T_{min})$	konstant	polynomial	linear	$R_0(T_{max})$	R_0 gemessen
R_0 [mΩ]	4,99	4,366	4,374	4,385	3,966	4,3650

Annahme einer homogenen Temperatur am besten mit den Messwerten übereinstimmt. Allerdings sollte beachtet werden, dass die maximale Differenz, des aus den drei Profilen resultierenden R_0, unter 1 % liegt.

Messung instationärer Temperaturen

Die Anregung der Zelle über das mittelwertfreie Rechtecksignal wurde gestoppt, nachdem sich ein quasistationärer Zustand eingestellt hat und die gemessene Oberflächentemperatur keine Änderung mehr zeigte. Die elektrische Verlustleistung in diesem Zustand wurde mittels

$$P_{\text{el}} = \frac{1}{t_2 - t_1} \int_{t_1}^{t_2} (u(t) - U_{\text{OCV}}) \cdot \mathrm{d}t \tag{7.4}$$

über ein ganzzahliges vielfaches der Schwingungsdauer zu $3,12$ W bestimmt. Die direkt nach Abschaltung der Anregung gemessenen Temperaturen sind in Abbildung 7.4 gesondert hervorgehoben. Die aus der Impedanzmessung ermittelte innere Temperatur (rote Punkte) liegt mit $22,9\,°$C deutlich über der Oberflächentemperatur von $17,6\,°$C. Die an den Ableitern ermittelten Temperaturen liegen zwischen diesen Werten. Das Abklingverhalten der über die Impedanz gemessenen mittleren inneren Temperatur stimmt in der Dynamik sehr gut mit den über externe Sensoren ermittelten Temperaturen überein.

7.1.4 Diskussion

Messgenauigkeit und Frequenzwahl

Die Messungen bei homogener Temperaturverteilung zeigen, dass die innere Temperatur über Impedanzmessungen bei einer Frequenz von $10,3$ kHz ermittelt werden kann. Srinivasan et al. [224] bestimmen in einem ähnlichen Ansatz die Temperatur über eine Korrelation mit dem Phasenwinkel bei 40 Hz. Die Korrelation über den Phasenwinkel bietet dabei den Vorteil einer technisch einfach zu realisierenden Implementierung [225], die Beschreibung der Abhängigkeit von der Temperatur ist jedoch nicht durch einen so einfachen Ansatz, wie den hier gewählten, möglich. So zeigt die Impedanzabhängigkeit drei verschiedene Aktivierungsenergien und deutet somit auf die Präsenz mehrerer Mechanismen hin. Entsprechend kann auch hier von einer höheren Sensitivität auf den SOC ausgegangen werden.
Demgegenüber bietet die Wahl einer möglichst hohen Frequenz den Vorteil weniger Prozesse anzuregen und somit gezielt Prozesse mit einer SOC-Abhängigkeit auszuschließen. Allerdings stellt die Messung bei einer Frequenz von mehreren Kilohertz eine deutlich

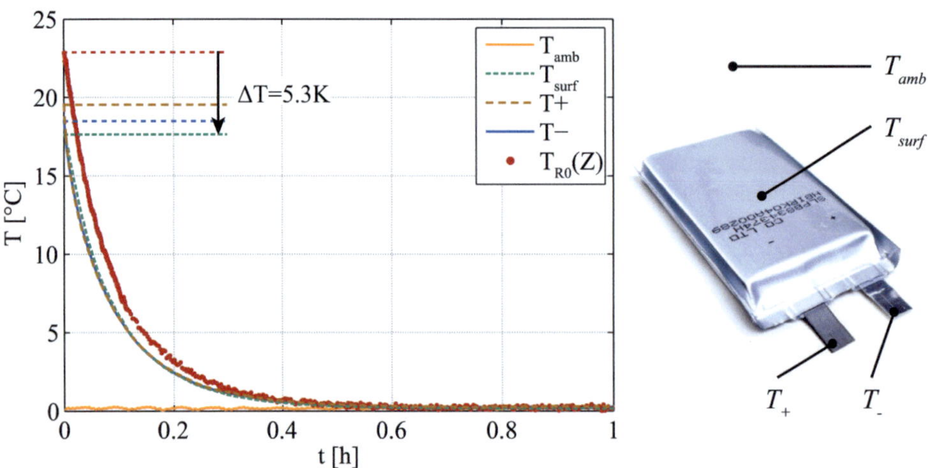

Abbildung 7.4: Links: Gemessene Temperaturen während der Abkühlung einer Pouchzelle des Typs HP-NCA, die höchste Temperaturdifferenz zur inneren Temperatur wurde nach Abschalten der Stromanregung mit 5, 3K gegenüber der Oberflächentemperatur gemessen. Rechts: Pouchzelle mit Sensorpositionen.

höhere Anforderung an die messtechnische Realisierung, da auch die Impedanzen mit steigender Frequenz abnehmen. Somit ist für jeden Zelltyp und die Anwendung individuell zu prüfen, ob auch geringere Frequenzen gewählt werden können. Als Beispiel ist ein Vergleich der Ladezustandsabhängigkeit der Zelle des Typs HP-NCA und der Lithiumeisenphosphatzelle des Typs HP-LFP2 in Abbildung 7.5 dargestellt. Es ist die Amplitude der Impedanz im SOC-Bereich von $10\ldots90\,\%$ für drei verschiedene Temperaturen ($15\,°$C, $20\,°$C und $25\,°$C) abgebildet. Während für die Zelle HP-NCA unterhalb einer Frequenz von $10\,$Hz alle drei Temperaturen überlappen, können die Temperaturen für die Zelle des Typs HP-LFP2 im kompletten Frequenzbereich eindeutig identifiziert werden. Das vorgestellte Verfahren ist somit auch zur Bestimmung der internen Temperatur von Zellen anderer Chemien möglich, bei mitunter deutlich verbesserter Temperaturgenauigkeit.

Ein weiterer Ansatzpunkt zur Erhöhung der Temperaturmessgenauigkeit ist die Berücksichtigung des Ladezustands. So kann durch eine grobe Segmentierung, in beispielsweise vier SOC-Bereiche, die Genauigkeit der Spannungsmessung mehr als verdoppelt werden. So können auch niedrigere Frequenzen verwendet werden, die meist eine höhere Aktivierungsenergie und damit eine stärkere Temperaturabhängigkeit aufweisen.

Unabhängig von der betrachteten Frequenz ändert sich die Genauigkeit der Temperaturbestimmung auch über der Temperatur selbst. Da die Kennlinie $R_0(T)$ einen exponentiellen Verlauf aufweist (vergleiche Abbildung 7.2(b)), zeigt sie für niedrige Temperaturen eine höhere Steigung als für hohe. Bei gleich bleibender Impedanzmessgenauigkeit wird somit die Temperaturänderung für niedrigere Temperaturen besser abgebildet.

In dieser Arbeit wurden keine extremen Temperaturen außerhalb des Betriebsbereichs der Zelle untersucht, jedoch zeigen Mohamedi et al. [226] die Impedanz bei $f = 1\,$kHz

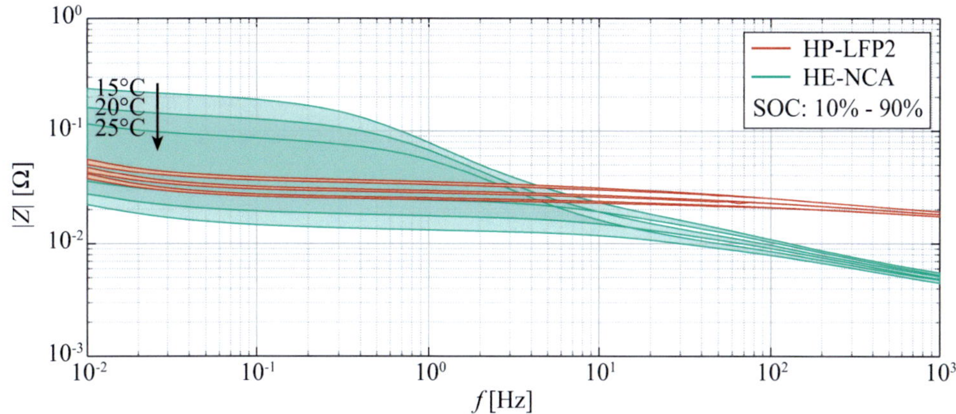

Abbildung 7.5: Sensitivität der Impedanz auf den SOC für Zellen des Typs HP-NCA und HP-LFP2. Die LFP-basierte zeigt über den gesamten Frequenzbereich keine Überlappung und ermöglicht somit die eindeutige Zuordnung der Temperatur ohne Kenntnis des Ladezustands.

während die Zelle in einem Accelerated Rate Calorimeter (ARC) erwärmt wird, bis der thermal runaway einsetzt. Zwar findet keine Korrelation mit der inneren Temperatur statt, jedoch wird gezeigt, dass die Impedanz ab einem Punkt wieder ansteigt, wenn der Separator schmilzt. So kann demnach die Methode auch genutzt werden, um das Schmelzen des PE-Separators zu identifizieren, welches kurz vor dem thermischen Durchgehen erfolgt.

Auswirkungen des Temperaturprofils in der Zelle

Die Bestimmung der Temperatur über die Impedanz liefert auch für einen von außen aufgeprägten Temperaturgradienten plausible Werte. Wird das eingeführte Ersatzschaltungsmodell herangezogen, kann zwar abhängig vom Temperaturprofil ein anderer R_0 bestimmt werden, jedoch liegen die Werte für den vermessenen Temperaturbereich sehr nahe beieinander. Die beste Übereinstimmung ergibt sich für die Annahme eines im Zellstapel quasi konstanten Temperaturverlaufs. Somit würde sich die größte Temperaturdifferenz über das Pouchgehäuse sowie die den Zellenstapel umgebenden Separator ergeben. Weiterhin könnte auch über die an den Tabs zusammengeschweißten Ableiter eine Temperaturhomogenisierung innerhalb des Zellstapels stattfinden. Eine experimentelle Validierung sollte jedoch über noch größere Temperaturgradienten und den Einsatz von internen Temperatursensoren erfolgen.

Unter Last ist nicht nur ein monotones Temperaturprofil denkbar, sondern auch eine Temperaturdifferenz zwischen den einzelnen Anoden- und Kathodenlagen. Srinivasan führt in [227] an, die Temperatur an der Anode zu bestimmen und stützt sich dabei auf die Korrelation der Phase bei $f = 40\,\mathrm{Hz}$ mit der Temperatur. Dass auch eine Temperaturabhängigkeit des Elektrolyten diese Messung beeinflusst, wird ignoriert. Eine zweifelsfreie

Trennung von Anode und Kathode ist somit nicht möglich. Eigene Messungen zeigen jedoch, dass allein aufgrund der unterschiedlichen Reaktionsentropie unterschiedliche Ableitertemperaturen an einer Pouchzelle des Typs HP-LFP1 zu ermitteln sind und damit auch im Zellinneren zwischen den einzelnen Zellstapeln existieren müssen. Eine Aufschlüsselung der individuellen Elektrodentemperaturen ist jedoch nur bei Messung unterschiedlicher Frequenzen denkbar.

Messungen von Transienten und unter Last

Soll die innere Zelltemperatur über die Zeit ermittelt werden, muss die Frequenzwahl so erfolgen, dass die geforderte Abtastrate der Temperaturwerte eingehalten werden kann. Wie gezeigt wurde, liefert die Messung während eines Abkühlvorgangs plausible Werte und ermöglicht die Beschreibung der Temperaturdynamik im Inneren der Zelle.
Generell sind auch Messungen unter Last möglich, wurden jedoch in diesem Abschnitt nicht ausgewertet. Da eine Validierung der Messung nur bei Kenntnis der inneren Temperatur stattfinden kann, muss dazu eine Versuchsanordnung mit internen Temperatursensoren verwendet werden. Andererseits könnte auch eine Plausibilisierung über ein Modell versucht werden, welches die volumetrische Wärmeeinprägung und die thermischen Eigenschaften des Systems ideal berücksichtigt. Dies konnte im Rahmen der Arbeit jedoch leider nicht durchgeführt werden.
Prinzipiell kommt zu den Messunsicherheiten ohne Last die mögliche Ausprägung eines Potentialgradienten über die Elektroden hinzu. Dieser Gradient kann sowohl in den Poren als auch längs der Elektroden entstehen und führt, insbesondere bei hohen Strömen, zu einem inhomogenen Ladezustand oder zu Verarmung von Ionen im Elektrolyt der Poren. Dies hat einen starken Einfluss auf die Impedanz, insbesondere für Frequenzen, die den Ladungstransfer umfassen. Daher ist gerade bei Messungen unter Last die Wahl einer möglichst hohen Frequenz notwendig.

Einfluss der Zellalterung

Da die Impedanz einer Zelle sich über die Lebensdauer verändert, ist es notwendig die Referenzkurve nachzuführen. Anders als im Labor können dabei in der Anwendung im Fahrzeug keine Temperaturvariationen im Klimaschrank durchgeführt werden, jedoch lässt sich die natürlich vorhandene Schwankung der Umgebungstemperatur nutzen. So könnte in Ruhephasen die Impedanz gemessen und mit der Temperatur über einen Sensor am Modul zur adaptiven Nachführung eines Kennfelds verwendet werden. Die Beschreibung über einen analytischen Ansatz ermöglicht dabei die Extrapolation auf Temperaturen, die nicht über die Schwankung der Umgebungstemperatur abgedeckt sind. Die so erhobenen Daten können weiterhin zur Diagnose des Gesundheitszustands (SOH) der Zelle eingesetzt werden.

7.1.5 Zusammenfassung

Aus der Impedanz kann die mittlere, innere Zelltemperatur bestimmt werden. Dabei ist die Sensitivität auf den Ladezustand abhängig von Materialchemie und Messfrequenz, wobei die Sensitivität generell mit steigender Frequenz abnimmt. Die Ausprägung des inneren Temperaturprofils hat sich für die betrachtete Zelle als vernachlässigbar gezeigt. Durch die Messung unter Temperaturtransienten kann das dynamische Temperaturverhalten der Zelle im Inneren bestimmt werden.

7.2 Charakterisierung des dynamischen thermischen Verhaltens

Zur Charakterisierung des dynamischen thermischen Verhaltens einer Lithium-Ionen Zelle sind nur wenige Verfahren verfügbar – viele greifen dabei auf ein Impedanzmodell zur Beschreibung des Wärmequellterms zurück und hängen somit von der Güte dieses Modells ab. Daher werden hier vier weitere Verfahren aufgezeigt, die es ermöglichen eine Übertragungsfunktion der eingeprägten Wärme zur Oberflächentemperatur oder inneren Temperatur zu ermitteln, ohne dabei von einem elektrochemischen Impedanzmodell abzuhängen.

Um für das Gesamtmodell relevante Daten zu erhalten, sollte der Ort der Wärmeeinprägung identisch zum normalen Betrieb sein. Aus diesem Grunde und um eine Charakterisierung in eingebautem Zustand zu ermöglichen, wird die Zelle über einen elektrischen Strom angeregt. Wie in den Grundlagen dargestellt, führt der elektrische Strom zu einem reversiblen Wärmestrom und einem irreversiblen, der von der elektrischen Verlustleistung herrührt und daher immer positiv ist. Des Weiteren kann das Übertragungsverhalten im Frequenzbereich oder im Zeitbereich ermittelt werden. Entsprechend können die vier Verfahren wie in Abbildung 7.6 klassifiziert werden.

Zunächst wird die elektrothermische Impedanzspektroskopie (ETIS) vorgestellt, die sich sowohl über den reversiblen (siehe Abschnitt 7.2.1) als auch über den irreversiblen Wärmestrom (siehe Abschnitt 7.2.2) realisieren lässt. Der Begriff ETIS wird in Anlehnung an eine Veröffentlichung von Barsoukov et al. [138] aufrechterhalten, da er die Parallelen zur EIS zum Ausdruck bringt und damit didaktische Vorteile bietet[1]. In Abgrenzung zur Thermoelektrochemie [228], werden bei den hier angewandten Verfahren ausschließlich Eigenschaften der Wärmeübertragung identifiziert und nicht elektrochemische. Die Verfahren unterscheiden sich somit deutlich von der thermoelektrischen Impedanz (*thermoelectrochemical impedance* [229]), bei welcher eine direkte Verkopplung von Wärmeübertragung und Elektrochemie beschrieben wird. Anschließend wird in Abschnitt 7.2.3 das Verfahren ETIS via P_{el}-Sprung vorgestellt, mit welchem neben der Übertragungsfunktion auch die Verteilungsfunktion der Relaxationszeiten ermittelt werden kann. Ein Vergleich der Verfahren schließt das Unterkapitel ab.

---

[1] Dennoch sollte erwähnt werden, dass im allgemeinen Verständnis eine Impedanz grundsätzlich immer das Verhalten von Strom und Spannung in Beziehung setzt.

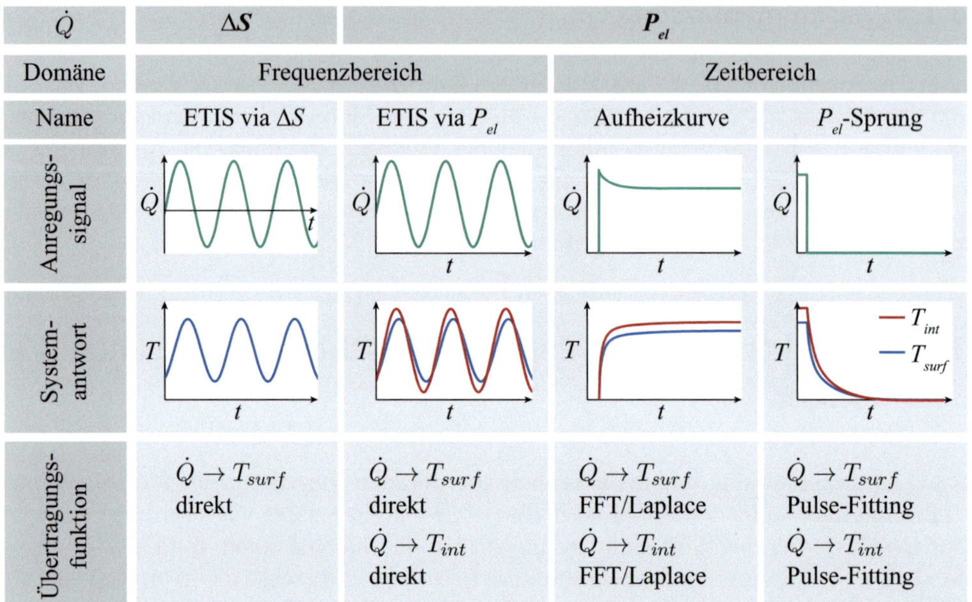

$\dot{Q}$	ΔS		P_{el}	
Domäne	Frequenzbereich		Zeitbereich	
Name	ETIS via ΔS	ETIS via P_{el}	Aufheizkurve	P_{el}-Sprung
Anregungssignal				
Systemantwort				
Übertragungsfunktion	$\dot{Q} \rightarrow T_{surf}$ direkt	$\dot{Q} \rightarrow T_{surf}$ direkt $\dot{Q} \rightarrow T_{int}$ direkt	$\dot{Q} \rightarrow T_{surf}$ FFT/Laplace $\dot{Q} \rightarrow T_{int}$ FFT/Laplace	$\dot{Q} \rightarrow T_{surf}$ Pulse-Fitting $\dot{Q} \rightarrow T_{int}$ Pulse-Fitting

Abbildung 7.6: Übersicht der Verfahren zur Bestimmung der thermischen Impedanz und Klassifizierung nach Domäne und Ursprung des Wärmequellterms $\dot{Q}$. Mit dargestellt sind die schematischen Signalverläufe für Anregungssignal und Systemantwort.

7.2.1 ETIS via ΔS

Der reversible Wärmestrom $\dot{Q}_{rev}$ ist nach Gleichung 2.12 über die absolute Temperatur T und der Reaktionsentropie ΔS direkt proportional zum elektrischen Strom. Wird ein sinusförmiger elektrischer Strom angelegt, ergibt sich somit ein sinusförmiger reversibler Wärmestrom der gleichen Frequenz. Analog zur EIS kann eine resultierende, sinusförmige Temperaturerhöhung der Zelle beobachtet und ausgewertet werden (vgl. Abbildung 7.7). Durch sequentielles Anlegen verschiedener Frequenzen kann somit ein thermisches Impedanzspektrum ermittelt werden. Wie auch bei der EIS sind dabei Parameter wie Anregungsamplitude I_{amp}, die Delayzeit τ_d und die Integrationszeit τ_{int} frei zu wählen (vergleiche Seite 3.3 ff.).

Fließt ein elektrischer Strom tritt neben dem reversiblen Wärmestrom auch unweigerlich ein irreversibler Wärmestrom aus den elektrischen Verlusten auf. Dieser Wärmestrom überlagert die Temperaturantwort des Systems auf den gewünschten reversiblen Wärmestrom und beeinflusst so die Messung. Für die Messung aus Abbildung 7.7 ist die Fouriertransformierte von Wärmestrom und Oberflächentemperatur berechnet worden und in Abbildung 7.8 gegeben. Darin lässt sich erkennen, dass die Maxima der Frequenzspektren von Wärmestrom und Temperatur bei der eingeprägten Stromfrequenz liegen. Es ist jedoch auch ein zweiter Peak bei der doppelten Frequenz des Stromes vorhanden.

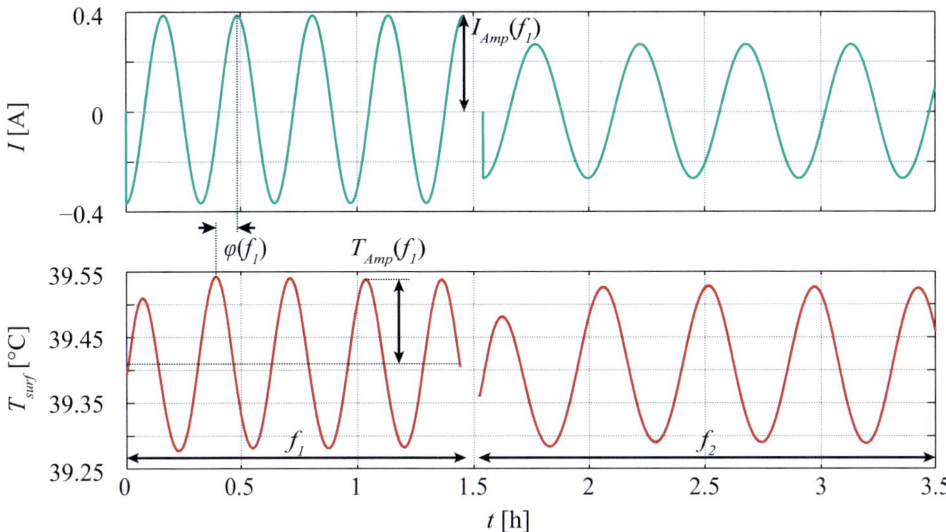

Abbildung 7.7: Ausschnitt aus einer Messung an einer Zelle des Typs HP-NCA : Mittelwertfreier Strom (oben) als Anregungssignal und Temperaturantwort (unten) für die ETIS via ΔS. Analog zur EIS kann aus dem Verhältnis des Amplituden T_{amp} und I_{amp} sowie dem Phasenversatz φ eine thermische Impedanz berechnet werden.

Da der Strom im Quadrat in die elektrischen Verluste eingeht (vgl. Gleichung 2.7), sind diese als die Ursache des Peaks auszumachen. Im vorliegenden Fall liegt das Verhältnis von erster und zweiter Harmonischen unter 4% und führt daher zu keinen starken Verzerrungen. Um den Einfluss des irreversiblen Wärmestroms gering zu halten, müssen die Parameter der Messung entsprechend gewählt werden:

Umgebungstemperatur Die Wahl einer möglichst hohen Umgebungstemperatur hat zwei Vorteile: Zum einen geht die absolute Temperatur als Faktor in die Berechnung des reversiblen Wärmestroms ein, zum anderen sinkt die Impedanz der Zelle und damit der irreversible Wärmestrom. Nach oben ist die Temperatur durch eine erhöhte Selbstentladung oder beschleunigte Alterung limitiert. Für die Messungen in dieser Arbeit hat sich eine Temperatur von 40 °C als geeignet erwiesen.

Ladezustand Da die Reaktionsentropie abhängig vom Ladezustand ist, sollte dieser so gewählt werden, dass die Reaktionsentropie möglichst hoch ist. Dabei sollte jedoch beachtet werden, dass die Reaktionsentropie für den aus der Stromanregung resultierenden SOC-Hub ΔSOC konstant ist. Gerade für niedrige Ladezustände führt der Beitrag der Anode zu betragsmäßig großen Reaktionsentropien, die bei sinkendem SOC stark zunehmen. Somit kann die Reaktionsentropie während der Messung nicht mehr als konstant angenommen werden.

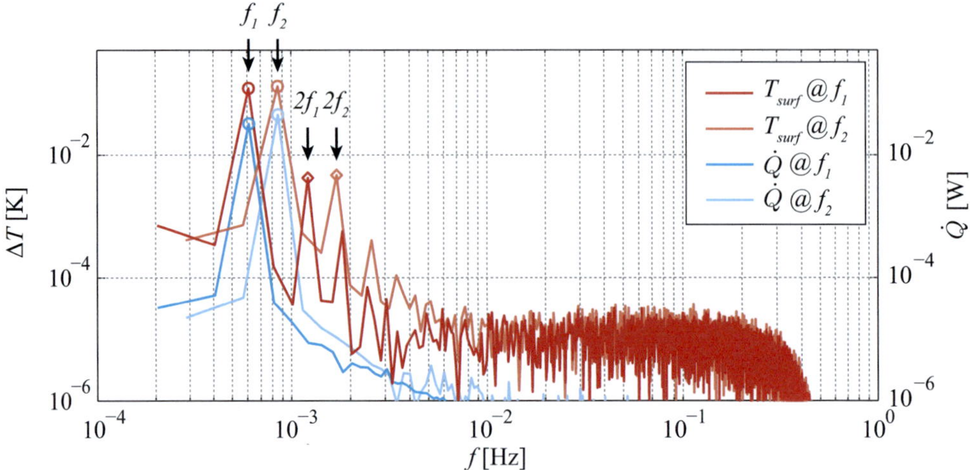

Abbildung 7.8: FFT der Oberflächentemperatur T_{surf} und des reversiblen Wärmestroms $\dot{Q}$ für die Frequenzen von 611 μHz und 857 μHz. Bei der doppelten eingeprägten Frequenz ist in der Temperatur der Beitrag der Verlustleistung zu sehen.

Anregungsamplitude Wie auch bei der EIS muss die Anregungsamplitude so gewählt werden, dass der Ladezustand nicht erheblich verändert wird und von einem stationären System ausgegangen werden kann. Im Gegensatz zur EIS soll hier jedoch eine thermische Anregung des Systems erfolgen und so können und müssen dabei größere SOC-Hübe zugelassen werden. Unter Berücksichtigung des Punktes „Ladezustand" wurde in dieser Arbeit ein Wert von 2% gewählt. Gerade für niedrigere Frequenzen führt dies jedoch zu einer sehr schwachen Temperaturantwort, so dass bei Erweiterung des Frequenzraums nach unten größere Hübe zugelassen werden sollten.

Die Anregungsamplitude hat jedoch auch einen starken Einfluss auf die elektrische Verlustleistung und somit auf den irreversiblen Wärmestrom. Während die Anregungsamplitude linear in den reversiblen Wärmestrom eingeht, trägt sie quadratisch zum irreversiblen Wärmestrom bei. Dieser Zusammenhang wurde in einem Experiment untersucht: Für eine Zelle des Typs HP-LFP2 wurde die Stromstärke variiert, bei einer konstanten Frequenz von 2 mHz und einer Temperatur von 40 °C. In Abbildung 7.9(a) sind die Peakhöhen der ersten Harmonischen (reversibler Wärmestrom) und der zweiten Harmonischen (irreversibler Wärmestrom) aufgetragen. Es ist zu erkennen, dass der Anteil des irreversiblen Wärmestroms stärker und nichtlinear zunimmt. Während das Verhältnis der Temperaturamplitude, resultierend aus elektrischen Verlusten, zur Temperaturamplitude aus dem reversiblen Wärmestrom für die niedrigste Stromamplitude bei 4 % liegt, steigt dieses auf 37 % bei der höchsten an. Daher ist die Anregungsamplitude zum einen durch den tolerierbaren SOC-Hub ΔSOC bei niedrigen Frequenzen und zum anderen durch die resultierenden elektrischen Verluste bei hohen Frequenzen begrenzt (siehe Abbildung 7.9(b)).

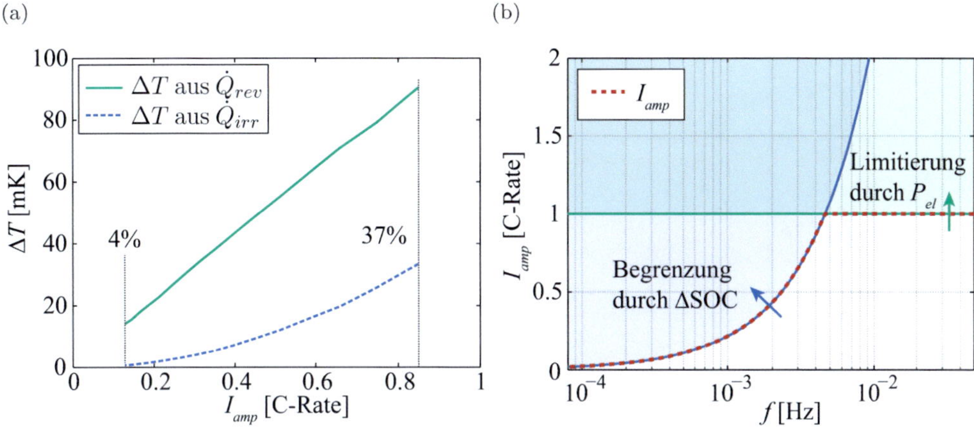

Abbildung 7.9: Wahl der Anregungsamplitude für eine Zelle des Typs HP-LFP2: (a) Amplituden der Temperaturänderung aus $\dot{Q}_{rev}$ und $\dot{Q}_{irr}$ und Verhältnis der Temperaturamplituden in Prozent für zwei ausgewählte Punkte, sowie (b) Wahl der Stromamplitude in Abhängigkeit von der Frequenz.

Durch die Begrenzung der Anregungsamplitude können, abhängig von der Reaktionsentropie und der thermischen Kontaktierung der Zelle, nur geringe Temperaturänderungen unter einem Kelvin beobachtet werden. Daher ist eine besonders fein aufgelöste Temperaturmessung für diese Anwendung erforderlich. Einen Eindruck der zu erwartenden Temperaturänderungen und der Qualität der erhaltenen thermischen Impedanzspektren vermittelt exemplarisch die im Folgenden aufgeführte Messung.

Messung

Eine Zelle des Typs HP-NCA wurde an der Rückseite mit Armaflex der Stärke 2 mm isoliert und mit drei PT1000 Temperatursensoren auf der Vorderseite versehen, wie in Abbildung 7.10(a) dargestellt. Die Temperatursensoren wurden mit Wärmeleitkleber fixiert und gegen die Umgebungstemperatur mit Armaflex der Stärke 2 mm isoliert. Die Temperaturmessung erfolgte in Vierdraht-Kontaktierung mittels eines 34970A und 34970A Datenloggers (Agilent), das ebenfalls zur Spannungsmessung verwendet wurde. Der Strom wird mit einem 1470E Celltest-System (Solartron) eingestellt und gemessen. Die Versuche wurden in einer Klimakammer VT4002 (Vötsch) bei einer eingestellten Prüfraumtemperatur von 40 °C durchgeführt. Da bei diesem Modell der Prüfraumventilatormotor nicht regelbar ist, wurde ein Versuch bei erzwungener Konvektion durchgeführt. Freie Konvektion konnte in einem zweiten Versuch durch die in Abbildung 7.10(b) dargestellte Abdeckung erreicht werden, welche im Prüfraum über der Zelle platziert wurde.

(a)   (b)

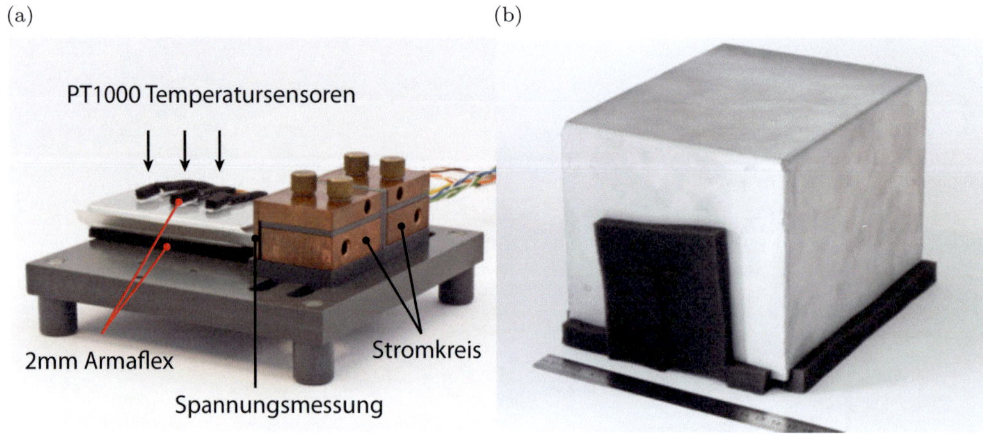

Abbildung 7.10: (a) Pouchzellenhalterung mit Kelvin-Kontakt und eingespannter Zelle des Typs HP-NCA. Die Unterseite der Zelle ist mit 2mm starken Armaflex isoliert, die drei Temperatursensoren sind aufgeklebt und ebenfalls gegen die Umgebungstemperatur isoliert. (b) Abdeckhaube zur Realisierung freier Konvektion in den Klimaschränken des Typs VT4002.

Die Stromanregung wurde bei freier Konvektion in einem Frequenzbereich von 80 μHz bis 50 mHz und bei erzwungener Konvektion von 310 μHz bis 50 mHz mit sieben Frequenzpunkten pro Dekade durchgeführt. Die Stromamplitude wurde dabei so eingestellt, dass ΔSOC stets kleiner als 2% und die Stromamplitude immer kleiner als 1 C war. Als Delayzeit wurden eine Periode, als Integrationszeit zwei Perioden gewählt. Dabei wurden für die einzelnen Frequenzen die Abbildung 7.11(a) zu entnehmenden Amplituden der Temperaturschwingung am mittleren Sensor gemessen. Für hohe Frequenzen sinkt, bei konstanter Stromanregungsamplitude, die Temperaturänderung stark ab. Dies ist der thermischen Trägheit der Zelle geschuldet und erschwert somit die Messung für Frequenzen höher als 10 mHz. Für niedrige Frequenzen wird die absinkende Temperaturantwort durch die verringerte Stromanregung verursacht, welche notwendig ist, um ein ΔSOC von 2% nicht zu überschreiten.

Die resultierenden thermischen Impedanzspektren sind für den mittleren Temperatursensor in Abbildung 7.11(b) dargestellt. Die Messung bei erzwungener Konvektion kann durch einen Halbkreis beschrieben werden und zeigt für höhere Frequenzen erhöhtes Rauschen. Hingegen zeigt die Messung bei freier Konvektion einen beginnenden zweiten Halbkreis, wobei bereits der erste eine höhere Polarisation im Vergleich zur Messung bei erzwungener Konvektion aufweist. Zudem kann für höhere Frequenzen ein qualitativ anderer Verlauf beobachtet werden, der auch negative Werte für den Realteil aufweist.

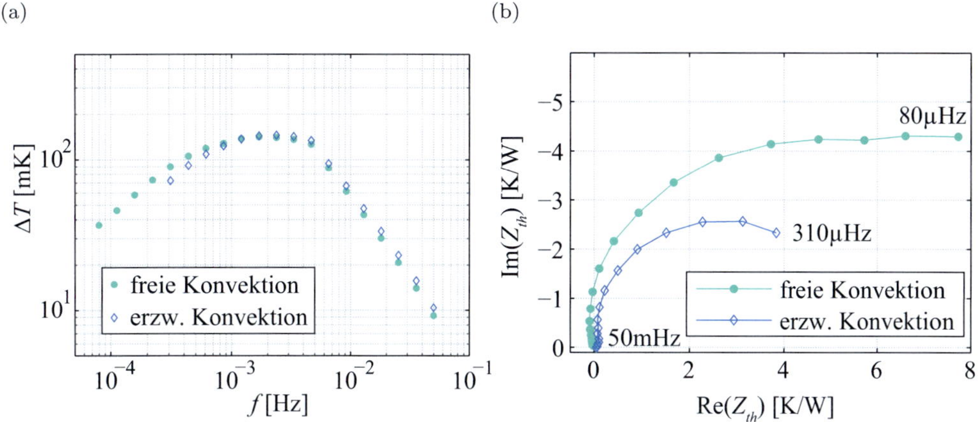

Abbildung 7.11: Messergebnisse der ETIS via ΔS: (a) Amplituden der Oberflächentemperatur bei erzwungener und freier Konvektion. Die zwei Bereiche kommen durch die Begrenzung der Stromamplitude zustande. (b) Resultierende thermische Impedanzspektren für erzwungene und freie Konvektion.

7.2.2 ETIS via P_{el}

Anders als bei der Anregung über den reversiblen Wärmestrom, kann über die elektrische Verlustleistung kein negativer Wärmestrom erzeugt werden und somit auch kein reiner Sinus. Jedoch kann ein Sinus der Amplitude $\dot{Q}_{amp}$ mit einem Gleichanteil $\dot{Q}_{const}$ nach

$$\dot{Q}_{irr}(t) = P_{\mathrm{el}} = \dot{Q}_{amp}\sin(2\pi f_Q) + \dot{Q}_{const} \tag{7.5}$$

realisiert werden. Da $\dot{Q}_{irr}$ nicht kleiner null sein darf, muss die Ungleichung

$$\dot{Q}_{const} \geq 2 \cdot \dot{Q}_{amp} \tag{7.6}$$

erfüllt sein. Setzt man einen sinusförmigen, gleichanteilfreien Strom an, so kann für die elektrische Verlustleistung Gleichung 2.7 verwendet werden und man erhält durch Gleichsetzen mit Gleichung 7.5

$$I_A(t) = \sqrt{\frac{2}{R_f(t)}\left[\dot{Q}_{amp}\sin(2\pi f_Q) + \dot{Q}_{const}\right]} \tag{7.7}$$

als Bedingung für die nun zeitabhängige Amplitude des Stromes. Das Anregungssignal wird für die elektrothermische Impedanzspektroskopie über die Verlustleistung (ETIS via P_{el}) demnach als ein nach Gleichung 7.7 amplitudenmodulierter Sinus gewählt, mit der Trägerfrequenz f_i (vergleiche Abbildung 7.12). Wird auch die Spannung der Zelle gemessen, kann aus der sinusförmigen Anregung mit der Trägerfrequenz die Impedanz $Z(f_i, t)$ bestimmt werden. Der Realteil des bei der Frequenz f_i ermittelten Widerstands

R_f wird nun zur Berechnung des eingeprägten irreversiblen Wärmestroms herangezogen (vgl. Abbildung 7.13). Weiterhin kann wie in Abschnitt 7.1 beschrieben die mittlere innere Zelltemperatur bestimmt werden. Dies ermöglicht später auch die Bestimmung der Übertragungsfunktion des Wärmestroms auf die innere Zelltemperatur, was besonders für die Ableitung rein thermischer Modelle zur späteren Kopplung mit einem elektrochemischen Modell vorteilhaft ist.

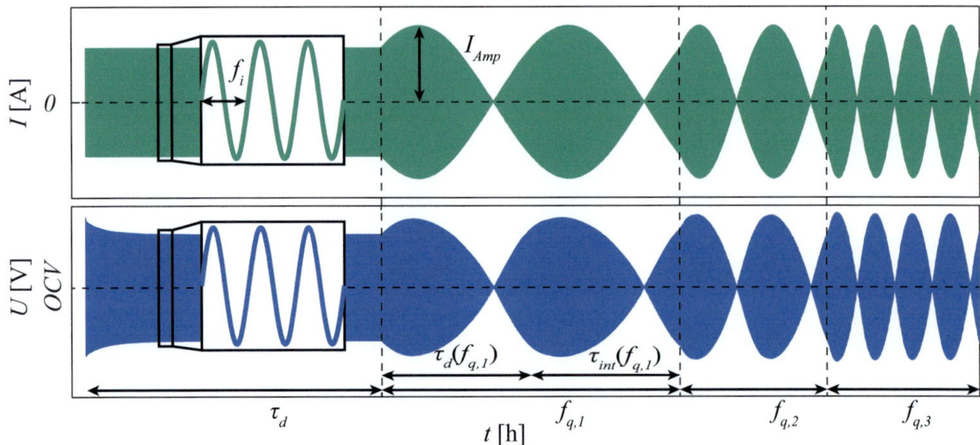

Abbildung 7.12: Prinzip ETIS mittels P_{el}: Nach der Einschwingphase τ_d ist ein konstanter Wärmestrom erreicht und die Amplitudenmodulation des Stroms wird gestartet. Für jede Wärmestromfrequenz f_q kann analog zur EIS eine Delay- $\tau_d(f_q)$ und Integrationszeit $\tau_{int}(f_q)$ festgelegt werden.

Die Messung eines thermischen Impedanzspektrums erfolgt dann wiederum analog zur EIS durch Variation der Frequenz des Wärmestroms f_q, wobei Delayzeit und Integrationszeit frei gewählt werden können. Im Unterschied zur EIS, wird jedoch mit $\dot{Q}_{const}$ ein Offset überlagert, der zu einem stationären Zustand mit einer Temperaturerhöhung ΔT_{const} führt. Damit die Einstellung dieses stationären Zustands nicht die Anregung mit f_q überlagert, wird vor der Frequenzvariation eine Phase τ_d mit konstanter Anregung eingeführt.

Da die Berechnung der Amplitudenmodulation offline erfolgt, wird R_0 als konstant und nicht zeitabhängig angenommen. Dies gilt nur für kleine Auslenkungen und kann bei stärkerer Anregung zu harmonischen Verzerrungen führen. Infolge dessen kann auch kein Sprung des Wärmestroms aufgeschaltet werden, da die Anregung mit einer konstanten Stromamplitude erfolgt. Dementsprechend heizt sich die Zelle auf, der Innenwiderstand sinkt und somit auch der Wärmestrom. Dies lässt sich in Abbildung 7.13 gut beobachten[2]. Bei der Auswertung des Wärmestroms, in welchen der gemessene, aktuelle Widerstand

---

[2]Von einer Implementierung der Online-Bestimmung der Stromamplitude I_{amp} aus dem gemessenen R_0 wurde zunächst abgesehen, um bei Messausreißern die Zelle nicht durch zu hohe Ströme zu überlasten. Grundsätzlich ist dies allerdings möglich, bei deutlich erhöhtem Aufwand zur Sicherung eines gutmütigen Verhaltens des Messstands.

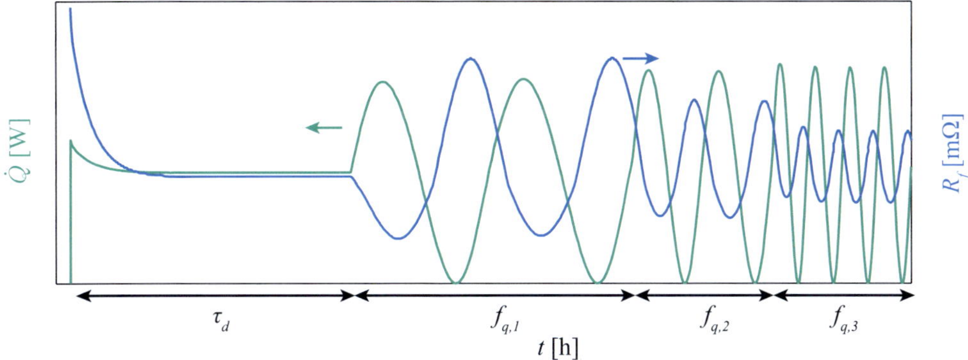

Abbildung 7.13: Simulation des Wärmestroms und R_f bei ETIS mittels P_{el}, deutlich zu erkennen ist das Einschwingen des Systems während τ_d und ein beginnendes, leicht nichtlineares Verhalten von $R_f(t)$.

einfließt, wurden für die gewählten Parameter keine signifikanten harmonischen Verzerrungen gefunden.

Neben den auch bei der EIS wählbaren Parametern existieren hier über $\dot{Q}_{const}$, die Trägerfrequenz f_i und auch die Umgebungstemperatur weitere Größen, welche das Messergebnis maßgeblich beeinflussen:

Trägerfrequenz f_i: Da der Strom mit der Frequenz f_i auch einen reversiblen Wärmestrom erzeugt und dieser nicht in die Messung mit einfließen soll und die tatsächliche Verlustleistung mit der doppelten Trägerfrequenz oszilliert, hat es sich bewährt, die Trägerfrequenz zwei Dekaden oberhalb der höchsten Wärmestromfrequenz zu wählen. Die thermische Kapazität der Zelle ist in diesem Fall groß genug, so dass der mittelwertefreie, reversible Wärmestrom nicht mehr wahrgenommen werden kann. Ebenso wirkt die thermische Kapazität als Integrator für die oszillierende Verlustleistung, wodurch lediglich der Effektivwert in der Temperaturänderung beobachtet wird.

Offset-Wärmestrom $\dot{Q}_{const}$: Nach Gleichung 7.6 würde es ausreichen den Offset gleich groß wie die gewünschte Wärmestromamplitude zu wählen. In diesem Fall würde allerdings die Amplitude des Stroms ebenfalls Null werden. Damit wäre die Bestimmung des Innenwiderstands der Zelle aus der Messung von Strom und Spannung zu diesen Zeitpunkten jedoch unmöglich. Daher ist der Wert für $\dot{Q}_{const}$ ausreichend groß zu wählen, so dass zu jeder Zeit die elektrochemische Impedanz bestimmt werden kann. In der Praxis hat sich gezeigt, dass ein Wert von $\dot{Q}_{const} = 1,1 \cdot \dot{Q}_{amp}$ ausreichend ist.

Umgebungstemperatur: Während es für die ETIS via ΔS notwendig war bei möglichst hoher Umgebungstemperatur zu messen, fällt diese Einschränkung für die Messung

über die elektrische Verlustleistung weg. Allerdings wird der Innenwiderstand für
hohe Temperaturen sehr klein, was die Messung der elektrochemischen Impedanz
erschwert und die Anforderungen an die Leistungsfähigkeit des Galvanostaten
erhöht. Um die verfügbaren Galvanostaten verwenden zu können, wurden die
Messungen in dieser Arbeit bei tieferen Temperaturen um $0\,°C$ durchgeführt.

Messung

Es wurde dieselbe Zelle und derselbe Messaufbau, wie bei der ETIS via ΔS auf Seite 109
beschrieben, eingesetzt, wobei allerdings nur eine Messung bei erzwungener Konvektion
durchgeführt wurde. Die Prüfraumtemperatur wurde auf $0\,°C$ eingestellt, da der Innenwiderstand bei diesen Temperaturen höher ist und somit eine thermische Anregung der
Zelle leichter erfolgen kann.
Abbildung 7.14(a) zeigt für eine Vormessung die FFT des Stroms über der Zeit aufgetragen. Wie beabsichtigt, erhält das Stromsignal nur eine Frequenz, dessen Amplitude über
der Zeit moduliert wird (schwarze Einhüllende). Entsprechend Gleichung 7.7 ist diese
kein Sinus, sondern dessen Wurzel. Der verbleibende Offset wird eingehalten, um eine
ausreichende Anregung bei den Minima der Amplitudenmodulation zu erhalten und über
die Impedanz den Wärmestrom auch dort in hoher Genauigkeit bestimmen zu können.

(a)   (b)

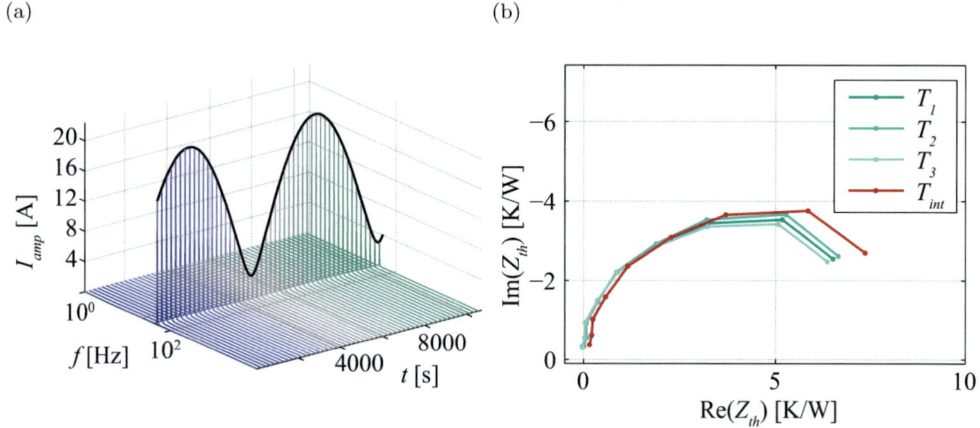

Abbildung 7.14: (a) FFT des Stroms und (b) thermische Impedanz aus ETIS via P_{el} für die
Zelle des Tpys HP-NCA.

Für die Hauptmessung wurde die Frequenz des Anregungsstromes f_i zu $100\,Hz$ gewählt
und die maximale Stromamplitude auf $I_{amp} = 16\,A$ festgelegt. Nach einer Einschwingzeit
von $\tau_d = 4000\,s$ wurde die Amplitudenmodulation des Anregungsstromes gestartet und in
einem Frequenzbereich von $f_q = 10\,mHz \ldots 167\,\mu Hz$ die thermische Impedanz ermittelt.
Vor und nach der ETIS-Messung wurde die Püfraumtemperatur auf $-4\,°C$, $0\,°C$ und
$4\,°C$ gestellt und dabei jeweils die Impedanz bei $f_i = 100\,Hz$ ermittelt. Die erhaltenen

Impedanzen können mit einem Arrhenius-Ansatz beschrieben werden und wurden in der eigentlich ETIS-Messung zur Bestimmung der inneren Temperatur verwendet. Der Vergleich der Impedanzen nach und vor der ETIS-Messung zeigt, dass der Zustand der Zelle sich während der Messung leicht verändert hat. Auch die Leerlaufspannung wies eine leichte Differenz auf, die darauf schließen lässt, dass sich der Ladezustand während der Messung verändert hatte.

Das Ergebnis ist in Abbildung 7.14(b) für die drei Oberflächentemperaturen und die innere Temperatur dargestellt. Alle vier Spektren beschreiben einen Halbkreis mit einem zur ETIS via ΔS vergleichbaren Durchmesser. Die thermische Impedanz für die innere Temperatur ist höher als die der Oberflächentemperaturen und dies auch schon bei der höchsten Frequenz von 10 mHz.

7.2.3 ETIS via P_{el}-Sprung

Zur Ermittlung des dynamischen Verhaltens von Systemen werden in Abschnitt 3.6 Verfahren vorgestellt, die eine Sprunganregung des Systems vorraussetzen. Unter Berücksichtigung der elektrothermischen Analogie ist die Übertragung dieser Verfahren auf ein thermisches System problemlos möglich. Allerdings erfordert es eine Regelung der Stromamplitude, um einen positiven Wärmestromsprung zu generieren (vgl. Abbildung 7.13). Ist eine solche Regelung nicht vorhanden oder möglich, kann dennoch auf das Verfahren aus [122] zurückgegriffen werden, denn es benötigt keinen idealen Sprung. Somit kann die Einschwingphase τ_d der ETIS via P_{el} zur Auswertung herangezogen werden. Dass beide Verfahren gleiche Ergebnisse liefern, wurde bereits in [230] nachgewiesen.

Ein negativer Wärmestromsprung erfordert keine Regelung und kann einfach erzeugt werden. Da der irreversible Wärmestrom $\dot{Q}_{irr}$ jedoch stets positiv ist, muss zunächst ein stationärer Zustand mit positivem Wärmestrom angefahren werden, wie zuvor für die ETIS via P_{el}. Da es nicht notwendig ist die Impedanz während der Aufheizphase zu messen, kann anstelle eines Sinus-Signals auch ein mittelwertfreies Rechtecksignal verwendet werden. Ist der stationäre Zustand erreicht, wird über n Perioden die Verlustleistung aus

$$P_{\mathrm{el}} = \frac{1}{nT} \int_{t_0-nT}^{t_0} (u(t) - U_{\mathrm{OCV}}) \cdot i(t)\mathrm{d}t \qquad (7.8)$$

bestimmt. Hierbei ist T die Periodendauer des Anregungssignals und U_{OCV} die Leerlaufspannung der Zelle, die sich für eine ideale Messung nicht verändert, da das Anregungssignal mittelwertfrei ist. Anschließend wird das Stromsignal bei t_0 unterbrochen und somit auch der Wärmestrom. Entsprechend wird ein Wärmestromsprung

$$\dot{Q}_{irr} = P_{\mathrm{el}} \cdot \sigma(t - t_0) \qquad (7.9)$$

gestellt. Anschließend kann die elektrochemische Impedanz zyklisch mit geringer Anregungsamplitude gemessen und gemäß Abschnitt 7.1 die mittlere innere Temperatur bestimmt werden. Die Temperaturantwort und das Anregungssignal des Systems liegen zunächst im Zeitbereich vor. Die thermische Impedanz kann nun durch Anwendung des Algorithmus aus [122] oder über die Beschreibung mit einem verallgemeinerten Messmodell, analog zu Abschnitt 6.3, berechnet werden.

Messmodell

Für eine eindimensionale Wärmeübertragung wird ein Leitermodell in Cauer-Struktur aufgestellt (vgl. Abbildung 7.15(a)). Hierin beschreiben die einzelnen thermischen Widerstände $R_{th,n}$ und die thermischen Kapazitäten $C_{th,n}$ die thermischen Eigenschaften des Segments n. Durch Umformen (Foster-Cauer-Transformation) lässt sich eine Impedanz in Cauer-Struktur in eine Foster-Struktur (Abbildung 7.15(b)) umwandeln. Bei Erhaltung der Impedanz geht jedoch die physikalische Bedeutung der Parameter verloren: Für einen Wärmestromsprung an Modell (a) steigt der Wärmestrom bei L verzögert an, für einen Wärmestromsprung an Modell (b) liegt der Strom jedoch unmittelbar auch bei L an. Dies widerspricht den Erfahrungen bei thermischen Systemen. Eine Interpretation über die räumliche Ausdehnung ist demnach für Modell (b) nicht mehr gegeben. Da beide Schaltungen die Impedanz abbilden können, wird Modell (b) als Messmodell verwendet, da aus dieser Struktur die notwendigen Gleichungen einfacher abgeleitet werden können.

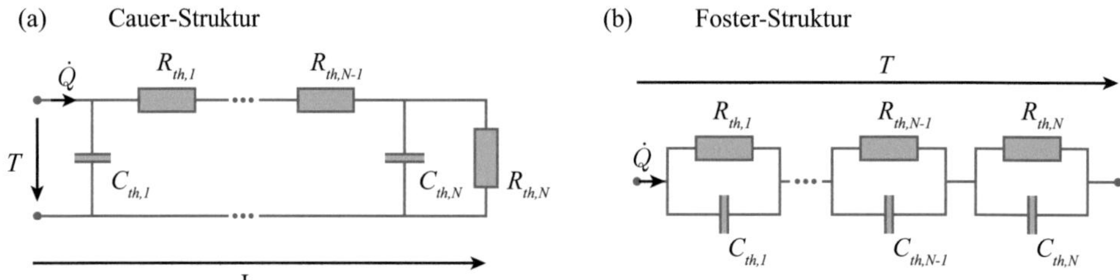

Abbildung 7.15: Ersatzschaltung zur Modellierung der Wärmeübertragung: (a) physikalisch motiviert mittels Cauer-Modell und (b) reine Verhaltensbeschreibung durch Foster-Modell.

Die Oberflächentemperatur $T(t)$ kann für einen Wärmestromsprung zum Zeitpunkt t_0 als Überlagerung der abklingenden RC-Glieder und der Umgebungstemperatur T_{amb}

$$T(t) = T_{amb} + \sum_{n=1}^{N} R_n \cdot \dot{Q}_{irr} \cdot e^{-\frac{t-t_0}{\tau_n}} \tag{7.10}$$

dargestellt werden. Analog zum Vorgehen aus Abschnitt 6.3 wird für die M diskreten Messzeitpunkte t_i die Matrixgleichung

$$\begin{bmatrix} a_{1,1} & \cdots & a_{1,N} \\ \vdots & \ddots & \vdots \\ a_{M-1,1} & \cdots & a_{M-1,N} \\ a_{M,1} & \cdots & a_{M,N} \end{bmatrix} \cdot \begin{bmatrix} R_{th,1} \\ \vdots \\ R_{th,N} \end{bmatrix} = \begin{bmatrix} T_1 - T_{amb} \\ \vdots \\ T_{M-1} - T_{amb} \\ T_M - T_{amb} \end{bmatrix} \tag{7.11}$$

$$\mathbf{A}_{th} \cdot \mathbf{R}_{th} = \mathbf{\Delta T} \tag{7.12}$$

aufgestellt, wobei die Einträge a_{ij} der Matrix $\mathbf{A}_{th}$ mit

$$a_{ij} = \dot{Q}_{irr} \cdot e^{-\frac{t_i - t_0}{\tau_j}} \,, \quad i = 1 \ldots M, \ j = 1 \ldots N \tag{7.13}$$

bestimmt sind. Unter der Nebenbedingung $\mathbf{R}_{th} \geq 0$ und Verwendung der Tikhonov-Regularisierung (siehe Abschnit 6.3) können die thermischen Widerstände $R_{th,n}$ mit einem linearen Least-Square Schätzverfahren ermittelt werden.

Ein weiterer Vorteil dieses Verfahrens besteht darin, dass mit den Widerständen $R_{th,n}$ auch die Verteilungsdichtefunktion der Relaxationszeiten gegeben ist.

Messung

Zur Messung wurde dieselbe Zelle und derselbe Messaufbau, wie bei der ETIS via ΔS auf Seite 109 beschrieben, verwendet. Für die Messung bei erzwungener Konvektion wurde die Zelle mit einem mittelwertfreien Rechteckstrom mit einer Amplitude von $1,5$ A und einer Frequenz von 1 Hz angeregt. Im stationären Zustand führte dies zu einem Wärmestrom von 164 mW. Nach Unterbrechen des Anregungsstroms wurde der Abkühlvorgang drei Stunden beobachtet, während die Impedanz bei einer Frequenz von 100 Hz gemessen wurde. Die EIS-Messung wurde dabei in den ersten zwei Minuten mit einer Abtastrate von 2 Hz durchgeführt, in den folgenden fünf Minuten mit 1 Hz und den restlichen drei Stunden mit $0,1$ Hz. Nachfolgend wurde die Klimakammertemperatur in drei Schritten variiert, um für die Bestimmung der inneren Temperatur T_{int} aus der Impedanz nach Abschnitt 7.1 eine Referenzkurve aufzunehmen. Hierbei wurde wieder eine Einschwingzeit der Temperatur von drei Stunden berücksichtigt.

Die Messung bei freier Konvektion wurde nach einer Anregung mit einem rechteckförmigen Strom mit einer Amplitude von 2 A und einer Frequenz von 10 Hz durchgeführt. Der Wärmestrom vor Abschalten der Anregung lag bei 113 mW. Das Abkühlen der Zelle wurde anschließend für fünf Stunden beobachtet, die Parameter für die Impedanzmessung wurden wie zuvor gewählt. Lediglich die Beobachtungsdauer wurde hier ebenfalls auf fünf Stunden erhöht. Die Referenzimpedanzkurve zur Temperaturbestimmung wurde nachfolgend in drei Temperaturschritten aufgenommen, die Einschwingdauer für die Zelltemperatur wurde nun zu fünf Stunden gewählt.

Die eingeprägte elektrische Verlustleistung sowie die gemessenen Temperaturen sind für die Messung bei freier Konvektion in Abbildung 7.16 dargestellt. Wie bereits erwähnt kann hier gut nachvollzogen werden, dass bei Einschalten eines konstanten Wechselstroms bei $t = 0\,$s die Verlustleistung sprunghaft ansteigt und anschließend durch die Erwärmung der Zelle relaxiert.

Ebenfalls ist zu beobachten, dass die Umgebungstemperatur unter der Abdeckung um circa ein viertel Kelvin ansteigt und eine langsamere Dynamik aufweist als die Oberflächentemperatur der Zelle. Auch nach drei Stunden steigt die Temperatur der Umgebungsluft unter der Abdeckung weiter an. Dieser Effekt kommt durch das Aufwärmen der Umgebungsluft unter der Abdeckung zustande und könnte durch Versuche in einer größeren Klimakammer ausgeschlossen werden. Für die Messung bei erzwungener Konvektion kann dieser Effekt nicht beobachtet werden.

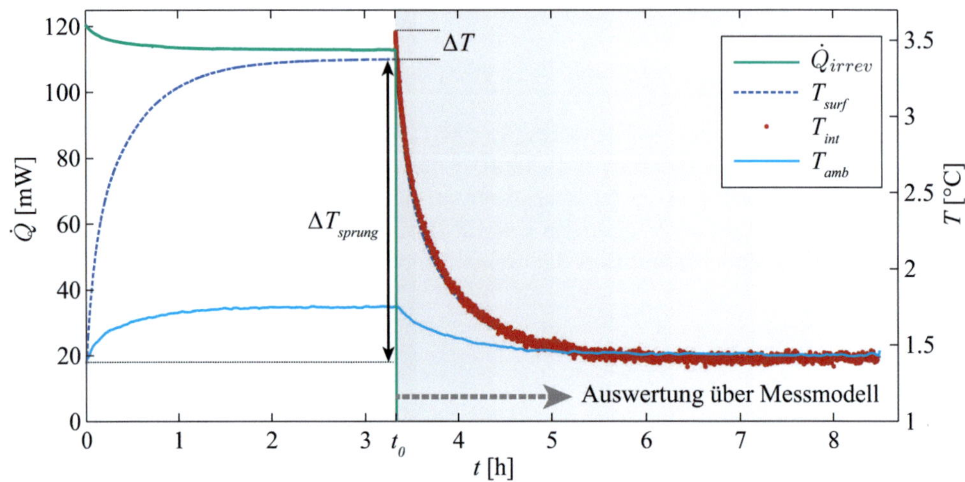

Abbildung 7.16: Wärmestrom und resultierende Temperaturantwort für eine Zelle des Typs HP-NCA bei freier Konvektion.

Die aus der Impedanzmessung abgeleitete innere Temperatur ist in Abbildung 7.16 mit Punkten dargestellt. Bildet man die Differenz ΔT aus der maximalen an der Zelloberfläche gemessenen Temperatur und der maximalen im Zellinnern gemessenen Temperatur ergibt sich bezogen auf die Temperaturerhöhung durch die Anregung ΔT_{sprung} ein Unterschied von 10 %. Bei der Messung unter erzwungener Konvektion ist die Temperaturableitung über die Oberflächen deutlich besser, entsprechend ergab sich eine noch größere Differenz von 20 %.

Mithilfe des Messmodells und der daraus abgeleiteten Matrixgleichung 7.12 wurden aus den Temperaturdaten ab dem Zeitpunkt t_0 zunächst die DRT und nachfolgend die thermischen Impedanzen für alle vier gemessenen Temperaturen berechnet. Die DRT ist in Abbildung 7.17(a) dargestellt und zeigt für die zwei thermischen Randbedingungen deutliche Differenzen, während für alle vier Temperaturen ähnliche Resultate erzielt werden. Die DRT für die innere Temperatur T_{int} zeigt konsistent höhere Werte als die Oberflächentemperaturen und einen kleinen Peak oberhalb von 10 mHz. Für beide Versuche kann ein Peak bei 534 μHz beobachtet werden. Hingegen kann für die Randbedingung der freien Konvektion ein weiterer großer Peak bei einer niedrigeren Frequenz von 85 μHz festgestellt werden. Dies deckt sich gut mit der Beobachtung der langsamen Erwärmung der Umgebungsluft unter der Abdeckung (vgl. Abbildung 7.16).

Die aus der DRT berechneten thermischen Impedanzspektren sind in Abbildung 7.17(b) dargestellt. Für die Spektren der inneren Temperatur kann bei den hohen Frequenzen der Beitrag des kleinen Peaks nur in der Vergrößerung wahrgenommen werden. Übertragen auf das thermische Verhalten des Systems bedeutet dies, dass eine schnelle Temperaturänderung in der Zelle stattfinden kann, ohne dass dies zunächst an der Oberfläche registriert werden könnte. Der Beitrag ist jedoch sehr gering.

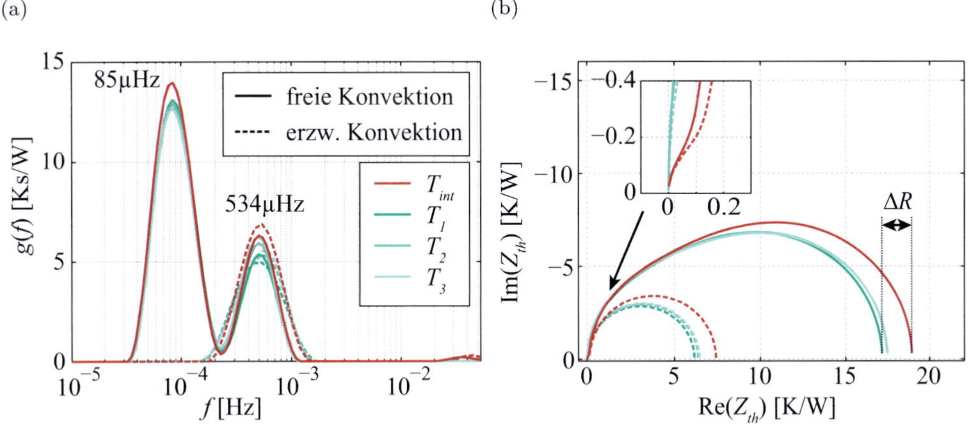

Abbildung 7.17: (a) DRT des thermischen Verhaltens ermittelt über die drei Temperatursensoren an der Oberfläche T_1 bis T_3 für eine Zelle des Typs HP-NCA bei freier und erzwungener Konvektion und (b) das daraus resultierende Impedanzspektrum.

Umgekehrt verhält es sich für die niedrigen Frequenzen: Hier kann eine deutliche Differenz ΔR, bezogen auf die Gesamtpolarisation, von circa 10 % bei freier Konvektion und 20 % bei erzwungener Konvektion beobachtet werden. Dies stimmt gut mit den Temperaturüberhöhungen der inneren Temperatur nach Abschalten der Anregung überein. Eine Aussage über eine entstehende Temperaturdifferenz ist somit auch mit den aus dem Verfahren erhaltenen Impedanzen möglich.

7.2.4 Diskussion und Vergleich der Verfahren

Ein Vergleich der ermittelten thermischen Impedanzspektren zeigt, dass alle Verfahren ähnliche Ergebnisse erzielen. Ebenso kann für die thermische Impedanz $Z_{th,int}$, welche die Temperaturerhöhung im Inneren der Zelle beschreibt, ein konsistent höherer Wert im Vergleich zu $Z_{th,surf}$ festgestellt werden. Somit bietet $Z_{th,int}$ für die thermische Modellierung relevante Informationen, die mit ETIS via P_{el} und ETIS via P_{el}-Sprung ermittelt werden können, jedoch nicht mit ETIS via ΔS.
Da die innere Temperatur über die Impedanz bestimmt wird, ist es zwingend erforderlich den SOC während der Messung konstant zu halten. Dies ist bei der Anwendung der ETIS generell schwierig, da sich die Messdauer über mehr als einen Tag erstreckt, das Messgerät jedoch stets im höchsten Messbereich von 20 A betrieben wird. Somit ist auch der spezifizierte absolute Offsetfehler groß und kann zu einem Driften des Ladezustands führen. Eine nicht konstante Impedanz hat jedoch keine Auswirkungen auf die Genauigkeit bei der Bestimmung der thermischen Impedanz für die Oberflächentemperatur $Z_{th,surf}$, da die Impedanz stets gemessen wird. Hier liegt ein weiterer Vorteil im Vergleich zur ETIS via ΔS: dort wird die Impedanz basierend auf einer zuvor ermittelten Reaktionsentropie

ΔS bestimmt, die jedoch auch abhängig vom SOC ist und somit ebenfalls bei einer Veränderung des SOC beeinflusst wird.

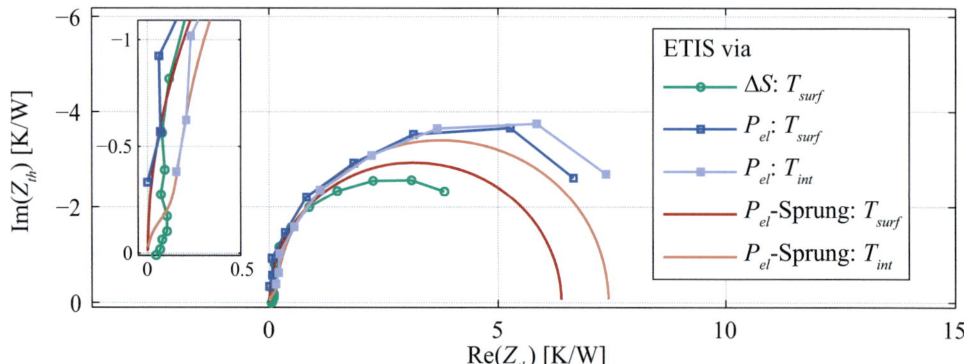

Abbildung 7.18: Nyquistplot der mit den verschiedenen Verfahren ermitteltenden thermischen Impedanzen bei erzwungener Konvektion.

Gerade für Leistungszellen ist die Impedanz bezogen auf die Kapazität sehr gering, wodurch hohe Anregungsströme zwingend notwendig sind, um eine ausreichende Erwärmung erzielen zu können. In dieser Arbeit wurden daher die Verfahren, die auf der Wärmeeinprägung über die elektrische Verlustleistung basieren bei niedrigen Temperaturen um $0\,^{\circ}\mathrm{C}$ durchgeführt, da so die Impedanz und somit auch die Verlustleistung höher ist. Neben dem Einsatz leistungsfähigerer Endstufen, wäre auch eine Spannungsanregung eine sinnvolle Erweiterung der Messmethode, da hierdurch die Leerlaufspannung und somit der SOC fixiert werden könnte.
Während ETIS via ΔS und ETIS via P_{el} ohne a priori Wissen anwendbar sind, setzt die Ermittlung der thermischen Impedanz über ETIS via P_{el}-Sprung ein Messmodell voraus und somit Wärmeübertragung in einem Pfad und eine konzentrierte Wärmeinprägung im ersten Segment. Obwohl diese Anforderungen nicht erfüllt sind, lässt sich das dynamische Verhalten relativ gut abbilden. Kleinere Abweichungen entstehen zum Beispiel bei hohen Frequenzen: Hier lässt sich über die Verfahren im Frequenzbereich ein leicht negativer Realteil feststellen (so auch bei [210]), der durch das Messmodell prinzipiell nicht abgebildet werden kann.

In einer ersten Näherung ist es sicherlich richtig anzunehmen, dass bei einer isothermen Zelle die Wärmeeinprägung volumetrisch homogen stattfindet. Jedoch kann, verursacht durch die unterschiedlichen Anregungsweisen, eine andere Verteilung des Wärmestroms entstehen. Bei der ETIS via ΔS geschieht die thermische Anregung über den reversiblen Wärmestrom aus der Änderung der Reaktionsentropie. Dieser Quellterm ist somit direkt in der Aktivmasse der Elektrode anzusiedeln, wobei auch abhängig von den Beiträgen von Anode und Kathode für die Elektroden unterschiedliche Quellterme zu erwarten sind (vergleiche Abbildung 7.19). Eine makroskopische Betrachtung über mehrere Elektrodenlagen wird hier jedoch wieder die Annahme einer volumetrisch homogenen Wärmeeinprägung rechtfertigen, da die Frequenz des elektrischen Stroms gering ist und somit auch von einer homogenen Stromverteilung ausgegangen werden kann.

Anders verhält es sich bei den Methoden, die eine Anregung über die Verlustleistung voraussetzen. Hier hängt der Ort der Wärmeeinprägung stark davon ab, welche Trägerfrequenz f_i verwendet wird. Bei sehr hohen Frequenzen werden hauptsächlich Elektronenleitung im Ableiter, Kontaktwiderstände (Partikel/Ableiter) und Ionenleitung im Elektrolyten zur Wärmeentstehung beitragen. Abhängig vom Elektrodendesign könnte hier auch eine inhomogene Stromverteilung entlang der Ableiter entstehen und somit eine Eindringtiefe abhängig von der Frequenz zu beobachten sein. Bei niedrigerer Frequenz verschwindet dieser Effekt, dafür tragen nun langsamere Prozesse wie Ladungstransfer und Festkörperdiffusion in den Partikeln wesentlich zum Wärmestrom bei. Abgesehen davon, kann bei großformatigen Zellen und Leistungszellen auch der Kontaktwiderstand von den Ableitern auf die Zellanschlüsse oder von den Zellanschlüssen an die Stromkabel zur Wärmeentstehung beitragen.

Unabhängig davon setzen weder ETIS via P_{el} noch ETIS via ΔS Annahmen über die Verteilung des Wärmestroms voraus. Es ist aber wichtig zu verstehen, dass eine Interpretation über eine Ersatzschaltung solche Annahmen voraussetzt. Somit können auch bei einer idealen Messung unterschiedliche Impedanzen resultieren und eine Beschreibung über unterschiedliche Ersatzschaltungen notwendig werden.

Diese Komplexität erschwert zunächst die Auswertung, bietet aber auch die Chance durch gezielte Variation der Trägerfrequenz f_i oder im Vergleich mit Resultaten der ETIS via ΔS weitere Rückschlüsse auf eine Verteilung des Wärmestroms im Inneren der Zelle zu ziehen. Zusätzlich gestattet die Verwendung mehrerer Sensoren an der Oberfläche, mehrere thermische Impedanzen zu ermitteln. Diese Daten können zur Parametrierung eines ortsaufgelösten Modells herangezogen werden. Besonders interessant erscheint hierbei die Temperaturmessung mittels Thermographie.

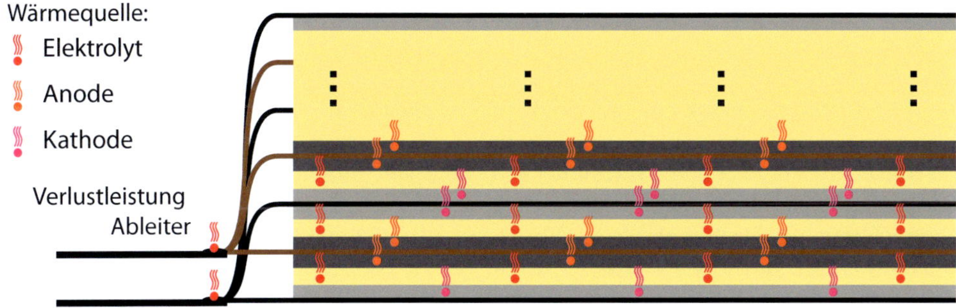

Abbildung 7.19: Abhängig vom Verlustmechanismus wird die Wärme in unterschiedlichen Schichten beziehungsweise Orten der Zelle erzeugt.

Neben diesen inhärenten Unterschieden zwischen den Messverfahren, können weitere Abweichungen unter anderem auf eine Varianz im Versuchsaufbau zurückgeführt werden. Hier hat besonders die Positionierung der Zelle in der Klimakammer zum Gebläse einen großen Einfluss. Eine bessere Widerholbarkeit würde hier die Messung bei freier Konvektion erlauben, jedoch muss dabei eine Klimakammer mit deutlich größerem Prüfraumvolumen eingesetzt werden, um von einer konstanten Umgebungstemperatur ausgehen zu können. Weiterhin lässt eine integrierte Messlösung für die ETIS via P_{el} ebenfalls eine erhöhte Messgenauigkeit und Reproduzierbarkeit erwarten.

Abgesehen von den ermittelten thermischen Impedanzen $Z_{th,int}$ und $Z_{th,surf}$ können aus den Messungen noch weitere Übertragungsfunktionen abgeleitet werden. Ist beispielsweise von Interesse wie die Temperatur im Zellinneren der Umgebungstemperatur folgt (ohne Belastung der Zelle), kann aus den Messdaten ohne weiteres die Übertragungsfunktion $T_{amb} \rightarrow T_{int}$ gewonnen werden. Dies setzt die Betrachtung der thermischen Impedanz als Vierpol voraus (vergleiche Anhang B).

7.2.5 Zusammenfassung

Mittels der in dieser Arbeit neu eingeführten Verfahren

- ETIS via ΔS

- ETIS via P_{el}

ist die Bestimmung einer nichtparametrischen Übertragungsfunktion zur Beschreibung des thermischen Verhaltens möglich. Eine Charakterisierung des thermischen Verhaltens kann somit ohne a priori Wissen über Wärmeleitungspfade, thermische Ankopplung und den inneren Aufbau der Zellen im eingebauten Zustand (z.B. im Modul) vorgenommen werden.

Das ebenfalls vorgestellte Verfahren ETIS via P_{el}-Sprung basiert auf der Messung des Abkühlverhaltens, wobei zur Auswertung ein erstmals hier vorgestellter Algorithmus eingesetzt wird, der erstmalig eine Verteilungsfunktion der Relaxationszeiten für das thermische Verhalten einer Lithium-Ionen Zelle berechnen lies. Obwohl das Verfahren Bedingungen voraussetzt, die so nicht exakt erfüllt sind, konnte das thermische Verhalten dennoch gut beschrieben werden. Die einfache Implementierung in bestehende Messlösungen für Lithium-Ionen Batterien macht dieses Verfahren somit äußerst attraktiv für die schnelle Charakterisierung – auch von größeren Zellen.

Die Interpretation der Übertragungsfunktionen als thermische Impedanz ermöglicht die Auswertung über Ersatzschaltungen und CNLS-Fit, wodurch bei Verwendung der inneren Temperatur und mehrerer Oberflächensensoren auch eine Ortsauflösung der thermischen Impedanz erfolgen kann.

In Abbildung 7.20 sind die Merkmale und Anforderungen der einzelnen Messverfahren in einer Übersicht dargestellt.

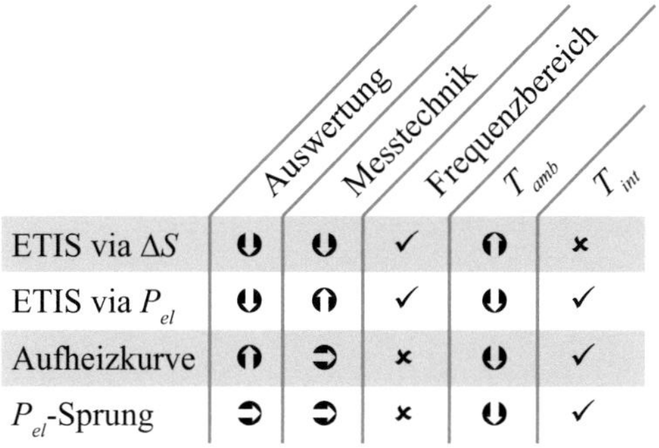

	Auswertung	Messtechnik	Frequenzbereich	T_{amb}	T_{int}
ETIS via ΔS	◑	◑	✓	◐	✗
ETIS via P_{el}	◑	◐	✓	◑	✓
Aufheizkurve	◐	◓	✗	◑	✓
P_{el}-Sprung	◓	◓	✗	◑	✓

Abbildung 7.20: Vergleich der Verfahren zur Ermittlung des dynamischen thermischen Verhaltens.

7.3 Bestimmung der Reaktionsentropie ΔS

Die Reaktionsentropie ΔS geht über die Temperatur in die Leerlaufspannung ein und bestimmt den reversiblen Wärmequellterm, der für mittlere und niedrigere C-Raten dominiert. Deswegen ist für die temperaturabhängige Simulation einer Zelle die Bestimmung von ΔS zwingend erforderlich.

Zunächst wird ΔS an verschiedenen Zellen potentiometrisch bestimmt (Abschnitt 7.3.1) und anschließend ein neues, auf der ETIS, basierendes Verfahren eingeführt (Abschnitt 7.3.2). Es folgt eine vergleichende Diskussion und die Zusammenfassung.

7.3.1 Potentiometrische Messung

Die Reaktionsentropie wurde nach der auf Seite 35 beschriebenen potentiometrischen Methode bestimmt. Hierbei wurden die Ladezustände sequentiell mit einem CellTest System 1470E eingestellt und in jedem Ladezustand die Temperatur in den Schritten 25, 20, 15, 10 und wieder 25 °C in einem VT4002 Klimaschrank variiert. Die Ablaufsteuerung der Temperaturvariation wurde von einer proprietären Software, die in MATLAB entwickelt wurde, geregelt.

Die Temperaturvariation wurde nach Anfahren des SOCs gestartet, wenn der Spannungsgradient unter einem Schwellwert von $0,36\,\mathrm{mVh^{-1}}$ und der Temperaturgradient unter einem Wert von $0,36\,\mathrm{Kh^{-1}}$ lag oder eine minimale Wartezeit überschritten wurde. Diese Wartezeit wurde abhängig vom Zelltyp gewählt und ist in Tabelle 7.4 gegeben. Die nächste Temperaturstufe wurde ebenso erst dann gestellt, wenn Spannungs- und Temperaturgradient unter den zuvor genannten Werten lagen oder eine maximale Wartezeit von $1,3\,\mathrm{h}$ überschritten wurde. Die Epxerimentdauer der gesamten Messung ist in der Tabelle ebenfalls aufgeführt, wobei für die Zellen des Typs HP-NCA und HE-LCO nur zehn SOC-Punkte vermessen wurden, von den anderen Zellen 20.

Tabelle 7.4: Parameter für die potentiometrische Messung der Reaktionsentropie ΔS

	HP-NCA	HE-LCO	HP-LFP1	HP-LFP2
$\tau_{relax}\Delta SOC[\,\mathrm{h}]$	7	10	9	10
$\tau_{relax}\Delta T[\,\mathrm{h}]$	1,3	1,3	1,3	1,3
Experimentdauer [h]	146	172	325	401

Die aus den Messungen erhaltene Reaktionsentropie ist für alle Zellen in Abbildung 7.21 dargestellt, wobei über den Fehlerbalken die Streuung der Messwerte zwischen den einzelnen Temperaturstufen dargestellt ist. Besonders für niedrige Ladezustände nimmt

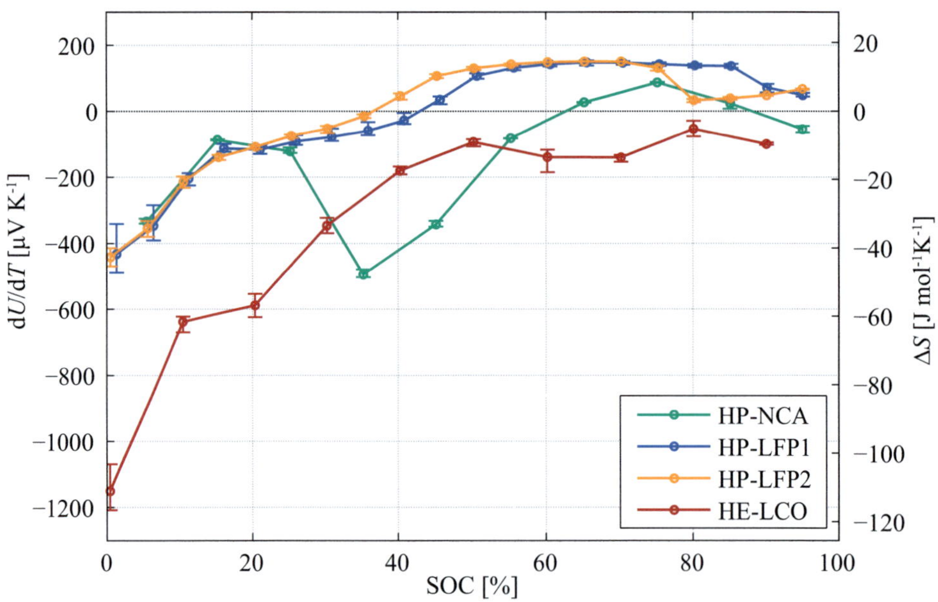

Abbildung 7.21: Potentiometrisch ermittelte Reaktionsentropie ΔS der kommerziellen Zellen. Die Fehlerbalken geben die Streuung von ΔS aus den einzelnen Temperaturschritten an.

diese Streuung stark zu. Dies wird durch die extrem langsame Spannungsrelaxation verursacht, die auch nach den maximalen Wartezeiten noch nicht abgeklungen ist. Eine lineare Kompensation, wie in [47, 136] vorgeschlagen, führte hier jedoch nicht zu Verbesserungen, da die Relaxationsvorgänge stark temperaturabhängig sind und somit für jeden Temperaturschritt eine individuelle Zeitkonstante angepasst werden müsste. Dasselbe gilt für die Kompensation der Selbstentladung bei höheren Ladezuständen.

7.3.2 Messung via ETIS

Ein weiterer Zugang zur Reaktionsentropie erschließt sich, wenn die Temperaturänderung der Zelle durch die Reaktionsentropie betrachtet wird. Nach der thermischen Analogie (siehe Seite 43) ist die Temperaturänderung $\underline{\Delta T}$ eines thermischen Systems linear abhängig von der thermischen Impedanz $\underline{Z_{th}}$:

$$\underline{\Delta T} = \underline{\dot{Q}} \cdot \underline{Z_{th}}. \tag{7.14}$$

Hierbei sind $\underline{\Delta T}$ und $\underline{\dot{Q}}$ komplexe Zeiger eines Sinussignals. Mit Gleichung 2.12 ist bekannt, dass der Wärmestrom über die Reaktionsentropie ΔS linear vom elektrischen Strom abhängt

$$\underline{\dot{Q}} = T \cdot \Delta S \frac{\underline{I}}{F}, \tag{7.15}$$

wobei der elektrische Strom $\underline{I}$ als sinusförmiges Signal angenommen wird. Durch Gleichsetzen und Umformen beider Gleichungen gelangt man zu

$$\Delta S = \frac{1}{\underline{Z_{th}}} \frac{\underline{\Delta T_{surf}}}{\underline{I}} \frac{F}{T} \tag{7.16}$$

wobei T nun die innere absolute Temperatur der Zelle ist.

Somit kann bei Kenntnis von $\underline{Z_{th}}$ durch eine Sinusanregung ΔS bestimmt werden. Wird dieser Sinusstrom mit einem geringen Gleichstrom überlagert, kann ΔS kontinuierlich über den gesamten Ladezustand vermessen werden. Das Messverfahren besteht also aus zwei Schritten:

1. Wahl einer festen Anregungsfrequenz f_i und Bestimmung der thermischen Impedanz $\underline{Z_{th}}(f_i)$

2. Ladung und Entladung der Zelle mit einem geringen Strom und einem überlagerten sinusförmigen Strom der Frequenz f_i

Da auf die Ermittlung der thermischen Impedanz in Abschnitt 7.2.1 detailliert eingegangen wurde, wird $\underline{Z_{th}}$ als gegeben betrachtet und direkt mit der Auswertung von ΔS aus Schritt zwei begonnen.

Um aus Gleichung 7.16 ΔS zu bestimmen, müssen die komplexen Zeiger für Temperatur $\underline{\Delta T_{surf}}$(SOC) und Strom $\underline{I}$(SOC) über die FFT bestimmt werden. Damit diese SOC-abhängig dargestellt werden können, wird die FFT nicht über die gesamte Entladung, sondern nur über eine Anzahl von n Perioden separat betrachtet. Aus dem Verhältnis der beiden FFTs bei der Frequenz f_i ist somit der zweite Term aus der Messgleichung bestimmt. Unter der Annahme, dass die absolute, innere Temperatur der Zelle als konstant angesehen werden kann, ist somit ΔS für diesen SOC-Punkt bestimmt. Nun können die verbleibenden Perioden sequentiell betrachtet werden.

Für die Zellen aus Abbildung 7.21 wurden alle Messungen in einem Inkubator bei einer eingestellten Umgebungstemperatur von 40 °C durchgeführt. Zur Temperaturmessung

Tabelle 7.5: Parameter für die Messung der Reaktionsentropie ΔS mittels ETIS via ΔS

	HP-NCA	HE-LCO	HP-LFP1	HP-LFP2
f_i [mHz]	3	3	3	3
I_{amp} [A]	0.5	1, 8	1.6	1.4
I_{DC} [mA]	50	50	40	40
Experimentdauer [h]	36	26	24	24

wurde ein Agilent mit einem PT1000 mit Vierdrahtkontaktierung eingesetzt, die Aufprägung des Sinusstroms wurde über ein CellTest System 1470E realisiert. Die Parameter der Messungen sind in Tabelle 7.5 aufgeführt, die FFT wurde immer über zwei Perioden betrachtet.

Das Ergebnis für diese Messung ist in Abbildung 7.22 zusammen mit den Ergebnissen aus der potentiometrischen Messung dargestellt. Für ΔS via ETIS in Entladerichtung

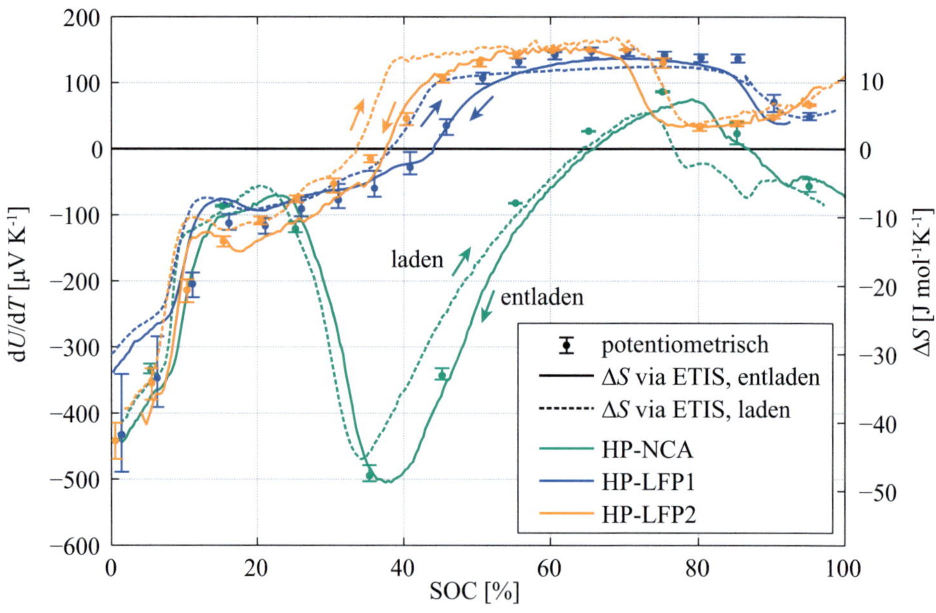

Abbildung 7.22: ΔS für die drei später in der Simulation betrachteten Zellen aus potentiometrischer Messung und ETIS. Für die Messung via ETIS ist ΔS in Lade- und Entladerichtung aufgetragen.

ist eine gute Übereinstimmung mit der potentiometrischen Messung festzustellen. Die in Laderichtung gewonnenen Werte liegen nicht auf denen der Entladerichtung, sondern zeigen ein Hystereseverhalten.

7.3.3 Diskussion der Verfahren

Die ermittelten Reaktionsentropien liegen alle im Bereich der Literaturwerte [135]. Der starke Abfall der Reaktionsentropie für niedrige Ladezustände rührt in allen Fällen von der Anode. Das lokale Minimum für die Zelle des Typs HP-NCA wird durch das LCO im Blend verursacht, bei weiterer Entladung bestimmt das NCA die Reaktionsentropie. Die besonders negativen Werte für die Zelle des Typs HE-LCO kommen durch die Kombination von Graphit und LCO zustande.

Die mittels ETIS bestimmten Werte für ΔS stimmen gut mit den potentiometrisch erhaltenen Werten überein. Da für die Bestimmung von Z_{th} ein potentiometrisch ermittelter Wert für ΔS verwendet wurde, ist die Messung über ETIS nicht unabhängig von den potentiometrisch ermittelten Werten. Soll dies erreicht werden, muss die thermische Impedanz Z_{th} über ein Verfahren ermittelt werden, welches auf der elektrischen Verlustleistung P_{el} basiert (siehe voriges Unterkapitel).

Die Messdauer für die Bestimmung von ΔS via ETIS liegt deutlich unter der potentiometrischen Methode. So unterscheiden sich die Messdauern für die beiden LFP-Zellen um mehr als einen Faktor zehn, auch wenn die für die Messung via ETIS notwendige Bestimmung von Z_{th} mit zehn Stunden großzügig berücksichtigt wird.

Um hier eine sinnvolle Vergleichsgröße zu erhalten, sollte die Anzahl der vermessenen SOC-Punkte pro Stunde betrachtet werden. Die Geschwindigkeit der potentiometrischen Messung liegt bei $0,05$ bis $0,07$ SOC-Punkten pro Stunde, die der ETIS bei $10,8$ SOC-Punkten pro Stunde. Damit ergibt sich ein Geschwindigkeitsvorteil der Messung über ETIS von einem Faktor größer 100.

Die Auflösung der Reaktionsentropie über den Ladezustand ist dabei in Abhängigkeit der betrachteten Perioden, dem Offsetstrom I_{DC} und der Stromamplitude I_{amp} mit

$$\Delta\mathrm{SOC} = \frac{nI_{DC}}{f_i C_{act}}\,100\,\% + \frac{2I_{amp}}{\pi f_i C_{act}}\,100\,\% \tag{7.17}$$

gegeben, wobei C_{act} die gemessene Kapazität der Zelle ist. Durch die Wahl eines geringen Konstantstroms I_{DC} kann der erste Term minimiert werden. Dies führt allerdings zu einer linearen Erhöhung der Messdauer. Die Anzahl der ausgewerteten Perioden geht ebenfalls linear in diesen Term mit ein. Eine hohe Anregungsamplitude führt zu einer größeren Temperaturänderung an der Oberfläche und somit zu einer genaueren Bestimmung von ΔS, allerdings steigt dadurch auch der zweite Term an und somit sinkt die SOC-Auflösung. Genauso verhält es sich mit der Anregungsfrequenz f_i. Wird diese niedrig gewählt, steigt die SOC-Auflösung, jedoch auch die Temperaturänderung an der Oberfläche. Somit muss für jede Zelle erneut ein Optimum aus SOC-Auflösung, Messdauer und Amplitude der Oberflächentemperatur ermittelt werden.

Während bei der potentiometrischen Messung nur während der SOC-Einstellung ein Strom fließt, wird während der ETIS ständig ein Strom gestellt. Der dem Sinus überlagerte Entladestrom bestimmt dabei im Wesentlichen die Experimentdauer und liegt mindestens eine Größenordnung unter der Stromamplitude für die ETIS. Somit wird aber auch ein größerer Strommessbereich am Messgerät verwendet und die Strommessgenauigkeit sinkt. Der Offset-Fehler steigt dadurch und damit die Ungenauigkeit bei

der SOC-Bestimmung. Die Genauigkeit der SOC-Bestimmung sinkt für das verwendete
Gerät von $0,1\,\%$ auf $1\,\%$, Abhilfe ist hier nur mit verbesserter Messtechnik zu schaffen. Da die eingeprägten Frequenzen jedoch sehr gering sind, ist ein Fehler $< 0,1\,\%$
durchaus realisierbar. Durch die stark verringerte Messdauer können nun Kennlinien
mit deutlich mehr Stützstellen aufgenommen werden. Somit kann analog zu dem in
Abschnitt 8.1 vorgestellten OCV-Modell ein Fit der Vollzellen-Reaktionsentropie aus den
Halbzellenkennlinien erfolgen. Gerade für die Materialien mit langen Spannungsplateaus
in der Leerlaufspannungskennlinie, könnten so weitere Merkmale extrahiert und eine
Bestimmung des Balancings und Alignments in der Vollzelle ermöglicht werden.

7.3.4 Zusammenfassung

Die Reaktionsentropie wurde an kommerziellen Vollzellen zunächst potentiometrisch
ermittelt und anschließend mit dem neu entwickelten Verfahren, basierend auf der ETIS.
Die mit dem neuen Verfahren ermittelten Werte stimmen mit der potentiometrischen
Messung überein, bei einer extrem verkürzten Messdauer. Dadurch konnte die Reaktionsentropie auch in Laderichtung gemessen werden, wobei ein Hystereseverhalten
festzustellen ist.

8 Modellierung

Die im Folgenden vorgestellten Modelle vereinen Echtzeitfähigkeit, einfache Parametrierung und gute Implementierbarkeit unter der Inkaufnahme von Abstrichen bei der physikalischen Interpretierbarkeit. Wo eine physikalische Interpretation möglich ist, wird darauf eingegangen. Ebenso wird auf die Möglichkeit vieler Modelle eingegangen, Parameter des Systems anzugeben, welche die Diagnose von Degradationsmechanismen ermöglichen oder die Identifikation verwendeter Materialsysteme.

Im ersten Abschnitt wird ein Modell der Leerlaufspannung einer Zelle aufgestellt, welches im einfachsten Fall eine Kennlinie darstellt. Nachfolgend wird ein einfach zu parametrierendes Impedanzmodell der Zelle aufgestellt, das zudem einfach zu skalieren ist und auf wenigen Annahmen, bezüglich der zugrunde liegenden Mechanismen, basiert. Das thermische Modell der Zelle wird im dritten Abschnitt erarbeitet.

Die Kopplung aller drei Modelle ermöglicht schließlich die Wiedergabe des Zellverhaltens über den gesamten Arbeitsbereich der Zelle und wird im vierten Abschnitt dargestellt. Die Validierung des Modells und mögliche Anwendungsfälle runden den letzten Abschnitt ab.

8.1 Leerlaufspannungsmodell

Das verwendete Leerlaufspannungsmodell basiert auf dem von Honkuras et al. [70] vorgestelltem. Dabei steht hier besonders die Identifizierung der Modellparameter im Fokus, welche die Verwendung als virtuelle Referenzelektrode (siehe Abschnitt 8.1.2) sowie die Diagnose von Alterungsmechanismen (siehe Abschnitt 8.1.3) gestattet. Nach einer Erweiterung auf Blend-Elektroden (siehe Abschnitt 8.1.4) werden die Grenzen des Modells diskutiert.

8.1.1 Kennlinienbasiertes Leerlaufspannungsmodell

Die Leerlaufspannung $U_{\mathrm{OCV},cell}$ einer Vollzelle setzt sich aus der Differenz der Halbzellenpotentiale von Anode U_{An} und Kathode U_{Kat}

$$U_{\mathrm{OCV},cell}(Q_{el}) = U_{Kat}(Q_{el}) - U_{An}(Q_{el}) \tag{8.1}$$

zusammen. Für das Beispiel der Zelle des Typs HP-NCA sind die Halbzellenpotentiale der LCO/NCA-Blendkathode und der Graphit-Anode in Abbildung 8.1 zusammen mit

der resultierenden Vollzellenspannung dargestellt. Abhängig von der Konzentration der
Lithium-Ionen in den Elektroden ergibt sich die Spannung der Vollzelle. Der SOC der
Elektroden und der Vollzelle muss nicht notwendigerweise zu jedem Zeitpunkt identisch
sein, da die Bezugsgrößen (Vollzellenkapazität oder Einzelelektrodenkapazität) unterschiedlich sein können. Daher wird der Ladezustand der Elektroden zunächst nur durch
die geflossene Ladung Q_{el} ausgedrückt.
Die Leerlaufkennlinien $U_{Kat}(Q_{el})$ und $U_{An}(Q_{el})$ der Elektroden werden für das weitere
Vorgehen als bekannt vorausgesetzt. Sie können aus Halbzellenexperimenten gewonnen
werden. Dabei wird das Potential gegenüber Lithium gemessen[1]. Die gemessene Halbzellenkapazität gegenüber Lithium wird mit $Q_{0,An}$ und $Q_{0,Kat}$ bezeichnet.

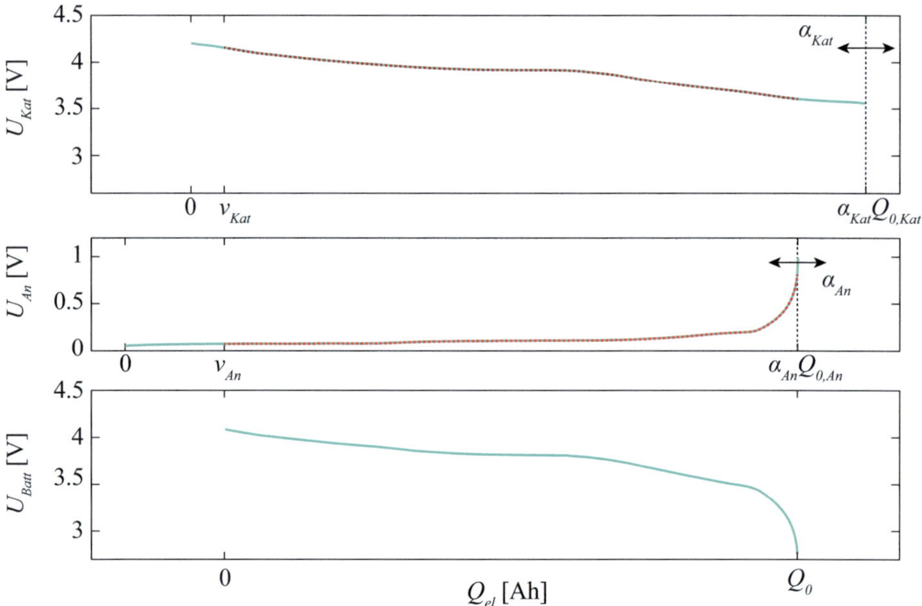

Abbildung 8.1: Leerlaufspannungen der Kathoden-Halbzelle (oben), Anoden-Halbzelle (mitte)
und resultierende Vollzellenspannung (unten). Rot gestrichelt ist der im Betrieb überstrichene
Lithium-Ionenkonzentrationsbereich dargestellt.

Zur Modellierung der Vollzellenspannung werden nun zwei Faktoren α_{An} und α_{Kat}
eingeführt, mit denen sich die Referenzkennlinien im Modell dimensionieren und an die
gemessene Vollzelle anpassen lassen:

$$U_{\text{OCV},cell}(Q_{el}) = U_{Kat}(\alpha_{Kat} \cdot Q_{el} - \nu_{Kat}) - U_{An}(\alpha_{An} \cdot Q_{el} - \nu_{An}). \qquad (8.2)$$

---

[1]Da das Referenzpotential in beiden Fällen identisch ist, fällt es bei der Berechnung von $U_{\text{OCV},cell}$
weg.

Mit $\alpha_{An} \cdot Q_{0,An}$ lässt sich somit aus der gemessenen Halbzellenkapazität $Q_{0,An}$ die Kapazität des Anodenaktivmaterials in der Anode bestimmen. Ebenso kann über

$$c_{An/Kat} = \frac{\alpha_{An} \cdot Q_{0,An}}{\alpha_{Kat} \cdot Q_{0,Kat}} \qquad (8.3)$$

das Verhältnis der Einzelelektrodenkapazitäten in der Vollzelle eingestellt werden. Dies wird in der Literatur als *Balancing* bezeichnet [231][2].
Bei Betrachtung der Abbildung 8.1 fällt weiterhin auf, dass die Einzelelektroden nicht bis zu ihren individuellen Lade-/Entladeschlussspannungen betrieben werden. Diese Verschiebung der Leerlaufkennlinien gegeneinander wird in der Literatur als *Alignment* bezeichnet [71]. Durch die Parameter ν_{An} und ν_{Kat} lässt sich der im Betrieb der Vollzelle überstrichene Bereich der Einzelelektroden einstellen. Über

$$Q_{Li,act} = \nu_{Kat} - \nu_{An} + \alpha_{An} \cdot Q_{0,An} \qquad (8.4)$$

ist somit die Ladung der Lithium-Ionen in der Zelle gegeben, die in den Elektroden gespeichert ist und somit theoretisch bei idealer Anpassung verwendet werden könnte. Weiterhin ist zu erkennen, dass eine alleinige Erhöhung der oberen Spannungsgrenze U_{max} die entnehmbare Kapazität erhöht, ohne die eigentlichen Parameter der Vollzelle zu verändern.
Das Modell ermöglicht folglich die Wiedergabe von Leerlaufkennlinien von Vollzellen, wenn die Leerlaufkennlinien von Anode und Kathode zuvor aufgezeichnet wurden, wobei die Abbruchspannungen der Einzelelektroden fest gewählt wurden. Mittels der Elektroden-Parameter α_{An}, α_{Kat}, ν_{An} und ν_{Kat} lassen sich die Elektroden einer gemessenen Leerlaufspannungskennlinie einer Vollzelle anpassen. Durch die Messung der zu beschreibenden Vollzelle sind die weiteren Parameter U_{min}, U_{max} und Q_0 bestimmt.

8.1.2 Verwendung als virtuelle Li-Referenzelektrode

Neben der Möglichkeit die Vollzellenspannung aus Halbzellenkennlinien zu prädizieren, bietet das Modell auch die Möglichkeit die Halbzellenpotentiale in einer Vollzelle anzugeben [216], ohne eine tatsächliche physikalischen Referenzelektrode verwenden zu müssen. Dies ist dann interessant, wenn keine Vollzellen mit entsprechenden Referenzelektroden zur Verfügung stehen oder davon ausgegangen werden muss, dass durch Einbringung einer solchen das System verändert werden würde. Zudem ist die nachträgliche Applikation einer Li-Referenzelektrode in eine großformatige Li-Ionen Zelle nicht ungefährlich, aufwändig und kann die sichere Betriebsführung gefährden sowie durch das notwendige Abdichten die Langzeitstabilität der Zelle beeinflussen.
Eine Validierung dieses Vorgehens fand an Experimentalzellen, aufgebaut mit Elektroden der Zelle des Typs HP-NCA und ausgestattet mit einer Lithium-Referenzelektroden, statt. Als repräsentatives Beispiel ist in Abbildung 8.2 die Messung über eine Li-Referenzelektrode sowie die Simulation einer virtuellen für eine gegenüber der normalen

---

[2]Wobei Guyomard et al. das Massenverhältnis als r angeben und dabei die Kathodenmasse auf die Anodenmasse beziehen.

Vollzellenkonfiguration um 15% verkleinerte Kathodenfläche dargestellt.

Die Änderungen in der Kathodenkapazität werden über den Parameter α_{Kat} richtig abgebildet, ebenso das Alignement der Elektroden über ν_{An} und ν_{Kat}. Die Anpassung der Parameter erfolgt über die Vollzellenspannung, die durch das Modell gut beschrieben werden kann. Folgerichtig wird auch die Referenzelektrodenspannung korrekt wiedergegeben.

Bei weiteren Experimenten wurde festgestellt, dass die Verwendung der kleinen Referenzelektrode in den Experimentalzellen durch den diffizilen Aufbau zu Kurzschlüssen oder Wackelkontakten im Betrieb führen kann und somit ein durch Prellen stark verrauschtes Signal liefert (vergleiche Abbildung 8.2 bei $Q_{el} = 0, 1$ mAh). Außerdem führen bereits kleine Verunreinigungen zu einem Mischpotential. Diese Probleme ergeben sich für die virtuelle Referenz nicht, da sie aus den Halbzellenmessungen und der Vollzellenspannung abgeleitet wird. Natürlich ist die virtuelle Referenzelektrode auf den Gültigkeitsbereich

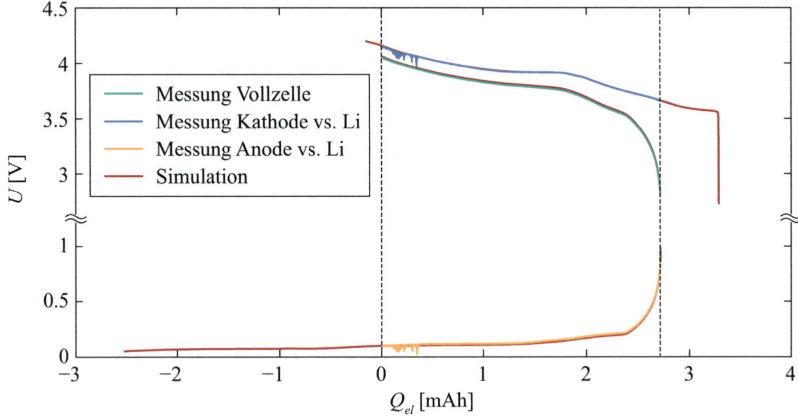

Abbildung 8.2: Validierungsmessung an einer Experimentalzelle mit Li-Referenzelektrode [216]. Die Elektroden wurden aus einer Zelle des Typs HP-NCA gewonnen. Die simulierten Spannungen (rot) stimmen gut mit den gemessenen überein.

des Leerlaufkennlinienmodells beschränkt. Somit können Änderungen der Materialchemie nicht abgebildet werden. Ein tatsächliches elektrisches Potential unter Last kann nicht dargestellt werden, hier führt kein Weg an der Implementierung einer tatsächlichen Referenzelektrode vorbei.

8.1.3 Diagnose von Alterungsmechanismen

Verlust von aktivem Lithium durch Nebenreaktionen [65, 176] sowie Verlust von Aktivmasse [232] sind zwei wichtige Alterungsmechanismen bei Lithium-Ionen Batterien. Beiden Prozessen ist gemein, dass Sie nicht in die Elektrochemie des Aktivmaterials eingreifen, das heißt den Verlauf des Leerlaufpotentials der Einzeleleketroden über die

Lithium-Ionen-Konzentration unverändert lassen. Somit kann auch hier das eingeführte Leerlaufspannungsmodell angewandt werden, wie bereits in der Literatur geschehen [71]. Die für die Validierung der virtuellen Referenzelektrode angestrengten Messungen lassen sich ebenso zur Demonstration der Eignung für Alterungsuntersuchungen anführen. Dabei wurde nicht auf gealterte Zellen zurückgegriffen, sondern die Elektroden wurden so modifiziert, dass der Gehalt an aktivem Lithium kontrolliert verändert wurde. Hierzu wurden auf unterschiedliche Ladezustände gebrachte Vollzellen geöffnet und die so erhaltenen Kathoden gegen vollständig entladene Anoden verbaut. Somit konnte die Menge des aktiven Lithiums in der Zelle variiert werden, bei einer konstanten Lithium-Kapazität der Einzelelektroden. Entsprechend sinkt die Vollzellenkapazität (siehe Abbildung 8.3(a)), während die, mithilfe des Modells ermittelte Kapazität der Kathode, annähernd konstant bleibt. Leichte Schwankungen in der Kapazität der Einzelelektroden sind durch den manuellen Aufbau und die Elektrodenpräparation zu erklären.

Die Variation der Kapazität des Aktivmaterials wurde durch Ausstanzen einer unterschiedlichen Anzahl von Kreisen aus der Kathode realisiert. Hier sinkt die über das Modell ermittelte Kathoden-Kapazität linear mit der Vollzellenkapazität (vergleiche Abbildung 8.3(b)). Die Differenz zur Vollzellenkapazität ist hierbei durch den erneuten Aufbau der SEI nach dem Aufbau der Vollzellen zu erklären.

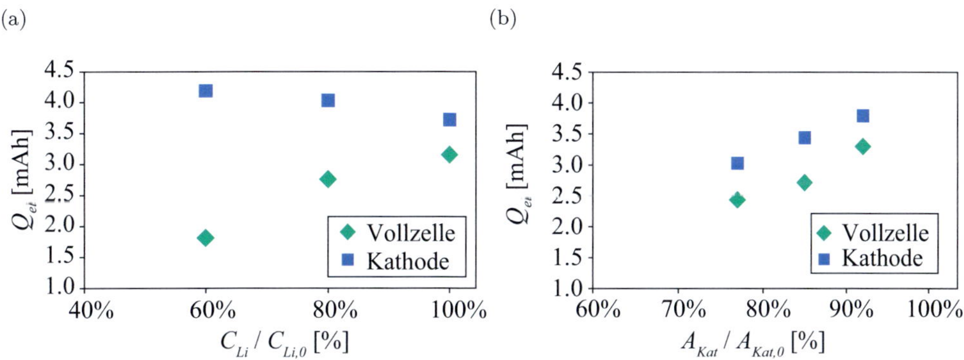

(a)   (b)

Abbildung 8.3: Aus dem Vollzellenfit ermittelte Kapazitäten der Einzelelektroden für (a) eine Variation der Aktivmasse der Kathode (entspricht Aktivmassenverlust als Alterungsmechanismus) und für (b) eine Variation des aktiven Lithiums (entspricht Verlust von aktivem Lithium als Alterungsmechanismus) in der Gesamtzelle [233].

Somit weisen Verlust an aktivem Lithium und Aktivmassenverlust bei der Betrachtung von Vollzellenkapazität, gegenüber der Kapazität der Halbzellen, grundsätzlich verschiedene Charakteristika auf. Der Fit des Modells an die Entladekurve einer Vollzelle ermöglicht somit die Unterscheidung beider Verlustprozesse. Eine rein simulative Betrachtung von Dubbary et al. [73] bestätigt die erzielten Ergebnisse.

8.1.4 Erweiterung auf Blends

Um zu verstehen wie die Leerlaufspannung in einer Blend-Elektrode zustande kommt, ist es hilfreich, zunächst eine Ersatzschaltung aufzustellen. Für ein Blend aus zwei elektrochemisch aktiven Materialien ist eine einfache Ersatzschaltung in Abbildung 8.4 dargestellt. Beide Partikel sind über Leitruß und den Elektrolyten elektrisch verbunden, sämtliche Prozesse (Diffusion, Ladungstransfer, etc.) werden über die allgemeinen Impedanzen Z_1 und Z_2 modelliert. Anstelle einer gesteuerten Spannungsquelle wird die Leerlaufspannung über zwei variable Kapazitäten abgebildet, welche die differentielle Interkalationskapazitäten der beiden Materialien NCA und LMO repräsentieren.

Da bei der Messung der Leerlaufspannung per Definition kein Strom fließt, ist die Überspannung an Z_1 und Z_2 Null, weshalb sie vernachlässigt werden kann. Übrig bleibt eine Parallelschaltung von in diesem Fall zwei differentiellen Kapazitäten. Die daraus resultierende Gesamtkapazität kann gemäß

$$C_{\Delta Int,blend} = \beta_1 C_{\Delta Int,1} + \beta_2 C_{\Delta Int,2} \tag{8.5}$$

berechnet werden. Über die Faktoren β_1 und β_2 kann das Verhältnis der beiden Materialien eingestellt werden (analog zu den α-Faktoren für das Leerlaufspannungsmodell der Vollzelle). Für Blends aus mehr als zwei Komponenten kann das Modell ebenfalls angewandt werden: Jede weitere Komponente erhält einen Skalierungsfaktor β_n und wird zur differentiellen Gesamtkapazität addiert.

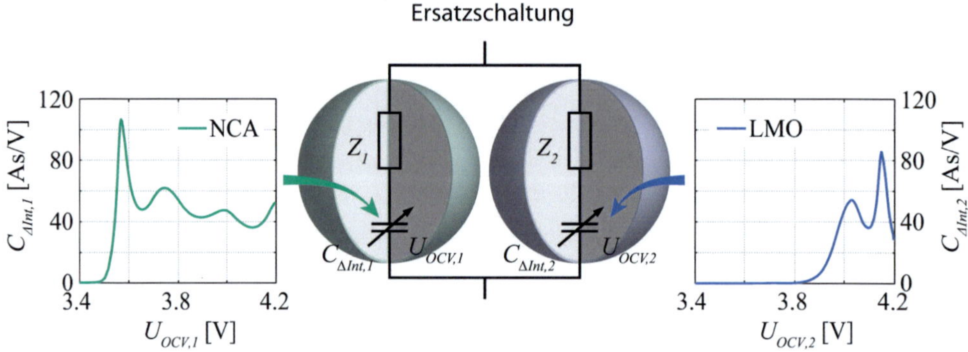

Abbildung 8.4: Ersatzschaltungsmodell zur Modellierung der Leerlaufspannungskennlinie von Blend-Elektroden. Hier dargestellt ist ein Blend aus NCA (grüner Partikel links) und LMO (blauer Partikel rechts).

Somit ist über das Modell nicht nur eine Vorhersage von Leerlaufspannungen für beliebige Blend-Kombinationen möglich, sondern es kann auch zur Diagnose eingesetzt werden. Grundlage hierfür ist eine Datenbank mit den Leerlaufkennlinien für alle in Frage kommenden Bestandteile des Blends. Mithilfe dieser wird anschließend das Modell an die Leerlaufspannungskennlinie der Blend-Elektrode angefittet, die erhaltenen Parameter β_n geben dann Aufschluss über die Zusammensetzung der Blend-Elektrode.

Abbildung 8.5 zeigt das Ergebnis eines solchen Fits für eine NCA/LMO Blend-Elektrode. Die Referenzkennlinien für NCA (grün) und LMO (blau) sind zusammen mit der gemessenen Blend-Kennlinie (schwarz) dargestellt. Hier ist schon mit bloßem Auge zu erkennen, dass die Peakpotentiale $P_{1,NCA}$, $P_{2,NCA}$ und $P_{2,LMO}$ der Blendkomponenten erhalten bleiben. Für die Peaks $P_{3,NCA}$ und $P_{1,LMO}$ ergibt sich aus der Superposition ein gemeinsamer Peak. Die simulierte differentielle Kapazität der Blend Elektrode (rot gestrichelt) liegt sehr nahe an der Messung und belegt somit die Gültigkeit des Modells. Lediglich für $P_{1,NCA}$ ergibt sich eine leichte Abweichung des Potentials. Die Impedanz des NCAs steigt bei diesen niedrigen Ladezuständen stark an, so dass selbst bei den gewählten Entladeraten von C/40 eine Vernachlässigung der Impedanz nicht zulässig ist.

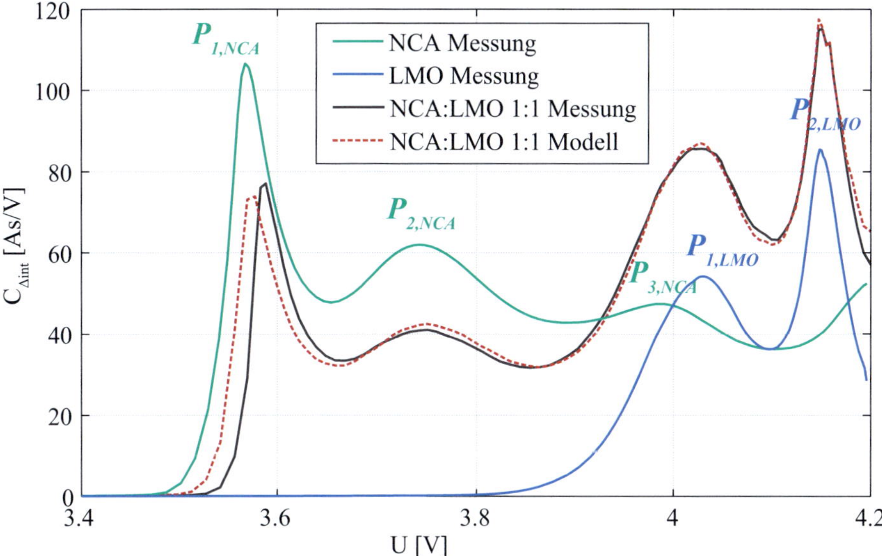

Abbildung 8.5: Diagnose eines NCA/LMO-Blends: Die Blend-Elektrode (schwarz) lässt sich aus den Referenzkennlinien von NCA (grün) und LMO (blau) berechnen (rot gestrichelt).

8.1.5 Diskussion der Modelle

Die bei Messungen an Experimentalzellen mit Lithium-Referenz [233] erhaltenen Halbzellenpotentiale zeigen eine gute Übereinstimmung mit den mithilfe des Models angefitteten Kennlinien. Dadurch konnte die Funktion des Modells validiert und die praktische Anwendbarkeit der Algorithmen an einer Zelle des Typs HP-NCA demonstriert werden.

Beobachtbarkeit der Parameter

Während die Elektroden der Zelle HP-NCA (NCA/LCO Kathode und Graphitanode) in
der DVA ausreichend Merkmale für einen Fit aufweisen, entstehen bei der Verwendung
von LFP Probleme bei der Beobachtbarkeit der Modellparameter. Um dies zu demonstrieren, ist in Abbildung 8.6 das Vollzellenpotential einer LFP/Graphit-Zelle dargestellt, bei
einer Variation der Kathodenaktivmasse, wobei das Alignment der Elektroden konstant
gehalten wird. Obwohl die Kathodenaktivmasse eine signifikante Änderung erfährt, ist
dies nicht an der Vollzellenspannung zu beobachten. Entsprechend würde ein Verlust
an Kathodenaktivmaterial (z. B. durch Delamination oder Verlust der elektrischen
Kontaktierung) nicht bemerkt werden. Ganz allgemein kann somit festgestellt werden,
dass die Modellparameter für eine Elektrode nicht eindeutig identifiziert werden können,
wenn deren Leerlaufspannungskennlinie nur aus einem idealen Plateau besteht und die
Aktivmasse nicht limitierend wirkt.

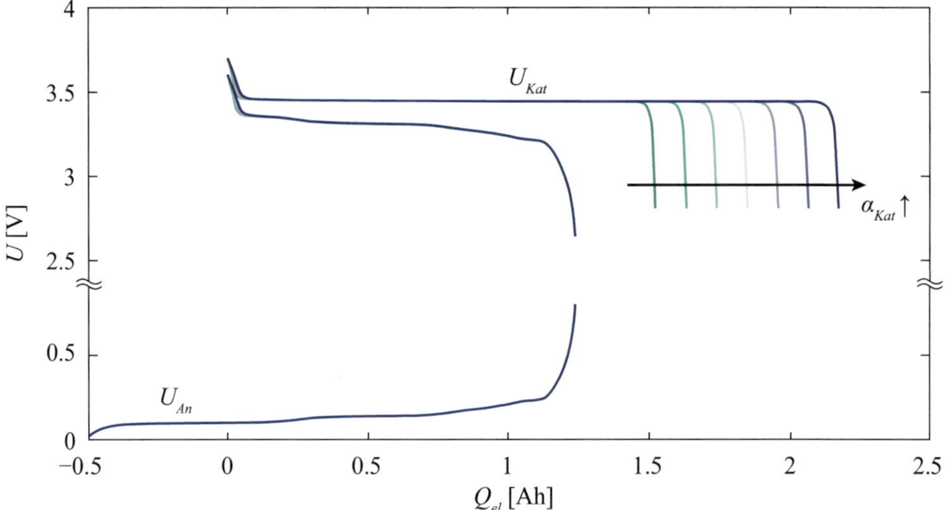

Abbildung 8.6: Resultierende Vollzellenspannung einer LFP/Graphit-Zelle bei Variation der
Kathodenaktivmasse über α_{Kat} und konstantem Alignment der Elektroden.

Dubarry et al. [73] zeigen in einer simulativen Studie die Sensitivität des Leerlaufkennlinienmodells auf verschiedene Parameter für eine LFP/Graphit-Zelle. Hierbei wird
allerdings ein Fall dargestellt, für welchen die Aktivmasse der Kathode den limitierenden Faktor darstellt. In diesem Fall ist eine zweifelsfreie Identifikation der Parameter
möglich. Später wird allerdings auch eingeräumt, dass für den hier gezeigten Fall keine
Identifikation der Parameter erfolgen kann.
Eine Lösung wäre die Verwendung von LFP-Blends, deren einzelne Komponenten gezielt
dotiert wurden, um verschiedene Plateaus zu erzeugen. Neben einer besseren Bestimm-
barkeit des Ladezustands über die Leerlaufspannungskennlinie [195], würde dies auch

die Bestimmung der Modellparameter an der Leerlaufspannungskennlinie erlauben und somit eine zerstörungsfreie Beobachtung der Aktivmassen und aktiven Lithiummenge auch für LFP ermöglichen.

Identifikation von Alterungsmechanismen

Werden die Grundvoraussetzungen des Modells nicht mehr erfüllt, das heißt, ändern sich die Interkalationspotentiale, kann eine Diagnose über das Modell nicht mehr erfolgen. Bloom et al. [72] zeigen, dass bei Alterungsexperimenten in der DVA der Anode ein weiterer Peak auftritt, den sie durch verschiedene Segmente mit unterschiedlicher mechanischer Beanspruchung erklären. Sind die Leerlaufkennlinien für diese Segmente bekannt, kann dies durch eine Beschreibung als Blend-Elektrode berücksichtigt werden. So wird in [73] die Bildung einer "parasitic phase " im Modell berücksichtigt.
Für die Untersuchung des Alterungsverhaltens von Blend-Kathoden zeigen Smith et al. [234], dass die Interkalationspoteniale unbeeinflusst bleiben, eine qualitative Bewertung der ICA bleibt jedoch aus. Mithilfe des eingeführten Blend-Modells kann jedoch auch eine quantitative Analyse erfolgen.
Da die Halbzellenpotentiale in der Vollzelle sich über der Alterung im Allgemeinen verschieben, ist es wichtig dies beim Vergleich von Impedanzen bei unterschiedlichen Alterungszuständen stets zu berücksichtigen. So können die Halbzellenpotentiale trotz identischer Vollzellenspannung abweichen. Noch größer wird der Fehler, wenn gleiche Ladezustände der Vollzelle eingestellt werden. Hier weicht bereits die Vollzellenspannung in vielen Fällen stark ab. Die Anwendung des Leerlaufkennlinienmodells bietet nun die Möglichkeit, die Halbzellenpotentiale zu identifizieren und nachfolgend die Impedanzmessungen bei vergleichbaren Potentialen durchzuführen. Ist dies nicht möglich kann zumindest eine Erklärung für ansonsten schwer interpretierbare Effekte gegeben werden. So wird oft festgestellt, dass die Kathodenimpedanz bei gealterten Zellen und niedrigen Ladezuständen, im Vergleich zur neuen Zelle, stark abnimmt. Dabei wird jedoch außer Acht gelassen, dass das Kathodenpotential für die gealterte Zelle deutlich höher lag.

8.1.6 Zusammenfassung

An Messungen konnte gezeigt werden, dass das verwendete Leerlaufkennlinienmodell die Identifikation von Halbzellenpotentialen in kommerziellen Vollzellen, ohne Einbringung einer Lithium-Referenz, ermöglicht. Weiterhin können durch die Auswertung der Modellparameter Rückschlüsse auf die Alterungsmechanismen gezogen werden und Impedanzen von neuen und gealterten Zellen, unter Bersücksichtigung des Halbzellenpotentials, miteinander verglichen werden.
Das eingeführte Blend-Modell ermöglicht eine Diagnose der Blend-Anteile und ist damit ein hilfreiches Werzeug beim Design von Blend-Elektroden, insbesondere bei der Bewertung deren Alterungsverhaltens.
Für Zeitbereichssimulationen ist eine Aufschlüsselung der Leerlaufspannung nach Anoden- und Kathodenpotential und somit die Anwendung des Modells notwendig, wenn

- segmentierte Modelle zum Einsatz kommen, die eine Trennung von Anoden- und Kathodenprozessen vorsehen (siehe Abschnitt 8.2.5),

- Blend-Elektroden simuliert werden oder

- die Alterung berücksichtigt werden soll.

Für Simulationen ohne Trennung nach anodenseitigen und kathodenseitigen Verlustprozessen (wie in Abschnitt 8.2.4 durchgeführt) kann jedoch auf die Anwendung des Modells verzichtet werden.

8.2 Impedanzmodell der Elektrochemie

Das Ergebnis der in Abschnitt 6.2.2 vorgestellten Messungen ist die Impedanz einer Lithium-Ionen Zelle in einem Arbeitspunkt, die als nichtparametrisches Modell aufgefasst werden kann. In manchen Fällen [151, 164] wird nun auf Basis dieser Spektren und zusätzlichem Expertenwissen zunächst eine Ersatzschaltung abgeleitet oder es wird a priori eine stark vereinfachte Ersatzschaltung angenommen [161, 166, 214].
Um die Parametrierung der Modelle durchgehend zu automatisieren und möglichst auf Expertenwissen verzichten zu können, wird in dieser Arbeit die DRT als Grundlage des Modells verwendet. Die Implementierung als zeitdiskretes Zustandsraummodell, Besonderheiten bei der Zustandspropagation und die Skalierbarkeit der Genauigkeit über die Modellordnung werden in Abschnitt 8.2.1 dargestellt.
Bevor die Validierung der Modelle erfolgt, werden aus der Literatur bekannte Gütekriterien diskutiert und eine Erweiterung vorgschlagen (siehe Abschnitt 8.2.3). Simulationsergebnisse, Validierung und Grenzen des Ansatzes werden für verschiedene Zellen in Abschnitt 8.2.4 gezeigt und diskutiert. Anschließend wird aufgezeigt, wie eine Ortsauflösung mit dem Modell möglich ist und wie Zellen mit Blend-Materialien besser abgebildet werden können.

8.2.1 Synthese von Modellen mittels der DRT

Wie in Abschnitt 3.5 eingeführt wurde, können kapazitive Impedanzen als DRT dargestellt werden. Geht man von der kontinuierlichen Betrachtung auf eine diskrete Verteilungsdichtefunktion über, so erhält man die folgende Summenformel (vgl. Gleichung 3.18):

$$\underline{Z}(x) = R_0 + R_{pol} \sum_{n=1}^{N} \frac{g_n}{1 + j\omega\tau_n} \delta\tau_{log}. \tag{8.6}$$

Dabei ist $\delta_{\tau,\log}$ die Differenz zwischen den logarithmisch äquidistant verteilten Zeitkonstanten τ. Bei näherer Betrachtung fällt auf, dass der Term unter dem Summenzeichen gerade der Impedanz eines RC-Glieds entspricht. Die diskrete DRT kann also über eine Serienschaltung von N RC-Gliedern beschrieben werden. Der Widerstand R_n der einzelnen RC-Glieder kann damit über

$$R_n = g_n \cdot \delta_{\tau,\log} \cdot R_{pol} \tag{8.7}$$

und die Kapazität als

$$C_n = \frac{\tau_n}{R_n} \tag{8.8}$$

berechnet werden. Zusammen mit einem Widerstand R_0 der alle Ohmschen Verluste umfasst sowie einer Spannungsquelle U_{OCV}, lässt sich das resultierende Ersatzschaltungs-modell in Abbildung 8.7 aufstellen. Die bei Impedanzspektren für niedrige Frequenzen

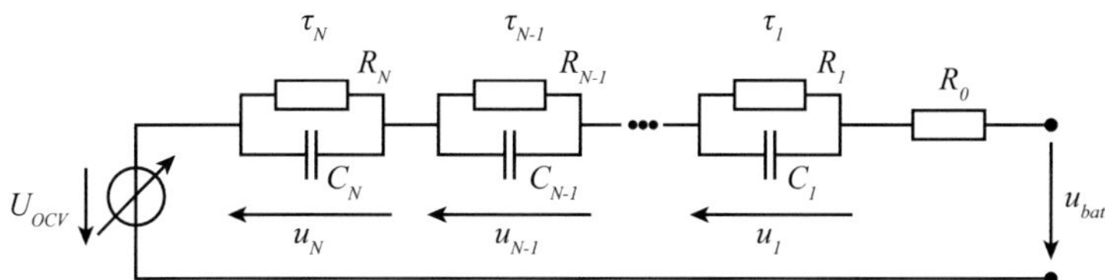

Abbildung 8.7: Ersatzschaltungsmodell zur Repräsentation der Impedanz mit der DRT. Die Spannungen u_n der RC-Glieder bilden die Zustände bei der Beschreibung über ein Zustands-raummodell. Die Leerlaufspannung U_{OCV} ist über eine steuerbare Spannungsquelle abgebildet, der Ohmsche Widerstand R_0 umfasst alle höherfrequenten Prozesse, die mit der DRT nicht abgedeckt wurden.

zu messende differentielle Interkalationskapazität $C_{\Delta Int}$ ist dabei über die gesteuerte Spannungsquelle U_{OCV} schon inhärent enthalten. Ein induktives Verhalten, wie es für hohe Frequenzen beobachtbar ist, kann nicht dargestellt werden. Daher muss die In-duktivität vor der Berechnung der DRT im Impedanzspektrum gefittet und subtrahiert werden. Anschließend kann die entsprechende Induktivität wieder in das Modell einge-führt werden. Liegt die Abtastrate von Strom und Spannung unter 100 Hz, kann die Induktivität in den meisten Fällen vernachlässigt werden.

Als Freiheitsgrade sind in diesem Ansatz die Anzahl der RC-Glieder N sowie der be-trachtete Frequenzbereich enthalten und müssen vor der Berechnung der DRT festgelegt werden. Die Anzahl der verwendeten RC-Glieder limitiert dabei die Genauigkeit des Modells (vgl. Seite 142) und bestimmt die Rechenzeit, wobei die Rechenzeit linear mit der Modellordnung zunimmt. Für die Implementierung auf einem Zielsystem kann somit unter Vorgabe der Echtzeitfähigkeitsbedingung eine maximal tolerierbare Anzahl von RC-Gliedern bestimmt werden.

Der betrachtete Frequenzraum ist zunächst durch die zugrundeliegenden Impedanzmes-sungen beschränkt. Durch die Kombination mit Zeitbereichverfahren kann die minimale Frequenz im Vergleich zur elektrochemischen Impedanzspektroskopie weiter verringert werden. Für hohe Frequenzen ist der betrachtete Frequenzraum normalerweise durch die Echtzeitanforderungen und die Abtastrate des Simulationsrechners beschränkt, so

Tabelle 8.1: Verschiedene Verfahren zur Zeitdiskretisierung kontinuierlicher Systeme mit einer Abtastzeit von T_s [235].

Vorwärtsdifferenz	Rückwärtsdifferenz	Bilineartransformation
Forward Euler	*Backward Euler*	*Trapezoidal*
$s = \frac{z-1}{T_s}$	$s = \frac{z-1}{T_s \cdot z}$	$s = \frac{T_s}{2}\frac{z-1}{z+1}$

dass die Impedanzspektren aus der EIS mit einer maximalen Frequenz von 100 kHz nicht beschränkend wirken.

Implementierung

Mit der numerischen Berechnung der DRT liegt nun ein diskretes Modell mit N RC-Gliedern vor, ergänzt um eine Kapazität zur Modellierung der differentiellen Interkalationskapazität und einem seriellen Ohmschen Widerstand zur Simulation des Elektrolyten und der Ohmschen Widerstandsanteile der Elektroden und Ableiter. Dieses Modell ist zeitkontinuierlich, mit dem Parameter $s = j\omega$. Um auf einem Rechner das Modell effizient ablaufen zu lassen, muss nun eine Zeitdiskretisierung erfolgen. Die Übertragungsfunktion in s wird durch eine Transformation in eine Funktion von z überführt. Hierfür bestehen drei Möglichkeiten [235], die in Tabelle 8.1 aufgeführt sind. Wird die Vorwärtsdifferenz angegwandt, ergibt sich für die Spannung u_n am n-ten RC-Glied folgende Beziehung:

$$u_n(k+1) \quad = \quad \left(1 - \frac{T_s}{\tau_n}\right)u_n(k) + \frac{T_s R_n}{\tau_n}i(k), \tag{8.9}$$

$$u_n(k+1) \quad = \quad a_n u_n(k) + b_n i(k). \tag{8.10}$$

Hierbei ist τ_n die Zeitkonstante des n-ten RC-Glieds, R_n dessen Widerstand, $i(k)$ der Zellstrom zum diskreten Zeitpunkt k. Somit setzt sich die Spannung zum nächsten diskreten Zeitpunkt $k+1$ aus einem Anteil der Spannung zum vorhergehenden Zeitpunkt k und dem mit einem Vorfaktor multiplizierten Strom zum Zeitpunkt k zusammen. Die beiden Vorfaktoren werden mit den Variablen a_n und b_n bezeichnet und später zu einer Matrix zusammengefasst.

Die Zellspannung u_{batt} zum Zeitpunkt $k+1$ ergibt sich dann durch:

$$u_{batt}(k+1) \quad = \quad \sum_{n=1}^{N} u_n(k+1) + R_0 i(k+1) + U_{OCV}(k+1) \tag{8.11}$$

Die Leerlaufspannung zum Zeitpunkt $k+1$ wird über eine Wertetabelle OCV(SOC) gewonnen und der aktuelle SOC über eine diskrete Integration des Stroms:

$$\text{SOC}(k+1) = \text{SOC}(k) + 100\%\frac{i(k+1) \cdot T_s}{C_{act}}. \tag{8.12}$$

Die Gleichungen 8.10 und 8.11 lassen sich in Matrizen zusammenfassen und man erhält
die Zustandsraumdarstellung:

$$\mathbf{u}(k+1) \;=\; \mathbf{A}\mathbf{u}(k) + \mathbf{b}i(k) \tag{8.13}$$

$$u_{batt}(k+1) \;=\; \mathbf{c}\mathbf{u}(k) + di(k+1) + U_{OCV}(k+1) \tag{8.14}$$

Dabei bewirkt Gleichung 8.13 die Propagation der Zustände u_n und Gleichung 8.14 die
Berechnung der Ausgangsgröße, der Zellenspannung u_{batt}. Die Matrix $\mathbf{A}$ beinhaltet die
Relaxationszeiten der RC-Glieder und ist nur auf der Hauptdiagonalen besetzt. Der
Vektor $\mathbf{b}$ bestimmt die Aufladung der einzelnen Zustände und ist abhängig vom SOC, der
Vektor $\mathbf{c}$ ist der Einservektor und bewirkt die Summation der einzelnen Überspannungen
u_n. Der Skalar d enthält den Ohmschen Widerstand R_0. Durch zyklisches Ausführen
der Gleichungen 8.13 und 8.14 wird für einen diskreten Strom $i(k)$ die Zellenspannung
simuliert.

In MATLAB kann eine rechenzeitoptimierte und speichersparende Darstellung des
Systems erreicht werden, wenn der in Abhängigkeit des SOCs hinterlegte Vektor $\mathbf{b}$ als
Matrix $\mathbf{B}$ abgelegt wird:

$$\mathbf{B} \;=\; \begin{bmatrix} b_{1,1} & \cdots & b_{1,M} \\ \vdots & \ddots & \vdots \\ b_{N-1,1} & \cdots & b_{N-1,M} \\ b_{N,1} & \cdots & b_{N,M} \end{bmatrix} \tag{8.15}$$

$$\tag{8.16}$$

wobei N die Anzahl der Zustände, beziehungsweise RC-Glieder ist und M die Anzahl
der hinterlegten Ladezustände. Ebenso lässt sich der SOC-abhängige Skalar d als Vektor
für die diskreten SOC-Werte $\mathbf{d}$ aufstellen:

$$\mathbf{d} \;=\; \begin{bmatrix} R_{0,1} & \cdots & R_{0,M} \end{bmatrix}. \tag{8.17}$$

$$\tag{8.18}$$

Für $\mathbf{a}$ muss nur ein Vektor der Länge N hinterlegt werden, da die Zeitkonstanten ja
unabhängig von der Impedanz vorgegeben und somit für alle Ladezustände gleich sind.
Der Vektor $\mathbf{c}$ bleibt stets ein Einservektor der Länge N und bewirkt eine Summation
der Einzelspannungen. Wird die Impedanz des Systems außerdem noch für verschiedene
Temperaturen ermittelt, so können die Matrizen $\mathbf{B}$ und $\mathbf{d}$ einfach um eine Dimension
erweitert werden. Diese weitere Dimension nimmt dann die Parameter für eine Variation
der Temperatur auf.

Die folgenden zwei Zeilen demonstrieren wie simpel die Implementierung der Gleichungen
in MATLAB ist, wobei `SOCi` der Selektor für den Ladezustand und `Ti` der für die
Temperatur ist:

```
u(ti+1) = a*u(ti) + B(:,SOCi,Ti)*i(ti);
Ucell(ti) = sum(u(ti)) + d(SOCi,Ti)*i(ti) + U_OCV(ti);
```

Die diskrete Zeit ist mit `ti` und die Leerlaufspannung mit `U_OCV(ti)` umgesetzt, die Ausgabevariable der Zellspannung ist `Ucell`. Durch die Auswahl der Temperatur und des Ladezustands über die Selektoren `SOCi` und `Ti` werden die Matrizen $\mathbf{B}$ und $\mathbf{d}$ wieder auf die Dimension reduziert, die sie nach den Gleichungen des Zustandsraummodells haben müssen. Die Übereinstimmung der Operation mit den Gleichungen 8.13 und 8.14 kann durch Einsetzen nachgeprüft werden.

Wahl der Modellordnung

Bei der Verwendung der DRT zur Systembeschreibung muss nicht a priori festgelegt werden, wie viele Prozesse oder charakteristische Zeitkonstanten ein System umfasst. Allerdings bietet die DRT über die Anzahl der Relaxationszeiten N auch eine Möglichkeit die resultierende Modellordnung zu verringern und somit auch den Rechenaufwand. Daher wird im Folgenden untersucht, wie N möglichst optimal bezüglich Ordnungsreduktion und Genauigkeit ausgewählt werden kann.

Abbildung 8.8(a) zeigt die DRT für die betrachtete Zelle des Typs HP-NCA bei einem SOC von 60 % und einer Temperatur von $T = 23\,°\mathrm{C}$ mit einer sehr hohen Auflösung von 320 Stützstellen. Die Verteilung erscheint daher kontinuierlich. Weiter sind die aus den Verteilungen mit drei, vier und fünf Stützstellen und die resultierenden Widerstandswerte abgebildet. Für diese drei unterschiedlichen Verteilungsfunktionen zeigt das Gütemaß nach Abbildung 8.9 kein monotones Verhalten. Durch die Variation der Stützstellenanzahl kommen die charakteristischen Frequenzen an anderen Punkten zu liegen. Während die DRT der Ordnung vier eine Stützstelle direkt bei der charakteristischen Frequenz des Peaks bei $10{-}2\,\mathrm{Hz}$ besitzt, fallen die Stützstellen der DRT der Ordnung drei und fünf weiter weg. Entsprechend liefert auch die DRT der Ordnung vier eine bessere Übereinstimmung mit dem Referenzsystem der Ordnung 320. Betrachtet man zusätzlich die resultierenden Impedanzen der DRT (siehe Abbildung 8.8(b)), so wird deutlich, dass sich auch die Polarisation unterscheidet. Dies ist dem Algorithmus der DRT geschuldet und stellt das Optimum bezüglich einer gewichteten Abweichung über den betrachteten Frequenzbereich dar. Eine Optimierung auf die Polarisation würde wiederum zu Abweichungen an anderer Stelle führen.

Um die Auswirkung der Modellordnung auf Modellgüte im Zeitbereich bewerten zu können, wurden DRT-Modelle mit unterschiedlicher Anzahl von Relaxationszeiten an den Messungen der Zelle vom Typ HP-NCA parametriert. Um ausschließlich den Einfluss der Relaxationszeiten und nicht andere Effekte zu bewerten, wurden die Modelle nicht an der Validierungsmessung bewertet, sondern an einer Simulation. Als Referenz wird das Modell mit der höchsten Ordnung von 320 verwendet und unter Vorgabe eines Stromprofils die Zellspannung simuliert. Der so erhaltene Zellspannungsverlauf wird nun als Referenz für eine Variation von N verwendet.

In Abbildung 8.9 ist der mittlere absolute Fehler zwischen den Modellen verschiedener Ordnung und dem Referenzmodell der Ordnung 320 dargestellt. Für geringe Modellordnungen bis zur Ordnung sieben, lässt sich eine starke Abnahme des Fehlers feststellen. Anschließend sinkt der Fehler deutlich langsamer. Weiterhin zeigt das Gütemaß keinen monotonen Verlauf, sondern weist lokale Minima bei niedrigen Modellordnungen auf.

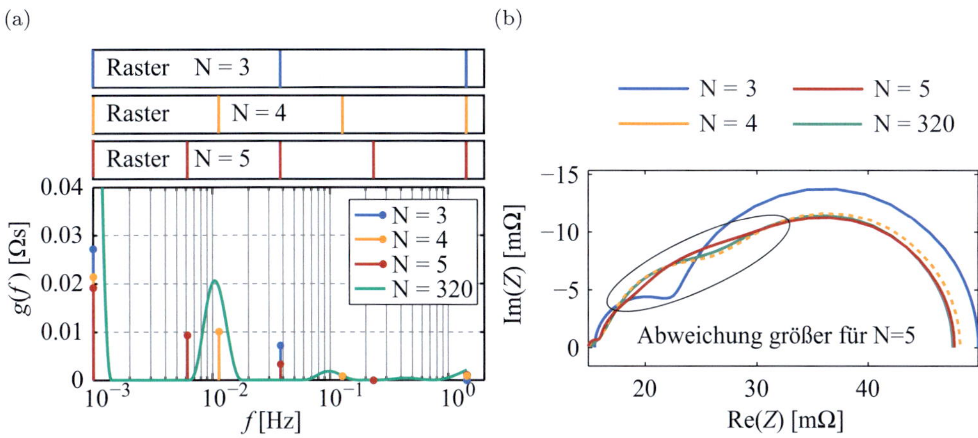

Abbildung 8.8: DRT (a) und Nyquistplot (b) für die Variation der Modellordnung von $N = 3 \ldots 5$ für eine Zelle des Typs HP-NCA bei SOC $= 60\,\%$ und $T = 23\,^\circ$C.

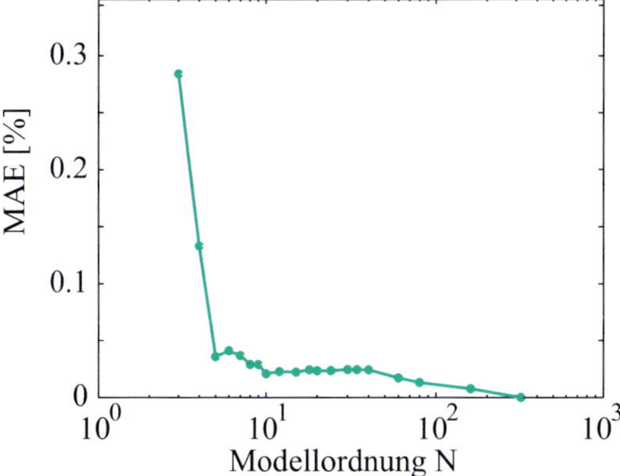

Abbildung 8.9: relativer MAE über die Ordnung des DRT-Modells

Erst bei höheren Ordnungen über 40 ist ein monotoner Verlauf festzustellen. Um dieses Verhalten zu erklären, ist ein Blick auf die DRT der einzelnen Modelle notwendig. Zusammenfassend lässt sich feststellen, dass ab einer kritischen Frequenzstützstellendichte von zehn pro Dekade die Güte des Systems monoton zunimmt. Für geringere Ordnungen führt eine Variation der Ordnung zu nichtdeterministischem Verhalten bezüglich der Modellgüte, was durch die Betrachtung der Stützstellen in Abbildung 8.8(a) plausibilisiert werden kann. Generell kann festgestellt werden, dass höhere Modellordnungen als 3 RC-Glieder pro Dekade zwar zu einem glatteren Verlauf der DRT führen, jedoch keinen signifikanten Vorteil bei der Modellgenauigkeit im Zeitbereich liefern.

8.2.2 Erweiterte Zustandspropagation

Die Simulation des vorgestellten Modells geschieht durch zyklische Auswertung der Ausgabegleichung 8.11 und der Zustandspropagation nach Gleichung 8.10 für alle N Zustände im Zeitraster der Simulation T_s. Dies entspricht dem allgemein bekannten Vorgehen für ein zeitdiskretes Zustandsraummodell [236] (vergleiche Abbildung 8.10). Da den jeweiligen Zuständen im DRT-Modell keine direkte physikalische Bedeutung zugemessen wird, sondern eine feste Zeitkonstante, werden Überspannungen die verschiedenen physikalischen Ursachen zugerechnet werden, nicht immer auf denselben RC-Gliedern und damit in denselben Zuständen dargestellt. Das nachfolgende Gedankenexperiment soll diesen Unterschied verdeutlichen und zu einer daraus erarbeiteten Lösung hinführen.

Gedankenexperiment

Es wird ein einfaches RC-Modell zur Nachbildung des Ladungsdurchtritts angesetzt (siehe Abbildung 8.11). Der Durchtrittswiderstand ist abhängig vom Ladezustand, die Doppelschichtkapazität ist konstant. Beim Entladen der Zelle erhöht sich der Durchtrittswiderstand des RC-Glieds bei sinkendem SOC und somit verringert sich die charakteristische Frequenz. Zur Parametrierung ist eine Kennlinie mit dem Widerstand über dem SOC notwendig. Für einen Ladezustand von 20% und 10% werden Durchtrittswiderstände von 1 Ω und 2 Ω angenommen.

Wird dieses System durch Impedanzmessungen in den beiden Ladezuständen vermessen und die DRT berechnet, erhält man einen Dirac-Impuls der in Höhe und Frequenz vom SOC abhängt. Wird diese DRT nun in eine numerische Darstellung überführt bei der gerade die Relaxationszeiten 1 s und 2 s enthalten sind, so wird bei SOC = 20% der Ladungstransfer auf dem Widerstand mit der Relaxationszeit $\tau_1 = 1$ s abgebildet und bei $SOC = 10\%$ auf dem bei $\tau_2 = 2$ s.

Sowohl das einfache RC-Modell (vgl. Abbildung 8.11 links), als auch das DRT-Modell (vgl. Abbildung 8.11 rechts) zeigen in den Zuständen das gleiche dynamische Verhalten. Wird allerdings eine transiente Betrachtung unter Wechsel des Ladezustands durchgeführt, offenbaren sich Unterschiede: Zum Zeitpunkt $t - \epsilon$ sei das einfache RC-Modell auf eine Überspannung von 5 mV geladen. Das erste RC-Glied im DRT-Modell besitzt

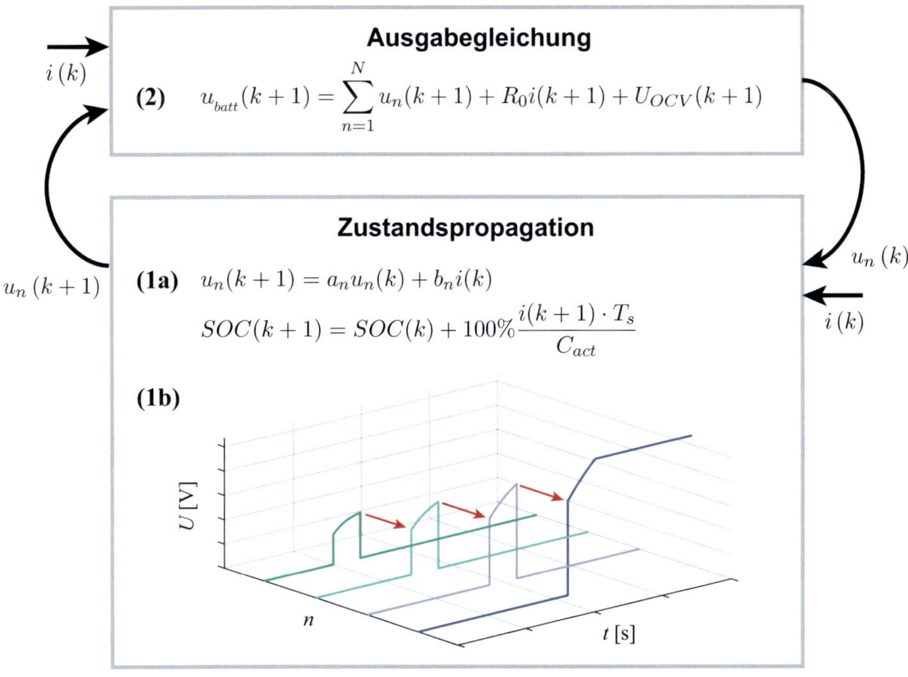

$$\textbf{(2)} \qquad u_{batt}(k+1) = \sum_{n=1}^{N} u_n(k+1) + R_0 i(k+1) + U_{OCV}(k+1)$$

$$\textbf{(1a)} \qquad u_n(k+1) = a_n u_n(k) + b_n i(k)$$

$$SOC(k+1) = SOC(k) + 100\% \frac{i(k+1) \cdot T_s}{C_{act}}$$

(1b)

Abbildung 8.10: Zyklische Ausführung von Zustandspropagation (1a) und Ausgabegleichung (2), die erweiterte Zustandspropagation wird durch Kombination von (1a + 1b) umgesetzt.

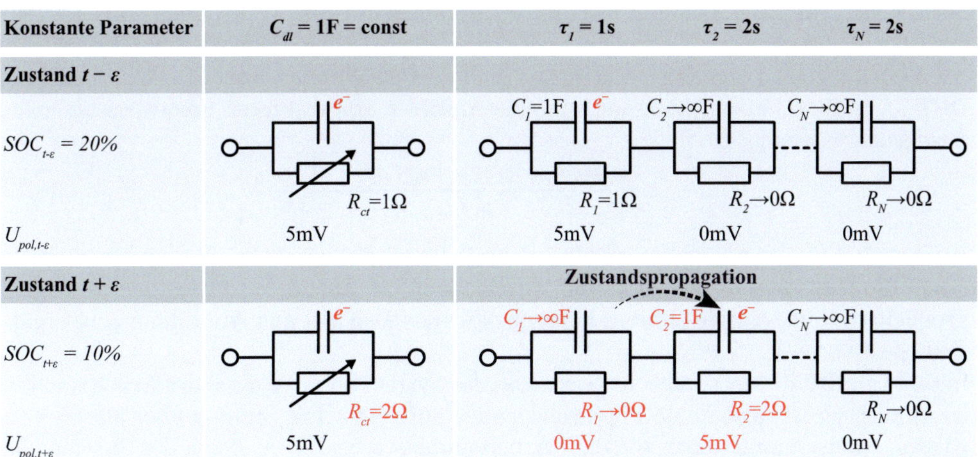

Konstante Parameter	$C_{dl} = 1F = const$	$\tau_1 = 1s$	$\tau_2 = 2s$	$\tau_N = 2s$
Zustand $t - \varepsilon$				
$SOC_{t-\varepsilon} = 20\%$	$R_{ct}=1\Omega$	$C_1{=}1F$, $R_1{=}1\Omega$	$C_2{\to}\infty F$, $R_2{\to}0\Omega$	$C_N{\to}\infty F$, $R_N{\to}0\Omega$
$U_{pol,t-\varepsilon}$	5mV	5mV	0mV	0mV
Zustand $t + \varepsilon$		**Zustandspropagation**		
$SOC_{t+\varepsilon} = 10\%$	$R_{ct}=2\Omega$	$C_1{\to}\infty F$, $R_1{\to}0\Omega$	$C_2{=}1F$, $R_2{=}2\Omega$	$C_N{\to}\infty F$, $R_N{\to}0\Omega$
$U_{pol,t+\varepsilon}$	5mV	0mV	5mV	0mV

Abbildung 8.11: Veranschaulichung der erweiterten Zustandspropagation anhand eines Gedankenexperiments.

gerade die Relaxationszeit von $\tau_1 = 1$ s. Die Berechnung der DRT führt zu $R_1 = R_{ct}$ und für alle übrigen R_n auf Null[3]. Somit muss auch das C_1 auf eine Spannung von 5 mV geladen sein.

Nun erfolgt zum Zeitpunkt $t + \epsilon$ der Wechsel vom Ladezustand von 20% auf 10%. Beim einfachen RC-Modell bleibt die Ladung auf der Kapazität bestehen und somit auch die Überspannung. Lediglich der Polarisationswiderstand erhöht sich. Dadurch verschiebt sich die charakteristische Relaxationszeit auf $\tau = 2$ s. Für das DRT-Modell werden entsprechend dem zuvor beschriebenen Ansatz die Polarisationswiderstände neu parametriert und die Kapazitäten durch die vorgegebenen Relaxationszeiten angepasst. Ist wie in diesem Fall die Relaxationszeit $\tau_2 = 2$ s, so wird R_2 zu 2 Ω bestimmt und es ergibt sich ein äquivalentes Modell. Wird nun allerdings die Ladung auf C_1 belassen, ergibt sich ein anderer Systemzustand!

Wird zum Zeitpunkt $t+\epsilon$ der Strom abgeschaltet, bleibt der Ladezustand bei SOC = 10% konstant. Das einfache RC-Modell zeigt somit ein Abklingen der Spannung mit der Relaxationszeit von $\tau = 2$ s, die Spannung im DRT-Modell würde jedoch mit einer Relaxationszeit von einer Sekunde abfallen. Um das gleiche Verhalten wie beim einfachen RC-Modell herzustellen, muss somit beim Arbeitspunktwechsel die Überspannung von C_1 auf C_2 verschoben werden.

Algorithmus zur erweiterten Zustandspropagation

Wird ein System durch ein einziges RC-Glied ideal beschrieben, ist die Abbildung über die DRT somit deutlich aufwändiger. Bei der Betrachung von Systemen mit verteilten Parametern ist dieser Mehraufwand jedoch gerechtfertigt. Analog zur Vorgehensweise bei einem RC-Element, kann die erweiterte Zustandspropagation für ein RQ-Element durchgeführt werden. Hier sind lediglich mehrere Zeitkonstanten involviert. Aus der DRT des RQ-Gliedes kann die Verschiebung der charakteristischen Frequenz f_c an den Maxima der Verteilungen zu den Zeitpunkten $t - \epsilon$ und $t + \epsilon$ abgelesen werden. Bei einer diskreten DRT kann diese Verschiebung auch in eine Anzahl n von diskreten Frequenzstützstellen angegeben werden:

$$n = \frac{\log f_c(t + \epsilon) - \log f_c(t - \epsilon)}{\delta f_{log}}. \tag{8.19}$$

Hierbei ist δf_{log}, die Differenz der logarithmisch aufgetragenen Frequenzstützstellen der DRT. Ein negtatives n bedeutet eine Verschiebung der Zustände in Richtung niedriger Frequenzen, ein positives hin zu höheren. Für das Beispiel aus Abbildung 8.11 ergäbe sich ein n von -1.

Implizit gilt bei dieser Vorgehensweise, dass das System beim Wechsel des Arbeitspunktes kontinuierlich ist, also keine Potentialsprünge auftreten. Die Summe über alle System-zustände muss unmittelbar vor dem Arbeitspunktwechsel $t - \epsilon$ gleich der Summe aller

---

[3]Da die Relaxationszeit konstant gewählt wurde, muss $C_n \to \infty$ gelten. Dies ist bei einer Implementierung, welche C_n und R_n direkt verwendet, aufgrund numerischer Probleme nicht möglich. Das zuvor dargestellte Zustandsraummodell umgeht dieses Problem indem nur noch die Relaxationszeit τ_n verwendet wird.

Zustände direkt nach dem Wechsel $t + \epsilon$ sein:

$$\sum_{n=1}^{N} u_n(t - \epsilon) = \sum_{n=1}^{N} u_n(t + \epsilon). \tag{8.20}$$

Simulation und Fehlerabschätzung

Aus dem vorhergehenden Abschnitt wird klar, dass ohne ein Verschieben der Überspannungen in andere Zustandsvariablen beim Arbeitspunktwechsel (im Weiteren Shiften genannt), beide Modelle nicht äquivalent sind. Um diese grundlegenden Überlegungen zu untermauern und zu evaluieren, unter welchen Bedingungen ein Shiften nicht notwendig ist, wird das Modellsystem aus dem Gedankenexperiment erneut aufgegriffen und eine Simulation für eine Entladung und somit für einen transienten Ladezustand durchgeführt. Da die numerische DRT nur diskrete Frequenzen zulässt, wurden für dieses Beispiel die Umschaltzeitpunkte der Modelle so gewählt, dass die charakteristische Frequenz des RC-Glieds mit einer diskreten Frequenz der DRT zusammen fällt. Dies stellt keine Einschränkung des Ansatzes dar, vereinfacht aber die Darstellung.
Als Modellsystem wird eine Zelle mit einer Kapazität von 2 Ah angenommen, wobei sich das dynamische Verhalten mit einem RC-Glied modellieren lässt, dessen Widerstand über eine vollständige Entladung exponentiell um den Faktor 100 zunimmt. Die diskrete DRT des Systems für alle Ladezustände ist in Abbildung 8.12(a) gegeben. Zunächst wird eine komplette Entladung über zwei Stunden mit konstantem Strom für das DRT-Modell mit und ohne Shift der Zustände sowie für ein 1RC-Modell simuliert. Der Verlauf der Überspannungen ist in Abbildung 8.12(b) zu sehen. Die Überspannungen aus dem einfachen

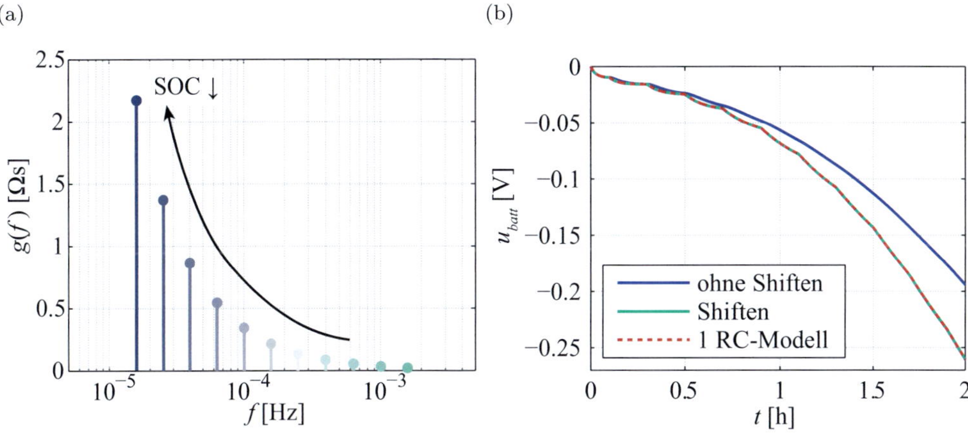

Abbildung 8.12: (a) DRT des Modellsystems (b) Simulation des 1RC Modellsystems sowie des DRT-Modells mit und ohne Shiften, bei Anregung mit einem konstanten, negativen Strom.

RC-Modell und dem DRT-Modell mit Shiften liegen exakt übereinander. Das dynamische Verhalten kann durch Shiften der Zustände, auch über Arbeitspunkte hinweg, korrekt wiedergegeben werden. Die Simulation des DRT-Modells ohne Shiften der Zustände zeigt durchweg eine niedrigere Polarisation und einen glatteren Verlauf der Überspannung. Um das Verhalten zu erklären ist in Abbildung 8.13 die Überspannung in den einzelnen Zuständen beider DRT-Modelle dargestellt. Dabei wird deutlich, dass für die Simulation ohne Shiften mehrere Zustände gleichzeitig ungleich Null sind. Dies ist insbesondere am Ende der Simulation $t = 2$ h zu sehen. Um dies hervorzuheben wurden die Endzustände mit einem roten Punkt gekennzeichnet. Der glattere Verlauf der gesamten Überspannung rührt daher, dass während ein einzelnes RC-Glied aufgeladen wird, die Spannung der zuvor aufgeladenen RC-Glieder relaxiert. So ist auch die niedrigere Überspannung des DRT-Modells ohne Shiften zu erklären. Im Gegensatz dazu ist bei der Simulation mit Shiften der Zustände keine Relaxation der Zustände zu sehen. Es ist auch nur ein Zustand zu einem Zeitpunkt ungleich Null und somit weist das System auch nur eine Dynamik mit einer Relaxationszeit auf. Die Propagation der Zustände durch Shiften erfordert

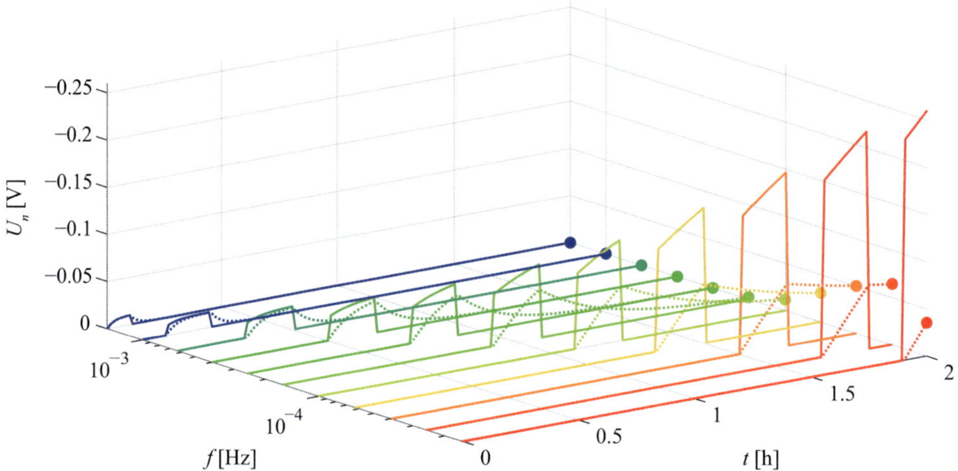

Abbildung 8.13: Überspannungen der RC-Glieder ohne Shiften (gepunktete Linien) und mit Shiften (durchgezogene Linien).

zusätzliche Rechenschritte und erhöht somit den Rechenaufwand. Daher drängt sich die Frage auf, unter welchen Bedingungen dieser zusätzliche Aufwand gerechtfertigt ist. Abbildung 8.12(b) zeigt, dass die simulierte Zellspannung für beide Varianten auseinanderdriftet. Das dort zugrunde gelegte System wird jedoch durch einen einzelnen Prozess beschrieben, dessen Dynamik sich um den Faktor 100 während einer kompletten Entladung ändert. Diese starke Änderung der Dynamik ist für eine Batterie im Normalfall nicht über eine gesamte Entladung zu beobachten. Lediglich in den unteren $10 - 20\%$ nimmt die Impedanz exponentiell zu. Der hierfür maßgebliche Ladungstransferprozess ändert dabei die charakteristische Frequenz um fast eine Dekade bei entsprechend stark ansteigendem Durchtrittswiderstand. Dieses Verhalten konnte für jede der untersuchten kommerziellen Zellen unabhängig von der Materialchemie beobachtet werden. Das starke Abknicken der Spannung ist somit insbesondere durch diesen Effekt geprägt.

Die Differenz der Spannung am Ende der Simulation hängt jedoch auch von der Geschwindigkeit ab, mit welcher sich die charakteristische Frequenz ändert. Um diesen Einfluss zu überprüfen wurden für das System aus Abbildung 8.12(a) die charakteristischen Frequenzen bei gleichem Verlauf des Durchtrittswiderstands über den SOC variiert. Dies entspricht gerade einer Verschiebung der DRT über der Frequenzachse. Zusätzlich wurde die Zellkapazität angepasst. Somit wird für einen konstanten Entladestrom das System mit unterschiedlichen Geschwindigkeiten entladen und es werden auch die Systemzustände mit verschiedenen Änderungsgeschwindigkeiten variiert. Diese Änderungsgeschwindigkeit ist ein Maß für die Zeitvarianz des Systems.

Der resultierende, relative, mittlere Spannungsfehler ist in Abbildung 8.14 über der Änderungsgeschwindigkeit der charakteristischen Frequenz des Prozesses in Frequenzdekaden pro Sekunde angegeben. Es zeigt sich, dass für eine bestimmte Änderungsgeschwindigkeit ein Maximum des Fehlers erreicht wird. Vergleicht man die Lage der Maxima mit den unterschiedlichen mittleren charakteristischen Frequenzen der Modelle erkennt man, dass der maximale Fehler dann erreicht wird, wenn Änderungsgeschwindigkeit und die charakteristische Frequenz des Prozesses bei Simulationsbeginn in der selben Größenordnung liegen.

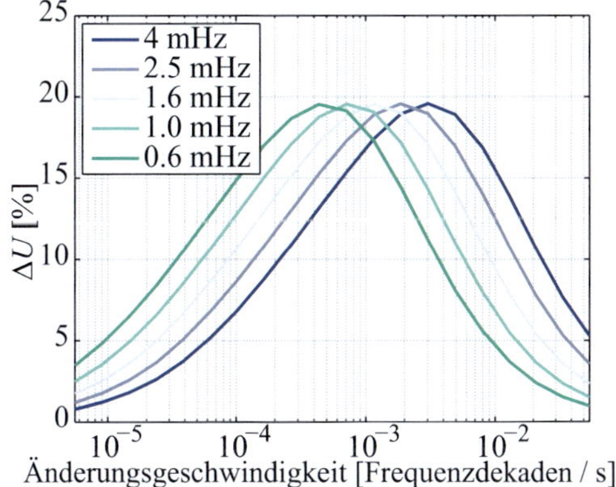

Abbildung 8.14: Maximale Abweichung der Simulation mit Shiften zur Simulation ohne Shiften über die Geschwindigkeit der Änderung der charakteristischen Frequenz in Frequenzdekaden pro Stunde. Dargestellt sind fünf verschiedene Modellsysteme bei einer Variation der mittleren charakteristischen Frequenzen.

Heuristik

Der besondere Vorteil bei der Verwendung der DRT als Zeitbereichsmodell besteht gerade darin, dass die Prozesse nicht zuerst interpretiert werden müssen, um eine Modellierung vornehmen zu können. Wie im vorhergehenden Abschnitt gezeigt, kann die Simulation jedoch abweichen, wenn die Zustände nicht durch Shiften propagiert werden. Hierzu müssen die Prozesse jedoch bekannt sein. Um dennoch ohne Interpretation der Spektren ein Shiften der Zustände zu ermöglichen, wird eine Heuristik angewandt.

Der hierzu entworfene Algorithmus wird anhand des in Abbildung 8.15 dargestellten Modellsystems, bestehend aus drei in Serie geschalteten RQ-Elementen, erläutert. Hierbei zeigen die RQ-Elemente RQ1 und RQ2 eine Abhängigkeit vom Ladezustand, wobei Polarisation und Zeitkonstante mit sinkendem Ladezustand zunehmen. Das dritte RQ-Element RQ3 ist über den Ladezustand konstant. Für hohe Ladezustände ist der Beitrag von RQ2 so gering, dass er sich in der Summe nicht mehr beobachten lässt.

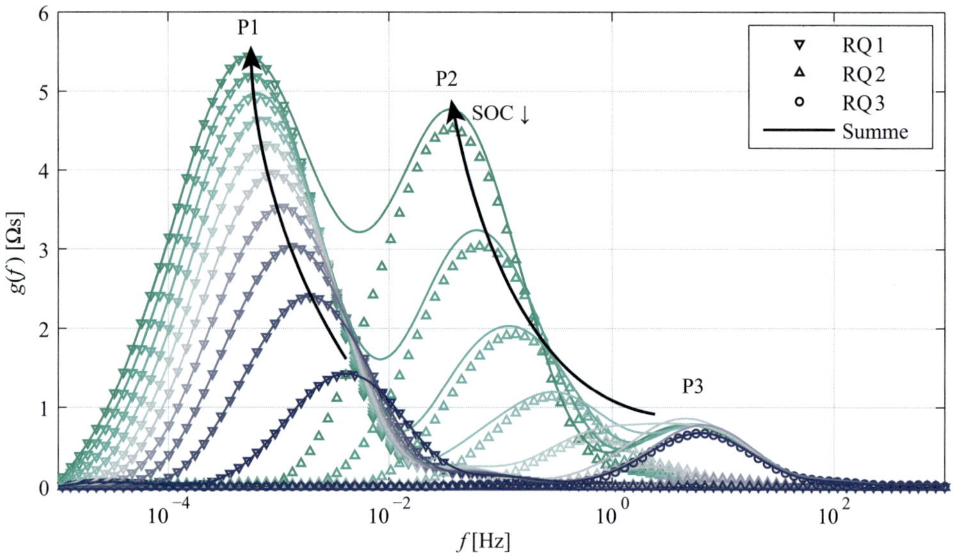

Abbildung 8.15: Modellsystem aus drei RQ-Elementen mit unterschiedlicher Abhängigkeit der Parameter vom Ladezsutand: Es sind die DRTs der einzelnen RQ-Elemente sowie deren Summe über den Ladezustand dargestellt.

Wurde für die Impedanz einer charakterisierten Zelle noch keine adäquate Ersatzschaltung entwickelt und angefittet, so können nicht die einzelnen Beiträge zur DRT wie hier geschehen aufgeschlüsselt werden. Stattdessen erhält man nur die als durchgezogene Linie dargestellte Summe. Der Modellierer kann jedoch die DRT für hohe Ladezustände in zwei Bereiche (Peaks) einteilen: P1 und P3. Für niedrige Ladezustände kann er auch drei Peaks unterscheiden. Intuitiv kann er auch zwischen den Ladezuständen die Peaks zueinander in Beziehung setzen (schwarze Pfeile) und kommt zu einer konsistenten Beschreibung des Systems. Der Algorithmus muss also folgende gedankliche Leistung des Modellierers abbilden können: (i) Peakdetektion und Segmentierung der Kennlinie sowie (ii) eine Relation zwischen den Peaks herstellen.

Für den ersten Schritt der Peakdetektion wurde ein bereits für MATLAB bestehender Algorithmus eingesetzt, der einen Schwellwert g_{th} zur Detektion zulässt und hier relativ zur mittleren DRT gewählt wird. Dies ist notwendig, da für Systeme mit konzentrierten Parametern, die numerische Berechnung der DRT zu leichten Seitenschwingern führen kann. Werden diese als Peaks in die Segmentierung einbezogen, erhält man eine äußerst fragmentierte Beschreibung des Systems. Ergebnis des ersten Schrittes ist somit eine Unterteilung der DRT in Maxima und Minima, wie in Abbildung 8.16 durch die Dreiecke dargestellt.

Im zweiten Schritt müssen nun die ermittelten Peaks zueinander ins Verhältnis gesetzt werden, das heißt, welche Peaks bei verschiedenen Ladezuständen (oder Temperaturen) denselben physikalischen Prozess beschreiben. Hierzu wurde ein Algorithmus implementiert, der diese Nachbarschaftsbeziehung aufstellt. Beginnend beim niedrigsten Ladezustand SOC_k wird für jeden Peak die Entfernung zu den Peaks in Ladezustand SOC_{k+1} berechnet. Dabei wird als Abstand zwischen zwei Peaks P_1 und P_2

$$\Delta P_{1,2} = |\Delta \log(f)| + |\Delta g| \tag{8.21}$$
$$= |\log(f_{P_1}) - \log(f_{P_1})| + |g(f_{P_1}) - g(f_{P_2})| \tag{8.22}$$

definiert, wobei f_{P_x} der Frequenz und $g(f_{P_x})$ der Peakhöhe des Peaks x entspricht. Diese Form der Abstandsberechnung ist auch unter dem Begriff „Manhattan distance" bekannt. Anschließend werden die Peaks mit dem geringsten Abstand als Nachbarn identifiziert, wenn die Abstände unter einem frei wählbaren Schwellwert bleiben und das Verhältnis der Peakhöhen einen frei wählbaren Wert nicht überschreitet.

Das Ergebnis ist eine wie in Abbildung 8.17 dargestellte „Karte", die den Verlauf der Peakmaxima über der Frequenz darstellt und die zusammengehörenden Peaks miteinander verbindet. Da das Beispielmodell analytisch vorliegt, kann für jedes RQ-Element ein separates Modell parametriert und simuliert werden. Die Zustände können wie zuvor beschrieben geshiftet werden. Für ein reales System ist jedoch zunächst nur die Impedanz des gesamten Systems messbar und somit auch nur die DRT des gesamten Systems berechenbar. Dies entspricht gerade der Summe der drei RQ-Elemente (vergleiche 8.15). Ein menschlicher Betrachter kann in der DRT des Gesamtsystems zumindest für niedrige Ladezustände drei verschiedene Maxima identifizieren. Das Ergebnis der Heuristik ist in Abbildung 8.16 dargestellt. Für hohe Ladezustände werden nur zwei Prozesse erkannt, erst ab einem Ladezustand von 30 % können drei Prozesse unterschieden werden.

Die zusammengehörenden Peaks für unterschiedliche Ladezustände werden über ein Distanzmaß aus Peakhöhe und der Differenz der charakteristischen Frequenz ermittelt. Aus einer so ermittelten Nachbarschaftsbeziehung wird anschließend die Shift-Matrix aufgestellt. Für das Modellsystem ergibt sich eine Darstellung nach Abbildung 8.17. Aus der Frequenzdifferenz der Maxima wird die Verschiebung der Systeme bestimmt. Dabei gilt der so ermittelte Wert für alle Zustände innerhalb der angrenzenden Minima.

Für das Modellsystem, bestehend aus drei separaten RQ-Elementen, und dem Gesamtsystem, unter Anwendung der Heuristik, wird nun eine Entladung simuliert, einmal mit und einmal ohne Shiften der Zustände. Die resultierende Gesamtüberspannung ist in Abbildung 8.18(a) dargestellt. Es sind keine Abweichungen zwischen der Überspannung aus dem Gesamtsystem unter Verwendung der Heuristik und dem System aus drei separaten RQ Elementen zu sehen. Für das Modell aus drei separaten RQ-Elementen kann die Überspannung für jedes RQ-Element einzeln angegeben werden. Übertragen auf ein reales

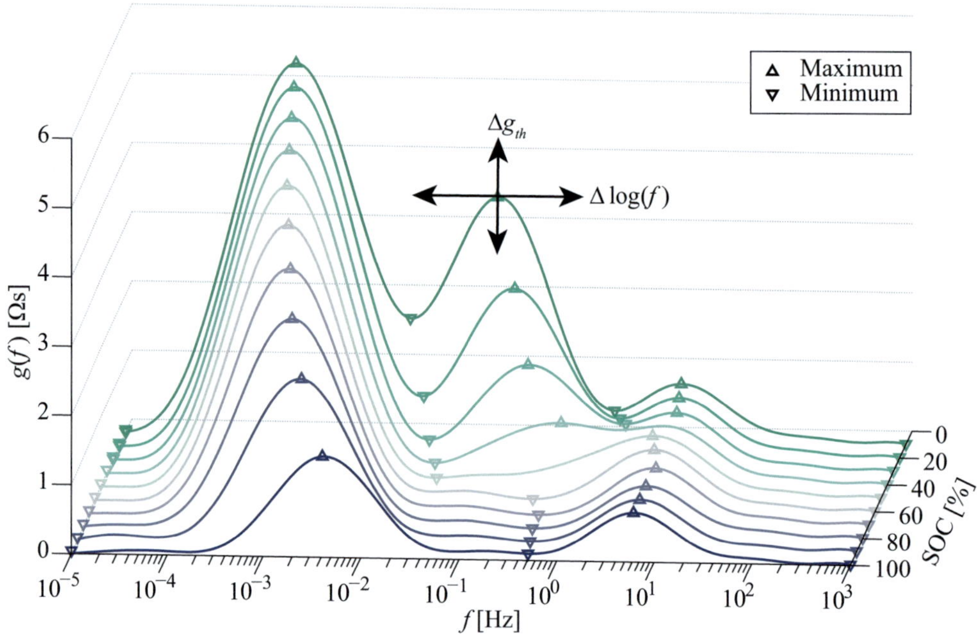

Abbildung 8.16: Peakdetektion an einem Modellsystem aus drei RQ-Elementen (vgl. Abbildung 8.15): Mit den Pfeilen ist die Berechnung der Abstandsnorm für die Peaks dargestellt, bestehend aus Frequenzabstand $|\Delta \log(f)|$ und Peakhöhendifferenz $|\Delta g|$.

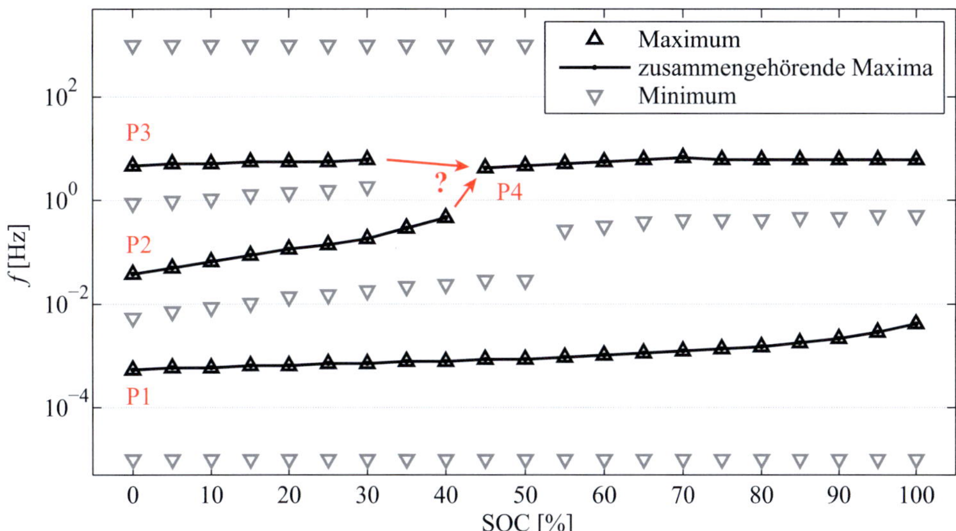

Abbildung 8.17: Automatisch ermittelte Nachbarschaftsbeziehung zwischen den Peaks des Modellsystems aus Abbildung 8.15. Zwischen den SOCs 40% und 45% kann der Algorithmus keine Nachbarschaftsbeziehung für den hochfrequenten Peak ermitteln, somit werden insgesamt vier Peaks bestimmt.

Modell einer Batterie wäre somit die Auftrennung nach Überspannungen an Kathode oder Anode möglich, soweit diese in der Ersatzschaltung getrennt modelliert werden. Für das Gesamtmodell kann eine Aufteilung der Überspannungen in drei Bereiche beziehungsweise Peaks entsprechend der detektierten Maxima erfolgen. Abbildung 8.18(b) zeigt die Aufschlüsselung der Überspannungen nach RQ-Elementen, beziehungsweise Peaks. Während für das Modell aus separaten RQ-Elementen von Beginn an drei verschiedene Überspannungen beobachtet werden können, so ist dies erst ab 45 Sekunden möglich. Ebenso kann der Algorithmus die Peaks P2 und P4 nicht als zusammengehörend identifizieren. Dadurch stimmen die Bezeichnungen der Peaks nicht mit den Bezeichnungen der RQ-Elemente überein. Anschließend sind die Überspannungen der drei Prozesse vergleichbar, weichen jedoch noch leicht voneinander ab. Insbesondere für P1 nimmt die Abweichung gegen Ende zu, hier sind jedoch auch die Überlappungsbereiche der RQ-Elemente schon sehr stark, wie Abbildung 8.15 zeigt.

Eine Trennung der Überspannungen durch die Heuristik ist in guter Näherung möglich und die Gesamtspannung wird mit hoher Genauigkeit wiedergegeben. Ebenso darf nicht der Mehraufwand bei der Simulation dreier separater RQ-Elemente unterschätzt werden: Die Rechenzeit verdreifacht sich in diesem Fall gegenüber dem Modell des Gesamtsystems. Durch die Anwendung der Heuristik kann diese Rechenzeit gewonnen werden, da die Aufteilung der DRT in die einzelnen Peaks offline erfolgt.

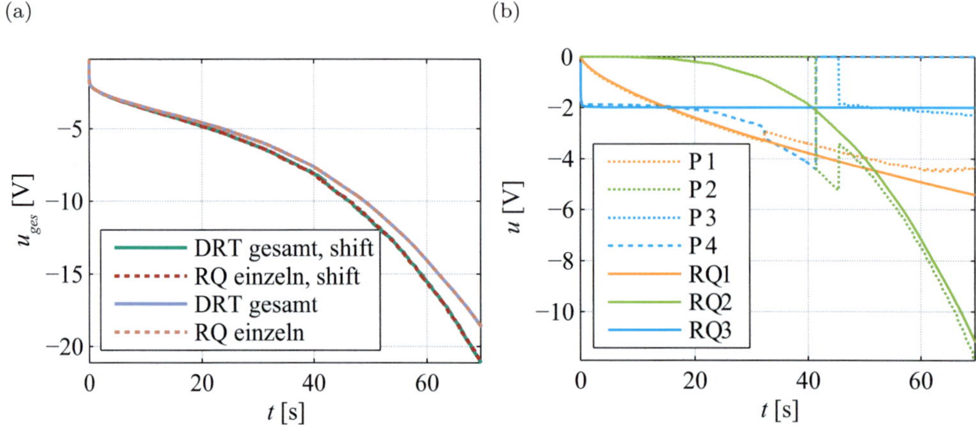

Abbildung 8.18: (a) Simulierte Gesamtspannung (b) Aufschlüsselung der Überspannungen nach RQ-Elementen, beziehungsweise Peaks.

Alle bisher gezeigten Resultate wurden an Modellsystemen erzielt, die so gewählt wurden, um den Einfluss des Shiftens auf das Simulationsergebnis sichtbar zu machen. Es drängt sich daher die Frage auf, ob für die hier betrachteten Lithium-Ionen Zellen überhaupt ein Shiften der Zuzstände notwendig wird. Wie in Abbildung 8.14 dargestellt, hängt die Differenz der simulierten Spannung jedoch von der charakteristischen Frequenz des Prozesses und der Geschwindigkeit ab, mit welcher diese verändert wird.

Bei der Zelle HP-NCA ändert ein Prozess (Peak) im SOC-Bereich von 30 % bis 0 % die charakteristische Frequenz von ca. 10 Hz auf 1 Hz. Bei einer Entladung mit 1 C entspricht die Änderungsgeschwindigkeit ungefähr 10^{-3} Frequenzdekaden pro Sekunde. Die Simulationsergebnisse mit und ohne Shiften zeigten dementsprechend auch keinen Unterschied in der Zellspannung. Daher wird im Folgenden für alle weiteren Simulationen auf ein Shiften verzichtet.

8.2.3 Validierungsprofil und Gütekriterien

Validierungsprofile

Um die aus den Impedanzdaten abgeleiteten Modelle im Zeitbereich zu validieren, wurden die Zellen mit unterschiedlichen Stromprofilen beaufschlagt:

Konstantstromentladung: Die Zelle wird mit einem konstanten Strom entladen, bis die Abbruchspannung erreicht ist. Eine Beurteilung des Modells bei Lastwechseln ist mit dieser Messung allerdings nicht möglich, kürzere Zeitkonstanten bleiben unberücksichtigt.

Dynamisches Profil A: Die Zelle wird mit dem in Abbildung 8.19(a) dargestellten Profil zyklisch entladen, bis die Abbruchspannung erreicht ist. Dabei wird die Zelle im Mittel mit $I_{max}/2$ entladen, ein Zyklus dauert 180 s.

Dynamisches Profil B: Die Zelle wird mit dem in Abbildung 8.19(b) dargestellten Profil zyklisch entladen, bis die Abbruchspannung erreicht ist. Dabei wird die Zelle im Mittel mit $I_{max} \cdot 6/10$ entladen. Durch die kürzere Zykluszeit von 20 s, fallen die höherfrequenten Prozesse stärker ins Gewicht.

Pulstest: Für den Pulstest wird die Zelle zunächst auf den gewünschten Ladezustand gebracht und nach Relaxation der Spannung und Temperatur ein Strompuls der Länge T_p und Höhe I_p aufgeschaltet. Im Gegensatz zu den Entladeprofilen kann so die Abhängigkeit vom Strom in einem bestimmten Ladezustand beurteilt werden.

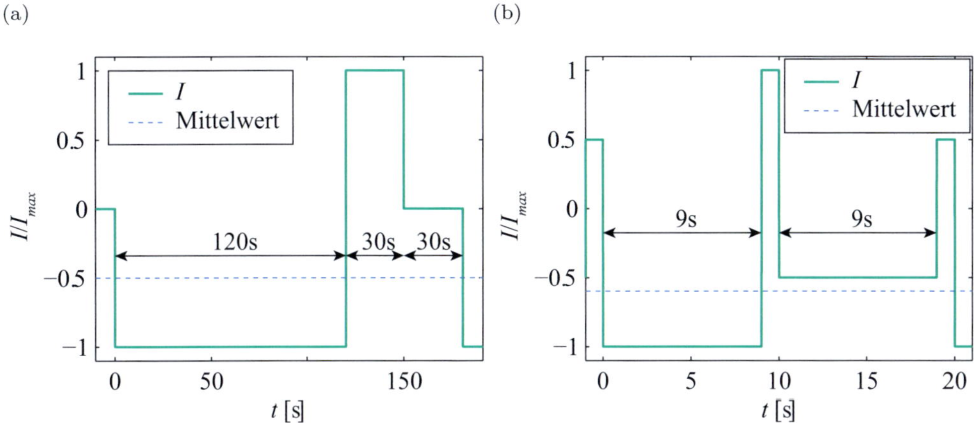

Abbildung 8.19: Verwendete zyklische Entladungsprofile: (a) dynamisches Entladungsprofil A (b) dynamisches Entladungsprofil B.

Verbreitete Gütekriterien

Um eine quantitative Aussage über die Qualität des Modells treffen zu können, werden aus Messung und Simulation Gütekriterien berechnet. Obwohl die modellierte Größe eine Impedanz ist, wird bei der Bewertung der Modellgenauigkeit im Allgemeinen ein Spannungsfehler angegeben. Dies liegt zum einen daran, dass die Modelle zur Prädiktion von Spannungen eingesetzt werden und zum anderen, dass die Impedanz nicht direkt zu bestimmen ist. Daher werden die Residuen der Zellspannung u_{res} wie folgt berechnet, um einen quantitativen Vergleich von Simulation und Messung zu ermöglichen:

$$u_{res}(t) = u_{sim}(t) - u_{mess}(t). \tag{8.23}$$

Tabelle 8.2: Übersicht der in der Literatur gängigen Gütekriterien und deren Berechnung.

Gütekriterium	Berechnung	Quelle
maximaler absoluter Fehler	$\max\left(\lvert u_{res}(t_n)\rvert\right)$	[214, 237]
maximaler relativer Fehler	$\max\left(\lvert \frac{u_{res}(t_n)}{u_{mess}}\rvert\right)$	[151, 173]
mittlerer absoluter Fehler	$\dfrac{\sum_{n=1}^{N}\lvert u_{res}(t_n)\rvert}{N}$	
Summe der Fehlerquadrate (SSE)	$\sum_{n=1}^{N}\left(u_{res}(t_n)\right)^2$	[164]
mittlerer quadrierter Fehler (MSE)	$\dfrac{\sum_{n=1}^{N}\left(u_{res}(t_n)\right)^2}{N}$	
Quadratwurzel des mittleren quadrierten Fehlers (RMSE)	$\sqrt{\dfrac{\sum_{n=1}^{N}\left(u_{res}(t_n)\right)^2}{N}}$	[152, 172, 237]

Dabei liegen die Residuen im Allgemeinen für diskrete Zeitpunkte t_i vor. Oft werden die Residuen auch als relative Größen angegeben, wobei die Bezugsgröße meist die gemessene Spannung ist. Aus den relativen oder absoluten Residuen lassen sich die in Tabelle 8.2 angegebenen charakteristischen Größen ermitteln. Die Gütekriterien werden meist über das gesamte Validierungsprofil angegeben. Somit hängt der Fehler auch vom verwendeten SOC-Bereich und den im Profil enthaltenen Strömen ab. Diese Wahl der Gütekriterien hat mehrere Nachteile:

- Es wird ein gesamter Fehler angegeben, der nicht den einzelnen Ladezuständen zugerechnet werden kann. Eine Beurteilung der Genauigkeit für einzelne SOCs ist nicht möglich.

- Wird die Intensität des Stromprofils variiert, korreliert das Gütekriterium mit der Stromstärke. Ein Stromprofil mit sehr geringer Anregung wird nur sehr geringe Spannungsveränderungen hervorrufen, entsprechend sind auch die Spannungsresiduen gering.

- Die gemessene und modellierte Größe ist die Impedanz. Eine besonders markante Aussage über die Modellgüte sollte daher auch in der Größe der Impedanz erfolgen.

Daher werden in dieser Arbeit zwei Ansätze verfolgt: Das Ableiten aussagekräftiger und auch dem Modellierer eingängiger Größen aus zyklischen Validierungsprofilen und die Verwendung von Multisine-Impedanzmessungen zur Validierung.

Mittlerer absoluter Widerstandsfehler MARE

Um die Stromstärke des verwendeten Anregungsprofils in das Gütemaß einzubeziehen, wird der mittlere absolute Spannungsfehler $\overline{|u_{res}|}$ durch den mittleren absoluten Strom $\overline{|i|}$ im betrachteten Zyklus k geteilt:

$$\text{MARE}(k) = \frac{\overline{|u_{res}(k)|}}{\overline{|i(k)|}}.\tag{8.24}$$

Das Ergebnis ist der mittlere absolute Widerstandsfehler (engl. Mean Absolute Resistance Error) (MARE) in V/A. Durch den Bezug zum mittleren absoluten Strom, wird der Fehler bei linearem Verhalten des Systems unabhängig von den Strömen des Validierungsprofils, im Gegensatz zur Angabe eines Spannungsfehlers. Dieser nimmt mit der Stromanregung ab, so dass für beliebig kleine Ströme auch beliebig geringe Abweichungen resultieren, unabhängig von der Modellgüte.

Weiterhin ist nun ein Vergleich der Fehlergröße MARE mit den Modelldaten möglich. Es kann somit ein Fehler in Prozent, bezogen auf die gemessene Impedanz, angegeben werden, wodurch auch Zellen unterschiedlicher Größe miteinander vergleichbar werden. Wie alle in Tabelle 8.2 aufgeführten Gütekriterien enthält diese Definition des MARE auch den Modellfehler, der sich aus einer Abweichung der Leerlaufspannung ergibt. Durch die Normierung auf den Strom steigt der Fehler somit bei geringen Strömen stark an, wenn Leerlaufspannung aus Simulation und Messung abweichen. Um diesen Fehler nicht fälschlicherweise als Abweichung des Widerstands zu interpretieren, wird die Definition des MARE erweitert und nur noch die dynamische Komponente berücksichtigt:

$$\text{MARE}_{\text{dyn}}(k) = \frac{\overline{|u_{res} - \overline{u_{res}(k)}|}(k)}{\overline{|i_{res}(k)|}},\tag{8.25}$$

wobei $\overline{u_{res}(k)}$ der Mittelwert der Residuen im betrachteten Zyklus k ist. Hierdurch wird eine etwaige Fehlanpassung der Leerlaufspannung kompensiert, allerdings auch eine Abweichung von Prozessen, deren Zeitkonstante größer oder gleich der Dauer eines Zyklus ist. Die Anwendung von Gleichung 8.24 und 8.25 ist in den Abbildungen 8.20(a) und 8.20(b) für einen Zyklus illustriert.

Diskussion des MARE

Um die Unterschiede des MARE und dessen Interpretation gegenüber den etablierten Gütekriterien aufzuzeigen, werden die verschiedenen Gütekriterien im Folgenden an Validierungszyklen diskutiert, die an einer Zelle des Typs HP-NCA aufgenommen wurden. Für die Zelle wurde entsprechend des Abschnitts 8.2.1 ein Modell erstellt und mit den EIS-Messungen aus Abschnitt 6.2.2 parametriert. Die Messungen fanden in einer Klimakammer bei einer eingestellten Kammertemperatur von 23 °C statt. Nach vollständigem Laden der Zelle wurde diese mit dem dynamischen Profil A beaufschlagt, wobei I_{max} in verschiedenen Durchläufen von C/4 bis 4C variiert wurde. Gemessene und simulierte

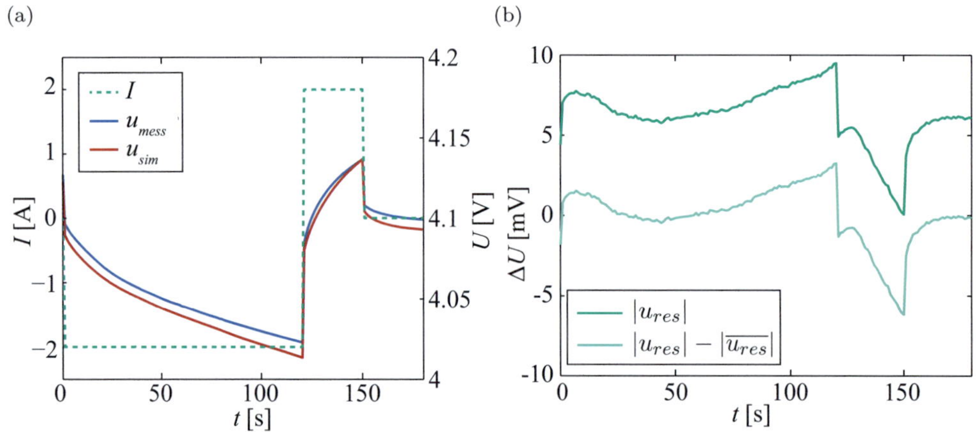

Abbildung 8.20: (a) Ein Zyklus des Validierungsprofils A bei einer Zelle des Typs HP-NCA und 23 °C (b) daraus berechneter Betrag der Residuen mit und ohne Gleichanteil.

Zellspannung für alle Profile sowie die gemessene Oberflächentemperatur, sind in Abbildung 8.21 (a) und (b) dargestellt. Betrachtet man die Residuen (siehe Abbildung 8.21 (c)), so erkennt man, dass das Zellverhalten in einem weiten SOC-Bereich bis 10%[4] gut wiedergegeben werden kann. Allerdings steigen die Residuen mit der Stromstärke stark an.

Ausgehend von den Residuen aus Abbildung 8.21 (c) werden nun MAE, RMSE und MARE für die gesamte Entladedauer über einzelne Zyklen von 180 s Dauer berechnet. Dadurch können die Gütekriterien über den SOC dargestellt werden, wie in den Abbildungen 8.22(a) und 8.22(b) geschehen. Da sich die Werte für RMSE und MAE für die Variation des Stroms I_{max} stark unterscheiden, sind diese im logarithmischen Maßstab aufgetragen. Mit der Verdoppelung von I_{max} verdoppeln sich RMSE und MAE annähernd für C/4 bis 1C, wie an den regelmäßigen Abständen nachvollzogen werden kann (schwarzer Pfeil in Abbildung 8.22(a)). Dies deutet darauf hin, dass der Strom als Faktor in den resultierenden Fehler eingeht, wie logisch nachvollzogen werden kann. Eine Beschränkung der Betrachtung auf die SOCs zwischen 80 % und 50 % ist insofern gerechtfertig, als für die deutlich variierenden Entladeraten die SOCs und damit die in diesen Arbeitspunkten vorherrschenden Impedanzen unterschiedlich schnell gewechselt werden. Es ergeben sich also nicht nur aufgrund der unterschiedlichen Polarisation sondern auch aufgrund der Verweildauern in einem SOC unterschiedliche Überspannungen. Solche transienten Effekte können im betrachteten SOC-Bereich vernachlässigt werden, da hier auch die Impedanz näherungsweise konstant ist.

Die Werte für den dynamischen MARE für die C-Raten C/4 bis 1C liegen alle sehr nahe beieinander, stützen also die Annahme einer linearen Abhängigkeit des Fehlers

---

[4]Da in Automotive Applikationen gewöhnlicherweise der SOC-Betriebsbereich für BEV tendenziell auf 10...90 % und für HEV auf 30...70 % beschränkt ist, sollte eine aussagekräftige Bewertung auch auf diesem SOC-Bereich stattfinden.

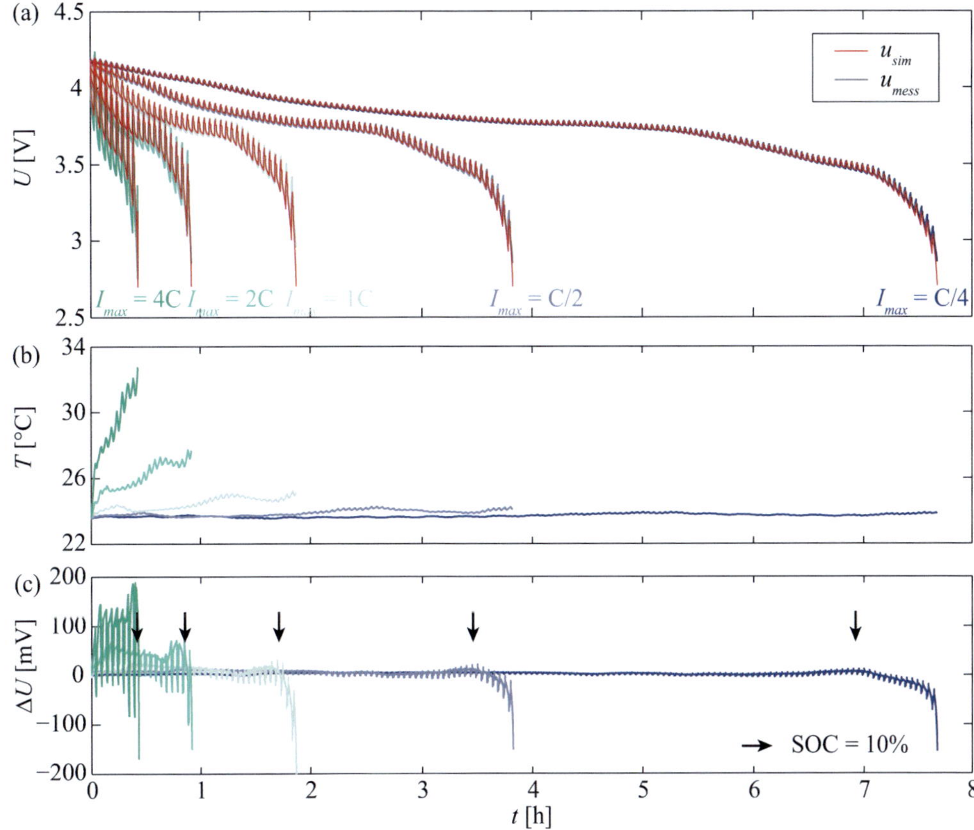

Abbildung 8.21: Validierungsprofil A für Zelle Typ HP-NCA für eine Variation der Stromstärke I_{max}: (a) simulierte und gemessene Zellspannung, (b) Temperatur an der Zelloberfläche, (c) Residuen nach Gleichung (8.23).

von der Stromstärke. Nur für $I_{max} \geq 2\,\mathrm{C}$ werden die Abstände größer. Dies ist gut mit der Temperaturentwicklung der Zelle zu erklären, die für $I_{max} = 2\,\mathrm{C}$ einen Anstieg von bereits 4 K ergibt. Während RMSE und MAE in Millivolt dargestellt sind, ergibt sich für den MARE die Einheit Ohm. Es lässt sich also argumentieren, dass der Fehler verschwinden würde, wenn die Impedanz des Modells um genau diesen Betrag reduziert werden würde. Um zu überprüfen ob die Zelle zum Zeitpunkt der Messung tatsächlich eine um den MARE geringere Impedanz aufweist, wird eine Multisine Messung während einer Entladung durchgeführt.

(a)   (b)

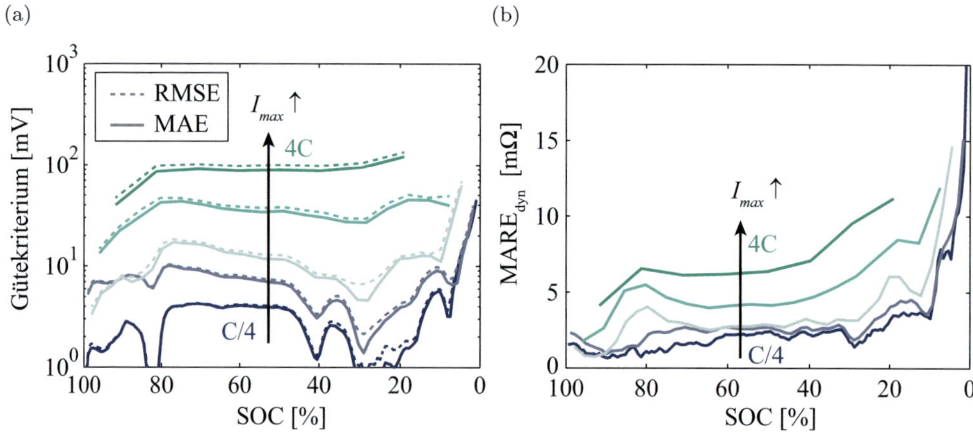

Abbildung 8.22: Gütekriterien für die in Abbildung 8.21(c) dargestellten Residuen: (a) RMSE und MAE, (b) MARE$_{\mathrm{dyn}}$.

Um die Multisine-Messung mit dem Validierungsprofil A bei $I_{max} = 2\,\mathrm{C}$ vergleichen zu können, wurde der überlagerte Entladestrom I_{DC} zu $I_{max}/2$ gewählt. Die Impedanz wurde in einem Frequenzbereich von $0,1\ldots1000\,\mathrm{Hz}$ mit fünf Frequenzpunkten pro Dekade aufgenommen, bei einer Anregungsamplitude $I_{amp} = 1\,\mathrm{A}$ und einer Integrationszeit von $15\,\mathrm{s}$. Jedes fünfte erhaltene Impedanzspektrum ist in Abbildung 8.23 dargestellt, allerdings nur bis Frequenz $\geq 0,4\,\mathrm{Hz}$, da die niedrigeren unbrauchbar verrauscht waren. Mit dem aufgezeichneten Strom während der Multisine-Messung wurde das Modell simuliert und die Modellimpedanzen zu den Zeitpunkten der Multisine-Messung in Abbildung 8.23 eingetragen. Für hohe Frequenzen ist die Abweichung gering, während für die niedrigeren Frequenzen eine deutliche Abweichung zu sehen ist. Um diese quantifizieren zu können, wurde die Differenz des Realteils bei der niedrigsten Frequenz aus Modell-Impedanz und Multisine-Messung gebildet.

Diese Differenz ΔR Multisine ist in Abbildung 8.24 zusammen mit MARE und MARE$_{\mathrm{dyn}}$ aufgetragen. Der aus der Multisine-Messung ermittelte Widerstandsfehler und der MARE$_{\mathrm{dyn}}$ zeigen vergleichbare Werte sowie denselben Verlauf und bestätigen somit die Interpretation des MARE$_{\mathrm{dyn}}$ als Widerstandsfehler. Der MARE ohne Kompensation des Gleichanteils zeigt deutlich höhere Werte, da eine Abweichung der Leerlaufkennlinien mit einbezogen wird. Die Interpretation als reiner Widerstandsfehler ist somit irreführend.

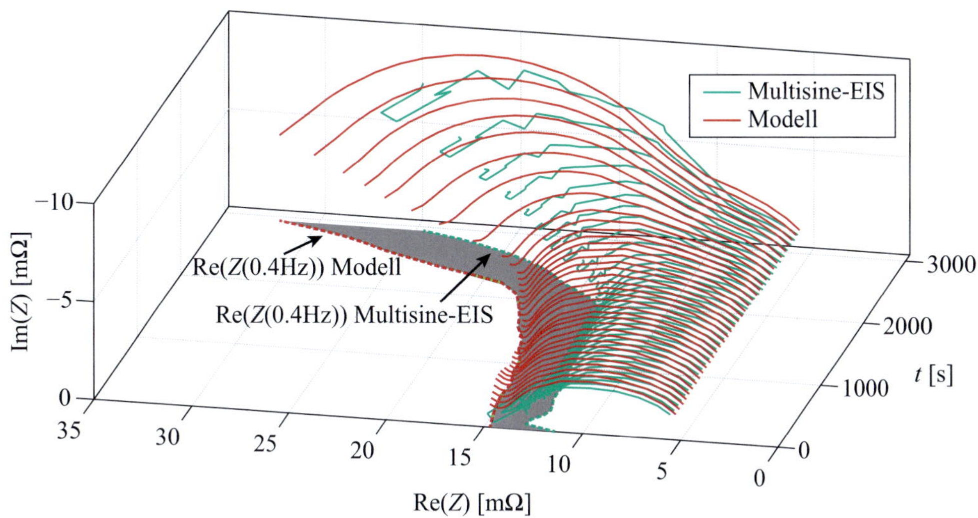

Abbildung 8.23: Multisine Messung an der Zelle Typ HP-NCA mit einem überlagerten Gleichstrom $I_{DC} = 1\,$C und Modell-Impedanz. Die Differenz der Realteile bei $f = 0,4\,$Hz ist als graue Fläche dargestellt.

Ein Kritikpunkt am $\mathrm{MARE_{dyn}}$ ist seine Abhängigkeit von der Länge des beobachteten Intervalls. Da die mittlere Spannungsabweichung kompensiert wird, werden für kurze Intervalle auch Abweichungen des Modells aufgrund langsamer, durch die Impedanz abgebildete Prozesse, eliminiert. Somit führt die Wahl eines kürzeren Zyklus zwar zu einer besseren Auflösung über den SOC, jedoch auch zu unerkannten Fehlern in der Impedanz für langsame Prozesse.

Eine weitere Frage die sich in diesem Zusammenhang stellt, ist die nach der Vergleichsgröße für eine relative Angabe des $\mathrm{MARE_{dyn}}$. Während die üblichen Gütekriterien auf die Zellspannung bezogen werden, ist dies schon aufgrund der Einheiten für den $\mathrm{MARE_{dyn}}$ nicht möglich. Da keine eindeutige Frequenz dem $\mathrm{MARE_{dyn}}$ zugeordnet werden kann, wird als Vergleichsgröße die Gesamtpolarisation der Modellimpedanz gewählt.

In Abbildung 8.2.3 sind die relativen Gütekriterien für die Validierungsprofile dargestellt. Relativer RMSE und MAE zeigen wieder ähnliche Werte, mit einer deutlichen Steigerung des Fehlers für einen höheren I_{max}. Im Vergleich zum relativen $\mathrm{MARE_{dyn}}$ werden jedoch, durch den Bezug auf die Leerlaufspannung, deutlich niedrigere Werte erzielt. Hinsichtlich der Genauigkeit des Impedanzmodells ist hier ein direkter Übertrag der Werte nicht möglich, wie die Differenzen bei der Multisine-Messung verdeutlichen. Hingegen ist eine Interpretation des $\mathrm{MARE_{dyn}}$ als Abweichung des Impedanzmodells direkt möglich und liefert auch im Vergleich mit den Ergebnissen der Multisine-Messung aussagekräftige Werte.

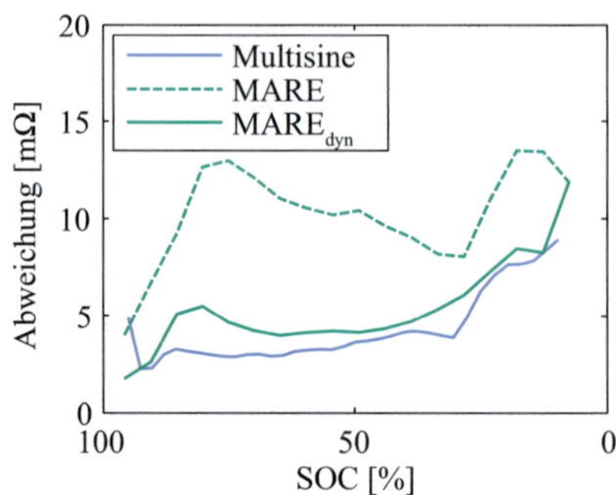

Abbildung 8.24: Vergleich des Widerstandsfehlers aus der Multisine Messung, des MARE und des MARE$_{dyn}$.

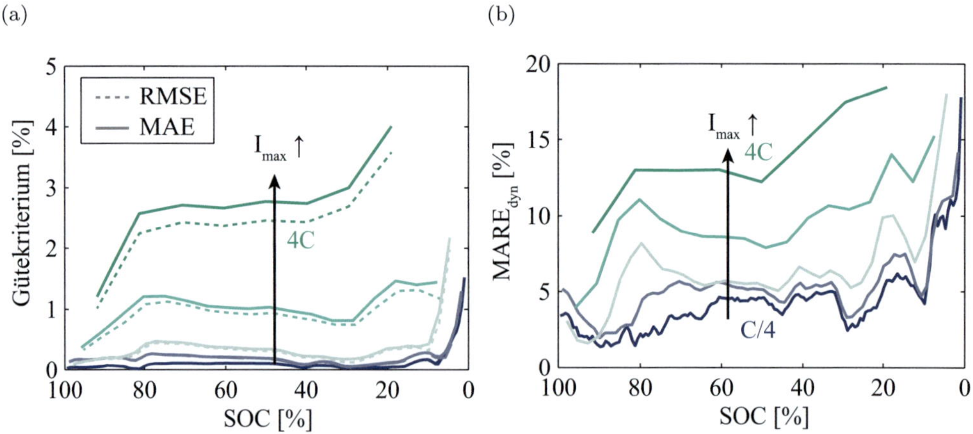

Abbildung 8.25: Relative Gütekriterien für die in Abbildung 8.21(c) dargestellten Residuen: (a) RMSE und MAE, (b) MARE$_{dyn}$.

8.2.4 Simulation und Validierung

Messaufbau

Es wurde sequentiell jeweils eine Zelle des Typs HP-NCA, HP-LFP1 und HP-LFP2 untersucht. Alle Versuche wurden in einer Klimakammer des Typs VT4002 (Vötsch) bei einer eingestellten Prüfkammertemperatur von 25 °C durchgeführt. Die Anregung erfolgte über ein 1470E Celltest System (Solartron) mit zwischengeschleiftem Leistungsverstärker BOOST12V20A (Solartron) in Vierpunktkontaktierung. Die Zellspannung, Prüfkammertemperatur und Oberflächentemperatur der Zelle wurde separat mit einem 34970A (Agilent) aufgezeichnet, wobei ein PT1000 als Temperatursensor mit Vierpunktkontaktierung zum Einsatz kam. Der Sensor zur Messung der Oberflächentemperatur wurde bei den Rundzellen in der Mitte der Mantelfläche und bei der Pouchzelle mittig auf der Oberseite mit Isolierband befestigt. Die Pouchzelle des Typs HP-NCA wurde in der Halterung nach Abbildung 7.10(a) eingespannt (allerdings aufgelegt auf zwei PVC-Keile, so dass die untere Zelloberfläche nicht isoliert war), die beiden 18650er-Zellen des Typs HP-LFP1 und HP-LFP2 wurden über angeschweißte Lötfahnen kontaktiert und auf einer PVC-Platte auf den Boden des Prüfraums gelegt.
Für alle drei Zellen wurde zunächst die tatsächliche 1C-Kapazität, die zur Parametrierung des Modells verwendet wird, ermittelt. Anschließend wurden Entladungen mit dem dynamischen Stromprofil B durchgeführt, bei Variation des mittleren Entladestroms von $1 \ldots 6$ C, was einem maximalen Strom von $I_{max} = 1,67 \ldots 10$ C entspricht.

Modellparametrierung

Die DRT-Modelle wurden basierend auf den Impedanzmessungen aus Abschnitt 6.2.2 erstellt. Die Parameter waren wie folgt gewählt:

Abtastzeit des Modells: $T_s = 10$ ms

Frequenzbereich: $f = 10$ mHz $\ldots 14$ Hz

Modellordnung: $N = 20$, dies entspricht $6,3$ RC-Gliedern pro Dekade

Beispielhaft ist der Realteil der relativen Residuen von Modellimpedanz und Messung für die Zelle HP-NCA bei einer Temperatur von 25 °C in Abbildung 8.26 dargestellt. Wie zu erkennen ist, kann die Impedanz mit dem Modell der Ordnung 20 hinreichend gut abgebildet werden.
Aus diesen Residuen kann für jeden Arbeitspunkt (SOC und Temperatur) der Mittel- und Maximalwert des Betrags berechnet werden (vergleiche Tabelle 8.3). Bei der Durchsicht der Residuen aller drei Zellen, unter Einbeziehung der Temperatur, konnte festgestellt werden, dass die maximalen Abweichungen (letzte Zeile in Tabelle 8.3) bei Temperaturen zwischen 5 °C und 7 °C sowie einem SOC $\leq 10\%$ zustande kamen. Die Impedanzspektren bei diesen Operationspunkten gingen aus der linearen Interpolation der gemessenen Spektren hervor und können in diesem Bereich durch die starke Temperaturabhängigkeit der Impedanz schlechter angenähert werden (vergleiche Anhang D). Generell können die

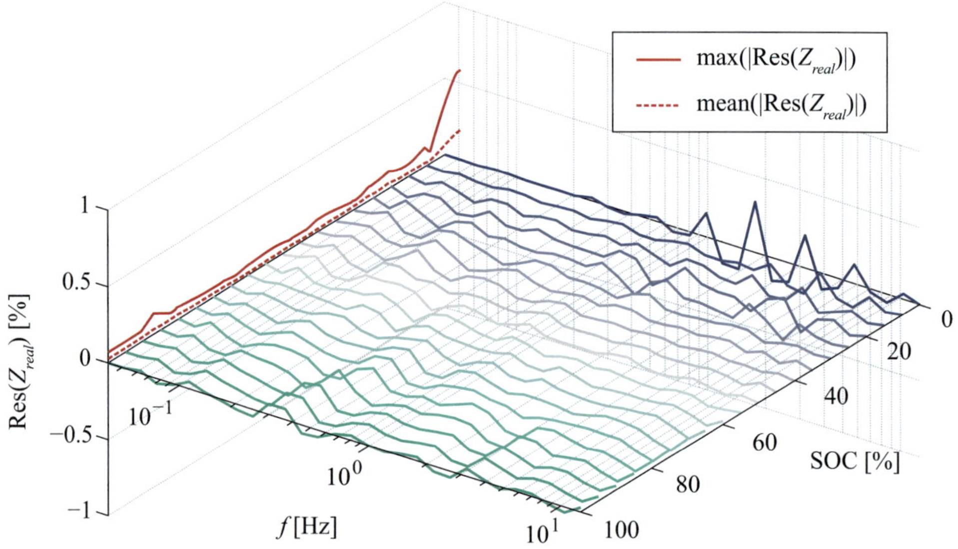

Abbildung 8.26: Residuen des DRT-Modells zur gemessenen Impedanz für die Zelle des Typs HP-NCA bei 25 °C. Maximal- und Mittelwert über die Frequenzen des Absolutwertes der Residuen sind ebenfalls dargestellt(vergleiche Tabelle 8.3).

Abweichungen aber auch für diese Operationspunkte als hinreichend gering betrachtet werden.

Tabelle 8.3: Angegeben sind die maximalen mittleren und maximalen Residuen des Realteils von gemessener und modellierter Impedanz.

	HP-NCA	HP-LFP1	HP-LFP2
$\text{mean}\left[\text{mean}\left[\text{Res}(Z_{real})\right]_f\right]_{\text{SOC},T}$	$0,07\%$	$0,08\%$	$0,05\%$
$\text{max}\left[\text{mean}\left[\text{Res}(Z_{real})\right]_f\right]_{\text{SOC},T}$	$0,39\%$	$0,28\%$	$0,13\%$
$\text{max}\left[\text{max}\left[\text{Res}(Z_{real})\right]_f\right]_{\text{SOC},T}$	$1,98\%$	$1,36\%$	$0,91\%$

Als Leerlaufspannungskennlinie wurde die C/40 Entladung aus Abschnitt 6.1.1 hinterlegt, eine Hysterese wurde nicht berücksichtigt. Auf ein Shiften der Zustände, wie in Abschnitt 8.2.1 vorgestellt, konnte verzichtet werden, ebenso wurden die Parameter nicht mit den erweiterten Algorithmen interpoliert, welche auf Seite 238 näher ausgeführt sind.

Ergebnisse der Zelle HP-NCA

Gemessener und simulierter Spannungsverlauf sind in Abbildung 8.27 dargestellt. Bei der Betrachtung der Residuen ist festzustellen, dass diese im Allgemeinen unterhalb eines SOCs von 10% stark ansteigen. Da die Simulation für eine konstante Umgebungstemperatur und somit ohne Berücksichtigung der tatsächlichen Erwärmung durchgeführt wurde, wird die Überspannung insbesondere bei den höheren C-Raten deutlich zu hoch wiedergegeben. Bis zu einem mittleren Entladestrom von 2C bleiben die Fehler im SOC-Bereich bis 10% so gering, dass die Eigenerwärmung der Zelle vernachlässigt werden kann. Für höhere C-Raten steigt die gemessene Oberflächentemperatur der Zelle stark an, so dass eine Berücksichtigung der tatsächlichen Zelltemperatur notwendig wird.

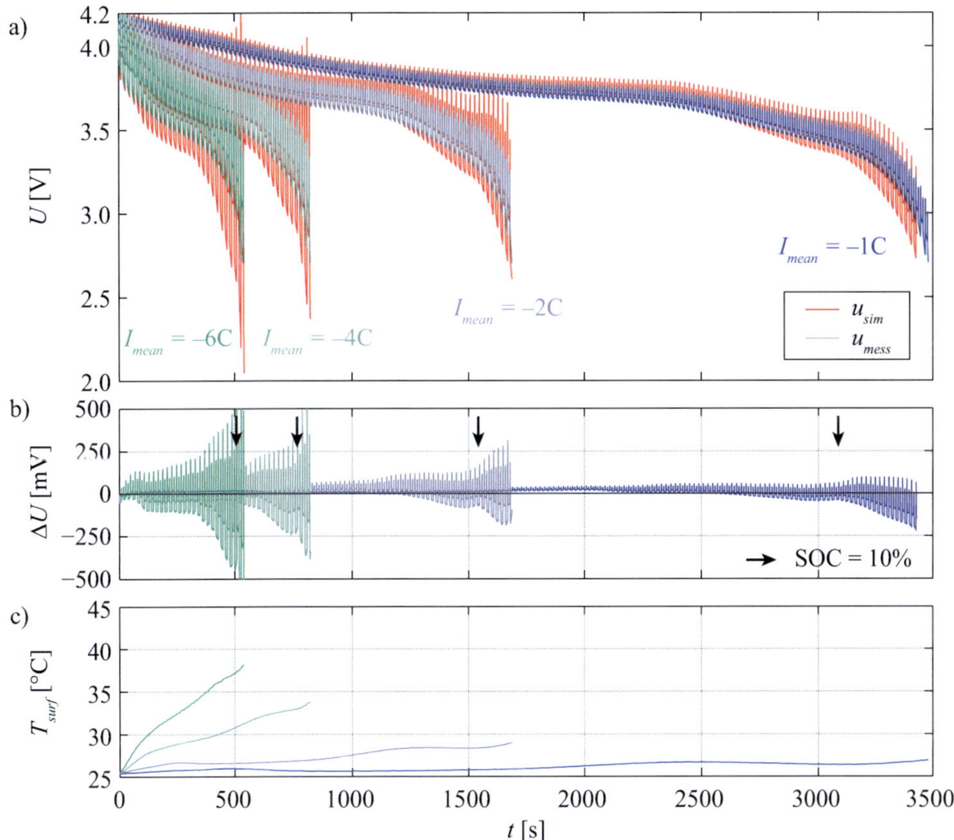

Abbildung 8.27: Validierungsprofil B für Zelle Typ HP-NCA bei $T_{amb} = 25\,°C$ und einer Variation der Stromstärke I_{max}: (a) simulierte und gemessene Zellspannung, (b) Residuen der Zellspannung und (c) Temperatur an der Zelloberfläche.

Liegt noch kein thermisches Modell vor, kann anstelle der festen Umgebungstemperatur die gemessene Zelltemperatur zur Simulation herangezogen werden. Wird die gemessene Oberflächentemperatur als Zelltemperatur angenommen, so verringert sich der Fehler der Simulation beträchtlich. Abbildung 8.28(a) zeigt, dass das dynamische Verhalten sich deutlich verbessert, wenn die gemessene Oberflächentemperatur als aktuelle Temperatur berücksichtigt wird. Weiter enthalten sind aber auch hier die für SOC $\leq 10\%$ stark ansteigende Abweichungen. Vergleicht man die absoluten Abweichungen mit den relativen (Abbildung 8.28(b)), zeigt sich, dass nach Berücksichtigung der Oberflächentemperatur der Fehler für alle C-Raten etwa gleich groß ist. Für Ladezustände bis 40 % ist eine konstante Abweichung von 5% vorhanden, anschließend ändert sich das Verhalten bei einer ansteigenden Abweichung. Diese zwei ausgeprägten Regionen sind auf den Einsatz einer Blend-Kathode aus LCO und NCA zurückzuführen, wobei bis 40 % die Impedanz des LCOs und anschließend die Impedanz des NCAs dominiert.

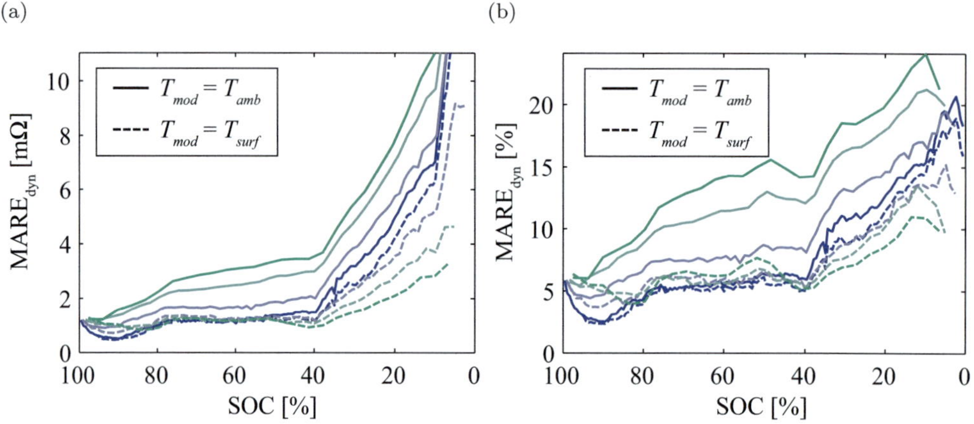

Abbildung 8.28: MARE$_{dyn}$ für die Messung aus Abbildung 8.27 (Zelle HP-NCA) bei konstanter Temperatur und bei der Verwendung der gemessenen Oberflächentemperatur der Zelle zur Simulation: (a) absolut, (b) relativ.

Bei der Betrachtung des absoluten RMSE (Abbildung 8.29(a)) fallen die besonders hohen Residuen für die Entladungen mit den höchsten C-Raten auf. Dabei wird bei der höchsten C-Rate eine maximale Abweichung von 461 mV erreicht. Unter Berücksichtigung der gemessenen Oberflächentemperatur sinkt diese Abweichung unter 90 mV und stellt somit eine deutliche Verbesserung dar. Der relative RMSE (Abbildung 8.29(b)) kann, durch die Berücksichtigung der Oberflächentemperatur, für SOCs $\geq 10\%$ von maximal 11% auf unter 2,5% gesenkt werden.

Neben den starken Temperatureffekten fällt in Abbildung 8.27(a) das Profil mit der niedrigsten Entladerate auf. Hier bricht die Simulation ab, bevor die Entladeschlussspannung erreicht wurde. Dies liegt daran, dass das Modell nur bis zu einem Ladezustand von 0% definiert und keine Extrapolation der Parameter zugelassen wurde. Der für die Messung über Stromintegration ermittelte SOC liegt am Ende des Profils jedoch bei $-1,4\%$. Somit scheint durch die Entladung über das Pulsprofil B, im Vergleich zur Kon-

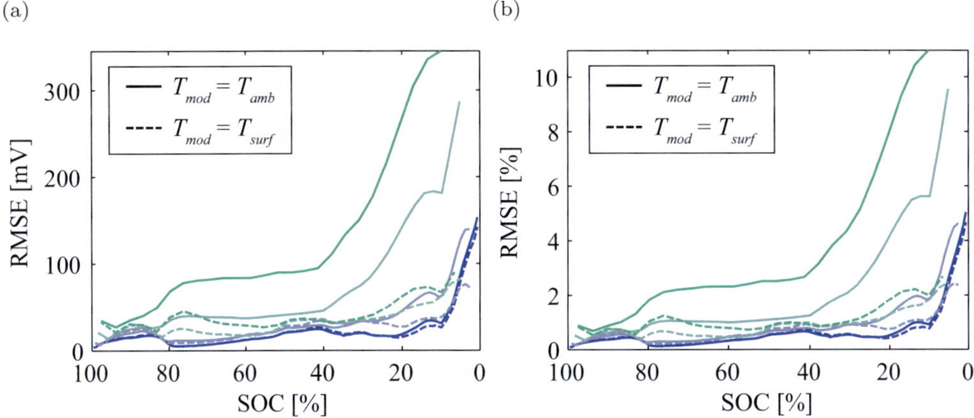

Abbildung 8.29: Absoluter (a) und relativer (b) RMSE für die Messung aus Abbildung 8.27 (Zelle HP-NCA) bei konstanter Temperatur und bei der Verwendung der gemessenen Oberflächentemperatur der Zelle zur Simulation.

stantstromentladung, eine höhere Kapazität entnehmbar zu sein. Unter Berücksichtigung einer Strommessgenauigkeit von $0,1\%$ sollte dieser Wert jedoch nicht überinterpretiert werden[5].

Ergebnisse der Zelle HP-LFP1

Die Simulation der Zelle des Typs HP-LFP1, bei einer angenommen, konstanten Zelltemperatur von $T_{mod} = T_{amb}$, zeigt besonders für SOC $\leq 10\%$ einen starken Anstieg der Fehler, bedingt durch das Abknicken der Spannung (vergleiche Abbildung 8.30). Die Amplitude der Residuen nimmt mit der mittleren Entladerate zu, wobei der Mittelwert sinkt. Dementsprechend wird die mittlere Spannung für höhere C-Raten zu niedrig geschätzt. Dies korreliert gut mit der Temperaturerhöhung auf über $45\,^\circ$C. Eine Berücksichtigung der tatsächlichen Temperatur ist somit auch hier zwingend notwendig.

Die, mit der Entladerate ansteigende, Amplitude der Residuen lässt sich über den MARE verständnisfördernd darstellen (vergleiche 8.31(a)). Besonders auffällig ist auch hier der starke Anstieg des Fehlers für Ladezustände über 90% und unter 10%. Dieses Verhalten korreliert sehr stark mit der Leerlaufspannungskennlinie, die im Vergleich zur Zelle des Typs HP-NCA ein deutlich ausgeprägtes Abknicken in diesem Bereich zeigt. Die Berücksichtigung der gemessenen Temperatur an der Zelloberfläche zeigt aber auch hier eine signifikante Verbesserung der Simulationsgenauigkeit. So kann in einem weiten SOC-Bereich von $90\% \dots 10\%$ ein Fehler von unter 3% erreicht werden, verglichen mit

---

[5] Durch den Einsatz des Verstärkers Boost 12V20A (Solartron) wird die Strommessgenauigkeit auf 20 mA reduziert. Bei einer Entladung über eine Stunde entspricht dies bei der Zelle HP-NCA einer SOC-Unsicherheit von 1%.

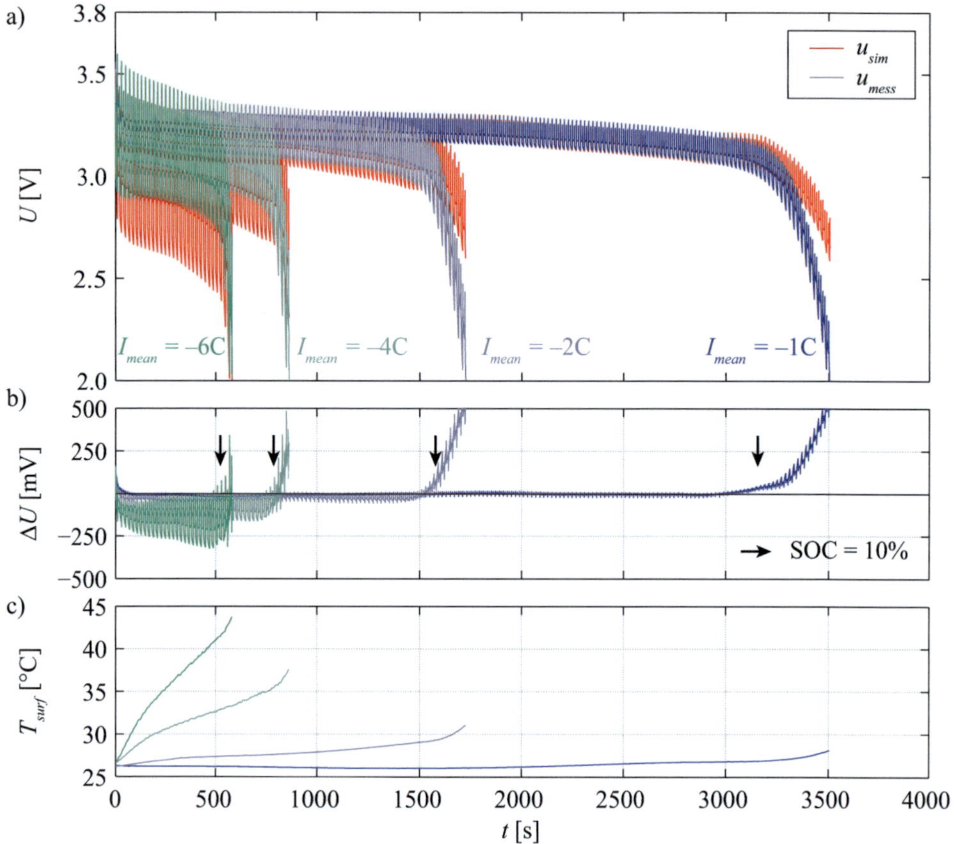

Abbildung 8.30: Validierungsprofil B für Zelle Typ HP-LFP1 bei $T_{amb} = 25\,°\mathrm{C}$ und einer Variation der Stromstärke I_{max}: (a) simulierte und gemessene Zellspannung, (b) Residuen der Zellspannung und (c) Temperatur an der Zelloberfläche.

einem Fehler von bis zu 10% bei konstant angenommener Temperatur.

(a)   (b)

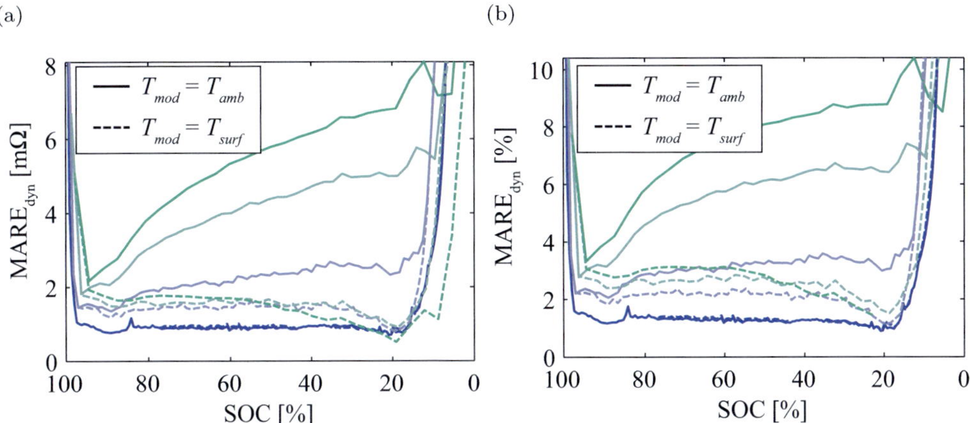

Abbildung 8.31: $MARE_{dyn}$ für die Messung aus Abbildung 8.30 (Zelle HP-LFP1) bei konstanter Temperatur und bei der Verwendung der gemessenen Oberflächentemperatur der Zelle zur Simulation: (a) absolut, (b) relativ.

Der in Abbildung 8.32(a) dargestellte RMSE zeigt, für die Simulation mit konstanter Temperatur, Werte von bis zu 247 mV im SOC Bereich 90%...10%, die sich bei Verwendung der gemessenen Oberflächentemperatur besonders für tiefere Ladezustände deutlich verringern lassen. Dies ist der starken Erwärmung der Zelle geschuldet, die zu einer Abnahme der Impedanz und somit zu einer Abnahme des Spannungsfehlers führt. Der relative RMSE (siehe Abbildung 8.32(b)) liegt nach Berücksichtigung der Temperatur im relevanten SOC-Bereich stets unter 5%, weist jedoch noch eine Abhängigkeit von der C-Rate auf.

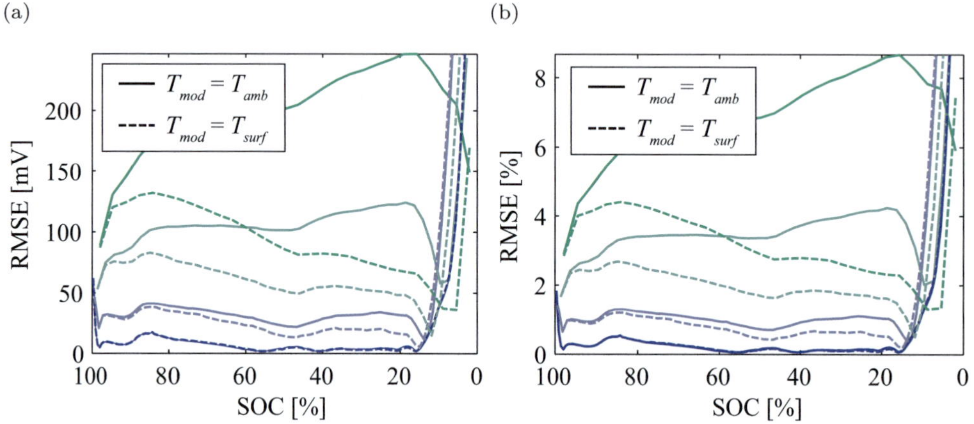

Abbildung 8.32: Absoluter (a) und relativer (b) RMSE für die Messung aus Abbildung 8.30 (Zelle HP-LFP1) bei konstanter Temperatur und bei der Verwendung der gemessenen Oberflächentemperatur der Zelle zur Simulation.

Ergebnisse der Zelle HP-LFP2

Wie bei der Simulation der Zelle des Typs HP-NCA, wird auch hier bei der Messung ein SOC kleiner Null erreicht. Für einen mittleren Entladestrom von 1 C wird ein SOC von $-6,8\%$ erreicht, für einen mittleren Entladestrom von 2 C ein SOC von -3%. Damit sind die Werte deutlich oberhalb der Strommessgenauigkeit, so dass in diesem Fall durch die Pulsentladung tatsächlich höhere Kapazitätswerte erzielt werden können.

Wie bei den anderen beiden Zellen wird die Polarisation im höherfrequenten Verhalten (Zeitdauer ein Zyklus) zu hoch wiedergegeben, insbesondere bei höheren C-Raten. Die Berücksichtigung der Oberflächentemperatur in der Simulation führt zu einer niedrigeren Modellimpedanz und somit auch hier zu niedrigeren Werten des dynamischen MARE (vergleiche Abbildung 8.34(a)), der die Prozesse mit der Relaxationszeit im Bereich der Zyklendauer gut widerspiegelt. Ebenso ist, wie bei der anderen Eisenphosphatzelle, das starke Abknicken bei Ladezuständen über 90% und unter 10% zu beobachten.

Die mittlere Spannung wird jedoch im Vergleich zur HP-LFP1 zu hoch wiedergegeben, dementsprechend ergeben sich leicht positive Residuen in Abbildung 8.33. Wird nun die, gegenüber der Umgebungstemperatur etwas erhöhte, Oberflächentemperatur zur Simulation verwendet, wird eine geringere Impedanz angenommen. Somit vergrößert sich der Fehler für die mittlere Spannung weiter, wie in den Abbildungen 8.35(a) und 8.35(b) abgelesen werden kann. Die Abweichungen fallen zwar geringer aus als bei der Zelle des Typs HP-LFP1, das qualitativ unterschiedliche Verhalten lässt jedoch auf eine andere Ursache der Abweichung von den Simulationsdaten schließen.

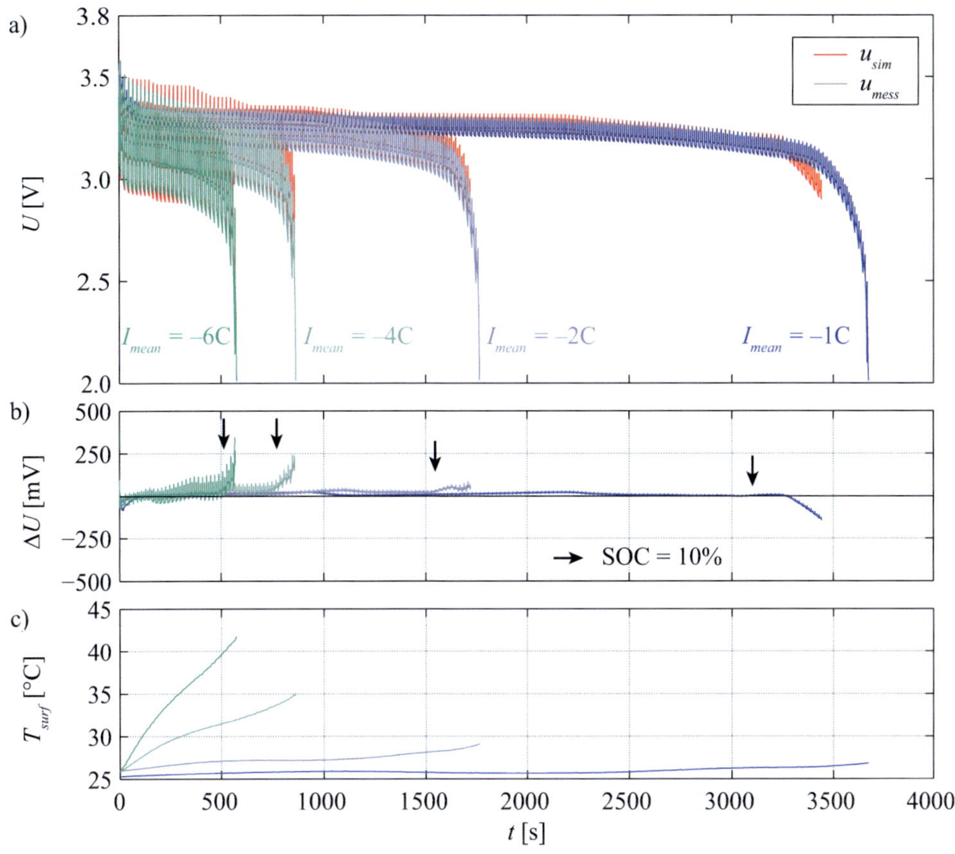

Abbildung 8.33: Validierungsprofil B für Zelle Typ HP-LFP2 bei $T_{amb} = 25\,°\text{C}$ und einer Variation der Stromstärke I_{max}: (a) simulierte und gemessene Zellspannung, (b) Residuen der Zellspannung und (c) Temperatur an der Zelloberfläche.

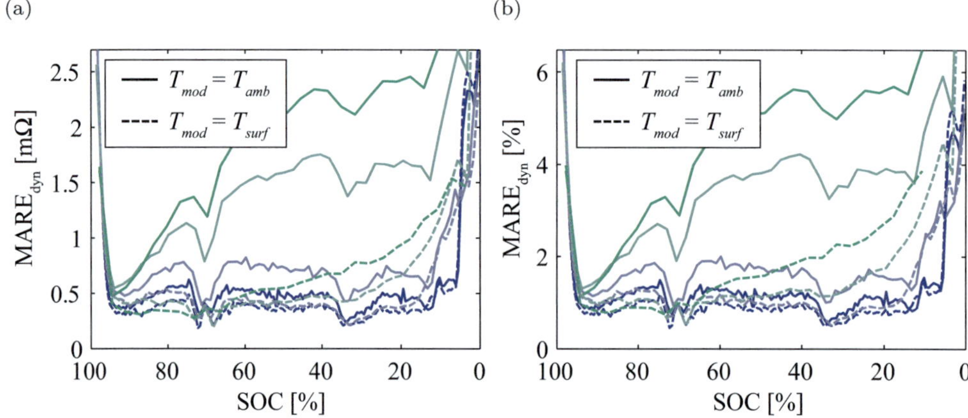

Abbildung 8.34: MARE$_{dyn}$ für die Messung aus Abbildung 8.33 (Zelle HP-LFP2) bei konstanter Temperatur und bei der Verwendung der gemessenen Oberflächentemperatur der Zelle zur Simulation: (a) absolut, (b) relativ.

Sehr auffällig bei der Betrachtung des RMSE ist die Korrelation der lokalen Fehlermaxima des RMSE bei einem SOC von 70 % und 40 % mit den Übergängen zwischen den Plateaus der Graphitanode.

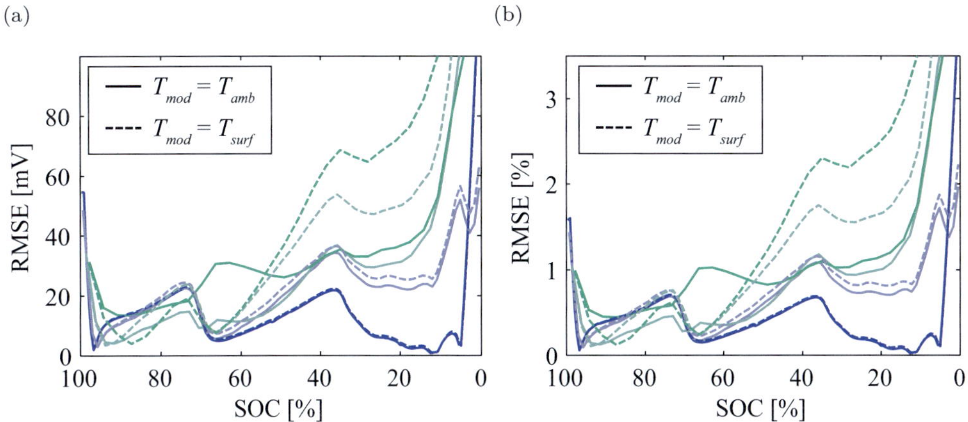

Abbildung 8.35: Absoluter (a) und relativer (b) RMSE für die Messung aus Abbildung 8.33 (Zelle HP-LFP2) bei konstanter Temperatur und bei der Verwendung der gemessenen Oberflächentemperatur der Zelle zur Simulation.

Diskussion der Messungen

Wie Abbildung 8.36(a) zeigt, kann die Modellgüte im höherfrequenten Bereich, dargestellt über den $\mathrm{MARE_{dyn}}$, durch Berücksichtigung der Oberflächentemperatur für alle drei Zellen deutlich erhöht werden. Der verbleibende Fehler ist, bei maximalen Strömen bis 10 C, annähernd konstant. Von einer Berücksichtigung der nichtlinearen Natur des Ladungsdurchtritts wird daher abgesehen. Diese würde außerdem den Parametrierungs- und Simulationsaufwand deutlich erhöhen.

Die noch verbleibenden Abweichungen könnten bereits durch die Streuung der Zellen an sich hervorgerufen werden. Denn die zur Parametrierung herangezogenen und später zur Validierung verwendeten Zellen stammten zwar aus der gleichen Lieferung, waren jedoch nicht identisch. Dies spiegelt die Anforderungen für den Einsatz in der Praxis wider, da hier eine individuelle Parametrierung jedes Batteriemoduls ökonomisch unmöglich wäre. Prozesse deren charakteristische Zeitkonstanten höher sind als die Dauer, über welche der $\mathrm{MARE_{dyn}}$ berechnet wurde, werden allerdings bei dieser Betrachtung nicht berücksichtigt. Abweichungen dieser niederfrequenten Prozesse lassen sich im RMSE wiederfinden, der in Abbildung 8.36(b) dargestellt ist. Bei Verwendung der Oberflächentemperatur kann für die Zellen des Typs HP-NCA und HP-LFP1 eine Verbesserung festgestellt werden, die Zelle HP-LFP2 wird hierdurch schlechter beschrieben. Generell kann jedoch für alle drei Zellen ein qualitativ anderes Verhalten festgestellt werden. Als Ursache hierfür kommen verschiedene Gründe in Betracht: Die Zelle des Typ HP-NCA besitzt eine Blendkathode aus NCA und LCO. Das eingesetzte DRT-Modell setzt jedoch voraus, dass sich das Verhalten der Zelle auf ein repräsentatives Partikel reduzieren lässt. Eine Stromaufteilung in die verschiedenen Partikel lässt sich hiermit nicht abbilden.

Weiterhin sind mit der Impedanzmessung nur Frequenzen $\geq 10\,\mathrm{mHz}$ charakterisiert und

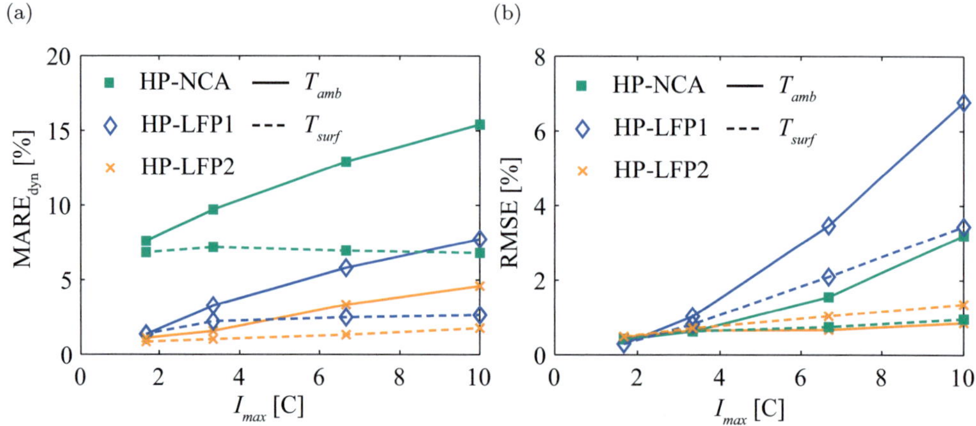

Abbildung 8.36: (a) MARE$_{dyn}$ und (b) RMSE für $10\,\% \leq SOC90\,\%$.

somit auch im Modell berücksichtigt worden. Eine Erweiterung des Frequenzbereichs zu niedrigeren Frequenzen über das Pulse-Fitting (siehe Abschnitt 6.3) könnte hier eine Lösung darstellen. Allerdings wurde in diesem Zusammenhang auch gezeigt, dass die so erhaltenen Impedanzen Homogenisierungsprozesse in der Elektrode umfassen, welche nicht direkt in ein serielles DRT-Modell übertragbar sind. Zudem wurde für die LFP-Elektrode ein stark nichtlineares Verhalten festgestellt, welches nicht über ein lineares Ersatzschaltungsmodell dargestellt werden kann.

Obwohl in beiden Zellen HP-LFP1 und HP-LFP2 Graphit als Anodenmaterial und LFP als Kathodenmaterial verwendet wurde, zeigen sie im RMSE ein qualitativ anderes Verhalten. Einen wesentlichen Einfluss auf die Leistungsfähigkeit und das charakteristische Verhalten, insbesondere bei höheren C-Raten, hat aber auch die Mikrostruktur der Elektroden. Die im Anhang E dargestellten REM-Bilder zeigen, dass die Kathoden beider Zellen deutliche Unterschiede aufweisen. Während die Zelle HP-LFP2 ausschließlich sehr feine Partikel aufweist, lässt sich in der Kathode des Typs HP-LFP1 ein komplexeres Design mit Agglomeraten verschiedener Porosität und Partikelgrößenverteilung erkennen. Auch die elektronische Leitfähigkeit wird unterschiedlich sichergestellt: Während in beiden Zellen Leitruß enthalten ist, sind in der Zelle HP-LFP1 noch vapor grown carbon fibers (VGCF) zugesetzt. Exaktere Aussagen lassen sich hier jedoch nur über eine Mikrostrukturanalyse, wie in [238] beschrieben, treffen.

Die, aus der unterschiedlichen Mikrostruktur resultierende, Stromaufteilung in die Partikel und somit inhomogene Ladung/Entladung lässt sich nicht über das DRT-Modell in der jetzigen Form abbilden. Sowohl die Simulation einer Blend-Elektrode als auch eine Berücksichtigung der Mikrostruktur kann durch die Erweiterung auf ein ortsaufgelöstes DRT-Modell dargestellt werden, welches im folgenden Abschnitt eingeführt wird.

8.2.5 Erweiterung auf ortsaufgelöste Impedanzmodelle

Um Blend-Elektroden, Verteilungen von Partikelgrößen oder auch poröse Elektroden in ihrem dynamischen Verhalten abzubilden, kann eine Näherung durch einen umfassenden Impedanzausdruck abgeleitet [239] oder das System in diskretisierter Form dargestellt werden. Wird ein umfassender Impedanzausdruck aufgestellt, wird implizit vorausgesetzt, dass der Ladezustand entlang der Pore als konstant angenommen werden kann und die lokale Impedanz ebenfalls. Für die Beschreibung des dynamischen Verhaltens während einer EIS-Messung ohne Offsetstrom ist diese Annahme als zutreffend anzunehmen, da die Anregungsamplituden gering gewählt werden.

Im Betrieb ist diese Forderung allerdings verletzt. Wie in den Simulationen zuvor gezeigt wurde, kann das direkt aus Impedanzdaten abgeleitete Modell die gemessenen Spannungsverläufe für höhere Ströme nicht mehr korrekt abbilden. Dies ist nicht nur mit der nichtlinearen Charakteristik des Ladungsdurchtritts zu begründen, sondern auch mit einer inhomogenen Stromaufteilung in die Partikel.

Um einen inhomogenen Ladezustand sowie Partikel mit unterschiedlicher Kapazität und Impedanz zuzulassen, wird das Modell, wie in Abbildung 8.37 dargestellt, erweitert. Es müssen demnach N Impedanzmodelle simuliert werden, wobei lokal N verschiedene Spannungen u_n auftreten. Mithilfe dieser Spannungen, den Ohmschen Widerständen $R_{0,n}$ und $R_{con,n}$, welche die Impedanzmodelle verbinden, kann der Strom, der in jedes Impedanzmodell fließt, berechnet werden. Das in Abbildung 8.37 dargestellte Netzwerk

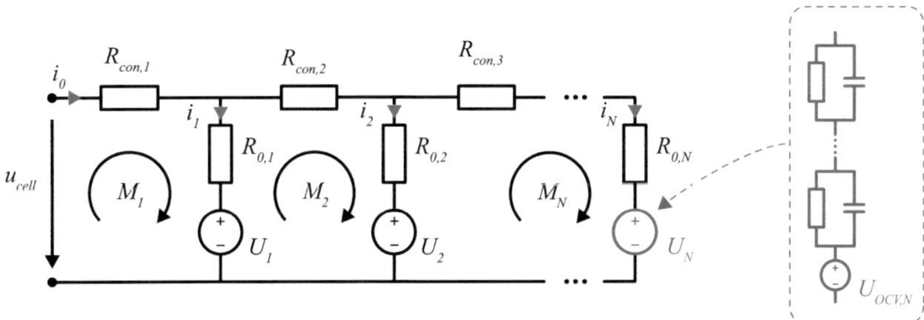

Abbildung 8.37: Ersatzschaltungsmodell für segmentierte Modelle bestehend aus N DRT-Basismodellen (grün gestrichelter Kasten). Die zur Berechnung der Stromaufteilung erforderlichen Maschengleichungen sind eingezeichnet.

führt dabei auf die Maschengleichungen, die in das lineare Gleichungssystem

$$\mathbf{M} \cdot \mathbf{x} = \mathbf{y} \tag{8.26}$$

überführt werden können. Hierbei enthält der Vektor $\mathbf{x}$ die Submodell-Ströme i_n und die Gesamtspannung u_{cell}

$$\mathbf{x} = \begin{bmatrix} u_{cell} \\ i_1 \\ \vdots \\ i_N \end{bmatrix}. \tag{8.27}$$

Die Matrix $\mathbf{M}$ und der Vektor $\mathbf{y}$ können nun zeilenweise aus den N Maschengleichungen aufgestellt werden. Es gilt also für die erste Zeile

$$u_{cell} = i_0 R_{con,1} + i_1 R_{0,1} + u_1 \tag{8.28}$$

und für die n-te Zeile

$$i_{n-1} R_{0,n-1} + u_{n-1} = \left(i_0 - \sum_{k=1}^{n-1} i_k \right) R_{con,n} + i_n R_{0,n} + u_n. \tag{8.29}$$

Durch Inversion können die gesuchten Werte für $\mathbf{x}$ gefunden werden. Anschließend kann ein diskreter Zeitschritt der Submodelle mit den aktuellen Eingangsströmen i_n simuliert werden. Die daraus resultierenden Spannungen u_n des nächsten Zeitschritts werden wieder zur Anpassung der Eingangsströme mithilfe des linearen Gleichungssystems herangezogen.

Dieser Algorithmus kann allgemein zur Ermittlung der Stromaufteilung auf die verschiedenen Submodelle angewandt werden und erschließt damit Anwendungsfälle für die Simulation von Elektrodendesigns, die in Abbildung 8.38 zusammengefasst sind. Der Vorteil liegt hierbei in der Verwendung von gemessenen Impedanzdaten und Leerlaufkennlinien sowie dem geringen Rechenaufwand. Deutlich feiner aufgelöste und reelle Strukturen müssen jedoch über ein FEM-Modell abgebildet werden.

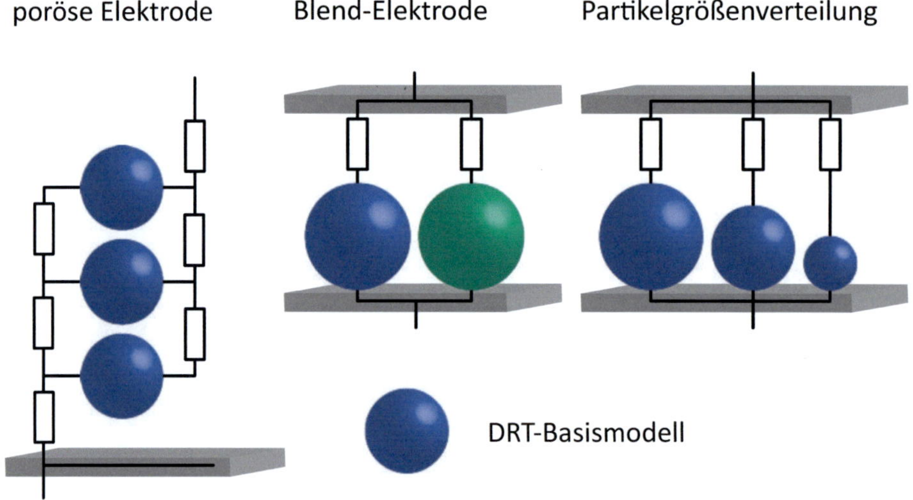

Abbildung 8.38: Anwendungsbeispiele für die Verwendung von segmentierten Modellen auf Elektrodenebene: poröse Elektroden, Blend-Elektroden und Partikelgrößenverteilungen.

Das in Abbildung 8.38 dargestellte Modell einer porösen Elektrode lässt im Vergleich zur Betrachtung über eine umfassende Impedanz [239] die Simulation der Eindringtiefe unter

Last zu und eine Homogenisierung der Lithium-Ionenkonzentration nach Abschalten des Stromes. Durch die Anzahl der zugrundegelegten DRT-Basismodelle lässt sich die Auflösung einstellen.

Die Simulation einer Blend-Elektrode und der Partikelgrößenverteilung unterscheidet sich im Ansatz nicht. Auch hier kann nur bei Betrachtung diskreter Partikel die Homogenisierung der Konzentration der Lithium-Ionen wiedergegeben werden. Eine ebenso interessante Anwendung ist die Simulation von Zyklen mit verschiedenen Entladetiefen. Durch die Auflösung in mehrere Partikel kann eine Bewertung des Ladungsdurchsatzes für die entsprechende Blend-Komponente oder eine Größenfraktion durchgeführt werden. Dies ist wichtig für die Entwicklung von Alterungsmodellen, da diese Effekte mit einem umfassenden Impedanzausdruck nicht beschrieben werden können.

Allerdings werden zur Parametrierung des DRT-Basismodells gezielte Modifikationen der Elektroden notwendig, so dass die entsprechenden Impedanzen für ein repräsentatives Partikel / eine Größenfraktion / eine Blendkomponente aufgestellt werden können.

Eine Segmentierung einer kompletten Zelle ist ebenfalls möglich und in Abbildung 8.39 dargestellt. Durch die Kopplung an ein thermisches Modell kann eine Temperaturverteilung simuliert und dadurch induzierte Alterungseffekte berücksichtigt werden [160].

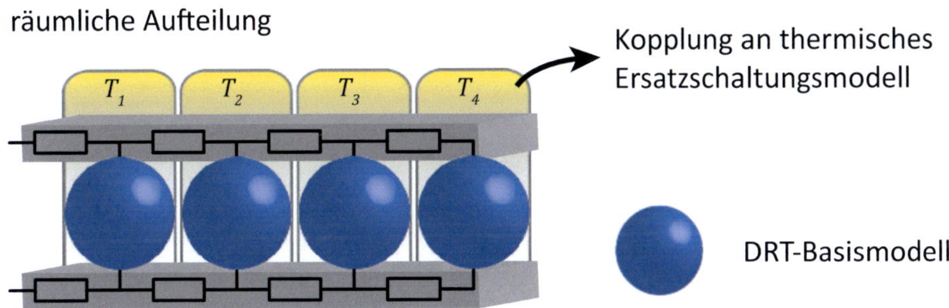

Abbildung 8.39: Anwendungsbeispiele für die Verwendung von segmentierten Modellen auf Zellebene, zusammen mit der Kopplung an ein thermisches Modell.

Simulation von Blend-Elektroden

Um zu demonstrieren welche Vorteile die Verwendung mehrerer Segmente im Gegensatz zur Beschreibung einer alles umfassenden Impedanz bietet, werden die Unterschiede an einer fiktiven Blendelektrode aus NCA und LCO im Verhältnis 1:1 dargestellt.

Die Leerlaufspannungskennlinie für das resultierende Modell mit dem zusammengefassten Impedanzausdruck (im Folgenden SP-Modell (single particle) abgekürzt) kann über die ICA nach Abschnitt 8.1.4 berechnet werden und ist in Abbildung 8.40 dargestellt. Demgegenüber werden im segmentierten Modell (im Folgenden MP-Modell (multi particle)) beide Leerlaufkennlinien hinterlegt.

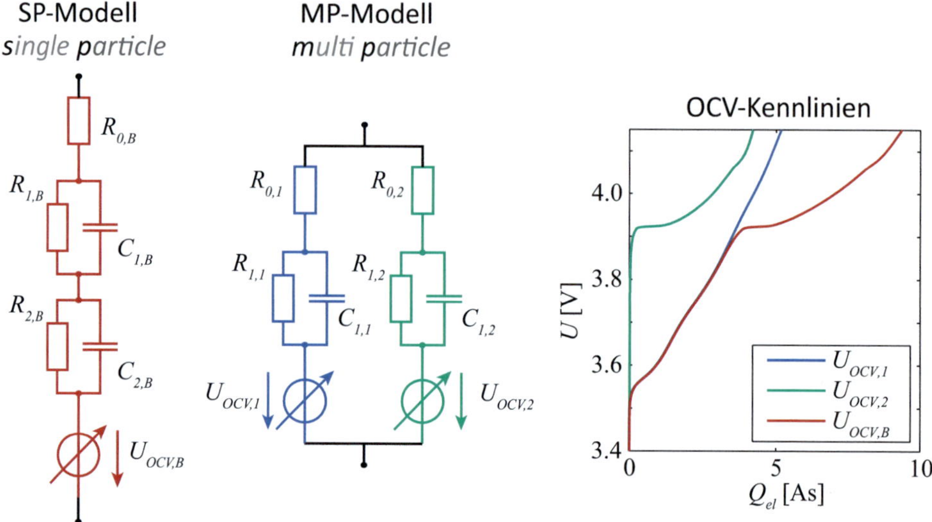

Abbildung 8.40: Links: SP- und MP-Modell einer fiktiven Blend-Kathode, Rechts: In den Modellen hinterlegte Leerlaufkennlinien, wobei die Leerlaufspannungskennlinie für das SP-Modell aus den Einzelkennlinien $U_{OCV,1}$ und $U_{OCV,2}$ berechnet wurde.

Die Parameter des MP-Modells wurden willkürlich zu $R_{1,1} = R_{1,2} = 10$ mΩ, $C_{1,1} = C_{1,2} = 1$ kF, $R_{0,1} = 0,5$ mΩ und $R_{0,2} = 1$ mΩ gewählt. Anschließend wurden die Parameter des SP-Modells so bestimmt, dass die Impedanz mit der des MP-Modells übereinstimmt. Die Verwendung von zwei seriellen RC-Gliedern und einer gemessenen Leerlaufspannungskennlinie entspricht dabei dem allgemeinen Vorgehen für den Entwurf von Ersatzschaltungsmodellen zur Verhaltensmodellierung.

Abbildung 8.41(a) zeigt die simulierte Zellspannung beider Modelle für einen Strompuls der Länge 10 s und einer Stromstärke von -60 A bei einer Leerlaufspannung vor dem Puls von $3,8$ V. Obwohl beide Modelle dieselbe Impedanz aufweisen, unterscheiden sie sich in der Klemmenspannung. Ein Blick auf die Stromverteilung zwischen den Partikeln (vergleiche Abbildung 8.41(b)) gibt eine Erklärung für die Differenz. Während im SP-Modell der Strom durch zwei RC-Glieder fließt, fließt im MP-Modell nach kurzer Zeit fast der gesamte Strom durch das Partikel 1, da die Leerlaufspannungskennlinie von Partikel 2 stark abfällt. So lädt sich nur die Doppelschicht des Partikels 2 (RC-Glied) auf, aber es kommt zu keiner weiteren Interkalation von Lithium. Nach Abschalten des Stroms kehrt sich dieser Vorgang um, die Doppelschicht des Partikels 2 entlädt sich und Partikel 1 wird weiter entladen. Dieser Vorgang kann durch das SP-Modell nicht abgebildet werden.

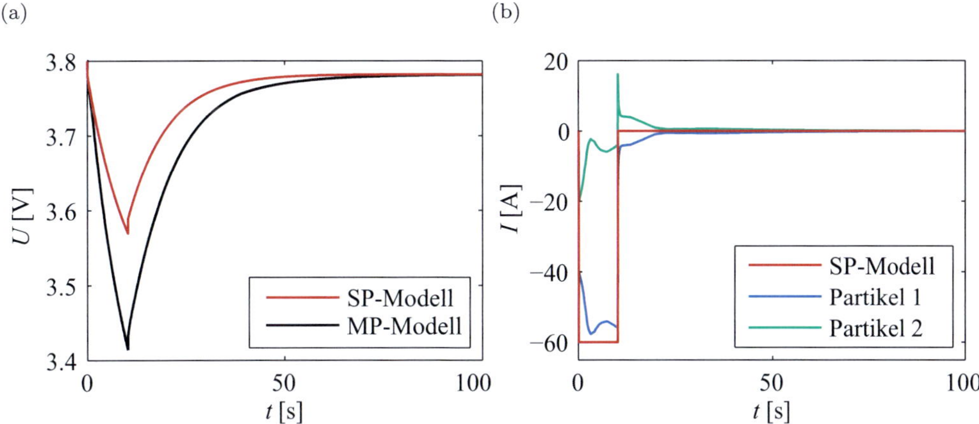

Abbildung 8.41: Simulation einer Blend-Kathode mittels SP- und MP-Modell: (a) Klemmenspannung (b) Stromaufteilung.

8.2.6 Zusammenfassung

DRT-Modell

Basierend auf der DRT wurde ein Impedanzmodell abgeleitet und als zeitdiskretes Zustandsraummodell in MATLAB implementiert. Die Struktur der Ersatzschaltung ermöglicht hierbei eine speichersparende und effiziente Implementierung. Durch den Verzicht auf Ersatzschaltungselemente mit physikalisch interpretierbarem Hintergrund (z.B. Warburgelement), kann dieser Ansatz auf beliebige Zellchemien angewandt werden, bei voll automatisierbarer Parametrierung. Die Skalierbarkeit der Auflösung und des Rechenaufwands wird über die Anzahl der Relaxationszeiten realisiert.

Erweiterte Zustandspropagation

Der Unterschied zwischen dem Modellansatz über die DRT und eines stärker physikalisch motivierten Ansatzes wurde anhand eines Modellsystems herausgearbeitet: Durch die wechselnde Lokalisierung der Zustände auf den RC-Gliedern des DRT-Modells, kann es zu einer Divergenz der beiden Modelle kommen. Diese kann durch eine gezielte Modifikation der Zustände, hier als *Shiften* bezeichnet, verhindert werden. Hierzu muss jedoch entweder das zugrunde liegende physikalisch motivierte Modell bekannt sein oder eine Heuristik eingesetzt werden.

Ist für das im Zeitbereich zu simulierende Modell eine physikalisch motivierte Ersatzschaltung bekannt, kann für jedes Ersatzschaltungselement die DRT berechnet und daraus ein Zeitbereichsmodell erhalten werden, wobei die Parameter für das Shiften aus der Verschiebung der charakteristischen Frequenz über die Arbeitspunkte bekannt sind.

Entsprechend kann mittels eines solchen Ansatzes die Überspannung nach Prozessen im Zeitbereich getrennt werden und stellt somit eine Schnittstelle zur Impedanzmodellierung zur Trennung der Verlustprozesse dar.

Soll jedoch ausschließlich das elektrochemische Verhalten im Zeitbereich simuliert werden, ohne zuvor Annahmen über ablaufende Prozesse zu treffen, so können die Parameter für das Shiften auch mittels des entwickelten heuristischen Algorithmus erhalten werden. Dieser ermöglicht darüber hinaus die grobe Segmentierung der DRT in Peaks und damit ebenfalls eine Segmentierung der Überspannungen, die einer Aufschlüsselung der dahinterliegenden Prozesse nahe kommt, wie an einem Modellsystem gezeigt werden konnte. Die Divergenz von DRT-Modell und einem stärker physikalisch orientiertem Ansatz konnte nur für die Modellsysteme beobachtet werden, da dies stark von den Parametern des Systems abhängt. Bei Simulationen der kommerziellen Zellen unterscheiden sich die Simulationsergebnisse des DRT-Modells mit und ohne Shiften nur unwesentlich, so dass für die Simulation von Lithium-Ionen Zellen auf ein Shiften verzichtet werden kann.

Gütekriterien

Da die Messgröße und modellierte Größe die Impedanz ist, ist es wünschenswert auch ein Gütekriterium zur Modellvalidierung zu verwenden, welches einen Vergleich dieser ermöglicht. Zu diesem Zweck wurde das neue Gütekriterium MARE eingeführt, welches absolut in Ω oder relativ zur gemessenen Impedanz in Prozent angegeben werden kann. Durch die Normierung auf den mittleren absoluten Strom der Spannungsresiduen kann die Abhängigkeit von der C-Rate verringert und somit ein Vergleich zwischen Zellen unterschiedlicher Nennkapazität erleichtert werden.

Durch die Kompensation eines mittleren Fehlers, kann der dynamische MARE (MARE$_{\mathrm{dyn}}$) erhalten werden. Ein Vergleich mit Multisine-Messungen zeigte, dass die über den MARE$_{\mathrm{dyn}}$ erhaltenen Widerstandsdifferenzen die Abweichung der simulierten von der gemessenen Impedanz zu beschreiben vermögen. Somit erlaubt die Verwendung des MARE$_{\mathrm{dyn}}$, zusammen mit dem etablierten Gütekriterium RMSE, dem Entwickler einen tieferen Einblick in das Verhalten des Modells und ermöglicht so eine gezielte Optimierung.

Validierung

Die Validierung des Modells wurde an drei unterschiedlichen kommerziellen Leistungszellen durchgeführt: einer Pouch-Zelle mit einer NCA/LCO-Blendkathode, zwei zylindrischen 18650er-Zellen mit LFP als Kathodenchemie, jedoch unterschiedlicher Mikrostruktur. Bei Validierungsmessungen mit einem dynamischen Entladeprofil konnte festgestellt werden, dass sich der MARE$_{\mathrm{dyn}}$ bei Berücksichtigung der Zelloberflächentemperatur im Gegensatz zur Annahme einer konstanten Temperatur stark reduzieren lässt. Hierdurch wurde gezeigt, dass die Temperatur bei Strömen bis 10 C einen dominanten Einfluss auf die Güte des Modells hat und somit noch vor der Implementierung eines nichtlinearen elektrochemischen Verhaltens zu berücksichtigen ist.

Die Bewertung der niederfrequenten Prozesse und der Abweichung der Leerlaufspannung mittels RMSE ergab qualitative Unterschiede im Verhalten zwischen den Zellen. Während eine Berücksichtigung der Oberflächentemperatur für die Zellen des Typs HP-NCA und HP-LFP1 eine Verbesserung darstellt, verschlechtert sich der RMSE für die Zelle des Typs HP-LFP2. Da sowohl in HP-LFP1 als auch in HP-LFP2 eine LFP-Kathode verwendet wird, deutet das sowohl qualitativ als auch quantitativ andere Verhalten auf den Einfluss der Mikrostruktur hin, die deutliche Unterschiede aufweist. So kann eine, aus der Mikrostruktur resultierende, inhomogene Stromverteilung durch den gewählten Ansatz nicht abgebildet werden.

Ein möglicher Lösungsweg ist durch den Einsatz segmentierter Modelle gegeben, hierdurch können mit dem Modellansatz (i) poröse Elektroden, (ii) Blend-Elektroden, (iii) Partikelgrößenverteilungen und (iv) größere Zellen mit einer Stromverteilung und inhomogenen Temperaturverteilung simuliert werden. Die Funktionalität des Codes wurde durch die Simulation einer fiktiven Blend-Elektrode nachgewiesen.

8.3 Thermisches Modell

Um das thermische Verhalten einer Lithium-Ionen Zelle abbilden zu können, müssen zunächst die Quellterme für reversible und irreversible Wärmeströme berechnet werden (siehe Abschnitt 8.3.1). Liegt bereits ein segmentiertes, ortsaufgelöstes Impedanzmodell vor, können die Wärmequellterme lokalisiert werden. Die thermische Kopplung dieser Segmente untereinander und zur Umgebung wird über das Wärmeleitungsmodell modelliert, welches in Abschnitt 8.3.2 ausgeführt wird.

8.3.1 Modellierung der Wärmequellen

Reaktionsentropie

Nach Gleichung (2.12) lässt sich der, durch die Änderung der Reaktionsentropie verursachte, Wärmestrom für eine Lithium-Ionen Zelle über

$$\dot{Q}_{rev} = \frac{T \cdot \Delta S}{F} i(t) \tag{8.30}$$

berechnen. Ist ΔS aus Messungen bekannt, kann durch eine Wertetabelle in der Simulation der reversible Wärmestrom durch Multiplikation mit dem Strom $i(t)$ berechnet werden. Liegen mehrere Segmente vor, müssen dabei für jedes Segment Strom und Temperatur individuell berücksichtigt werden.

Analog zur Modellierung der Leerlaufspannung besteht auch die Reaktionsentropie ΔS aus Beiträgen beider Elektroden. Da die Reaktionsentropie aus der Ableitung der

OCV nach der Temperatur (Gleichung 4.3) ermittelt werden kann, wird unter Beachtung der Zusammensetzung der Vollzellenspannung aus den Halbzellenspannungen nach Gleichung 8.2 die folgende Beziehung hergeleitet:

$$\Delta S_{cell}(Q) = \Delta S_{Kat}\left(\alpha_{Kat}Q - \nu_{Kat}\right) - \Delta S_{An}\left(\alpha_{An}Q - \nu_{An}\right). \tag{8.31}$$

Dabei können die für das Leerlaufspannungsmodell bestimmten Parameter α_{Kat}, α_{An}, ν_{Kat} und ν_{An} weiter verwendet werden[6].

Einen Nutzen bietet die Aufteilung der Entropie in Anoden- und Kathodenbeitrag allerdings nur, wenn die Impedanz für Anode und Kathode getrennt modelliert wird und das thermische Modell eine individuelle Temperatur von Anode und Kathode zulässt. Daher wird im Weiteren die Reaktionsentropie für Anode und Kathode summarisch betrachtet.

Elektrische Verlustleistung

Die elekrtische Verlustleistung wird aus dem Impedanzmodell bestimmt. Für den Ohmschen Widerstand R_0 gilt der einfache Zusammenhang

$$P_{\mathrm{el},\Omega}(t) = R_0 \cdot i(t)^2 \tag{8.32}$$

wobei R_0 im Impedanzmodell nach Abschnitt 8.2.1 in der Matrix $\mathbf{d}$ gespeichert ist. Die Verlustleistung aus den dynamischen Prozessen darf jedoch nicht über die Multiplikation des Stroms mit der Überspannung berechnet werden, da hier die Scheinleistung enthalten ist. Einen Beitrag zur Verlustleistung hat nur der Strom über den Widerstand des entsprechenden RC-Glieds. Da als Zustände im Modell die Überspannungen $u_{RC,n}$ erfasst sind, wird die Verlustleistung über

$$P_{el,dyn}(t) = \sum_{n=1}^{N} \frac{\left(u_{RC,n}(t)\right)^2}{R_{RC,n}} \tag{8.33}$$

berechnet. Der gesamte Wärmestrom aus der elektrischen Verlustleistung $\dot{Q}_{irr}$ ergibt sich dann aus der Summe von Gleichung 8.32 und 8.33.

8.3.2 Wärmeübertragungsmodell

Modellierung mit Ersatzschaltungsmodellen

Aus der Charakterisierung des dynamischen, thermischen Verhaltens mit den in Abschnitt 7.2 vorgestellten Methoden wurden thermische Impedanzen erhalten, die nun über ein Modell beschrieben werden können. Analog zum Vorgehen bei elektrochemischen Impedanzspektren, können nun Ersatzschaltungen abgeleitet werden, unter Berücksichtigung des Verlaufs der Spektren und grundsätzlichen Überlegungen zum inneren Aufbau

---

[6]Eine Validierung dieses Ansatzes fand im Rahmen der Bachelorarbeit von Herrn Alagi statt.

der Zelle sowie deren Auswirkung auf Wärmeübertragung und -generation. Durch die Temperaturmessung an verschiedenen Punkten stehen nun jedoch mehrere Spektren zur Verfügung, die alle mit derselben Ersatzschaltung beschrieben werden müssen.

Wie in [47] wird zunächst folgender einfacher Ansatz angenommen (vergleiche Abbildung 8.42(a)): Eine thermische Kapazität der Zelle $C_{th,1}$ verbunden über einen Wärmeleitungspfad zur Oberfläche $R_{th,1}$ und die Ankopplung an die Umgebung über $R_{th,amb}$. Hierbei umfasst $R_{th,amb}$ Konvektion, Strahlung und Wärmeleitung über die Ableiter. Bereits mit dieser einfachen Schaltung lässt sich das Verhalten für die zylindrischen Zellen

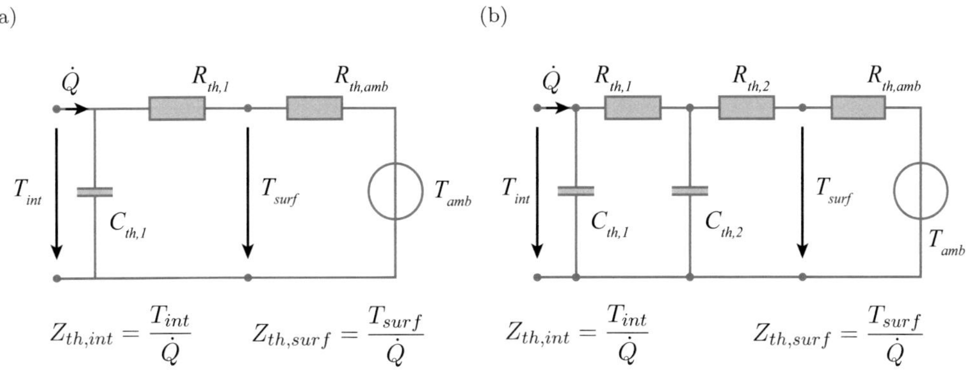

Abbildung 8.42: Ersatzschaltung zur Beschreibung des thermischen Verhaltens: (a) mit einer Zeitkonstante zur Beschreibung der 18650cr Zellen und (b) mit zwei Zeitkonstanten zur Beschreibung des thermischen Systems Pouch-Zelle und Zellhalterung.

HP-LFP1 und HP-LFP2 gut nachbilden, wie Abbildung 8.43 zeigt. Das thermische Impedanzspektrum der Zelle des Typs HP-NCA kann mit dieser Ersatzschaltung jedoch noch nicht zufriedenstellend beschrieben werden. Daher wird die Ersatzschaltung erweitert, um eine zusätzliche Zeitkonstante zuzulassen (vergleiche Abbildung 8.42(b). Der Fit an die Ersatzschaltung ist nun hinreichend genau, wie Abbildung 8.43 zeigt. Die Parameter sollten jedoch nicht physikalisch interpretiert werden, da die verwendete Ersatzschaltung die Wärmeübertragung in einem Pfad beschreibt, durch den Versuchsaufbau jedoch zumindest zwei Wärmeleitungspfade mit unterschiedlicher Dynamik vorliegen (Ableiter mit Kontaktierung durch massiven Kupferblock und Konvektion an der Oberfläche). Daher muss zumindest die Ersatzschaltung nach Abbildung 8.42(b) als Verhaltensmodell angesehen werden.

Die Parameter der thermischen Modelle aller drei Zellen sind in Tabelle 8.4 zusammengefasst. Die mit den angeschweißten Lötfahnen kontaktierten Zellen der Bauform 18650 zeigen dabei vergleichbare Parameter, die sich jedoch für die innere thermische Leitfähigkeit stärker unterscheiden.

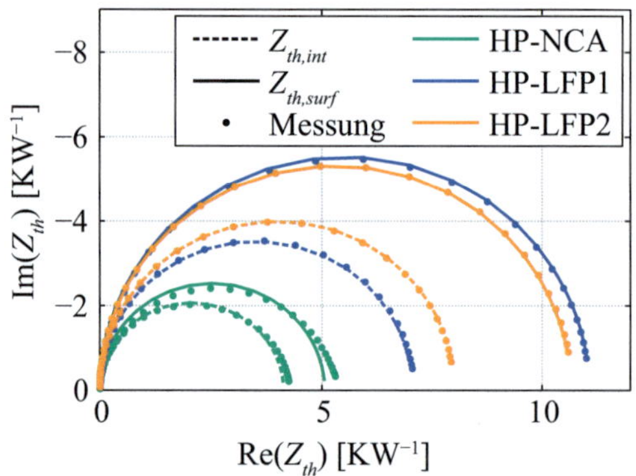

Abbildung 8.43: Gemessene und gefittete thermische Impedanzspektren für innere und Oberflächentemperatur. Für die Zellen der Bauform 18650 wurde die Ersatzschaltung nach Abbildung 8.42(a) verwendet, für die Zelle des Typs HP-NCA die nach Abbildung 8.42(b).

Tabelle 8.4: Parameter für den Fit der thermischen Ersatzschaltung nach Abbildung 8.42(a) an die Zellen HP-LFP1 und HP-LFP2 und für den Fit nach Abbildung 8.42(b) an den Versuchsaufbau mit Zelle HP-NCA.

Zelltyp	$C_{th,1}[\,\mathrm{JK}^{-1}]$	$C_{th,2}[\,\mathrm{JK}^{-1}]$	$R_{th,1}[\,\mathrm{KW}^{-1}]$	$R_{th,2}[\,\mathrm{KW}^{-1}]$	$R_{th,amb}[\,\mathrm{KW}^{-1}]$
HP-NCA	24, 26	16, 78	0, 07	0, 87	4, 12
HP-LFP1	30, 10	-	4, 01	-	7, 04
HP-LFP2	32, 09	-	2, 64	-	7, 99

Reproduzierbarkeit der thermischen Randbedingungen in der Klimakammer

Zwischen der Charakterisierung der Zellen mit Validierungsprofilen und der thermischen Charakterisierung lagen mehrere Monate, so dass die Versuchsanordnung neu aufgebaut wurde, inklusive der Kontaktierung der Temperatursensoren. Da keine Haltevorrichtung für die Zellen der 18650er Gehäuseform verwendet wurde, um die Zelle im Klimaschrank zu positionieren, kann eine Varianz der Position in der Klimakammer nicht ausgeschlossen werden. Ebenso kann der Kabelstrang die Zelle gegen den Prüfkammerventilator teilweise abschatten. Um den Einfluss der Positionierung und teilweisen Abschattung auf das thermische Verhalten einer Zelle zu untersuchen, wurde die thermische Impedanz für eine Zelle des Typs HP-LFP1 bei Variation dieser Parameter aufgenommen.
Die Zelle wurde in drei Versuchsanordnungen (siehe Abbildung 8.44) vermessen:

1. Die Zelle lag nur auf zwei Kanten auf und befand sich direkt im Luftstrom des Gebläses.

2. Die Zelle lag nur auf zwei Kanten auf, wurde jedoch von einer Plastikschale in einer Entfernung von 2 cm vom direkten Luftstrom abgeschirmt.

3. Die Zelle wurde auf den Boden einer Plastikschale gelegt, wobei die Seitenwände die Zelle überragten und vor dem direkten Luftstrom abschatteten.

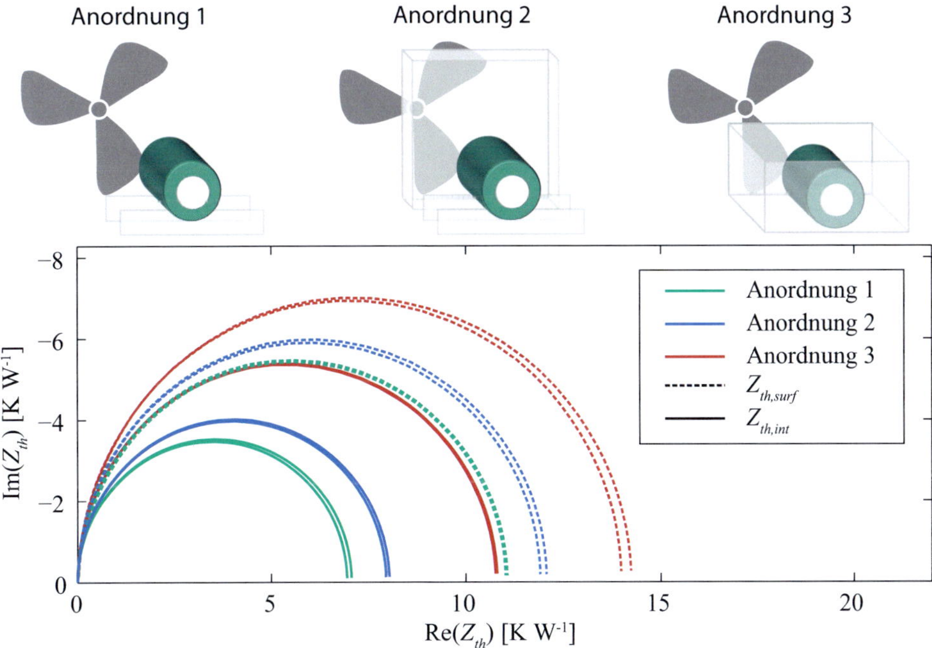

Abbildung 8.44: Thermische Impedanz in Abhängigkeit der Positionierung in der Klimakammer: Drei Versuchsanordungen mit unterschiedlichen thermischen Randbedingungen (oben) und gemessene thermische Impedanzspektren für eine Zelle des Typs HP-LFP1 mit Wiederholmessung.

Die thermischen Impedanzen für die innere Temperatur T_{int} und die Oberflächentemperatur T_{surf} ist in Abbildung 8.44 zusammen mit einer Wiederholmessung dargestellt. Die Wiederholmessung wurde direkt nach der ersten Messung durchgeführt, ohne die Klimakammer zu öffnen. Die Ergebnisse zeigen eine gute Reproduzierbarkeit der Messung, wenn die thermischen Randbedingungen nicht verändert werden.
Beim Vergleich der drei Versuchsanordnungen kann festgestellt werden, dass die thermische Impedanz mit zunehmender Abschattung vom Gebläse ansteigt. Wird die Impedanz durch das in Abbildung 8.42(a) gezeigte Ersatzschaltungsmodell beschrieben, zeigt ein Vergleich der Parameter (siehe Tabelle 8.5), dass die thermische Kapazität für alle drei Fälle annähernd identisch ist. Nur für Anordnung drei wird ein geringerer thermischer Widerstand $R_{th,1}$ ermittelt. Dies kann jedoch durch die größere Auflagefläche der Zelle begründet werden, die ein Teil der Plastikschale thermisch kontaktiert. Der thermische Widerstand $R_{th,amb}$ beschreibt die Wärmeübertragung an die Umgebung und nimmt konsistent mit dem Grad der Abschattung vom Luftstrom zu.

Tabelle 8.5: Parameter für den Fit der thermischen Ersatzschaltung nach Abbildung 8.42(a) an die Spektren aus Abbildung 8.44. Die Parameter der Erst- und Wiederholmessung wurden gemittelt.

	$C_{th}[\,\mathrm{JK^{-1}}]$	$R_{th,1}[\,\mathrm{KW^{-1}}]$	$R_{th,amb}[\,\mathrm{KW^{-1}}]$
Anordnung 1	$30,0$	$4,0$	$7,0$
Anordnung 2	$30,5$	$4,0$	$8,0$
Anordnung 3	$31,1$	$3,4$	$10,7$

Insgesamt sind die Ergebnisse plausibel und zeigen deutlich, dass bei nicht identischer Positionierung der Zellen im Klimaschrank Abweichungen für das thermische Verhalten größer als zehn Prozent zu erwarten sind.

Zustandsraummodell der Temperatur

Die Simulation des thermischen Verhaltens wird in MATLAB vorteilhaft als zeitdiskretes Zustandsraummodell implementiert. Analog zum Vorgehen beim elektrochemischen Impedanzmodell, wird dazu ein verallgemeinertes Wärmeübertragungsmodell nach Abbildung 8.45 betrachtet.
Das Modell erlaubt die Simulation der Wärmeübertragung in einem Pfad entlang n. Die Auflösung ist mit N Segmenten der thermischen Kapazitäten $C_{th,n}$ gegeben, die durch die thermischen Widerstände $R_{th,n}$ untereinander gekoppelt sind. Die thermische Ankopplung an die Umgebung wird durch einen Abschlusswiderstand $R_{th,amb}$ modelliert. Somit kann das Modell über insgesamt $2N + 1$ Parameter beschrieben werden.
Die Wärmequellen $\dot{Q}_n$ können eine volumetrische gleichmäßig verteilte, konzentrierte oder über ein elektrochemisches Modell gekoppelte Wärmeeinprägung realisieren. Wird die Wärmeübertragung durch eine Wand aus N Schichten dargestellt, so ist nur $\dot{Q}_1$ relevant, alle anderen Wärmequellen besitzen keinen Wärmestrom. Wird hingegen eine segmentierte Zelle simuliert, muss für jedes Segment ein individueller Wärmestrom berücksichtigt werden.

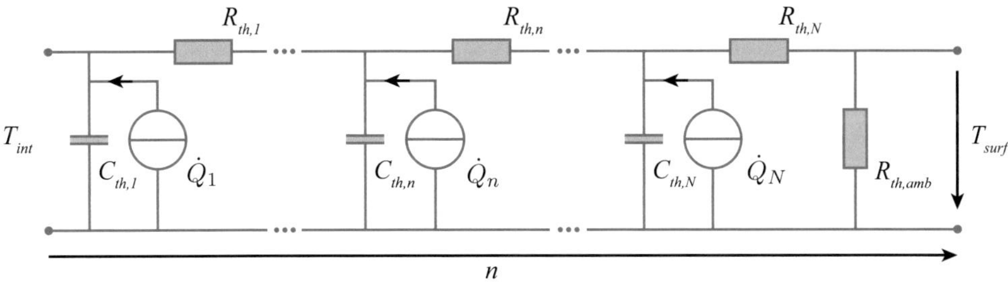

Abbildung 8.45: Verallgemeinertes Wärmeübertragungsmodell mit N Segmenten zur Simulation der Wärmeübertragung im Pfad entlang n.

Die Herleitung der Gleichungen für das Zustandsraummodell ist in Anhang C ausgeführt. Hierbei werden, anders als in [210], die Temperaturdifferenzen über die thermischen Kapazitäten als Zustände betrachtet und nicht der Wärmestrom.

Eine Validierung des thermischen Modells an Validierungsprofilen erscheint nur im Zusammenhang mit einem gekoppelten elektrochemischen Modell sinnvoll, da die thermischen Quellterme direkt aus diesem abgeleitet werden. Daher wird in diesem Abschnitt auf einen Vergleich mit den Validierungsprofilen verzichtet und auf den nächsten Abschnitt verwiesen.

8.3.3 Zusammenfassung

Das mit den in Abschnitt 7.2 vorgestellten Methoden gemessene thermische Verhalten lässt sich über einfache Ersatzschaltungsmodelle mit maximal zwei Zeitkonstanten bereits hinreichend genau beschreiben. Durch unterschiedliche Positionierung des Versuchsaufbaus im Klimaschrank können im thermischen Verhalten Abweichungen von gut zehn Prozent entstehen. Die Implementierung in MATLAB erfolgt über ein zeitdiskretes Zustandsraummodell, analog zur Implementierung des elektrochemischen.

8.4 Gekoppeltes thermisches und elektrochemisches Modell

Die in Abschnitt 8.2 und 8.3 aufgestellten Zustandsraummodelle, zur Beschreibung des elektrochemischen und thermischen Verhaltens, werden nun zusammengeführt. Abbildung 8.4 zeigt die wechselseitige Abhängigkeit der Submodelle: Die Temperatur für das elektrochemische Modell wird vom Zustandsraummodell der Temperatur bereitgestellt. Der Wärmestrom aus der elektrischen Verlustleistung P_{irr} wird hingegen auf Basis des elektrochemischen Modells berechnet und stellt ein Eingangssignal des Temperaturmodells dar. Beide Submodelle greifen schließlich auf den SOC zurück, der in einem weiteren

Zustand durch eine Integration bereitgestellt wird.

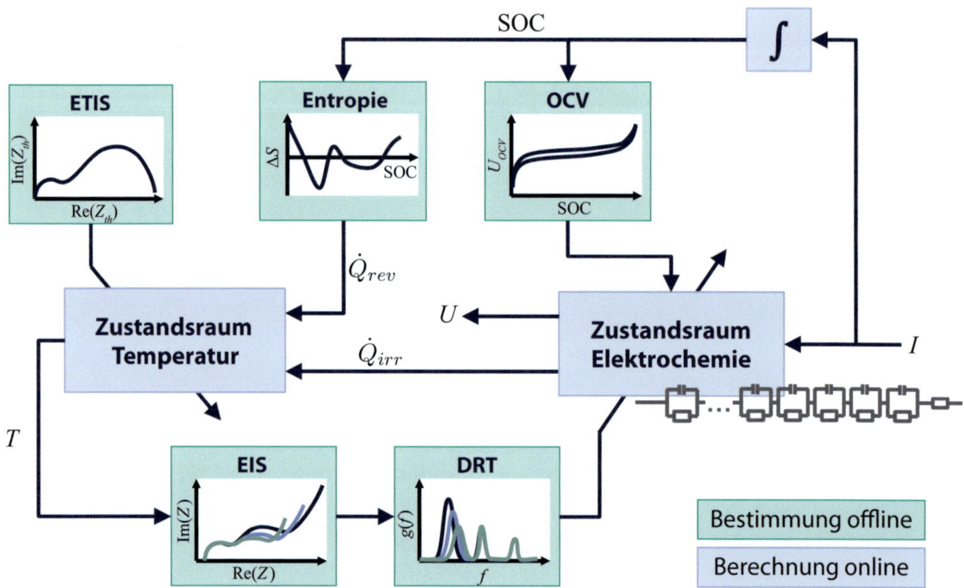

Abbildung 8.46: Kopplung von elektrochemischem und thermischem Modell und Parametrierung der Submodelle in Abhängigkeit des Arbeitspunktes (SOC,T).

Weiterhin wird die Parametrierung beider Modelle auf der Basis von Übertragungsfunktionen (Impedanzspektren) durchgeführt, die in den jeweiligen Arbeitspunkten aufgenommen wurden. Sie sind somit in den Arbeitspunkten linear und nur über den Wechsel der Arbeitspunkte (SOC,T) nichtlinear. Die nachfolgend aufgeführten Simulationen zeigen, ob das thermische Verhalten richtig wiedergegeben wird und inwiefern sich durch die Kopplung eine Verbesserung der Simulationsgenauigkeit im Gegensatz zur Verwendung der Oberflächentemperatur erreichen lässt.

8.4.1 Simulation und Validierung

Ergebnisse AG02

Abbildung 8.47(a) zeigt die simulierte und gemessene Temperaturentwicklung für das dynamische Validierungsprofil B mit mittleren Entladeraten von 2 C und 6 C (die dabei auftretenden maximalen Ströme sind um den Faktor 1,6 höher). Dabei kann eine sehr gute Übereinstimmung der gemessenen und simulierten Oberflächentemperatur festgestellt werden. Die innere Temperatur der Zelle steigt für die Verwendung des Modells mit zwei Relaxtionszeiten (vgl. Abbildung 8.42(b)) stark an und erreicht Werte über 55 °C. Die aus dem elektrochemischen Modell erhaltenen Wärmeströme sind in Abbildung 8.47(b)

(a)   (b)

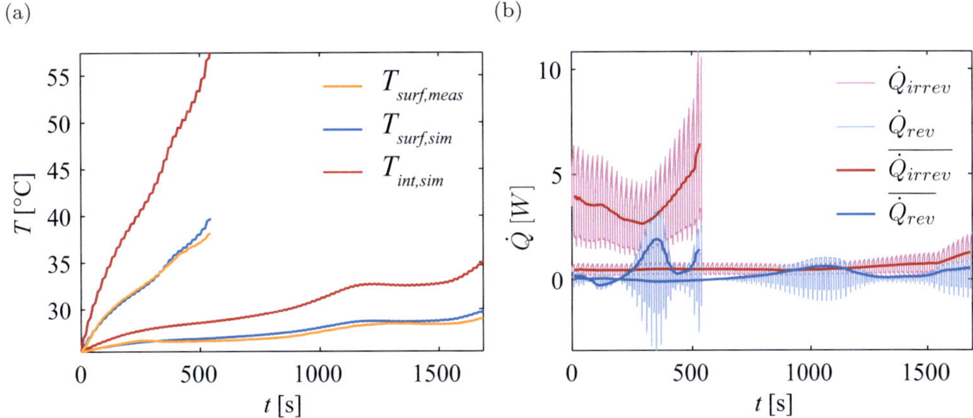

Abbildung 8.47: Zelle HP-NCA: (a) Gemessene $T_{surf,meas}$ und simulierte $T_{surf,sim}$ Oberflächentemperatur sowie simulierte Kerntemperatur $T_{int,sim}$. (b) Irreversibler $\dot{Q}_{irr}$ und reversibler $\dot{Q}_{rev}$ Wärmestrom, sowie deren gleitende Mittelwerte.

dargestellt. Während für das Profil mit der mittleren Entladerate von 6 C der Beitrag des reversiblen Wärmestroms unter dem des irreversiblen liegt, übersteigt er diesen bei einer mittleren Entladerate von 2 C zeitweise. Eine Vernachlässigung des reversiblen Wärmestroms führt jedoch in beiden Fällen zu Fehlern.

Eine Verbesserung des RMSE kann durch Verwendung der simulierten inneren Temperatur, im Gegensatz zur Verwendung der Oberflächentemperatur, nicht festegestellt werden (vergleiche Abbildung 8.48(a)). Hier erhöht sich der Fehler im mittleren SOC Bereich leicht. Das höherfrequente dynamische Verhalten wird jedoch besser beschrieben, wie der dynamische MARE zeigt (siehe Abbildung 8.48(b)).

Ergebnisse AJ02

Wie Abbildung 8.49(a) zeigt, kann das Modell die gemessene Oberflächentemperatur gut abbilden. Berücksichtigt man die Ergebnisse zur Reproduzierbarkeit der thermischen Randbedingungen in diesem Versuchsaufbau (siehe Seite 185), so erscheinen die verbleibenden Differenzen als vernachlässigbar. Die simulierte, innere Temperatur zeigt erneut deutlich höhere Werte als die Oberflächentemperatur. Der Anteil des irreversiblen Wärmestroms dominiert deutlich und zeigt im Gegesnatz zur Zelle des Typs HP-NCA im Mittel einen eher konstanten Verlauf. Dies deckt sich auch gut mit der über einen weiten SOC-Bereich konstanten Impedanz der Zelle.

Der RMSE zeigt eine weitere Verbesserung zur Verwendung der Oberflächentemperatur (siehe Abbildung 8.50(a)), ebenso der dynamische MARE, der über einen weiten SOC-Bereich nun unter 2 % liegt (vergleiche Abbildung 8.50(b)).

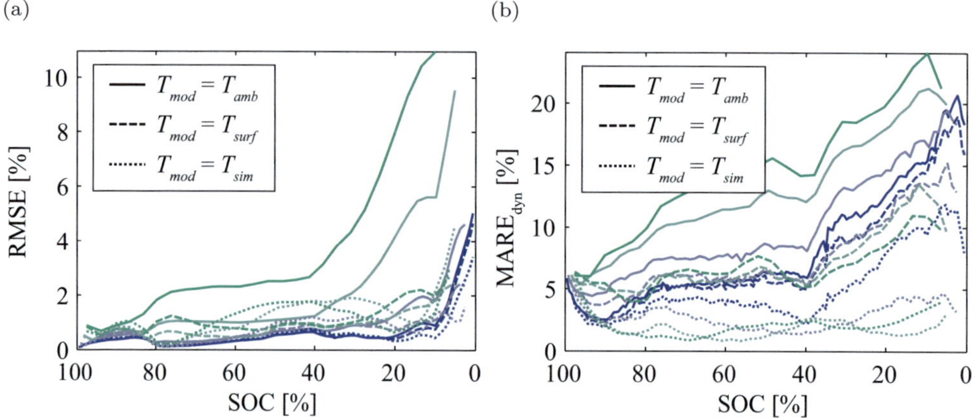

Abbildung 8.48: Zelle HP-NCA: Dynamischer MARE für die Messung aus Abbildung 8.27 bei konstanter Temperatur und bei der Verwendung der gemessenen Oberflächentemperatur und simulierter inneren Temperatur der Zelle: (a) absolut, (b) relativ.

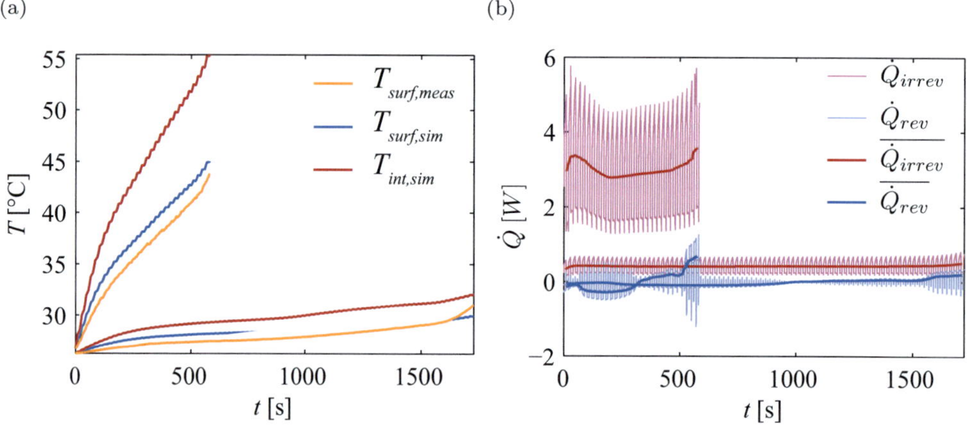

Abbildung 8.49: Zelle HP-LFP1: (a) Gemessene $T_{surf,meas}$ und simulierte $T_{surf,sim}$ Oberflächentemperatur sowie simulierte Kerntemperatur $T_{int,sim}$. (b) Irreversibler $\dot{Q}_{irr}$ und reversibler $\dot{Q}_{rev}$ Wärmestrom, sowie deren gleitende Mittelwerte.

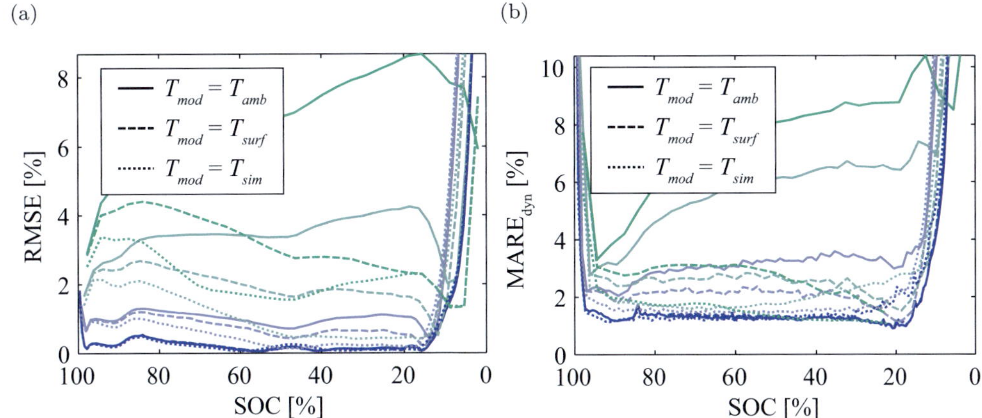

Abbildung 8.50: Zelle HP-LFP1: Dynamischer MARE für die Messung aus Abbildung 8.30 bei konstanter Temperatur und bei der Verwendung der gemessenen Oberflächentemperatur und simulierter inneren Temperatur der Zelle: (a) absolut, (b) relativ.

Ergebnisse AI02

Die Simulation der Zelltemperatur zeigt für die Zelle des Typs HP-LFP2 ähnliche Ergebnisse wie die der Zelle HP-LFP1, wie Abbildung 8.51(a) zeigt. Die höhere Temperatur der Zelle HP-LFP2 wird korrekt durch das Modell abgebildet. Der durch die elektrische Verlustleistung verursachte Wärmestrom $\dot{Q}_{irr}$ fällt geringer aus als für die Zelle HP-LFP1 (vergleiche Abbildung 8.51(b) und 8.49(b)), was konsistent mit den Impedanzmessungen ist, die eine geringere Polarisation der Zelle HP-LFP2 zeigen. Wie schon die Simulation unter Verwendung der Oberflächentemperatur, erhöht die Berücksichtigung der simulierten inneren Temperatur den RMSE weiter (siehe Abbildung 8.52(a)). Eine Verbesserung des dynamischen MARE ist nicht für alle C-Raten gegeben und fällt weniger deutlich aus, wie Abbildung 8.52(b) zeigt.

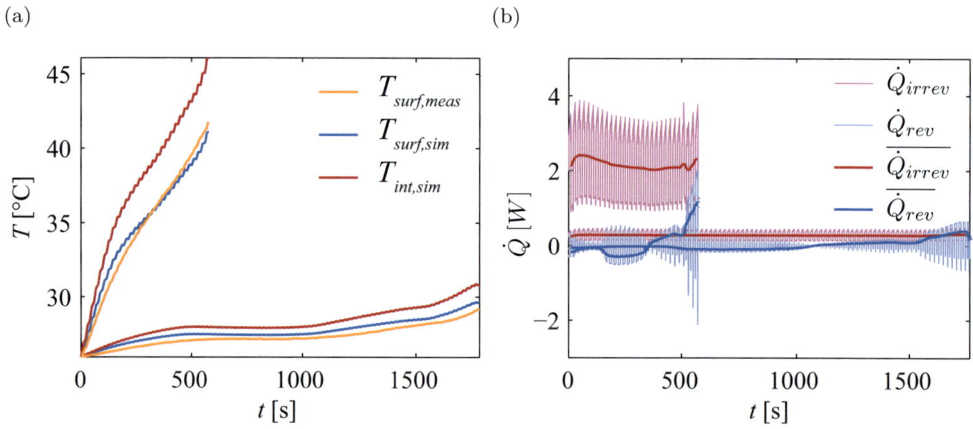

Abbildung 8.51: Zelle HP-LFP2: (a) Gemessene $T_{surf,meas}$ und simulierte $T_{surf,sim}$ Oberflächentemperatur sowie simulierte Kerntemperatur $T_{int,sim}$. (b) Irreversibler $\dot{Q}_{irr}$ und reversibler $\dot{Q}_{rev}$ Wärmestrom, sowie deren gleitende Mittelwerte.

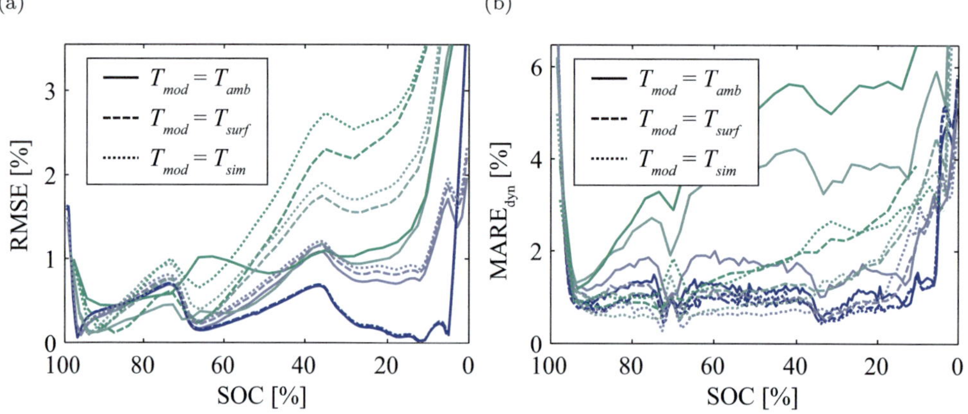

Abbildung 8.52: Zelle HP-LFP2: Dynamischer MARE für die Messung aus Abbildung 8.33 bei konstanter Temperatur und bei der Verwendung der gemessenen Oberflächentemperatur und simulierter inneren Temperatur der Zelle: (a) absolut, (b) relativ.

8.4.2 Diskussion

Die über die Prozesskette „ETIS" → „CNLS-Fit Ersatzschaltung" → „Zustandsraum-modell" erhaltene Simulation des thermischen Verhaltens zeigt für alle drei Zelltypen eine gute Übereinstimmung mit der gemessenen Oberflächentemperatur. Eine direkte Validierung der inneren Temperatur konnte nicht über einen Temperatursensor realisiert werden. Jedoch zeigt die weitere Verringerung des $MARE_{dyn}$ eine verbesserte Beschreibung der für die elektrochemische Simulation relevante Zelltemperatur aus der Simulation der inneren Temperatur. Indirekt kann somit auch die innere Temperatur als validiert betrachtet werden. Durch die Anwendung des in Abschnitt 7.1 vorgestellten Verfahrens könnte jedoch auch die gemittelte innere Temperatur während eines Profils gemessen und somit eine Validierung durchgeführt werden.

Die Simulationsergebnisse der inneren Temperatur zeigen allerdings auch, dass das Parameterfeld für die Impedanzmessung mit einer Maximaltemperatur von 40 °C zu eng gewählt wurde, für die Simulation von Validierungsprofilen mit einer maximalen Stromstärke von 10 C und einer Umgebungstemperatur von 25 °C. Eine Erweiterung des Messbereichs ist somit notwendig, wenn Lastprofile bei Fahrzeugrelevanten Umgebungs-bedingungen simuliert werden sollen.

Mithilfe des elektrochemisch/thermisch gekoppelten Modells kann nun das Tempe-raturverhalten bei unterschiedlichen Lastprofilen und thermischen Randbedingungen vorhergesagt und damit das Wärmemanagement optimiert werden. Auf Basis solcher Simulationen könnte ein thermisches Management prädiktiv erfolgen, also bereits vor einer signifikanten Temperaturerhöhung an der Zelloberfläche eine entsprechende Kühl-leistung bereitstellen.

Auch zum Vergleich verschiedener Zellen unter unterschiedlichen thermischen Randbe-dingungen oder Lastprofilen kann die Simulation herangezogen werden. Unter anderem ist eine Aufschlüsselung der Wärmequellterme möglich, wie in Abbildung 8.53 dargestellt, die den Anteil des reversiblen Wärmestroms am Gesamtwärmestrom zeigt. Generell kann beobachtet werden, dass der Betrag erwartungsgemäß mit abnehmender C-Rate sinkt, jedoch auch bei höheren C-Raten nicht vernachlässigt werden kann.

Ein negatives Vorzeichen des Wärmestroms in Abbildung 8.53 heißt, dass der reversible Wärmestrom zur Abkühlung der Zelle beim Entladen beiträgt und somit einen Teil der durch die elektrische Verlustleistung freigesetzte Wärme kompensieren kann. Dies ist für die LFP basierten Zellen HP-LFP1 und HP-LFP2 für einen 30 Prozentpunkte breiten SOC-Bereich der Fall.

Der unterschiedliche Trend für die einzelnen Zellen in RMSE und $MARE_{dyn}$, der bereits bei der Simulation mit dem rein elektrochemischen Modell zu beobachten war setzt sich weiter fort und bestätigt die Überlegungen zu den Grenzen eines derart vereinfachten elektrochemischen Modells.

Die gute Übereinstimmung der gemessenen Oberflächentemperatur mit der simulierten weist zwar darauf hin, dass die innere Temperatur im Mittel richtig prädiziert wird, jedoch können an den positiven und negativen Elektroden unterschiedliche Tempera-turen auftreten. Der in Abbildung 8.53 dargestellte Anteil der Reaktionsentropie am Gesamtwärmestrom resultiert aus der Summe der Reaktionsentropiebeiträge von Anode

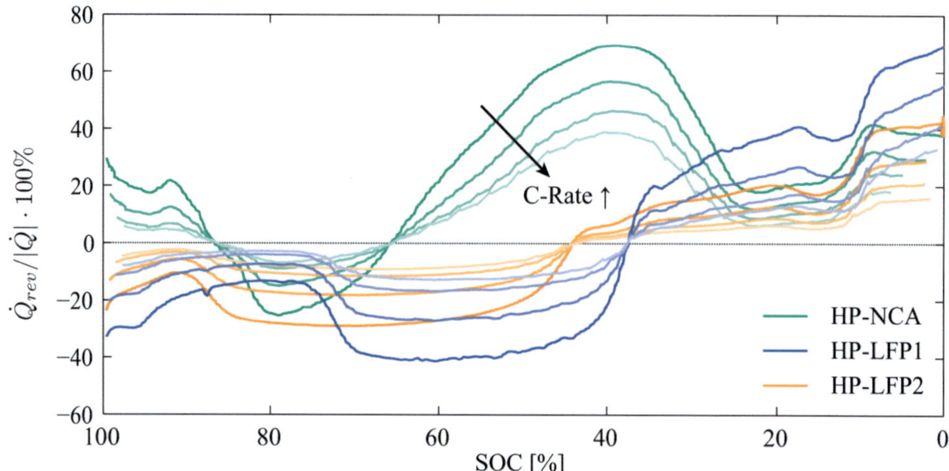

Abbildung 8.53: Anteil des reversiblen Wärmestroms am Gesamtwärmestrom für alle drei Zellen und die Validierungsprofile B. Die Variation der C-Raten ist über die Helligkeit der Linien dargestellt, diese nimmt für steigende C-Raten zu.

und Kathode, die jedoch unterschiedlich groß sein und ein unterschiedliches Vorzeichen aufweisen können [199]. Das heißt, dass die eine Elektrode durch die Reaktionsentropie abgekühlt werden könnte, die andere aufgeheizt. Um diesen Einfluss zu überprüfen wurde eine Zelle des Typs HP-NCA bei einer Umgebungstemperatur von 50 °C mit einem dynamischen Stromprofil vollständig entladen, wobei die Tabs angelötet wurden um eine Temperaturmessung an diesen zu ermöglichen. Abbildung 8.54 zeigt die gemessenen Temperaturen am positiven Tab $T_{tab,pos}$ und am negativen $T_{tab,neg}$, zusammen mit dem eingeprägten Strom I_{batt}.

Es lässt sich erkennen, dass abhängig vom Ladezustand, beim Wechsel der Stromrichtung, eine Differenz zwischen positivem und negativem Tab besteht. Diese Differenz ist zwar relativ gering, aber es ist davon auszugehen, dass lokal im Innern der Zelle größere Differenzen auftreten und bei der Position der Temperaturmessung an den Tabs bereits teilweise eine Angleichung an die Umgebungstemperatur stattgefunden hat. Zusätzlich haben die unterschiedlichen Materialeigenschaften der Ableiter einen Einfluss auf das Messergebnis, da die Temperaturleitfähigkeit von Aluminium (positiver Tab) und Kupfer (negativer Tab) unterschiedlich sind. Eine in-situ Messung der Ableitertemperaturen über Röntgendiffraktion (XRD) im Zellinnern [240] könnte hier Klarheit schaffen. Unabhängig davon ist durch die unterschiedlichen Reaktionsentropien für Anode und Kathode davon auszugehen, dass sich unter Last eine Temperaturdifferenz einstellen wird. Eine Berücksichtigung dieser Temperaturdifferenz im Modell ist jedoch nur dann sinnvoll, wenn auch die Impedanzbeiträge von Anode und Kathode zuvor getrennt wurden.

Insgesamt zeigt die Simulation des gekoppelten elektrochemischen/thermischen Modells, dass eine lineare Beschreibung des thermischen und elektrochemischen Teilmodells, selbst

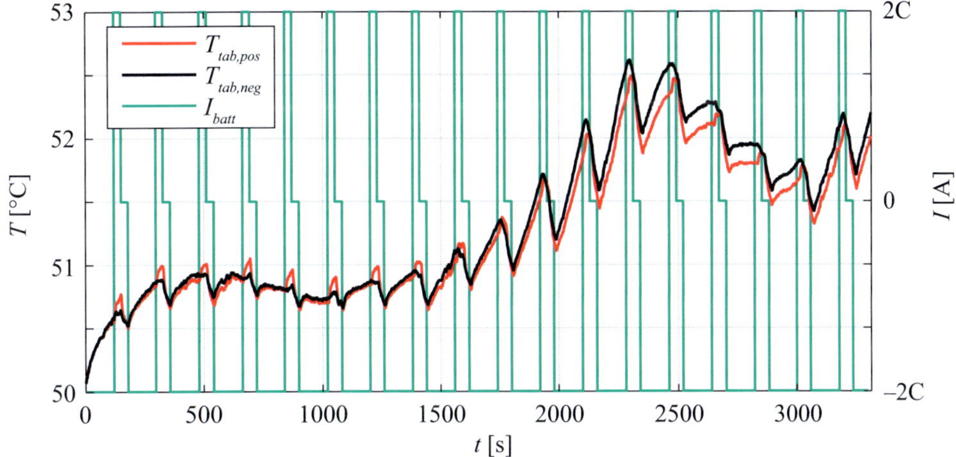

Abbildung 8.54: Tab-Temperaturen für eine Zelle des Typs HP-NCA bei Entladung mit einem dynamischen Stromprofil mit I_{batt}.

für Validierungsprofile mit Strömen von 10 C, ausreichend genaue Simulationsergebnisse erzielt. So liegt der MARE_{dyn} für die zwei LFP-basierten Zellen für $10\% < \text{SOC} < 90\%$ unter 2% und für die Zelle mit der NCA/LCO-Blendkathode unter 5%.

Die eingangs gestellte Frage, bis zu welchen Strömen eine lineare Beschreibung der Teilmodelle möglich ist, lässt sich somit bei den gewählten Bedingungen mit bis zu mittleren Entladeraten von 6 C bei maximalen Strömen von 10 C beantworten.

8.4.3 Zusammenfassung

Die Kopplung des elektrochemischen und thermischen Modells erlaubt die Prädiktion der Oberflächentemperatur mit hoher Genauigkeit, die innere Temperatur zeigt dabei eine deutliche Überhöhung. Ebenso erlaubt das Modell die Aufschlüsselung des Wärmestrombeitrags nach Reakionsentropie und Verlustleistung, wobei sich zeigte, dass für alle Zellen und C-Raten die Reaktionsentropie nicht vernachlässigt werden darf.

Der Trend, welcher durch die Berücksichtigung der Oberflächentemperatur zu beobachten war, wird weiter fortgesetzt. So werden für die Zellen des Typs HP-NCA und HP-LFP1 noch bessere Ergebnisse erzielt, für die Zelle des Typs HP-LFP2 jedoch nicht.

Durch die Messung der Ableitertemperaturen kann auf eine Temperaturdifferenz der positiven und negativen Elektroden unter Last geschlossen werden. Dieser Effekt kann durch das Modell nicht mehr abgebildet werden und bietet somit Raum für Verbesserungen.

9 Zusammenfassung und Ausblick

9.1 Zusammenfassung

Der in dieser Arbeit verfolgte Modellansatz steht im Spannungsfeld zwischen automatisierbarer Parametrierung sowie Anwendbarkeit auf beliebige Materialchemien und einer größtmöglichen Erhaltung der physikalischen Interpretierbarkeit der Parameter. Um dies zu erreichen, wird das Modell strikt in vier Domänen eingeteilt: statisches, elektrochemisches und statisches, thermisches Verhalten sowie dynamisches, elektrochemisches und dynamisches, thermisches Verhalten, wobei das dynamische Verhalten in einem Arbeitspunkt (Temperatur und Ladezustand) linear charakterisiert wird, um eine Vermischung elektrochemischer und thermischer Parameter zu vermeiden. Entsprechend wurden zur Parametrierung der vier Submodelle verschiedene Charakterisierungsverfahren evaluiert und entwickelt.

Charakterisierung des elektrochemischen Verhaltens

Abhängig von Ladezustand (SOC) und Temperatur zeigt eine Lithium-Ionen Zelle eine andere Leerlaufspannung und somit ein anderes statisches Verhalten. An einer kommerziellen Eisenphosphat/Graphit Zelle wurden exemplarisch verschiedene Verfahren zu dessen Charakterisierung evaluiert (Konstantstrom-, Relaxationsmessung und zyklische Voltammetrie (CV)).

Aus den Konstantstrommessungen bei niedrigen C-Raten können die differentielle Interkalationskapazität (ICA) und die differentielle Spannung (DVA) bestimmt werden, die zur Parametrierung des Leerlaufkennlinienmodells notwendig werden. Eine Verbesserung der Auflösung und Datenqualität konnte durch Optimierung der Messtechnik, eine konstante Zelltemperatur und die Anwendung eines adaptiven Filters erreicht werden. Daraus resultierend konnte ein Geschwindigkeitsvorteil von Faktor 26 der ICA, gegenüber der CV, demonstriert werden.

Als Vergleichsgröße zwischen den einzelnen Verfahren eignet sich die differentielle Interkalationskapazität $C_{\Delta Int}$. Diese wurde aus CV, ICA, EIS sowie Relaxationsmessungen ermittelt und ermöglichte erstmals einen umfassenden Vergleich der Verfahren. Unter Berücksichtigung der Genauigkeit und Messdauer, zeigten sich deutliche Vorteile für die ICA.

Die Charakterisierung des dynamischen, elektrochemischen Verhaltens wurde für Frequenzen oberhalb 10 mHz mittels elektrochemischer Impedanzspektroskopie (EIS) durchgeführt und die Impedanzdaten für kommerzielle Lithium-Ionen Zellen erstmals mittels der Verteilungsfunktion der Relaxationszeiten (DRT) ausgewertet.

Es wurde ein neues Verfahren, das Pulse-Fitting, entwickelt und erfolgreich implementiert sowie validiert. Dieses Verfahren basiert auf der Auswertung der Spannungsrelaxation nach einem Strompuls und bietet neben einer verkürzten Messdauer gegenüber der EIS den Vorteil, die DRT direkt zu berechnen. Somit konnten erstmals Impedanzen für kommerzielle Zellen bis in den μHz-Bereich und für einen breiten SOC-Bereich vermessen werden.

Eine alternative Anwendung des Pulse-Fitting Verfahrens stellt die Bestimmung der Selbstentladung dar, die durch die Implementierung eines Selbstentladungsmodells möglich wird. So wurde die Abhängigkeit der Selbstentladung vom SOC und der Temperatur bei deutlich optimierter Messdauer im Vergleich zu Auslagerungsexperimenten ermittelt. Der Vergleich mit den Auslagerungsexperimenten belegt die grundlegende Anwendbarkeit des Modells.

Charakterisierung des thermischen Verhaltens

Zunächst wurde ein bestehendes Verfahren, zur Bestimmung einer Temperatur aus der Abhängigkeit der Impedanz, aufgegriffen und an einer kommerziellen Pouch-Zelle evaluiert. Experimentell wurde gezeigt, dass die so bestimmte Temperatur der mittleren inneren Temperatur entspricht, und die Sensitivität der Temperaturbestimmung auf den Ladezustand bewertet. Die Bestimmung der inneren Temperatur aus der Impedanz bildet im Weiteren die Basis für die Ermittlung der Übertragungsfunktion eines Wärmestroms auf die innere Temperatur.

Das dynamische, thermische Verhalten wurde mittels des in dieser Arbeit neu eingeführten Verfahrens der elektrothermischen Impedanzspektroskopie (ETIS) via ΔS und ETIS via P_{el} an einer Pouch-Zelle bestimmt. Das Ergebnis ist eine nichtparametrische Übertragungsfunktion zur Beschreibung des thermischen Verhaltens, die auch als thermische Impedanz interpretiert werden kann. Eine Charakterisierung des thermischen Verhaltens kann somit ohne a priori Wissen über Wärmeleitungspfade, thermische Ankopplung und inneren Aufbau der Zellen im eingebauten Zustand (z.B. im Modul) vorgenommen werden.

Das ebenfalls vorgestellte Verfahren ETIS via P_{el}-Sprung basiert auf der Messung des Abkühlverhaltens. Zur Auswertung wurde ein Algorithmus entwickelt, welcher erstmals eine Verteilungsfunktion der Relaxationszeiten für das thermische Verhalten einer Lithium-Ionen Zelle berechnen ließ. Die einfache Integration in bestehende Messlösungen für Lithium-Ionen Batterien und die Messung im Zeitbereich heben dieses Verfahren von den zwei zuvor genannten ETIS-Verfahren ab.

Die Reaktionsentropie ΔS führt zu einer Änderung der Leerlaufspannung und beschreibt damit das statische thermische Verhalten. Dieses wurde an kommerziellen Vollzellen zunächst potentiometrisch und anschließend mit einem neu entwickelten Verfahren, basierend auf der ETIS via ΔS, gemessen. Die Messdauer des neuen Verfahrens konnte im Vergleich zur potentiometrischen Messung um den Faktor 100 verkürzt werden. Dadurch konnte die Reaktionsentropie auch in Laderichtung gemessen werden, wobei ein Hystereseverhalten festgestellt wurde.

Modellierung

Zur Beschreibung der Leerlaufspannung wird ein Modell aus zwei Kennlinien für Anoden- und Kathodenpotential sowie vier Parameter zur Anpassung des Vollzellenpotentials eingesetzt. Das Modell wurde mittels Messungen an Experimentalzellen mit Referenz-Elektrode validiert und dessen Eignung zur Diagnose von Alterungsmechanismen nachgewiesen. Weiterhin wurde ein Algorithmus zur Bestimmung der Halbzellenpotentiale auf Basis der Einzelkennlinien erfolgreich implementiert. Mithilfe des Algorithmus kann somit eine virtuelle Referenzelektrode realisiert werden.
Das Modell wurde erstmals auf Blend-Kathoden erweitert und an Messungen erfolgreich validiert. Dieses Modell erlaubt eine Diagnose der Massenanteile der Blend-Komponenten und ermöglicht somit eine quantitative in-situ Bestimmung der Alterung einzelner Blend-Komponenten, wie zum Beispiel Mn-Auflösung.

Das dynamische, elektrochemische Verhalten wird über ein Impedanzmodell, das direkt aus der DRT abgeleitet ist, in den Arbeitspunkten (Temperatur, SOC) linear beschrieben. Durch die Wahl der Anzahl der Relaxationszeiten können Modellordnung und somit Rechenaufwand sowie Genauigkeit skaliert werden. Das Modell wurde in MATLAB als Zustandsraummodell speichersparend und effizient implementiert.
Zur Bewertung der Modellgüte wurde ein neues Gütekriterium in zwei Variationen eingeführt: MARE (Mean Absolute Resistance Error) und MARE$_{dyn}$. Im Gegensatz zu den etablierten Gütekriterien kann ein direkter Vergleich der modellierten Größe – der Impedanz – vorgenommen werden.
Das Modell wurde an drei unterschiedlichen kommerziellen Leistungszellen validiert: Einer Pouch-Zelle mit einer NCA/LCO-Blendkathode und zwei zylindrischen 18650er-Zellen mit Eisenphosphat als Kathodenchemie, jedoch unterschiedlicher Mikrostruktur. Für Validierungsmessungen mit einem dynamischen Entladeprofil wurde gezeigt, dass sich der MARE$_{dyn}$ bei Berücksichtigung der Zelloberflächentemperatur, im Vergleich zur Annahme einer konstanten Temperatur, stark reduzieren lässt. Hierdurch wurde gezeigt, dass die Temperatur bei Strömen bis 10 C einen dominanten Einfluss auf die Güte des Modells hat und somit noch vor der Implementierung eines nichtlinearen elektrochemischen Verhaltens zu berücksichtigen ist.
Die Bewertung des RMSE (Root Means Square Errors) der Zellspannung ergab qualitative Unterschiede im Verhalten zwischen den Zellen, die auf den Einfluss der Mikrostruktur hindeuten. So kann eine aus der Mikrostruktur resultierende, inhomogene Stromverteilung durch den gewählten Ansatz nicht abgebildet werden.

Ein möglicher Lösungsweg ist durch den Einsatz segmentierter Modelle gegeben. Hierdurch können mit dem Modellansatz (i) poröse Elektroden, (ii) Blend-Elektroden, (iii) Partikelgrößenverteilungen und (iv) größere Zellen mit inhomogener Strom- und Temperaturverteilung simuliert werden. Die Funktionalität des Codes wurde durch die Simulation einer fiktiven Blend-Elektrode nachgewiesen.

Das dynamische, thermische Verhalten wurde über ein Cauer-Netzwerk abgebildet und analog zum elektrochemischen Modell im Zustandsraum in MATLAB implementiert. Als Ausgangsgröße werden Oberflächen- und innere Temperatur bereitgestellt. Die Parametrierung des Modells erfolgte über ETIS via P_el-Sprung.

Die Kopplung des elektrochemischen und thermischen Modells erlaubt die Prädiktion der Oberflächentemperatur mit hoher Genauigkeit. Eine Bewertung der inneren Temperatur kann durch das Modell ebenfalls erfolgen: Alle Zellen zeigten eine deutliche Temperaturerhöhung bei höheren C-Raten. Mithilfe des Modells kann der Beitrag des reversiblen und irreversiblen Wärmestroms zur Temperaturentwicklung einzeln bewertet werden: Eine Vernachlässigung der Reaktionsentropie ist nicht möglich.
Auch die Zellspannung und damit das elektrochemische Verhalten wird durch die Kopplung besser wiedergegeben: Der $\mathrm{MARE_{dyn}}$ konnte weiter verringert werden. Die verbleibenden Abweichungen der Impedanz liegen für einen weiten SOC-Bereich mit $< 5\,\%$ im Rahmen der Schwankungsbreite durch die Produktion.

Insgesamt zeigt die Simulation des gekoppelten elektrochemischen/thermischen Modells, dass eine lineare Beschreibung des thermischen und elektrochemischen Modells selbst für Validierungsprofile mit Strömen von 10 C ausreichend ist. So liegt der $\mathrm{MARE_{dyn}}$ für die zwei Eisenphosphat-Zellen für $10\% < \mathrm{SOC} < 90\%$ unter 2% und für die Zelle mit der NCA/LCO-Blendkathode unter 5%.
Die eingangs gestellte Frage, bis zu welchen Strömen eine lineare Beschreibung der Teilmodelle möglich ist, lässt sich, bei den gewählten Bedingungen und einer Entladung mit einem dynamischen Stromprofil, mit bis zu mittleren Entladeraten von 6 C bei maximalen Strömen von 10 C beantworten.

Im Rahmen der Arbeit wurde somit ein Framework implementiert, welches

- die Diagnose und Prädiktion von Leerlaufspannungskennlinien auch bei Alterung,
- die Parametrierung von thermischen Ersatzschaltungen aus Zeit- und Frequenzbereich,
- durchgehend automatisierte Parametrierung eines skalierbaren, elektrochemischen Zustandsraummodells aus Impedanzmessungen,
- die Simulation des Spannungs- und Temperaturverhaltens einer Zelle, durch Segmentierung auch mit Ortsauflösung,

erlaubt.

9.2 Ausblick

Der Ausblick lässt sich analog zur Arbeit in zwei Bereiche gliedern: Weiterentwicklung und Anwendung von neu entwickelten Charakterisierungsverfahren sowie Modellierung.

9.2.1 Charakterisierung

Mit den vorgestellten Messungen konnte die Leistungsfähigkeit der Pulse-Fitting Methode demonstriert und erste Ergebnisse sowie eine Interpretation der dahinterliegenden Prozesse geliefert werden. Zur Validierung der Homogenisierung der Lithium-Ionenkonzentration in der Anode sollten weitere Experimente, auch mit Experimentalzellen, durchgeführt werden. Eine Homogenisierung entlang des Zellwickels einer zylindrischen Zelle könnte durch vergleichende Messungen an Experimentalzellen ebenfalls untersucht werden. Weiterhin wurden die mit Hilfe des Pulse-Fitting Verfahrens erhaltenen Impedanzen nicht physikalisch interpretiert. Eine Beschreibung der Impedanzen in Bereichen, in denen Ficksche Diffusion angenommen werden kann und keine Homogenisierung überlagert ist, kann über entsprechende Impedanzelemente (zum Beispiel Warburg-Impedanz) vorgenommen werden. Die so erhaltenen Parameter können dann dazu genutzt werden, Diffusionskoeffizienten zu bestimmen und das Temperaturverhalten zu charakterisieren. Die Ursachen des nichtlinearen Verhaltens der niederfrequenten Prozesse in der LFP-Zelle konnten in dieser Arbeit nicht geklärt werden. Eine Aufklärung und Modellierung dieser, würde eine deutliche Verbesserung des Zeitbereichsmodells bewirken können, da die Abweichungen für die LFP-Zellen insbesondere über den RMSE groß waren, der auch die niederfrequenten Prozesse und Abweichungen der Leerlaufspannungskennlinie umfasst.

Mittels des Selbstentladungsmodells konnte bei drastisch reduzierter Messdauer ein Selbstentladungswiderstand bestimmt werden. Eine Ausweitung der Untersuchungen auf höhere Temperaturen bietet das Potential, auch irreversible Kapazitätsverluste in kürzerer Zeit als durch konventionelle Auslagerungstests benötigt, charakterisieren zu können. Davon können sowohl Zellhersteller bei der Weiterentwicklung als auch Anwender bei der Lebensdauerabsicherung profitieren.

Das thermische Verhalten wurde mittels der neu eingeführten ETIS Verfahren als Übertragungsfunktion für eine bestimmte Position an der Oberfläche beschrieben. Durch die Kombination der Thermographie kann eine Ortsauflösung der thermischen Impedanz mit geringem Mehraufwand erreicht werden. Diese Impedanzen können anschließend herangezogen werden, um physikalisch motivierte, thermische Ersatzschaltungsmodelle zu validieren und genaue Aussagen zur inneren Temperaturverteilung treffen zu können. In diesem Zusammenhang sollte auch eine gezielte Variation der thermischen Randbedingungen (erzwungene Konvektion, usw.) durchgeführt werden, um eine physikalisch korrekte Interpretation der Parameter zu überprüfen.

Durch Erhöhung der Messgenauigkeit sowie Erweiterung des Frequenzbereichs auf höhere Frequenzen, könnten feinere Strukturen aufgelöst werden. Dies würde somit einen Rückschluss auf Optimierungsmöglichkeiten der thermischen Kontaktierung oder beim Design des Zellgehäuses liefern.

9.2.2 Modellierung

Eine interessante Anwendung ist die ortsaufgelöste Simulation für großformatige Zellen, wie sie im automotiven Bereich verwendet werden. Durch Kopplung mit einem ortsaufgelösten thermischen Modell ist diese Erweiterung leicht umzusetzen und mit dem implementierten Software-Framework bereits möglich.

Aber auch eine Ortsauflösung auf Elektrodenebene erscheint sinnvoll, denn das qualitativ unterschiedliche Verhalten der Zellen HP-LFP1 und HP-LFP2 deutet darauf hin, dass eine Berücksichtigung der Mikrostruktur entscheidende Verbesserungen bei der Genauigkeit der Simulation bieten könnte. Um hierzu jedoch physikalisch relevante Parameter zu erhalten, müssen elektrochemische Messungen bei Variation der Mikrostrukturparameter der Elektrode, gekoppelt mit einer Mikrostrukturanalyse, durchgeführt werden. Eine Übertragung dieser Ergebnisse ist darüber hinaus auch auf Blend-Elektroden möglich. Trotz des erheblich größeren Aufwandes bei der Parametrierung lohnt es sich diesen Ansatz zu verfolgen, denn so können die limitierenden Faktoren im Betrieb bestimmt und Modelle abgeleitet werden, die eine Beschreibung der Alterung, auch unter Berücksichtigung von Veränderungen der Mikrostruktur, zulassen.

Die Ergebnisse aus dem Pulse-Fitting Verfahren für die LFP-Zelle zeigen, dass die niederfrequenten Prozesse eine nichtlineare Charakteristik aufweisen. Daher sollte ein nichtlineares Modell der Diffusion in Betracht gezogen werden. Weitere Verbesserungen sind durch eine Implementierung des Hystereseverhaltens der Leerlaufspannung zu erwarten, denn eine falsch angenommene Leerlaufspannung wirkt sich ebenfalls auf den RMSE aus, jedoch nicht auf den $\mathrm{MARE_{dyn}}$.

Da der $\mathrm{MARE_{dyn}}$ im Allgemeinen schon sehr gering ist, kann auch für die nächsten Schritte von der Berücksichtigung eines nichtlinearen Ladungstransfer-Prozesses abgesehen werden. Wegen des dominanten Einflusses der Temperatur sollte zuvor die Temperaturdifferenz auf Elektrodenebene in das Modell aufgenommen werden. Eine logische Konsequenz wäre die Betrachtung der Temperatur auf mikroskopischer Ebene, so dass schließlich eine Erwärmung eines Aktivmaterialpartikels betrachtet werden könnte. Hierdurch würden sich deutlich kleinere Zeitkonstanten für ein thermisches Modell ergeben, als in bisherigen thermischen Modellen berücksichtigt wurden.

Literaturverzeichnis

[1] SCRIPPS INSTITUTION OF OCEANOGRAPHY: *Scripps CO_2 Program - Atmospheric CO_2*. http://scrippsco2.ucsd.edu/data/atmospheric_co2.html. Version: Mai 2013

[2] CHINI, R. ; HOFFMEISTER, V.: What does a $2\,°C$ target mean for greenhouse gas concentrations? A brief analysis based on multi-gas emission pathways and several climate sensitivity uncertainty estimates. In: YOHE, Hans Joachim Schellnhuber; Wolfgang P. Cramer; Nebojsa Nakicenovic; Tom Wigley; G. (Hrsg.): *Avoiding Dangerous Climate Change*. Cambridge University Press, 2006, S. 265–269

[3] ENERGIESPEICHER, ETG Task F.: Energiespeicher in Stromversorgungssystemen mit hohem Anteil erneuerbarer Energieträger – Bedeutung, Stand der Technik, Handlungsbedarf. In: *Energietechnische Gesellschaft im VDE (ETG)* (2009)

[4] BUNDESMINISTERIUM FÜR UMWELT, NATURSCHUTZ UND REAKTORSICHERHEIT: *Richtlinien zur Förderung von stationären und dezentralen Batteriespeichersystemen zur Nutzung in Verbindung mit Photovoltaikanlagen*. April 2013

[5] U.S EMBASSY BEIJING, CHINA: *U.S Embassy Beijing Air Quality Monitor*. http://www.stateair.net/web/post/1/1.html. Version: Januar 2013

[6] CHINA DAILY: *Dense fog shrouds Beijing*. http://www.chinadaily.com.cn/photo/2013-01/12/content_16108546.htm. Version: Januar 2013

[7] SCHICKRAM, Stephan ; TILL, Zhi ; LIENKAMP, Markus: Auslegung von Elektrischen Fahrzeugkonzepten für Megacities in Asien. In: *ATZ - Automobiltechnische Zeitschrift* 115 (2013), Nr. 2, S. 126–130. – ISSN 0001–2785

[8] KARTHIKEYAN, Deepak K. ; SIKHA, Godfrey ; WHITE, Ralph E.: Thermodynamic model development for lithium intercalation electrodes. In: *Journal of Power Sources* 185 (2008), Nr. 2, S. 1398 – 1407. – ISSN 0378–7753

[9] OZAWA, Kazunori: Lithium-ion rechargeable batteries with $LiCoO_2$ and carbon electrodes: the $LiCoO_2$/C system. In: *Solid State Ionics* 69 (1994), Nr. 3–4, S. 212 – 221. – ISSN 0167–2738

[10] FLANDROIS, S. ; SIMON, B.: Carbon materials for lithium-ion rechargeable batteries. In: *Carbon* 37 (1999), Nr. 2, S. 165 – 180. – ISSN 0008–6223

[11] OHZUKU, Tsutomu ; IWAKOSHI, Yasunobu ; SAWAI, Keijiro: Formation of Lithium-Graphite Intercalation Compounds in Nonaqueous Electrolytes and Their Application as a Negative Electrode for a Lithium Ion (Shuttlecock) Cell. In: *Journal of The Electrochemical Society* 140 (1993), Nr. 9, S. 2490–2498

[12] INABA, Minoru ; FUJIKAWA, Masato ; ABE, Takeshi ; OGUMI, Zempachi: Calorimetric Study on the Hysteresis in the Charge-Discharge Profiles of Mesocarbon Microbeads Heat-Treated at Low Temperatures. In: *Journal of The Electrochemical Society* 147 (2000), Nr. 11, S. 4008–4012

[13] ZHENG, Tao ; MCKINNON, W. R. ; DAHN, J. R.: Hysteresis during Lithium Insertion in Hydrogen-Containing Carbons. In: *Journal of The Electrochemical Society* 143 (1996), Nr. 7, S. 2137–2145

[14] VERMA, Pallavi ; MAIRE, Pascal ; NOVÁK, Petr: A review of the features and analyses of the solid electrolyte interphase in Li-ion batteries. In: *Electrochimica Acta* 55 (2010), Nr. 22, S. 6332 – 6341. – ISSN 0013–4686

[15] PELED, E.: The Electrochemical Behavior of Alkali and Alkaline Earth Metals in Nonaqueous Battery Systems – The Solid Electrolyte Interphase Model. In: *Journal of The Electrochemical Society* 126 (1979), Nr. 12, S. 2047–2051

[16] JOSSEN, A. ; WEYDANZ, W.: *Moderne Akkumulatoren richtig einsetzen.* Reichardt Verlag, 2006. – ISBN 9783939359111

[17] ZHAO, Mingchuan ; KARIUKI, Stephen ; DEWALD, Howard D. ; LEMKE, Frederick R. ; STANIEWICZ, Robert J. ; PLICHTA, Edward J. ; MARSH, Richard A.: Electrochemical Stability of Copper in Lithium-Ion Battery Electrolytes. In: *Journal of The Electrochemical Society* 147 (2000), Nr. 8, S. 2874–2879

[18] TRAN, Hai Y.: *Verfahrenstechnische Entwicklung und Untersuchung von Elektroden und deren Herstellprozess für innovative Lithium-Hochleistungsbatterien,* Diss., 2011

[19] PARK, Myounggu ; ZHANG, Xiangchun ; CHUNG, Myoungdo ; LESS, Gregory B. ; SASTRY, Ann M.: A review of conduction phenomena in Li-ion batteries. In: *Journal of Power Sources* 195 (2010), Nr. 24, S. 7904 – 7929. – ISSN 0378–7753

[20] JEFF DAHN, Grant M. E.: Lithium-Ion Batteries. In: REDDY, David Linden; Thomas B. (Hrsg.): *Handbook of batteries.* McGraw-Hill, 2002, S. 265–269

[21] ABRAHAM, D.P. ; KAWAUCHI, S. ; DEES, D.W.: Modeling the impedance versus voltage characteristics of $LiNi_{0.8}Co_{0.15}Al_{0.05}O_2$. In: *Electrochimica Acta* 53 (2008), Nr. 5, S. 2121 – 2129. – ISSN 0013–4686

[22] FERGUS, Jeffrey W.: Recent developments in cathode materials for lithium ion batteries. In: *Journal of Power Sources* 195 (2010), Nr. 4, S. 939 – 954. – ISSN 0378–7753

[23] MAROM, Rotem ; AMALRAJ, S. F. ; LEIFER, Nicole ; JACOB, David ; AURBACH, Doron: A review of advanced and practical lithium battery materials. In: *J. Mater. Chem.* 21 (2011), S. 9938–9954

[24] HAYNER, Cary M. ; ZHAO, Xin ; KUNG, Harold H.: Materials for Rechargeable Lithium-Ion Batteries. In: *Annual Review of Chemical and Biomolecular Engineering* 3 (2012), Nr. 1, S. 445–471

[25] ELLIS, Brian L. ; LEE, Kyu T. ; NAZAR, Linda F.: Positive Electrode Materials for Li-Ion and Li-Batteries. In: *Chemistry of Materials* 22 (2010), Nr. 3, S. 691–714

[26] OHZUKU, Tsutomu ; BRODD, Ralph J.: An overview of positive-electrode materials for advanced lithium-ion batteries. In: *Journal of Power Sources* 174 (2007), Nr. 2, S. 449 – 456. – ISSN 0378–7753

[27] XU, Kang: Nonaqueous liquid electrolytes for lithium-based rechargeable batteries. In: *Chemical Reviews* 104 (2004), Nr. 10, S. 4303–4418

[28] AURBACH, Doron ; TALYOSEF, Yosef ; MARKOVSKY, Boris ; MARKEVICH, Elena ; ZINIGRAD, Ella ; ASRAF, Liraz ; GNANARAJ, Joseph S. ; KIM, Hyeong-Jin: Design of electrolyte solutions for Li and Li-ion batteries: a review. In: *Electrochimica Acta* 50 (2004), Nr. 2 - 3, S. 247 – 254. – ISSN 0013–4686

[29] ZHANG, Sheng S.: A review on the separators of liquid electrolyte Li-ion batteries. In: *Journal of Power Sources* 164 (2007), Nr. 1, S. 351 – 364. – ISSN 0378–7753

[30] ARORA, Pankaj ; ZHANG, Zhengming: Battery separators. In: *Chemical Reviews* 104 (2004), Nr. 10, S. 4419–4462

[31] Schutzrecht US 20120148899 A1 (06 2012). SCHAEFER, Andreas Gutsch; T. (Erfinder).

[32] Schutzrecht DE 102 08 277 A 1 (09 2003). HÖRPEL, Volker Hennige; Christian Hying; G. (Erfinder).

[33] Schutzrecht US 20060078791 A1 (04 2006). VETTER, Volker Hennige; Gerhard Horpel; Christina Hying; Petr Novák; J. (Erfinder).

[34] Schutzrecht US 8399133 B2 (03 2013). KIM, Jinhee (Erfinder).

[35] Schutzrecht US20070218362 A1 (09 2007). NISHINO, Akira Nagasaki; H. (Erfinder).

[36] Schutzrecht US 5418082 A (05 1995). YUDA, Kiyoshi Katayama; Toshimitsu Masuko; Hiroshi Nishikawa; Kiyohiro Taki; Kazuo Togashi; Ryoichi Yamane; T. (Erfinder).

[37] Schutzrecht US6900616 B2 (05 2005). LOUIE, IV Philip H. Burrus; Guoping Deng; E. (Erfinder).

[38] Norm UL 2054 2009. *UL Standard for Safety for Household and Commercial Batteries*

[39] Norm DIN EN 62133 2003. *Akkumulatoren und Batterien mit alkalischen oder anderen nicht säurehaltigen Elektrolyten - Sicherheitsanforderungen für tragbare gasdichte Akkumulatoren und daraus hergestellte Batterien für die Verwendung in tragbaren Geräten*

[40] Norm ISO 26262 2011. *Road vehicles - Functional safety*

[41] BERNARDI, D. ; PAWLIKOWSKI, E. ; NEWMAN, J.: A General Energy Balance for Battery Systems. In: *Journal of The Electrochemical Society* 132 (1985), Nr. 1, S. 5–12

[42] SPOTNITZ, R. ; FRANKLIN, J.: Abuse behavior of high-power, lithium-ion cells. In: *Journal of Power Sources* 113 (2003), Nr. 1, S. 81 – 100. – ISSN 0378–7753

[43] THOMAS, Karen E. ; NEWMAN, John: Thermal Modeling of Porous Insertion Electrodes. In: *Journal of The Electrochemical Society* 150 (2003), Nr. 2, S. A176–A192

[44] LINZEN, Dirk: *Impedance-Based Loss Calculation and Thermal Modeling of Electrochemical Energy Storage Devices for Design Considerations of Automotive Power Systems*. Aachen : Shaker Verlag GmbH, 2006. – ISBN 978–3–8322–5706–4

[45] SATO, Noboru: Thermal behavior analysis of lithium-ion batteries for electric and hybrid vehicles. In: *Journal of Power Sources* 99 (2001), Nr. 1-2, S. 70 – 77. – ISSN 0378–7753

[46] SHERFEY, J. M. ; BRENNER, Abner: Electrochemical Calorimetry. In: *Journal of The Electrochemical Society* 105 (1958), Nr. 11, S. 665–672

[47] FORGEZ, Christophe ; DO, Dinh V. ; FRIEDRICH, Guy ; MORCRETTE, Mathieu ; DELACOURT, Charles: Thermal modeling of a cylindrical LiFePO$_4$/graphite lithium-ion battery. In: *Journal of Power Sources* 195 (2010), Nr. 9, S. 2961–2968. – ISSN 0378–7753

[48] TAKANO, K. ; SAITO, Y. ; KANARI, K. ; NOZAKI, K. ; KATO, K. ; NEGISHI, A. ; KATO, T.: Entropy change in lithium ion cells on charge and discharge. In: *Journal of Applied Electrochemistry* 32 (2002), S. 251–258. – ISSN 0021–891X

[49] BARD, Larry R. Allen J. ; Faulkner F. Allen J. ; Faulkner: *Electrochemical methods : fundamentals and applications*. 2. ed. New York : Wiley, 2001. – ISBN 0–471–04372–90–471–04372–9; 978–0–471–04372–0

[50] BAEHR, Karl Hans Dieter ; S. Hans Dieter ; Stephan: *Wärme- und Stoffübertragung : mit zahlreichen Tabellen sowie 62 Beispielen und 94 Aufgaben*. 7., neu bearb. Aufl. Berlin : Springer, 2010. – ISBN 978–3–642–05500–3

[51] *VDI-Wärmeatlas : Berechnungsunterlagen für Druckverlust, Wärme- und Stoffübertragung*. 10., bearb. und erw. Aufl. Berlin : Springer, 2006. – ISBN 3–540–25504–4 ; 978–3–540–25504–8

[52] CHEN, S.C. ; WAN, C.C. ; WANG, Y.Y.: Thermal analysis of lithium-ion batteries. In: *Journal of Power Sources* 140 (2005), Nr. 1, S. 111 – 124. – ISSN 0378–7753

[53] Norm DIN IEC 61982-4 2009. *Sekundärbatterien für den Antrieb von Elektrostraßenfahrzeugen - Teil 4: Prüfung des Leistungsverhaltens von Lithium-Ionen-Zellen (IEC 21/697/CD:2009)*

[54] Norm ISO 12405-1 2009. *Electrically propelled road vehicles - Test specification for lithium-ion traction battery systems - Part 1: High power applications*

[55] HUGGINS, R.A.: *Advanced Batteries: Materials Science Aspects*. Springer London, Limited, 2009 (SpringerLink: Springer e-Books). – ISBN 9780387764245

[56] ROSCHER, Michael A. ; VETTER, Jens ; SAUER, Dirk U.: Characterisation of charge and discharge behaviour of lithium ion batteries with olivine based cathode active material. In: *Journal of Power Sources* 191 (2009), Nr. 2, S. 582 – 590. – ISSN 0378–7753

[57] ROSCHER, Michael: *Zustandserkennung von LiFePO$_4$-Batterien für Hybrid- und Elektrofahrzeuge*. Aachen : Shaker Verlag GmbH, 2011. – ISBN 978–3–8322–9738–1

[58] BLOOM, Ira ; JANSEN, Andrew N. ; ABRAHAM, Daniel P. ; KNUTH, Jamie ; JONES, Scott A. ; BATTAGLIA, Vincent S. ; HENRIKSEN, Gary L.: Differential voltage analyses of high-power, lithium-ion cells: 1. Technique and application. In: *Journal of Power Sources* 139 (2005), Nr. 1-2, S. 295 – 303. – ISSN 0378–7753

[59] DUBARRY, Matthieu ; SVOBODA, Vojtech ; HWU, Ruey ; LIAW, Bor Y.: Incremental Capacity Analysis and Close-to-Equilibrium OCV Measurements to Quantify Capacity Fade in Commercial Rechargeable Lithium Batteries. In: *Electrochemical and Solid-State Letters* 9 (2006), Nr. 10, S. A454–A457

[60] BESENHARD, Jürgen O. ; FRITZ, Heinz P.: Elektrochemie schwarzer Kohlenstoffe. In: *Angewandte Chemie* 95 (1983), Nr. 12, S. 954–980. – ISSN 1521–3757

[61] HERMAN, H. B. ; BARD, A. J.: Cyclic Chronopotentiometry. Diffusion Controlled Electrode Reaction of a Single Component System. In: *Analytical Chemistry* 35 (1963), Nr. 9, S. 1121–1125

[62] HERMAN, H. B. ; BARD, A. J.: Cyclic Chronopotentiometry. Electron Transfer with Following Chemical Reaction. In: *Analytical Chemistry* 36 (1964), Nr. 3, S. 510–514

[63] HERMAN, H. B. ; BARD, A. J.: Cyclic Chronopotentiometry. Multicomponent Systems and Stepwise Reactions. In: *Analytical Chemistry* 36 (1964), Nr. 6, S. 971–975

[64] CLAUSS, C. R. A. ; SCHWEIGART, H. E. L. G.: The Reduction of Manganese Dioxide in Leclanché-Type Dry Cells as Displayed by Derivative Discharge Functions. In: *Journal of The Electrochemical Society* 123 (1976), Nr. 7, S. 951–959

[65] DUBARRY, Matthieu ; LIAW, Bor Y.: Identify capacity fading mechanism in a commercial LiFePO$_4$ cell. In: *Journal of Power Sources* 194 (2009), Nr. 1, S. 541 – 549. – ISSN 0378–7753

[66] THOMPSON, A. H.: Electrochemical Potential Spectroscopy: A New Electrochemical Measurement. In: *Journal of The Electrochemical Society* 126 (1979), Nr. 4, S. 608–616

[67] ZACHAU-CHRISTIANSEN, B. ; WEST, K. ; JACOBSEN, T. ; ATLUNG, S.: Lithium insertion in different TiO_2 modifications. In: *Solid State Ionics* 28-30, Part 2 (1988), Nr. 0, S. 1176 – 1182. – ISSN 0167–2738

[68] SAFARI, M. ; DELACOURT, C.: Aging of a Commercial Graphite/$LiFePO_4$ Cell. In: *Journal of The Electrochemical Society* 158 (2011), Nr. 10, S. A1123–A1135

[69] CHRISTOPHERSEN, Jon P. ; SHAW, Steven R.: Using radial basis functions to approximate battery differential capacity and differential voltage. In: *Journal of Power Sources* 195 (2010), Nr. 4, S. 1225 – 1234. – ISSN 0378–7753

[70] HONKURA, Kohei ; HONBO, Hidetoshi ; KOISHIKAWA, Yoshimasa ; HORIBA, Tatsuo: State Analysis of Lithium-Ion Batteries Using Discharge Curves. In: *ECS Transactions* 13 (2008), Nr. 19, S. 61–73

[71] HONKURA, Kohei ; TAKAHASHI, Ko ; HORIBA, Tatsuo: Capacity-fading prediction of lithium-ion batteries based on discharge curves analysis. In: *Journal of Power Sources* 196 (2011), Nr. 23, S. 10141 – 10147. – ISSN 0378–7753

[72] BLOOM, Ira ; CHRISTOPHERSEN, Jon ; GERING, Kevin: Differential voltage analyses of high-power lithium-ion cells: 2. Applications. In: *Journal of Power Sources* 139 (2005), Nr. 1-2, S. 304 – 313. – ISSN 0378–7753

[73] DUBARRY, Matthieu ; TRUCHOT, Cyril ; LIAW, Bor Y.: Synthesize battery degradation modes via a diagnostic and prognostic model. In: *Journal of Power Sources* 219 (2012), Nr. 0, S. 204–216. – ISSN 0378–7753

[74] LEVI, M. D. ; AURBACH, D.: Frumkin intercalation isotherm – a tool for the description of lithium insertion into host materials: a review. In: *Electrochimica Acta* 45 (1999), Nr. 1-2, S. 167–185. – ISSN 0013–4686

[75] MACDONALD, J.R.: *Impedance Spectroscopy: Emphasizing Solid Materials and Systems*. John Wiley & Sons, 1987 (Wiley-interscience publication). – ISBN 9780471831228

[76] BARSOUKOV, E. ; MACDONALD, J.R.: *Impedance Spectroscopy: Theory, Experiment, and Applications*. Wiley, 2005. – ISBN 9780471716228

[77] ORAZEM, M.E. ; TRIBOLLET, B.: *Electrochemical Impedance Spectroscopy*. Wiley, 2008 (The ECS Series of Texts and Monographs). – ISBN 9780470381571

[78] JOSSEN, Andreas: Fundamentals of battery dynamics. In: *Journal of Power Sources* 154 (2006), Nr. 2, S. 530 – 538. – ISSN 0378–7753

[79] POPKIROV, G.S. ; SCHINDLER, R. N.: A new impedance spectrometer for the investigation of electrochemical systems. In: *Review of Scientific Instruments* 63 (1992), Nr. 11, S. 5366–5372. – ISSN 0034–6748

[80] BARSOUKOV, Evgenij ; RYU, Sang H. ; LEE, Hosull: A novel impedance spectrometer based on carrier function Laplace-transform of the response to arbitrary excitation. In: *Journal of Electroanalytical Chemistry* 536 (2002), Nr. 1–2, S. 109 – 122. – ISSN 1572–6657

[81] TRÖLTZSCH, Uwe ; KANOUN, Olfa ; TRÄNKLER, Hans-Rolf: Characterizing aging effects of lithium ion batteries by impedance spectroscopy. In: *Electrochimica Acta* 51 (2006), Nr. 8-9, S. 1664–1672. – ISSN 0013–4684

[82] ZHANG, J.T ; HU, J.M ; ZHANG, J.Q ; CAO, C.N: Studies of impedance models and water transport behaviors of polypropylene coated metals in NaCl solution. In: *Progress in Organic Coatings* 49 (2004), Nr. 4, S. 293 – 301. – ISSN 0300–9440

[83] KLOTZ, D.: *Characterization and Modeling of Electrochemical Energy Conversion Systems by Impedance Techniques*, Diss., 2012

[84] NEEB, Rolf: Oberwellen-Wechselstrompolarographie. In: *Fresenius' Zeitschrift für analytische Chemie* 188 (1962), Nr. 6, S. 401–416. – ISSN 0016–1152

[85] EYRING, H. ; HENDERSON, D. ; JOST, W.: *Physical Chemistry: An Advanced Treatise.* Academic Press, 1967 (Physical Chemistry: An Advanced Treatise Bd. 9,Teil 1)

[86] XU, Ning ; RILEY, D. J.: Nonlinear analysis of a classical system: The Faradaic process. In: *Electrochimica Acta* 94 (2013), Nr. 0, S. 206 – 213. – ISSN 0013–4686

[87] WILSON, J.R. ; SCHWARTZ, D.T. ; ADLER, S.B.: Nonlinear electrochemical impedance spectroscopy for solid oxide fuel cell cathode materials. In: *Electrochimica Acta* 51 (2006), Nr. 8-9, S. 1389 – 1402. – ISSN 0013–4686

[88] KRAMERS, H. A.: Die Dispersion und Absorption von Röntgenstrahlen. In: *Phyhikalische Zeitschrift A* 30 (1929), S. 522–523

[89] L. KRONIG, R. de: Dispersionstheorie im Röntgengebiet. In: *Phyhikalische Zeitschrift A* 30 (1929), S. 521–522

[90] BODE, H.W.: *Network Analysis and Feedback Amplifier Design.* Van Nostrand, 1949 (The Bell Telephone Laboratories series Bd. 5)

[91] BOUKAMP, Bernard A. ; MACDONALD, J. R.: Alternatives to Kronig-Kramers transformation and testing, and estimation of distributions. In: *Solid State Ionics* 74 (1994), Nr. 1-2, S. 85 – 101. – ISSN 0167–2738

[92] AGARWAL, Pankaj ; ORAZEM, Mark E. ; GARCIA-RUBIO, Luis H.: Application of Measurement Models to Impedance Spectroscopy. In: *Journal of The Electrochemical Society* 142 (1995), Nr. 12, S. 4159–4168

[93] BOUKAMP, Bernard A.: A Linear Kronig-Kramers Transform Test for Immittance Data Validation. In: *Journal of The Electrochemical Society* 142 (1995), Nr. 6, S. 1885–1894

[94] SCHICHLEIN, Helge: *Experimentelle Modellbildung für die Hochtemperatur-Brennstoffzelle SOFC.* Aachen, Diss., 2003

[95] SCHWEIDLER, Egon Ritter v.: Studien über die Anomalien im Verhalten der Dielektrika. In: *Annalen der Physik* 329 (1907), S. 711–770

[96] WAGNER, Karl W.: Zur Theorie der unvollkommenen Dielektrika. In: *Annalen der Physik* 345 (1913), Nr. 5, S. 817–855. – ISSN 1521–3889

[97] SONN, V. ; LEONIDE, A. ; IVERS-TIFFÉE, E.: Combined Deconvolution and CNLS Fitting Approach Applied on the Impedance Response of Technical Ni/8YSZ Cermet Electrodes. In: *Journal of The Electrochemical Society* 155 (2008), Nr. 7, S. B675–B679

[98] MACDONALD, J. R. ; BRACHMAN, Malcom K.: Linear-System Integral Transform Relations. In: *Review of Modern Physics* 28 (1956), Nr. 4, S. 393–422. – ISSN 0034–6861

[99] TUNCER, E. ; ROSS MACDONALD, J.: Comparison of methods for estimating continuous distributions of relaxation times. In: *Journal of Applied Physics* 99 (2006), Nr. 7, S. 074106–074106–4. – ISSN 0021–8979

[100] *Transient Dual Interface Test Method for the Measurement of the Thermal Resistance Junction to Case of Semiconductor Devices with Heat Flow Trough a Single Path.* 2010

[101] SCHICHLEIN, H. ; MÜLLER, A.C. ; VOIGTS, M. ; KRÜGEL, A. ; IVERS-TIFFÉE, E.: Deconvolution of electrochemical impedance spectra for the identification of electrode reaction mechanisms in solid oxide fuel cells. In: *Journal of Applied Electrochemistry* 32 (2002), Nr. 8, S. 875–882. – ISSN 0021–891X

[102] TIKHONOV, Andrei N.: *Numerical methods for the solution of ill-posed problems.* Kluwer Academic Publishers Dordrecht, 1995

[103] Norm ISO 12405-1 2009. *Electrically propelled road vehicles - Test specification for lithium-ion traction battery systems - Part 1: High energy applications*

[104] WU, Qunwei ; LU, Wenquan ; PRAKASH, Jai: Characterization of a commercial size cylindrical Li-ion cell with a reference electrode. In: *Journal of Power Sources* 88 (2000), Nr. 2, S. 237 – 242. – ISSN 0378–7753

[105] ABRAHAM, D.P. ; KNUTH, J.L. ; DEES, D.W. ; BLOOM, I. ; CHRISTOPHERSEN, J.P.: Performance degradation of high-power lithium-ion cells – Electrochemistry of harvested electrodes. In: *Journal of Power Sources* 170 (2007), Nr. 2, S. 465 – 475. – ISSN 0378–7753

[106] Norm DOE/ID-10597 2001. *PNGV Battery Test Manual*

[107] TENNO, A. ; TENNO, R. ; SUNTIO, T.: Battery impedance characterization through inspection of discharge curve and testing with short pulses. In: *Journal of Power Sources* 158 (2006), Nr. 2, S. 1029–1033. – ISSN 0378–7753

[108] JENSEN, Søren H. ; ENGELBRECHT, Kurt ; BERNUY-LOPEZ, Carlos: Measurements of Electric Performance and Impedance of a 75 Ah NMC Lithium Battery Module. In: *Journal of The Electrochemical Society* 159 (2012), Nr. 6, S. A791–A797

[109] LINDAHL, P.A. ; CORNACHIONE, M.A. ; SHAW, S.R.: A Time-Domain Least Squares Approach to Electrochemical Impedance Spectroscopy. In: *Instrumentation and Measurement, IEEE Transactions on* 61 (2012), Nr. 12, S. 3303–3311. – ISSN 0018–9456

[110] LEVI, M. D. ; AURBACH, D.: Diffusion Coefficients of Lithium Ions during Intercalation into Graphite Derived from the Simultaneous Measurements and Modeling of Electrochemical Impedance and Potentiostatic Intermittent Titration Characteristics of Thin Graphite Electrodes. In: *The Journal of Physical Chemistry B* 101 (1997), Nr. 23, S. 4641–4647

[111] SHAJU, K. M. ; SUBBA RAO, G. V. ; CHOWDARI, B. V. R.: Electrochemical Kinetic Studies of Li-Ion in O2-Structured $Li_{2/3}(Ni_{1/3}Mn_{2/3})O_2$ and $Li_{(2/3)+x}(Ni_{1/3}Mn_{2/3})O_2$ by EIS and GITT. In: *Journal of The Electrochemical Society* 150 (2003), Nr. 1, S. A1–A13

[112] WEPPNER, W. ; HUGGINS, R. A.: Determination of the Kinetic Parameters of Mixed-Conducting Electrodes and Application to the System Li_3Sb. In: *Journal of The Electrochemical Society* 124 (1977), Nr. 10, S. 1569–1578

[113] WEN, C. J. ; BOUKAMP, B. A. ; HUGGINS, R. A. ; WEPPNER, W.: Thermodynamic and Mass Transport Properties of LiAl. In: *Journal of The Electrochemical Society* 126 (1979), Nr. 12, S. 2258–2266

[114] ZHU, Yujie ; WANG, Chunsheng: Galvanostatic Intermittent Titration Technique for Phase-Transformation Electrodes. In: *The Journal of Physical Chemistry C* 114 (2010), Nr. 6, S. 2830–2841

[115] DEES, Dennis W. ; KAWAUCHI, Shigehiro ; ABRAHAM, Daniel P. ; PRAKASH, Jai: Analysis of the Galvanostatic Intermittent Titration Technique (GITT) as applied to a lithium-ion porous electrode. In: *Journal of Power Sources* 189 (2009), Nr. 1, S. 263 – 268. – ISSN 0378–7753

[116] NAM, Kwang-Mo ; SHIN, Dong-Hyup ; JUNG, Namchul ; JOO, Moon G. ; JEON, Sangmin ; PARK, Su-Moon ; CHANG, Byoung-Yong: Development of Galvanostatic Fourier Transform Electrochemical Impedance Spectroscopy. In: *Analytical Chemistry* 85 (2013), Nr. 4, S. 2246–2252

[117] GARLAND, J.E. ; PETTIT, C.M. ; ROY, D.: Analysis of experimental constraints and variables for time resolved detection of Fourier transform electrochemical impedance spectra. In: *Electrochimica Acta* 49 (2004), Nr. 16, S. 2623 – 2635. – ISSN 0013–4686

[118] POPKIROV, G.S. ; SCHINDLER, R.N.: Validation of experimental data in electrochemical impedance spectroscopy. In: *Electrochimica Acta* 38 (1993), Nr. 7, S. 861 – 867. – ISSN 0013–4686

[119] TAKANO, Kiyonami ; NOZAKI, Ken ; SAITO, Yoshiyasu ; KATO, Ken ; NEGISHI, Akira: Impedance Spectroscopy by Voltage-Step Chronoamperometry Using the Laplace Transform Method in a Lithium-Ion Battery. In: *Journal of The Electrochemical Society* 147 (2000), Nr. 3, S. 922–929

[120] TAKANO, Kiyonami ; NOZAKI, Ken ; SAITO, Yoshiyasu ; NEGISHI, Akira ; KATO, Ken ; YAMAGUCHI, Yoshio: Simulation study of electrical dynamic characteristics of lithium-ion battery. In: *Journal of Power Sources* 90 (2000), Nr. 2, S. 214 – 223. – ISSN 0378–7753

[121] ONDA, Kazuo ; NAKAYAMA, Masato ; FUKUDA, Kenichi ; WAKAHARA, Kenji ; ARAKI, Takuto: Cell Impedance Measurement by Laplace Transformation of Charge or Discharge Current-Voltage. In: *Journal of The Electrochemical Society* 153 (2006), Nr. 6, S. A1012–A1018

[122] KLOTZ, D. ; SCHÖNLEBER, M. ; SCHMIDT, J.P. ; IVERS-TIFFÉE, E.: New approach for the calculation of impedance spectra out of time domain data. In: *Electrochimica Acta* 56 (2011), Nr. 24, S. 8763 – 8769. – ISSN 0013–4686

[123] LU, W. ; PRAKASH, J.: In Situ Measurements of Heat Generation in a Li/Mesocarbon Microbead Half-Cell. In: *Journal of The Electrochemical Society* 150 (2003), Nr. 3, S. A262–A266

[124] TRAN, Thanh-Ha ; HARMAND, Souad ; DESMET, Bernard ; PAILHOUX, Frederic: Thermal Characterization of $LiNi_{0.8}Co_{0.15}Al_{0.05}O_2$/Graphite Battery. In: *Journal of The Electrochemical Society* 160 (2013), Nr. 6, S. A775–A780

[125] YAMADA, A. ; KOIZUMI, H. ; NISHIMURA, S.-I. ; SONOYAMA, N. ; KANNO, R. ; YONEMURA, M. ; NAKAMURA, T. ; KOBAYASHI, Y.O.: Room-temperature miscibility gap in Li_xFePO4. In: *Nature Materials* 5 (2006), Nr. 5, S. 357–360

[126] KOBAYASHI, Y. ; MIYASHIRO, H. ; KUMAI, K. ; TAKEI, K. ; IWAHORI, T. ; UCHIDA, I.: Precise Electrochemical Calorimetry of $LiCoO_2$/Graphite Lithium-Ion Cell. In: *Journal of The Electrochemical Society* 149 (2002), Nr. 8, S. A978–A982

[127] HONG, Jong-Sung ; MALEKI, H. ; AL HALLAJ, S. ; REDEY, L. ; SELMAN, J. R.: Electrochemical-Calorimetric Studies of Lithium-Ion Cells. In: *Journal of The Electrochemical Society* 145 (1998), Nr. 5, S. 1489–1501

[128] ONDA, Kazuo ; KAMEYAMA, Hisashi ; HANAMOTO, Takeshi ; ITO, Kohei: Experimental Study on Heat Generation Behavior of Small Lithium-Ion Secondary Batteries. In: *Journal of The Electrochemical Society* 150 (2003), Nr. 3, S. A285–A291

[129] HALLAJ, S. A. ; VENKATACHALAPATHY, R. ; PRAKASH, J. ; SELMAN, J. R.: Entropy Changes Due to Structural Transformation in the Graphite Anode and Phase Change of the $LiCoO_2$ Cathode. In: *Journal of The Electrochemical Society* 147 (2000), Nr. 7, S. 2432–2436

[130] In: YAZAMI, R.: *Lithium Ion Rechargeable Batteries: Materials, Technology, and New Applications: Materials, Technology, and Applications.* 1st edition. Wiley-VCH Verlag GmbH & Co. KGaA, 2009. – ISBN 3527319832

[131] THOMAS, Karen E. ; BOGATU, Christian ; NEWMAN, John: Measurement of the Entropy of Reaction as a Function of State of Charge in Doped and Undoped Lithium Manganese Oxide. In: *Journal of The Electrochemical Society* 148 (2001), Nr. 6, S. A570–A575

[132] HALLAJ, S. A. ; PRAKASH, J. ; SELMAN, J. R.: Characterization of commercial Li-ion batteries using electrochemical-calorimetric measurements. In: *Journal of Power Sources* 87 (2000), Nr. 1-2, S. 186–194. – ISSN 0378–7753

[133] YANG, Hui ; PRAKASH, Jai: Determination of the Reversible and Irreversible Heats of a $LiNi_{0.8}Co_{0.15}Al_{0.05}O_2$/Natural Graphite Cell Using Electrochemical-Calorimetric Technique. In: *Journal of The Electrochemical Society* 151 (2004), Nr. 8, S. A1222–A1229

[134] REYNIER, Y. ; YAZAMI, R. ; FULTZ, B.: The entropy and enthalpy of lithium intercalation into graphite. In: *Journal of Power Sources* 119-121 (2003), S. 850–855. – ISSN 0378–7753

[135] VISWANATHAN, Vilayanur V. ; CHOI, Daiwon ; WANG, Donghai ; XU, Wu ; TOWNE, Silas ; WILLIFORD, Ralph E. ; ZHANG, Ji-Guang ; LIU, Jun ; YANG, Zhenguo: Effect of entropy change of lithium intercalation in cathodes and anodes on Li-ion battery thermal management. In: *Journal of Power Sources* 195 (2010), Nr. 11, S. 3720 – 3729. – ISSN 0378–7753

[136] Schutzrecht US7595611 B2 (09 2009). YAZAMI, Brent T. Fultz; Yvan Reynier; R. (Erfinder).

[137] DAHN, J. R. ; HAERING, R. R.: Entropy measurements on $Li_x TiS_2$. In: *Canadian Journal of Physics* 61 (1983), Nr. 7, S. 1093–1098

[138] BARSOUKOV, Evgenij ; JANG, Jee H. ; LEE, Hosull: Thermal impedance spectroscopy for Li-ion batteries using heat-pulse response analysis. In: *Journal of Power Sources* 109 (2002), Nr. 2, S. 313–320. – ISSN 0378–7753

[139] MALEKI, Hossein ; HALLAJ, Said A. ; SELMAN, J. R. ; DINWIDDIE, Ralph B. ; WANG, H.: Thermal Properties of Lithium-Ion Battery and Components. In: *Journal of The Electrochemical Society* 146 (1999), Nr. 3, S. 947–954

[140] Norm DIN EN 821-2 1997. *Hochleistungskeramik - Monolithische Keramik, Thermophysikalische Eigenschaften - Teil 2: Messung der Temperaturleitfähigkeit mit dem Laserflash (oder Wärmepuls-) Verfahren*

[141] RAO, R. ; VRUDHULA, S. ; RAKHMATOV, D.N.: Battery modeling for energy aware system design. In: *Computer* 36 (2003), Nr. 12, S. 77–87. – ISSN 0018–9162

[142] LJUNG, Lennart: *System identification : theory for the user*. 2. ed. Upper Saddle River, NJ [u.a.] : Prentice Hall, 1999 (Prentice-Hall information and system sciences series). – ISBN 0–13–656695–2; 978–0–13–656695–3

[143] DOYLE, Marc ; FULLER, Thomas F. ; NEWMAN, John: Modeling of Galvanostatic Charge and Discharge of the Lithium/Polymer/Insertion Cell. In: *Journal of The Electrochemical Society* 140 (1993), Nr. 6, S. 1526–1533

[144] SMITH, Kandler ; WANG, Chao-Yang: Solid-state diffusion limitations on pulse operation of a lithium ion cell for hybrid electric vehicles. In: *Journal of Power Sources* 161 (2006), Nr. 1, S. 628 – 639. – ISSN 0378–7753

[145] KWON, Ki H. ; SHIN, Chee B. ; KANG, Tae H. ; KIM, Chi-Su: A two-dimensional modeling of a lithium-polymer battery. In: *Journal of Power Sources* 163 (2006), Nr. 1, S. 151 – 157. – ISSN 0378–7753

[146] KIM, Ui S. ; SHIN, Chee B. ; KIM, Chi-Su: Modeling for the scale-up of a lithium-ion polymer battery. In: *Journal of Power Sources* 189 (2009), Nr. 1, S. 841 – 846. – ISSN 0378–7753

[147] WANG, Chia-Wei ; SASTRY, Ann M.: Mesoscale Modeling of a Li-Ion Polymer Cell. In: *Journal of The Electrochemical Society* 154 (2007), Nr. 11, S. A1035–A1047

[148] GRETSCH, Ralf: *Ein Beitrag zur Gestaltung der elektrischen Anlage in Kraftfahrzeugen*, Diss., 1979

[149] JACOBSEN, Torben ; WEST, Keld: Diffusion impedance in planar, cylindrical and spherical symmetry. In: *Electrochimica Acta* 40 (1995), Nr. 2, S. 255 – 262. – ISSN 0013–4686

[150] BULLER, Stephan: *Impedance-based simulation models for energy storage devices in advanced automotive power systems*. Aachen, Diss., 2003

[151] MOSS, P. L. ; AU, G. ; PLICHTA, E. J. ; ZHENG, J. P.: An Electrical Circuit for Modeling the Dynamic Response of Li-Ion Polymer Batteries. In: *Journal of The Electrochemical Society* 155 (2008), Nr. 12, S. A986–A994

[152] HARIHARAN, Krishnan S. ; KUMAR, V. S.: A nonlinear equivalent circuit model for lithium ion cells. In: *Journal of Power Sources* 222 (2013), Nr. 0, S. 210 – 217. – ISSN 0378–7753

[153] SABATIER, Jocelyn ; AOUN, Mohamed ; OUSTALOUP, Alain ; GRÉGOIRE, Gilles ; RAGOT, Franck ; ROY, Patrick: Fractional system identification for lead acid battery state of charge estimation. In: *Signal Processing* 86 (2006), Nr. 10, S. 2645 – 2657. – ISSN 0165–1684

[154] SABATIER, J. ; CUGNET, M. ; LARUELLE, S. ; GRUGEON, S. ; SAHUT, B. ; OUSTALOUP, A. ; TARASCON, J.M.: A fractional order model for lead-acid battery crankability estimation. In: *Communications in Nonlinear Science and Numerical Simulation* 15 (2010), Nr. 5, S. 1308 – 1317. – ISSN 1007–5704

[155] KUHN, E. ; FORGEZ, C. ; FRIEDRICH, G.: Modeling diffusive phenomena using non integer derivatives. In: *The European Physical Journal - Applied Physics* 25 (2004), 2, S. 183–190. – ISSN 1286–0050

[156] BENCHELLAL, A. ; POINOT, T. ; TRIGEASSOU, J.-C.: Approximation and identification of diffusive interfaces by fractional models. In: *Signal Processing* 86 (2006), Nr. 10, S. 2712 – 2727. – ISSN 0165–1684

[157] DE LEVIE, Robert: Electrochemical response of porous and rough electrodes. In: *Advances in electrochemistry and electrochemical engineering* 6 (1967), S. 329–397

[158] LEVIE, Robert D.: Fractals and rough electrodes. In: *Journal of Electroanalytical Chemistry and Interfacial Electrochemistry* 281 (1990), Nr. 1-2, S. 1–21. – ISSN 0022–0728

[159] GERSCHLER, J.B. ; KIRCHHOFF, F.N. ; WITZENHAUSEN, H. ; HUST, F.E. ; SAUER, D.U.: Spatially resolved model for lithium-ion batteries for identifying and analyzing influences of inhomogeneous stress inside the cells. In: *Vehicle Power and Propulsion Conference, 2009. VPPC '09. IEEE*, 2009, S. 295–303

[160] FLECKENSTEIN, Matthias ; BOHLEN, Oliver ; ROSCHER, Michael A. ; BÄKER, Bernard: Current density and state of charge inhomogeneities in Li-ion battery cells with LiFePO$_4$ as cathode material due to temperature gradients. In: *Journal of Power Sources* 196 (2011), Nr. 10, S. 4769 – 4778. – ISSN 0378–7753

[161] PATTIPATI, B. ; PATTIPATI, K. ; CHRISTOPHERSON, J.P. ; NAMBURU, S.M. ; PROKHOROV, D.V. ; QIAO, Liu: Automotive battery management systems. In: *AUTOTESTCON, 2008 IEEE*, 2008. – ISSN 1088–7725, S. 581–586

[162] RODRIGUES, Shalini ; MUNICHANDRAIAH, N. ; SHUKLA, A. K.: AC impedance and state-of-charge analysis of a sealed lithium-ion rechargeable battery. In: *Journal of Solid State Electrochemistry* 3 (1999), Nr. 7-8, S. 397–405. – ISSN 1432–8488

[163] ISAACSON, M.J. ; TORIGOE, N.A. ; HOLLANDSWORTH, R.P.: A pseudo-theoretical model for a Li-ion cell. In: *Battery Conference on Applications and Advances, 1998., The Thirteenth Annual*, 1998. – ISSN 1089–8182, S. 243–246

[164] ANDRÉ, D. ; MEILER, M. ; STEINER, K. ; WALZ, H. ; SOCZKA-GUTH, T. ; SAUER, D.U.: Characterization of high-power lithium-ion batteries by electrochemical impedance spectroscopy. II: Modelling. In: *Journal of Power Sources* 196 (2011), Nr. 12, S. 5349 – 5356. – ISSN 0378–7753

[165] TAKENO, Kazuhiko ; ICHIMURA, Masahiro ; TAKANO, Kazuo ; YAMAKI, Junichi ; OKADA, Shigeto: Quick testing of batteries in lithium-ion battery packs with impedance-measuring technology. In: *Journal of Power Sources* 128 (2004), Nr. 1, S. 67 – 75. – ISSN 0378–7753

[166] DUBARRY, Matthieu ; LIAW, Bor Y.: Development of a universal modeling tool for rechargeable lithium batteries. In: *Journal of Power Sources* 174 (2007), Nr. 2, S. 856 – 860. – ISSN 0378–7753

[167] CUADRAS, A. ; KANOUN, O.: SoC Li-ion battery monitoring with impedance spectroscopy. In: *Systems, Signals and Devices, 2009. SSD '09. 6th International Multi-Conference on*, 2009, S. 1–5

[168] KIM, Il-Song: The novel state of charge estimation method for lithium battery using sliding mode observer. In: *Journal of Power Sources* 163 (2006), Nr. 1, S. 584 – 590. – ISSN 0378–7753

[169] MCINTYRE, M. ; BURG, T. ; DAWSON, D. ; XIAN, B.: Adaptive state of charge (SOC) estimator for a battery. In: *American Control Conference, 2006*, 2006, S. 5 pp.–

[170] LEE, Seongjun ; KIM, Jonghoon ; LEE, Jaemoon ; CHO, B.H.: State-of-charge and capacity estimation of lithium-ion battery using a new open-circuit voltage versus state-of-charge. In: *Journal of Power Sources* 185 (2008), Nr. 2, S. 1367 – 1373. – ISSN 0378–7753

[171] HU, Y. ; YURKOVICH, S. ; GUEZENNEC, Y. ; YURKOVICH, B.J.: A technique for dynamic battery model identification in automotive applications using linear parameter varying structures. In: *Control Engineering Practice* 17 (2009), Nr. 10, S. 1190 – 1201. – ISSN 0967–0661

[172] HU, Xiaosong ; LI, Shengbo ; PENG, Huei: A comparative study of equivalent circuit models for Li-ion batteries. In: *Journal of Power Sources* 198 (2012), Nr. 0, S. 359 – 367. – ISSN 0378–7753

[173] HURIA, T. ; CERAOLO, M. ; GAZZARRI, J. ; JACKEY, R.: High fidelity electrical model with thermal dependence for characterization and simulation of high power lithium battery cells. In: *Electric Vehicle Conference (IEVC), 2012 IEEE International*, 2012, S. 1–8

[174] PLETT, Gregory L.: Extended Kalman filtering for battery management systems of LiPB-based HEV battery packs: Part 1. Background. In: *Journal of Power Sources* 134 (2004), Nr. 2, S. 252 – 261. – ISSN 0378–7753

[175] PLETT, Gregory L.: Sigma-point Kalman filtering for battery management systems of LiPB-based HEV battery packs: Part 1: Introduction and state estimation. In: *Journal of Power Sources* 161 (2006), Nr. 2, S. 1356 – 1368. – ISSN 0378–7753

[176] ZHANG, Chao-Yang Yancheng; W. Yancheng; Wang: Cycle-Life Characterization of Automotive Lithium-Ion Batteries with $LiNiO_2$ Cathode. In: *Journal of The Electrochemical Society* 156 (2009), Nr. 7, S. A527–A535

[177] PENG, Jinchun ; CHEN, Yaobin ; EBERHART, R.: Battery pack state of charge estimator design using computational intelligence approaches. In: *Battery Conference on Applications and Advances, 2000. The Fifteenth Annual*, 2000. – ISSN 1089–8182, S. 173–177

[178] RAGSDALE, M. ; BRUNET, J. ; FAHIMI, B.: A novel battery identification method based on pattern recognition. In: *Vehicle Power and Propulsion Conference, 2008. VPPC '08. IEEE*, 2008, S. 1–6

[179] SHEN, Yanqing: Adaptive online state-of-charge determination based on neuro-controller and neural network. In: *Energy Conversion and Management* 51 (2010), Nr. 5, S. 1093 – 1098. – ISSN 0196–8904

[180] AFFANNI, A. ; BELLINI, A. ; CONCARI, C. ; FRANCESCHINI, G. ; LORENZANI, E. ; TASSONI, C.: EV battery state of charge: neural network based estimation. In: *Electric Machines and Drives Conference, 2003. IEMDC'03. IEEE International* Bd. 2, 2003, S. 684–688 vol.2

[181] SINGH, Pritpal ; VINJAMURI, Ramana ; WANG, Xiquan ; REISNER, David: Design and implementation of a fuzzy logic-based state-of-charge meter for Li-ion batteries used in portable defibrillators. In: *Journal of Power Sources* 162 (2006), Nr. 2, S. 829 – 836. – ISSN 0378–7753

[182] GUO, Guifang ; WU, Xiaolan ; ZHUO, Shiqiong ; XU, Peng ; XU, Gang ; CAO, Binggang: Prediction state of charge of Ni-MH battery pack using support vector machines for Hybrid Electric Vehicles. In: *Vehicle Power and Propulsion Conference, 2008. VPPC '08. IEEE*, 2008, S. 1–4

[183] PLETT, Gregory L.: Extended Kalman filtering for battery management systems of LiPB-based HEV battery packs: Part 2. Modeling and identification. In: *Journal of Power Sources* 134 (2004), Nr. 2, S. 262 – 276. – ISSN 0378–7753

[184] HERB, Frieder: *Alterungsmechanismen in Lithium–Ionen–Batterien und PEM-Brennstoffzellen und deren Einfluss auf die Eigenschaften von daraus bestehenden Hybrid-Systemen.* Ulm, Diss., 2010

[185] DOYLE, Marc ; NEWMAN, John ; GOZDZ, Antoni S. ; SCHMUTZ, Caroline N. ; TARASCON, Jean-Marie: Comparison of Modeling Predictions with Experimental Data from Plastic Lithium Ion Cells. In: *Journal of The Electrochemical Society* 143 (1996), Nr. 6, S. 1890–1903

[186] SAFARI, M. ; DELACOURT, C.: Modeling of a Commercial Graphite/LiFePO$_4$ Cell. In: *Journal of The Electrochemical Society* 158 (2011), Nr. 5, S. A562–A571

[187] RAMADASS, P. ; HARAN, Bala ; WHITE, Ralph ; POPOV, Branko N.: Mathematical modeling of the capacity fade of Li-ion cells. In: *Journal of Power Sources* 123 (2003), Nr. 2, S. 230 – 240. – ISSN 0378–7753

[188] SIKHA, Godfrey ; POPOV, Branko N. ; WHITE, Ralph E.: Effect of Porosity on the Capacity Fade of a Lithium-Ion Battery: Theory. In: *Journal of The Electrochemical Society* 151 (2004), Nr. 7, S. A1104–A1114

[189] SANTHANAGOPALAN, Shriram ; GUO, Qingzhi ; WHITE, Ralph E.: Parameter Estimation and Model Discrimination for a Lithium-Ion Cell. In: *Journal of The Electrochemical Society* 154 (2007), Nr. 3, S. A198–A206

[190] WEST, K. ; JACOBSEN, T. ; ATLUNG, S.: Modeling of Porous Insertion Electrodes with Liquid Electrolyte. In: *Journal of The Electrochemical Society* 129 (1982), Nr. 7, S. 1480–1485

[191] POP, V. ; BERGVELD, H. J. ; VELD, J. H. G. O. ; REGTIEN, P. P. L. ; DANILOV, D. ; NOTTEN, P. H. L.: Modeling Battery Behavior for Accurate State-of-Charge Indication. In: *Journal of The Electrochemical Society* 153 (2006), Nr. 11, S. A2013–A2022

[192] BERNARDI, Dawn M. ; GO, Joo-Young: Analysis of pulse and relaxation behavior in lithium-ion batteries. In: *Journal of Power Sources* 196 (2011), Nr. 1, S. 412 – 427. – ISSN 0378–7753

[193] REDLICH, Otto ; KISTER, A. T.: Algebraic Representation of Thermodynamic Properties and the Classification of Solutions. In: *Industrial & Engineering Chemistry* 40 (1948), Nr. 2, S. 345–348

[194] COLCLASURE, Andrew M. ; KEE, Robert J.: Thermodynamically consistent modeling of elementary electrochemistry in lithium-ion batteries. In: *Electrochimica Acta* 55 (2010), Nr. 28, S. 8960 – 8973. – ISSN 0013–4686

[195] ALBERTUS, Paul ; CHRISTENSEN, Jake ; NEWMAN, John: Experiments on and Modeling of Positive Electrodes with Multiple Active Materials for Lithium-Ion Batteries. In: *Journal of The Electrochemical Society* 156 (2009), Nr. 7, S. A606–A618

[196] DUBARRY, Matthieu ; TRUCHOT, Cyril ; CUGNET, Mikaël ; LIAW, Bor Y. ; GERING, Kevin ; SAZHIN, Sergiy ; JAMISON, David ; MICHELBACHER, Christopher: valuation of commercial lithium-ion cells based on composite positive electrode for plug-in hybrid electric vehicle applications. Part I: Initial characterizations. In: *Journal of Power Sources* 196 (2011), Nr. 23, S. 10328 – 10335. – ISSN 0378–7753

[197] BANDHAUER, Todd M. ; GARIMELLA, Srinivas ; FULLER, Thomas F.: A Critical Review of Thermal Issues in Lithium-Ion Batteries. In: *Journal of The Electrochemical Society* 158 (2011), Nr. 3, S. R1–R25

[198] GOMADAM, Parthasarathy M. ; WHITE, Ralph E. ; WEIDNER, John W.: Modeling Heat Conduction in Spiral Geometries. In: *Journal of The Electrochemical Society* 150 (2003), Nr. 10, S. A1339–A1345

[199] WILLIFORD, Ralph E. ; VISWANATHAN, Vilayanur V. ; ZHANG, Ji-Guang: Effects of entropy changes in anodes and cathodes on the thermal behavior of lithium ion batteries. In: *Journal of Power Sources* 189 (2009), Nr. 1, S. 101 – 107. – ISSN 0378–7753

[200] YI, Jaeshin ; KIM, Ui S. ; SHIN, Chee B. ; HAN, Taeyoung ; PARK, Seongyong: Three-Dimensional Thermal Modeling of a Lithium-Ion Battery Considering the Combined Effects of the Electrical and Thermal Contact Resistances between Current Collecting Tab and Lead Wire. In: *Journal of The Electrochemical Society* 160 (2013), Nr. 3, S. A437–A443

[201] SRINIVASAN, Venkat ; WANG, C. Y.: Analysis of Electrochemical and Thermal Behavior of Li-Ion Cells. In: *Journal of The Electrochemical Society* 150 (2003), Nr. 1, S. A98–A106

[202] YAN, Bo ; LIM, Cheolwoong ; YIN, Leilei ; ZHU, Likun: Simulation of heat generation in a reconstructed $LiCoO_2$ cathode during galvanostatic discharge. In: *Electrochimica Acta* (2013), Nr. 0, S. –. – ISSN 0013–4686

[203] JAKOB, Max: *Heat transfer*. New York [u.a.], 1919

[204] ALHAMA, Francisco ; CAMPO, Antonio ; ZUECO, Joaquín: Numerical solution of the heat conduction equation with the electro-thermal analogy and the code PSPICE. In: *Applied Mathematics and Computation* 162 (2005), Nr. 1, S. 103 – 113. – ISSN 0096–3003

[205] STOUT, R. P. ; BILLINGS, P.E. ; BILLINGS, D. T.: How to extend a thermal-RC-network model (derived from experimental data) to respond to an arbitrarily fast input. In: *14th Annual IEEE Semiconductor Thermal Measurement and Management Symposium (SEMI THERM XIV)*, 1998

[206] PALS, Carolyn R. ; NEWMAN, John: Thermal Modeling of the Lithium/Polymer Battery: II . Temperature Profiles in a Cell Stack. In: *Journal of The Electrochemical Society* 142 (1995), Nr. 10, S. 3282–3288

[207] YE, Yonghuang ; SHI, Yixiang ; CAI, Ningsheng ; LEE, Jianjun ; HE, Xiangming: Electro-thermal modeling and experimental validation for lithium ion battery. In: *Journal of Power Sources* 199 (2012), Nr. 0, S. 227 – 238. – ISSN 0378–7753

[208] WITZENHAUSEN, H. ; KABITZ, S. ; SAUER, D.U.: Coupled thermal and impedance based spatially resolved electric model for fault analysis of lithium ion battery modules. In: *Electrical Systems for Aircraft, Railway and Ship Propulsion (ESARS), 2012*, 2012. – ISSN 2165–9400, S. 1–6

[209] HARIHARAN, Krishnan S.: A coupled nonlinear equivalent circuit – Thermal model for lithium ion cells. In: *Journal of Power Sources* 227 (2013), Nr. 0, S. 171 – 176. – ISSN 0378–7753

[210] FLECKENSTEIN, Matthias ; FISCHER, Sebastian ; BOHLEN, Oliver ; BÄKER, Bernard: Thermal Impedance Spectroscopy - A method for the thermal characterization of high power battery cells. In: *Journal of Power Sources* 223 (2013), Nr. 0, S. 259 – 267. – ISSN 0378–7753

[211] POPPE, A. ; LASANCE, C. J M.: On the standardization of thermal characterization of LEDs. In: *Semiconductor Thermal Measurement and Management Symposium, 2009. SEMI-THERM 2009. 25th Annual IEEE*, 2009. – ISSN 1065–2221, S. 151–158

[212] GERSTENMAIER, Y.C ; WACHUTKA, G: Rigorous model and network for transient thermal problems. In: *Microelectronics Journal* 33 (2002), Nr. 9, S. 719 – 725. – ISSN 0026–2692

[213] WINTER, Martin ; BESENHARD, Jürgen O. ; SPAHR, Michael E. ; NOVÁK, Petr: Insertion Electrode Materials for Rechargeable Lithium Batteries. In: *Advanced Materials* 10 (1998), Nr. 10, S. 725–763. – ISSN 1521–4095

[214] ROSCHER, Michael A. ; SAUER, Dirk U.: Dynamic electric behavior and open-circuit-voltage modeling of $LiFePO_4$-based lithium ion secondary batteries. In: *Journal of Power Sources* 196 (2011), Nr. 1, S. 331 – 336. – ISSN 0378–7753

[215] LEVI, M. D. ; SALITRA, G. ; MARKOVSKY, B. ; TELLER, H. ; AURBACH, D. ; HEIDER, Udo ; HEIDER, Lilia: Solid-State Electrochemical Kinetics of Li-Ion Intercalation into $Li_{1-x}CoO_2$: Simultaneous Application of Electroanalytical Techniques SSCV, PITT, and EIS. In: *Journal of The Electrochemical Society* 146 (1999), Nr. 4, S. 1279–1289

[216] SCHMIDT, Jan P. ; RICHTER, Jan ; KLOTZ, Dino ; IVERS-TIFFÉE, Ellen: Beneficial Use of a Virtual Reference Electrode for the Determination of SOC Dependent Half Cell Potentials. In: *ECS Transactions* 41 (2012), Nr. 14, S. 1–8

[217] SCHMIDT, Jan P. ; CHROBAK, Thorsten ; ENDER, Moses ; ILLIG, Jörg ; KLOTZ, Dino ; IVERS-TIFFÉE, Ellen: Studies on $LiFePO_4$ as cathode material using impedance spectroscopy. In: *Journal of Power Sources* 196 (2011), Nr. 12, S. 5342 – 5348. – ISSN 0378–7753

[218] ILLIG, J. ; SCHMIDT, J.P. ; WEISS, M. ; WEBER, A. ; IVERS-TIFFÉE, E.: Understanding the impedance spectrum of 18650 $LiFePO_4$-cells. In: *Journal of Power Sources* (2012), Nr. 0, S. –. – ISSN 0378–7753

[219] YAZAMI, Rachid ; REYNIER, Yvan F.: Mechanism of self-discharge in graphite-lithium anode. In: *Electrochimica Acta* 47 (2002), Nr. 8, S. 1217 – 1223. – ISSN 0013–4686

[220] SINHA, N. N. ; SMITH, A. J. ; BURNS, J. C. ; JAIN, Gaurav ; EBERMAN, K. W. ; SCOTT, Erik ; GARDNER, J. P. ; DAHN, J. R.: The Use of Elevated Temperature Storage Experiments to Learn about Parasitic Reactions in Wound $LiCoO_2$/Graphite Cells. In: *Journal of The Electrochemical Society* 158 (2011), Nr. 11, S. A1194–A1201

[221] GABERSCEK, Miran ; DOMINKO, Robert ; JAMNIK, Janez: The meaning of impedance measurements of $LiFePO_4$ cathodes: A linearity study. In: *Journal of Power Sources* 174 (2007), Nr. 2, S. 944 – 948. – ISSN 0378–7753

[222] SINGH, Gogi K. ; CEDER, Gerbrand ; BAZANT, Martin Z.: Intercalation dynamics in rechargeable battery materials: General theory and phase-transformation waves in LiFePO4. In: *Electrochimica Acta* 53 (2008), Nr. 26, S. 7599 – 7613. – ISSN 0013–4686

[223] BRAMNIK, Natalia N. ; NIKOLOWSKI, Kristian ; BAEHTZ, Carsten ; BRAMNIK, Kirill G. ; EHRENBERG, Helmut: Phase Transitions Occurring upon Lithium Insertion–Extraction of $LiCoPO_4$. In: *Chemistry of Materials* 19 (2007), Nr. 4, S. 908–915

[224] SRINIVASAN, Rengaswamy ; CARKHUFF, Bliss G. ; BUTLER, Michael H. ; BAISDEN, Andrew C.: Instantaneous measurement of the internal temperature in lithium-ion rechargeable cells. In: *Electrochimica Acta* 56 (2011), Nr. 17, S. 6198 – 6204. – ISSN 0013–4686

[225] Schutzrecht US 20120155507 A1 (06 2012). WALKER, Andrew C. Baisden; Michael H. Butler; Bliss G. Carkhuff ;Terry E. Phillips; Rengaswamy Srinivasan; Oscar M. Uy; Jeremy D. (Erfinder).

[226] MOHAMEDI, Mohamed ; ISHIKAWA, Hiroaki ; UCHIDA, Isamu: In situ analysis of high temperature characteristics of prismatic polymer lithium - ion batteries. In: *Journal of Applied Electrochemistry* 34 (2004), Nr. 11, S. 1103–1112. – ISSN 0021–891X

[227] SRINIVASAN, Rengaswamy: Monitoring dynamic thermal behavior of the carbon anode in a lithium-ion cell using a four-probe technique. In: *Journal of Power Sources* 198 (2012), Nr. 0, S. 351 – 358. – ISSN 0378–7753

[228] GRÜNDLER, Peter ; KIRBS, Andreas ; DUNSCH, Lothar: Modern Thermoelectrochemistry. In: *ChemPhysChem* 10 (2009), Nr. 11, S. 1722–1746. – ISSN 1439–7641

[229] ROTENBERG, Z.A.: Thermoelectrochemical impedance. In: *Electrochimica Acta* 42 (1997), Nr. 5, S. 793–799. – ISSN 0013–4686

[230] SCHMIDT, Jan P. ; MANKA, Daniel ; KLOTZ, Dino ; IVERS-TIFFÉE, Ellen: Investigation of the thermal properties of a Li-ion pouch-cell by electrothermal impedance spectroscopy. In: *Journal of Power Sources* 196 (2011), Nr. 19, S. 8140–8146. – ISSN 0378–7753

[231] GUYOMARD, D. ; TARASCON, J. M.: Li Metal-Free Rechargeable LiMn$_2$O$_4$/Carbon Cells: Their Understanding and Optimization. In: *Journal of The Electrochemical Society* 139 (1992), Nr. 4, S. 937–948

[232] VETTER, J. ; NOVÁK, P. ; WAGNER, M.R. ; VEIT, C. ; MÖLLER, K.-C. ; BESENHARD, J.O. ; WINTER, M. ; WOHLFAHRT-MEHRENS, M. ; VOGLER, C. ; HAMMOUCHE, A.: Ageing mechanisms in lithium-ion batteries. In: *Journal of Power Sources* 147 (2005), Nr. 1-2, S. 269 – 281. – ISSN 0378–7753

[233] SCHMIDT, Jan P. ; TRAN, Hai Y. ; RICHTER, Jan ; IVERS-TIFFÉE, Ellen ; WOHLFAHRT-MEHRENS, Margret: Analysis and prediction of the open circuit potential of lithium-ion cells. In: *Journal of Power Sources* (2012), Nr. 0, S. –. – ISSN 0378–7753

[234] SMITH, A.J. ; SMITH, S.R. ; BYRNE, T. ; BURNS, J.C. ; DAHN, J.R.: Synergies in blended LiMn$_2$O$_4$ and Li[Ni$_{1/3}$Mn$_{1/3}$Co$_{1/3}$]O$_2$ positive electrodes. In: *Journal of the Electrochemical Society* 159 (2012), Nr. 10, S. A1696–A1701

[235] LUTZ, Wolfgang Holger ; W. Holger ; Wendt: *Taschenbuch der Regelungstechnik : mit MATLAB und Simulink.* 8., erg. Aufl. Frankfurt am Main : Harri Deutsch, 2010. – ISBN 978–3–8171–1859–5

[236] KIENCKE, Holger Uwe ; J. Uwe ; Jäkel: *Signale und Systeme.* 4., korr. Aufl. München : Oldenbourg-Verl., 2008. – ISBN 978–3–486–58734–0 ; 3–486–58734–X

[237] CHENGLIN, Liao ; HUIJU, Li ; LIFANG, Wang: A dynamic equivalent circuit model of LiFePO4 cathode material for lithium ion batteries on hybrid electric vehicles. In: *Vehicle Power and Propulsion Conference, 2009. VPPC '09. IEEE*, 2009, S. 1662–1665

[238] ENDER, Moses ; JOOS, Jochen ; CARRARO, Thomas ; IVERS-TIFFÉE, Ellen: Quantitative Characterization of LiFePO$_4$ Cathodes Reconstructed by FIB/SEM Tomography. In: *Journal of The Electrochemical Society* 159 (2012), Nr. 7, S. A972–A980

[239] BISQUERT, Juan ; GARCIA-BELMONTE, Germà ; FABREGAT-SANTIAGO, Francisco ; COMPTE, Albert: Anomalous transport effects in the impedance of porous film electrodes. In: *Electrochemistry Communications* 1 (1999), Nr. 9, S. 429 – 435. – ISSN 1388–2481

[240] LIN, Chi-Kai ; REN, Yang ; AMINE, Khalil ; QIN, Yan ; CHEN, Zonghai: In situ high-energy X-ray diffraction to study overcharge abuse of 18650-size lithium-ion battery. In: *Journal of Power Sources* 230 (2013), Nr. 0, S. 32 – 37. – ISSN 0378–7753

[241] SCHMIDT, L.P. ; SCHALLER, G. ; MARTIUS, S.: *Grundlagen der Elektrotechnik 3: Netzwerke.* Pearson Studium, 2006 (Grundlagen der Elektrotechnik). – ISBN 9783827371072

Abkürzungsverzeichnis

ARC	Accelerated Rate Calorimeter
BEV	Batterieelektrisches Fahrzeug (engl. Battery Electric Vehicle)
BMS	Battery Management System
CID	Current Interruption Device
CNLS	Complex Nonlinear Least Squares
CV	zyklische Voltammetrie (Cyclic Voltammetry)
DRT	Verteilung der Relaxationszeiten (engl. Distribution of Relaxation Times)
DVA	Differential Voltage Analysis
EIS	elektrochemische Impedanzspektroskopie
ESM	Ersatzschaltungsmodell
ETIS	elektrothermische Impedanzspektroskopie
EVS	electrochemical voltage spectroscopy
FEM	Finite Elemente Methode
FFT	Fast Fourier Transformation
FRA	Frequency Response Analyzer
GITT	Galvanostatic Intermittent Titration Technique
HEV	Hybridelektrofahrzeug (engl. Hybrid Electrical Vehicle)
ICA	Incremental Capacity Analysis
LCO	$LiCoO_2$
LFP	$LiFePO_4$
LMO	$LiMn_2O_4$
LTO	$Li_4Ti_5O_{12}$
MARE	mittlere absolute Widerstandsfehler (engl. Mean Absolute Resistance Error)
MCMB	Mesocarbon Microbeads
NCA	$LiNi_{0,8}Co_{0,15}Al_{0,05}O_2$

NLEIS   nichtlineare elektrochemische Impedanzspektroskopie

OCV   Open Circuit Voltage

PITT   Potentiostatic Intermittent Titration Technique
PTC   Kaltleiter (engl. Positive Temperature Coefficient)

SEI   Solid Electrolyte Interphase
SFEIS   single frequency EIS
SOC   Ladezustand (State Of Charge)
SPICE   Simulation Program with Integrated Circuit Emphasis

Symbolverzeichnis

C_{12}	Strahlungsaustauschzahl	$\text{W} \cdot \text{m}^{-2} \cdot \text{K}^{-4}$
C_N	Nennkapazität	$\text{A} \cdot \text{s}$
$C_{\Delta Int}$	differentielle Interkalationskapazität	F
C_{th}	Wärmekapazität	$\text{J} \cdot \text{K}^{-1}$
F	Faradaykonstante	$96485,3399\,\text{C} \cdot \text{mol}^{-1}$
I_{amp}	Amplitude des Stroms	A
I_{eff}	Effektivwert des Stroms	A
P_{el}	elektrische Leistung	W
Q_{el}	elektrische Ladung	C
Q_{irr}	Wärme aus Ohmschen Verlusten	J
Q_{mix}	Wärme aus Entropieänderung beim Mischen	J
Q_{react}	Wärme aus Nebenreaktionen	J
Q_{rev}	reversible Wärme	J
R_{th}	Wärmeleitungswiderstand	$\text{K} \cdot \text{W}^{-1}$
T	Temperatur	K
T_{amb}	Umgebungstemperatur	K
T_{surf}	Oberflächentemperatur	K
U_{An}	Halbzellenpotential Anode	V
U_{Kat}	Halbzellenpotential Kathode	V
U_{OCV}	Leerlaufspannung (Open Circuit Voltage)	V
U_{max}	maximale Zellspannung	V
U_{min}	minimale Zellspannung	V
ΔG	freie Reaktionsenthalpie	J
ΔH	Reaktionsenthalpie	J
ΔS	Reaktionsentropie	$\text{J} \cdot \text{K}^{-1}$
α_k	Wärmeübergangskoeffizient	$\text{W} \cdot \text{m}^{-2} \cdot \text{K}^{-1}$
$\dot{Q}$	Wärmestrom	$\text{J} \cdot \text{s}^{-1}$
$\dot{Q}_{conv}$	Wärmestrom aus Konvektion	$\text{J} \cdot \text{s}^{-1}$
$\dot{Q}_{rad}$	Wärmestrom aus Wärmestrahlung	$\text{J} \cdot \text{s}^{-1}$
λ	Regularisierungsparameter	
λ_{th}	spezifische Wärmeleitfähigkeit	$\text{W} \cdot \text{m}^{-1} \cdot \text{K}^{-1}$
MARE_{dyn}	dynamischer MARE	$\text{V} \cdot \text{A}^{-1}$
ρ	spezifische Dichte	$\text{kg} \cdot \text{m}^{3}$
σ_G	Standardabweichung	
σ_{SB}	Stefan-Bolzmann-Konstante	$5.6704 \cdot 10^{-8}\,\text{W} \cdot \text{m}^{-2} \cdot \text{K}^{-4}$
τ	Relaxationszeit	s

ε_{th}	Emissionsgrad	
c_{th}	spezifische Wärmekapazität	$J \cdot g^{-1} \cdot K^{-1}$
f_i	Frequenz des Stroms	Hz
i	Strom	A
n	Stoffmenge	mol
u_{cell}	Zellspannung	V

A Mehrdeutigkeit von Ersatzschaltungsmodellen

Zur Interpretation von Impedanzspektren werden häufig Ersatzschaltungsmodelle herangezogen. Dabei wird zunächst eine Schaltungstopologie entworfen, welche die Prozesse (z.B. Diffusion, Ladungstransfer) und deren Zusammenwirken (seriell, parallel) nachbildet. Anschließend werden die Parameter durch eine mathematische Optimierungsroutine, beispielsweise einen CNLS-Fit bestimmt. Somit können aus den Parametern der Schaltungselemente Materialeigenschaften und stoffspezifische Konstanten abgeleitet werden. Allerdings lässt ein und derselbe Frequenzgang sich mit Schaltungen unterschiedlicher Topologie beschreiben [75, 77]. Beide in Abbildung A.1 dargestellten Schaltungstopologien können das nebenstehende Impedanzspektrum beschreiben. Im Fall a) werden zwei serielle Prozesse angenommen, in Fall b) zwei gekoppelte Prozesse.

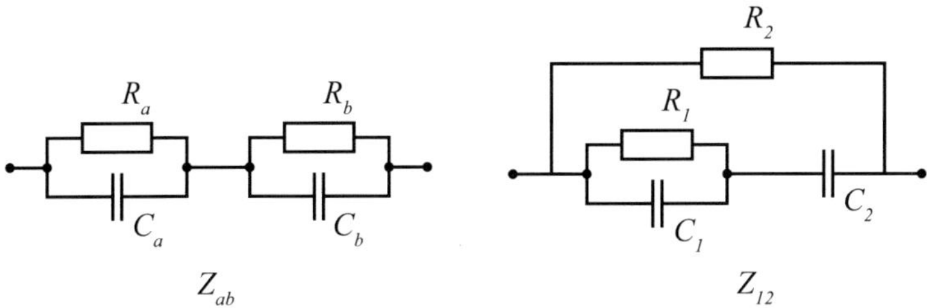

Abbildung A.1: Zwei Schaltungstopologien mit identischem Frequenzgang Z_{12} und Z_{ab}.

Für beide Schaltungen lässt sich die Impedanz in Abhängigkeit der Parameter angeben:

$$Z_{12} = \frac{R_2 + j\omega\left(R_1 R_2 C_1 + R_1 R_2 C_b\right)}{1 + j\omega\left(R_2 C_b + R_1 C_b + R_1 C_1\right) - \omega^2 R_1 R_2 C_1 C_b}, \tag{9.1}$$

$$Z_{ab} = \frac{R_a + R_b + j\omega\left(R_a R_b C_a + R_a R_b C_2\right)}{1 + j\omega\left(R_a C_a + R_b C_2\right) - \omega^2 R_a R_b C_a C_2}. \tag{9.2}$$

Durch Gleichsetzen von Gleichung 9.1 und Gleichung 9.2 kann überprüft werden, ob beide Schaltungen dieselbe Impedanz darstellen können und welcher Zusammenhang zwischen den Parametern besteht:

$$\begin{aligned}
R_1 &= \frac{R_a R_b\left(-2R_a^2 R_b C_b C_a + R_b^3 C_b^2 + R_a^3 C_a^2\right)}{R_a^4 C_a^2 + 2R_a^2 C_a R_b^2 C_b + R_b^4 C_b^2} \\
&\quad + \frac{R_a R_b\left(-2R_b^2 R_a C_a C_b + R_b^2 R_a C_b^2 + R_a^2 R_b C_a^2\right)}{R_a^4 C_a^2 + 2R_a^2 C_a R_b^2 C_b + R_b^4 C_b^2}
\end{aligned} \tag{9.3}$$

$$R_2 = R_a + R_b \tag{9.4}$$

$$C_1 = \frac{\left(R_a^2 C_a + R_b^2 C_b\right)C_a C_b}{\left(R_a^2 C_a^2 - 2R_a C_a R_b C_b + R_b^2 C_b^2\right)} \tag{9.5}$$

$$C_2 = \frac{\left(R_a^2 C_a + R_b^2 C_b\right)}{\left(R_a^2 + 2R_a R_b + R_b^2\right)} \tag{9.6}$$

Dies bedeutet aber auch, dass wenn eine falsche Prozessanordnung angenommen wird, trotz eines perfekten Fits, die Parameter nicht zur Interpretation der physikalischen Prozesse verwendet werden können. Ein kurzes Zahlenbeispiel soll dies verdeutlichen: Angenommen wird die Schaltungstopologie Z_{ab} in Abbildung A.1. Aus gemessenen Impedanzdaten werden durch Parameteroptimierung die Größen $R_a = 1\,\Omega, C_a = 10\,\text{F}, R_b = 10\,\Omega, C_b = 20\,\text{F}$ ermittelt. Tatsächlich könnten die Prozesse jedoch auch wie in Schaltung Z_{12} gekoppelt sein. Ein CNLS-Fit ergibt dann die Parameter $R_1 = 0,98\,\Omega$, $C_1 = 11.14\,\text{F}$, $R_2 = 11\,\Omega$, $C_2 = 16.61\,\text{F}$. Eine physikalische Interpretation der Kapazität C_2 nach Topologie Z_{12}, obwohl tatsächlich Topologie Z_{ab} gilt, führt somit zu einer Annahme einer Kapazität die um circa 17 % von der physikalisch relevanten Größe abweicht.

Unter bestimmten Voraussetzungen können aber beide Topologien verwendet werden, ohne bei einem CNLS-Fit falsche Parameter zu erhalten (Abweichung $< 1\,\%$). Um dies zu demonstrieren wird ebenfalls eine Beispielsimulation durchgeführt. Es wird zunächst $R_a = 1\,\Omega$ und $R_b = 1\,\text{k}\Omega$ gewählt. Anschließend wird das Verhältnis τ_a/tau_b variiert. An die erhaltenen Impedanzdaten wird die Schaltung Z_{12} angefittet und die relative Abweichung von R_1 zu R_a, R_2 zu R_b, C_1 zu C_a sowie C_2 zu C_b angegeben (siehe Abbildung 9.2(a) und 9.2(b)). Es ist zu erkennen, dass der Fehler für R_1 und C_1 größer wird, wenn die Zeitkonstanten beider RC-Glieder sich annähern. Für eine 200 mal kürzere Zeitkonstante von τ_a im Vergleich zu τ_b kann ein Fehler unter 1 % garantiert werden.

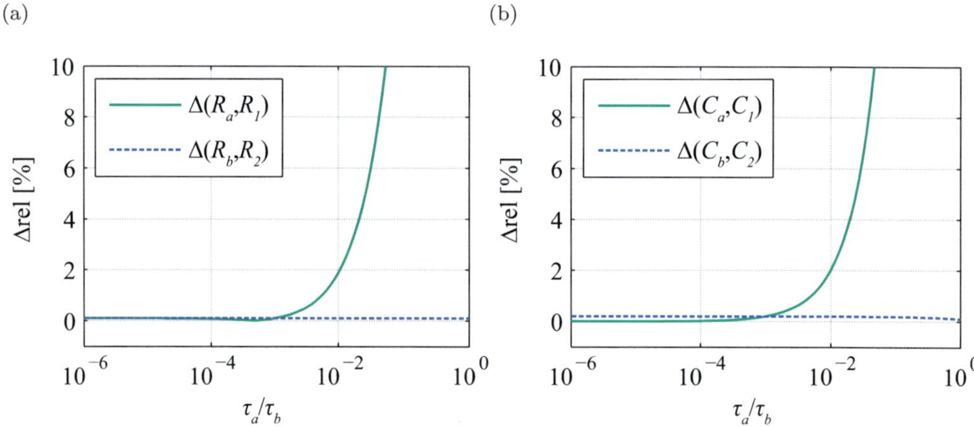

Abbildung A.2: Relativer Fehler bei der Bestimmung der Parameter unter Annahme der falschen Schaltungstopologie. a) relativer Fehler der Widerstände, b) relativer Fehler der Kapazitäten bei Variation von τ_a/τ_b.

In einer zweiten Simulation werden nun die Zeitkonstanten zu $\tau_a = 1\,\text{s}$ und $\tau_b = 1 \cdot 10^3\,\text{s}$ gewählt und das Verhältnis R_a/R_b variiert. Bei Betrachtung der Differenzen (siehe Abbildung 9.3(a) und 9.3(b)) kann erneut festgestellt werden, dass der Fehler größer wird, wenn sich R_a dem Wert von R_b annähert. Für ein Verhältnis von $R_a/R_b = 1/200$ wird ein Fehler unter 1 % erreicht.

(a)   (b)

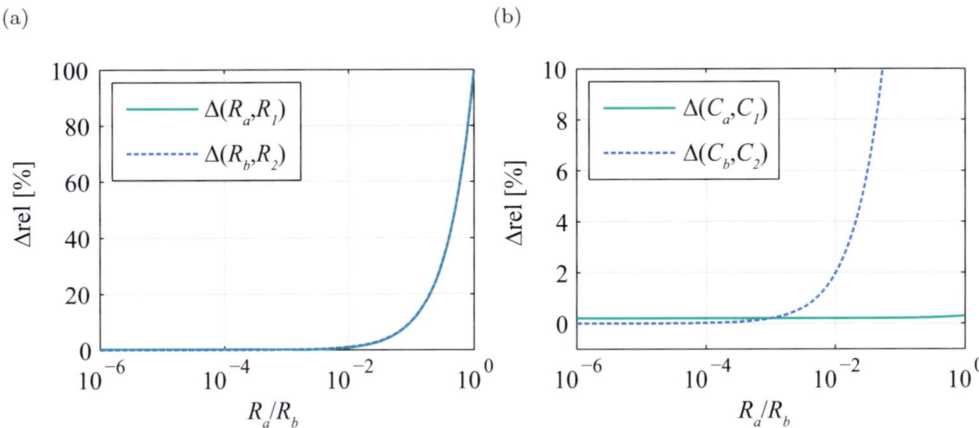

Abbildung A.3: Relativer Fehler bei der Bestimmung der Parameter unter Annahme der falschen Schaltungstopologie. a) relativer Fehler der Widerstände und b) relativer Fehler der Kapazitäten bei Variation von R_a/R_b.

B Analytische Beschreibung thermischer Impedanzen

Die Modellierung thermischer Probleme mittels Ersatzschaltungen führt in vielen Fällen auf eine Cauer-Struktur zurück. Eine thermische Kontaktierung mehrerer Systeme entspricht dann einer Verschaltung dieser Cauer-Strukturen, die sich einfach beschreiben lassen, wenn auf die Theorie der Vierpole zurückgegriffen wird (siehe Anhang B.1). Die angewandten, thermischen Modelle aus Kapitel 8.3 sind starke Vereinfachungen. Durch eine Erhöhung der RC-Glieder $N \to \infty$, kann jedoch die Wärmeleitung in Festkörpern ideal abgebildet werden. Daher werden in Anhang B.2 analytische Impedanzausdrücke hergeleitet.

B.1 Beschreibung thermischer Systeme als Vierpol

Während bei der Messung elektrochemischer Impedanzen gewöhnlicherweise nur die Spannung zwischen zwei Polen gemessen werden kann, so kann für thermische Systeme oft an mehreren Punkten die Temperatur gemessen werden (beispielsweise innere Temperatur und Oberflächentemperatur). Entsprechend kann sowohl die Temperaturänderung T_1 als auch die Temperaturänderung T_2 auf einen Wärmeeingangsstrom bezogen werden (vergleiche Abbildung B.4, links).
Gelten für einen solchen Vierpol die Bedingungen

$$\dot{Q}_1 = \dot{Q}_3, \tag{9.7}$$

$$\dot{Q}_2 = \dot{Q}_4, \tag{9.8}$$

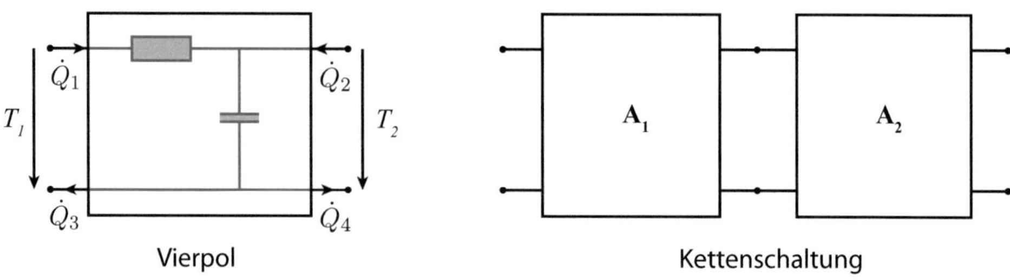

Abbildung B.4: Vierpol der thermischen Ersatzschaltung.

so wird der Vierpol als lineares Zweitor bezeichnet. Für das einfache Beispiel der in Abbildung 5.1 dargestellten Wand, lassen sich unterschiedliche thermische Impedanzen angeben, abhängig davon, welche Aus- und Eingangsgrößen betrachtet werden. Alle Möglichkeiten lassen sich in der Impedanzmatrix

$$\begin{bmatrix} T_1 \\ T_2 \end{bmatrix} = \begin{bmatrix} Z_{11} & Z_{12} \\ Z_{21} & Z_{22} \end{bmatrix} \begin{bmatrix} \dot{Q}_1 \\ \dot{Q}_2 \end{bmatrix} \tag{9.9}$$

zusammenfassen. Die Regeln zur Aufstellung dieser Impedanzen lassen sich unmittelbar aus Gleichung 9.9 ableiten. So wird zum Beispiel Z_{12} bestimmt, indem das Verhältnis von $T_1/\dot{Q}_2$ gebildet wird, während $\dot{Q}_1 = 0$ gilt, also der Eingang offen ist.

Die Matrixdarstellung hat den Vorteil, dass Serienschaltung, Parallelschaltung und Kettenschaltung mehrerer Vierpole durch einfache Matrixmultiplikationen dargestellt werden können. Die entsprechenden Matrizen lassen sich beispielsweise [241] entnehmen. Eine thermische Verbindung zweier Wände entspräche, wie in Abbildung B.4 rechts dargestellt, einer Kettenschaltung, deren Kettenmatrix $\mathbf{A_{neu}}$ sich aus Multiplikation der Kettenmatrizen $= \mathbf{A_1}$ und $\mathbf{A_2}$ der einzelnen Wände berechnen lässt:

$$\mathbf{A_{neu}} = \mathbf{A_1} \cdot \mathbf{A_2}. \tag{9.10}$$

Ebenso kann die thermische Impedanz Z_{11} und $Z_{1,2}$ nach Abschluss mit einer Impedanz $Z_{end,th}$ einfach berechnet werden. Aus der Gleichung für die Kettenmatrix folgt:

$$T_1 = A_{11}T_2 - A_{12}\dot{Q}_2 \tag{9.11}$$

$$\dot{Q}_1 = A_{21}T_2 - A_{22}\dot{Q}_2. \tag{9.12}$$

Setzt man nun noch

$$T_2 = -Z_{end,th} \cdot \dot{Q}_2, \tag{9.13}$$

erhält man für die mit der Abschlussimpedanz $Z_{end,th}$ versehenen Schaltung die Impedanzen

$$\frac{T_1}{\dot{Q}_1} = \frac{A_{11}Z_{end,th} + A_{12}}{A_{21}Z_{end,th} + A_{22}} \tag{9.14}$$

$$\frac{T_2}{\dot{Q}_1} = \frac{Z_{end,th}}{A_{21}Z_{end,th} + A_{22}}. \tag{9.15}$$

B.2 System mit verteilten Parametern

Aufbauend auf den Überlegungen zur Modellierung mit konzentrierten Parametern wird die Wand nun in infinitesimal kleine Abschnitte zerlegt, wobei jeder Längenabschnitt dx einen thermischen Widerstandsbelag $Z'_{R,th}$ und einen thermischen Kapazitätsbelag $Z'_{C,th}$ aufweist (siehe Abbildung B.5).

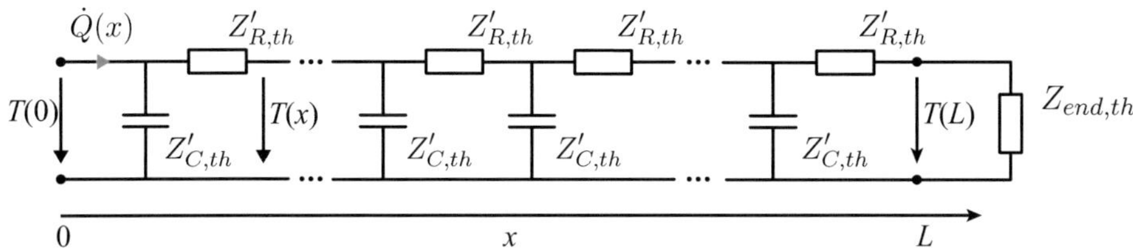

Abbildung B.5: Leitermodell zur eindimensionalen Wärmeleitung in Festkörpern.

Während für die Festkörperdiffusion die Randbedingungen durch einen Kurzschluss (unendliches Reservoir) und durch einen Leerlauf (endliches Reservoir) definiert waren, so entspricht die Abschlussimpedanz $Z_{end,th}$ gerade der thermischen Ankopplung an die Umgebung. Für den Wärmestrom $\dot{Q}$ und die Temperatur T in Abhängigkeit von x gelten die beiden gekoppelten Differentialgleichungen

$$\frac{\mathrm{d}\dot{Q}(x)}{\mathrm{d}x} = -\frac{T(x)}{Z'_{C,th}}, \tag{9.16}$$

$$\frac{\mathrm{d}T(x)}{\mathrm{d}x} = -\dot{Q}(x) \cdot Z'_{R,th}. \tag{9.17}$$

Durch Ableiten von 9.16 und Einsetzen von 9.17 erhält man die einfache DGL zweiter Ordnung

$$\frac{\mathrm{d}^2\dot{Q}(x)}{\mathrm{d}x^2} - \frac{\dot{Q}R'_{th}}{C'_{th}} = 0. \tag{9.18}$$

$$\tag{9.19}$$

Die allgemeine Lösung dieser homogenen DGL ist mit

$$\dot{Q} = C_1 e^{\sqrt{\frac{Z'_{R,th}}{Z'_{C,th}}}\,x} + C_2 e^{-\sqrt{\frac{Z'_{R,th}}{Z'_{C,th}}}\,x} \tag{9.20}$$

gegeben, wobei die Konstanten C_1 und C_2 aus dem Randwertproblem zu bestimmen sind. Die Randbedingungen für die Einprägung des Wärmestroms $\dot{Q}_0$ bei $x = 0$ und der Abschlussimpedanz $Z_{end,th}$ bei $x = L$

$$\dot{Q}(0) = \dot{Q}_0 \tag{9.21}$$

$$\frac{\mathrm{d}\dot{Q}(L)}{\mathrm{d}x} = -\dot{Q}(L)\frac{Z_{end,th}}{Z'_{C,th}} \tag{9.22}$$

$$\tag{9.23}$$

führen zur Lösung

$$\dot{Q}(x) = \dot{Q}_0 \frac{\sqrt{Z'_{R,th}Z'_{C,th}}\cosh\left(\sqrt{\frac{Z'_{R,th}}{Z'_{C,th}}}(L-x)\right) + Z_{end,th}\sinh\left(\sqrt{\frac{Z'_{R,th}}{Z'_{C,th}}}(L-x)\right)}{\sqrt{Z'_{R,th}Z'_{C,th}}\cosh\left(\sqrt{\frac{Z'_{R,th}}{Z'_{C,th}}}L\right) + Z_{end,th}\sinh\left(\sqrt{\frac{Z'_{R,th}}{Z'_{C,th}}}L\right)}. \tag{9.24}$$

Einsetzen von 9.24 in 9.16 ergibt die Lösung für die Temperatur $T(x)$. Nun kann die ortsabhängige thermische Impedanz zu

$$Z_{th}(x) = \frac{T(x)}{\dot{Q}_0} \tag{9.25}$$

$$= \frac{Z'_{R,th}Z'_{C,th}\sinh\left(\sqrt{\frac{Z'_{R,th}}{Z'_{C,th}}}(L-x)\right)}{\sqrt{Z'_{R,th}Z'_{C,th}}\cosh\left(\sqrt{\frac{Z'_{R,th}}{Z'_{C,th}}}L\right) + Z_{end,th}\sinh\left(\sqrt{\frac{Z'_{R,th}}{Z'_{C,th}}}L\right)}$$

$$+ \frac{\sqrt{Z'_{R,th}Z'_{C,th}}\,Z_{end,th}\cosh\left(\sqrt{\frac{Z'_{R,th}}{Z'_{C,th}}}(L-x)\right)}{\sqrt{Z'_{R,th}Z'_{C,th}}\cosh\left(\sqrt{\frac{Z'_{R,th}}{Z'_{C,th}}}L\right) + Z_{end,th}\sinh\left(\sqrt{\frac{Z'_{R,th}}{Z'_{C,th}}}L\right)} \tag{9.26}$$

bestimmt werden. Die thermischen Impedanzen $Z_{th}(0)$ und $Z_{th}(L)$ sind für eine Variation des Abschlusswiderstands $R_{th,end}$ in Abbildung B.6 dargestellt. Für $Z_{th}(0)$ und $Z_{end,th} = 0$ oder $Z_{end,th} \to \infty$ ergeben sich die aus der Modellierung der Festkörperdiffusion bekannten Warburgelemente mit Kurzschluss und Leerlauf als Abschluss [149]. Es sei an dieser Stelle auch darauf hingewiesen, dass für $Z_{th}(L)$ durchaus negative Realteile erzielt werden können. Dies wäre nicht möglich über die Beschreibung mit einem Zweipol, welcher nur aus Kapazitäten und Widerständen besteht.
Soll der Wärmetransport durch verschiedene, aufeinander folgende Schichten beschrieben werden, kann wieder auf die Beschreibung als Vierpol zurückgegriffen werden. Hierzu müssen die Impedanzen für $Z_{end,th} \to \infty$ betrachtet werden. Da die Schaltung symmetrisch ist, gilt $Z_{th,11} = Z_{th,22}$ und da sie ausschließlich aus passiven Komponenten

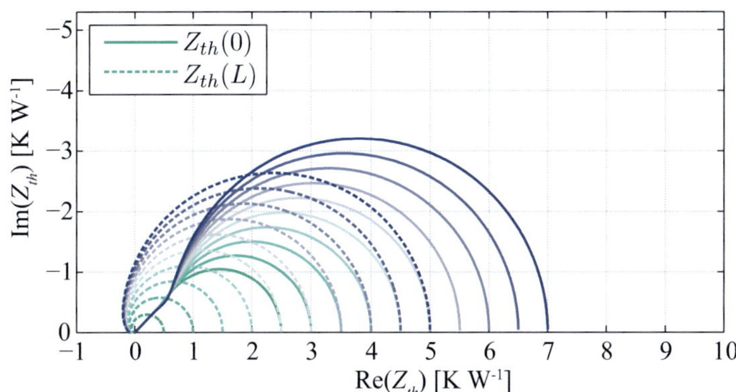

Abbildung B.6: Thermische Impedanz für einen festen Körper mit konzentrierter Einprägung bei $x = 0$, $L = 2\,\mathrm{m}$, $C'_{th} = 1\,\mathrm{JmK}^{-1}$, $R'_{th} = 1\,\mathrm{KW}^{-1}\mathrm{m}^{-1}$ und einer Variation von $R_{th,end} = 0,5\ldots5\,\mathrm{KW}^{-1}$.

besteht, gilt das Reziprozitätstheorem und somit $Z_{th,12} = Z_{th,21}$. Die Impedanzmatrix ist mit

$$Z_{th,11} = \sqrt{Z'_{R,th}\,Z'_{C,th}}\,\coth\left(\sqrt{\frac{Z'_{R,th}}{Z'_{C,th}}}\,L\right) \tag{9.27}$$

$$Z_{th,21} = \frac{\sqrt{Z'_{R,th}\,Z'_{C,th}}}{\sinh\left(\sqrt{\frac{Z'_{R,th}}{Z'_{C,th}}}\,L\right)} \tag{9.28}$$

also vollständig beschrieben. Die thermische Impedanz von beliebig langen Schichtstapeln lässt sich somit durch Multiplikation der Kettenmatrizen leicht realisieren. Die thermische Impedanz nach thermischer Ankopplung an die Umgebung lässt sich dann einfach mit den Gleichungen 9.14 und 9.14 berechnen.

B.3 Volumetrisch verteilte Wärmequelle

Für reale Lithium-Ionen Zellen kann keine konzentrierte Wärmestromeinprägung angenommen werden, sondern es muss von einer, über das gesamte Elektrodenvolumen verteilte, Wärmeeinprägung ausgegangen werden. Dies lässt sich vereinfacht für eine volumetrisch homogen verteilte Wärmeeinprägung in einer Wand modellieren. Dementsprechend muss die DGL 9.16 zu

$$\frac{\mathrm{d}\dot{Q}(x)}{\mathrm{d}x} = -\frac{T(x)}{Z'_{C,th}} + \frac{\dot{Q}_0}{L} \tag{9.29}$$

$$\tag{9.30}$$

erweitert werden, um den Wärmestrom $\dot{Q}_0$ der zuvor bei $x = 0$ eingeprägt wurde über die Länge L verteilt einzuprägen. Ebenso müssen die Randebindungen 9.21 und 9.22 mit

$$\dot{Q}(0) = 0 \tag{9.31}$$

$$\frac{\mathrm{d}\dot{Q}(L)}{\mathrm{d}x} = -\dot{Q}(L)\frac{Z_{end,th}}{Z_{C,th}} + \frac{\dot{Q}_0}{L} \tag{9.32}$$

$$\tag{9.33}$$

angepasst werden. Es ergibt sich die Lösung für den Verlauf des Wärmestroms

$$\dot{Q}(x) = \frac{\dot{Q}_0 Z'_{C,th} \sinh\left(\sqrt{\frac{Z'_{R,th}}{Z'_{C,th}}}x\right)}{L\left(\sqrt{Z'_{R,th}Z'_{C,th}}\cosh\left(\sqrt{\frac{Z'_{R,th}}{Z'_{C,th}}}L\right) + Z_{end,th}\sinh\left(\sqrt{\frac{Z'_{R,th}}{Z'_{C,th}}}L\right)\right)}. \tag{9.34}$$

Aus dieser können nun die thermischen Impedanzen

$$\frac{T(0)}{\dot{Q}_0} = \frac{Z'_{C,th}}{L}\frac{-2\sqrt{Z'_{R,th}Z'_{C,th}} + Z_{end,th}\sinh\left(\sqrt{\frac{Z'_{R,th}}{Z'_{C,th}}}L\right)}{Z_{end,th}\sinh\left(\sqrt{\frac{Z'_{R,th}}{Z'_{C,th}}}L\right) + \sqrt{Z'_{R,th}Z'_{C,th}}\cosh\left(\left(\sqrt{\frac{Z'_{R,th}}{Z'_{C,th}}}L\right)\right)}$$

$$+ \frac{Z'_{C,th}}{L}\frac{\sqrt{Z'_{R,th}Z'_{C,th}}\cosh\left(\sqrt{\frac{Z'_{R,th}}{Z'_{C,th}}}L\right)}{Z_{end,th}\sinh\left(\sqrt{\frac{Z'_{R,th}}{Z'_{C,th}}}L\right) + \sqrt{Z'_{R,th}Z'_{C,th}}\cosh\left(\left(\sqrt{\frac{Z'_{R,th}}{Z'_{C,th}}}L\right)\right)} \tag{9.35}$$

und

$$\frac{T(L)}{\dot{Q}_0} = \frac{Z'_{C,th}}{L}\frac{Z_{end,th}\sinh\left(\sqrt{\frac{Z'_{R,th}}{Z'_{C,th}}}L\right)}{Z_{end,th}\sinh\left(\sqrt{\frac{Z'_{R,th}}{Z'_{C,th}}}L\right) + \sqrt{Z'_{R,th}Z'_{C,th}}\cosh\left(\sqrt{\frac{Z'_{R,th}}{Z'_{C,th}}}L\right)} \tag{9.36}$$

berechnet werden. Abbildung B.7 zeigt die resultierenden thermischen Impedanzen. Die hier vorgestellten, analytischen Impedanzausdrücke können nun verwendet werden, um analog zur elektrochemischen Modellierung, mittels CNLS-Fits physikalisch relevante Materialparameter zu bestimmen. Durch die Möglichkeit die thermische Impedanz in Abhängigkeit der Position x anzugeben, kann bei Vorhandensein mehrerer Temperatursensoren die Genauigkeit erhöht werden.

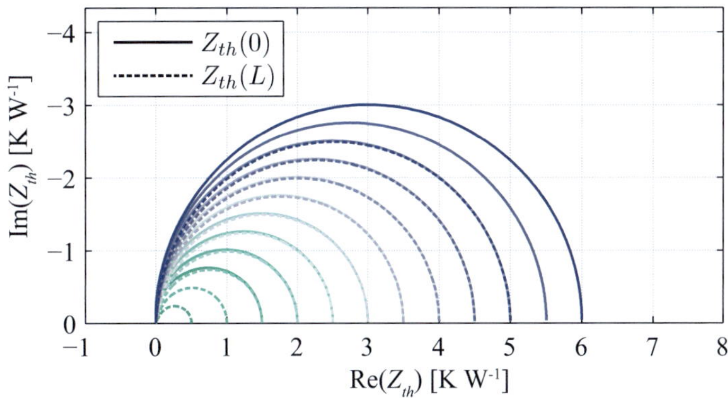

Abbildung B.7: Thermische Impedanz für einen festen Körper mit volumetrischer Einprägung und $L = 2$ m, $C'_{th} = 1$ JmK^{-1}, $R'_{th} = 1$ KW^{-1}m^{-1} und einer Variation von $R_{th,end} = 0,5\ldots5$ KW^{-1}.

C Zustandsraumdarstellung des thermischen Modells

Zeitkontinuierliche Darstellung

Für die Implementierung des Modells im Zustandsraum nach Abbildung 8.45 wird nun folgender Ansatz gewählt. Als Ausgangsgrößen werden die innere Temperatur $T_{int} = T_1$ und die Oberflächentemperatur T_{surf} gewählt und als Eingangsgrößen die Wärmeströme $\dot{Q}_{in,n}$. Zunächst wird unter Beachtung der Kirchhoffschen Gesetze die Temperatur des Längeninkrements eins, also die innere Temperatur in Abhängigkeit des Wärmeeingangsstroms ausgedrückt:

$$T_{int}(t) = T_1(t) = \frac{1}{C_{th,1}} \int_0^t \dot{Q}(\tau)_{C,1} \mathrm{d}\tau$$

Nach Laplacetransformation wird diese Differentialgleichung zu

$$T_1(s) = \frac{1}{sC_{th,1}} \left[\dot{q}_{in,1} - (T_1(s) - T_2(s)) \frac{1}{R_{th,1}} \right],$$

$$sT_1(s) = \frac{1}{C_{th,1}} \dot{q}_{in,1} - T_1(s) \frac{1}{R_{th,1}C_{th,1}} + T_2(s) \frac{1}{R_{th,1}C_{th,1}}$$

. Für das Längeninkrement n kann die Temperatur T_n in Abhängigkeit der Temperaturen des vorhergehenden und nachfolgenden Längeninkrements beschrieben werden:

$$T_n(t) = \frac{1}{C_{th,n}} \int_0^t \dot{Q}(\tau)_{C,n} \mathrm{d}\tau$$

$$T_n(s) = \frac{1}{sC_{th,n}} \left[\dot{Q}_{in,n} + \dot{Q}_{R,n-1}(s) - \dot{Q}_{R,n}(s) \right]$$

$$= \frac{1}{sC_{th,n}} \left[\dot{Q}_{in,n} + (T_{n-1}(s) - T_n(s))\frac{1}{R_{th,n-1}} - (T_n(s) - T_{n+1}(s))\frac{1}{R_{th,n}} \right]$$

$$sT_n(s) = \frac{1}{sC_{th,n}}\dot{Q}_{in,n} + \frac{1}{sC_{th,n}}\dot{Q}_{in,2} + \frac{1}{C_{th,n}R_{th,n-1}}T_{n-1}(s)$$

$$- \left[\frac{1}{R_{th,n-1}C_{th,n}} + \frac{1}{R_{th,n}C_{th,n}} \right] T_n(s) + \frac{1}{R_{th,n}C_{th,n}}T_{n+1}(s)$$

Die Temperatur T_N des Längeninkrements N wird durch

$$T_N(t) = \frac{1}{C_{th,N}} \int_0^t \dot{Q}(\tau)_{C,N} \mathrm{d}\tau$$

$$T_N(s) = \frac{1}{sC_{th,N}} \left[\dot{Q}_{in,N} + \dot{Q}_{R,N-1}(s) - \dot{Q}_{R,N}(s) \right]$$

$$= \frac{1}{sC_{th,N}} \left[\dot{Q}_{in,N} + (T_{N-1}(s) - T_N(s))\frac{1}{R_{th,N-1}} - (T_N(s))\frac{1}{R_{th,N} + R_{th,amb}} \right]$$

$$sT_N(s) = \frac{1}{sC_{th,N}}\dot{Q}_{in,N} + \frac{1}{R_{th,N-1}C_{th,N}}T_{N-1}(s)$$

$$= -\left[\frac{1}{R_{th,N-1}C_{th,N}} + \frac{1}{(R_{th,N} + R_{th,amb})C_{th,N}} \right] T_N(s)$$

beschrieben. Es ergeben sich somit N gekoppelte Differentialgleichungen. Die Ausgangsgröße T_{surf} lässt sich anschließend mit

$$T_{surf}(s) = \frac{R_{th,amb}}{R_{th,N} + R_{th,amb}}T_N(s)$$

berechnen. In der Zustandsraumdarstellung lässt sich das System von Differentialgleichungen elegant zu

$$s\mathbf{T} = \mathbf{A}\mathbf{T} + \mathbf{b}\dot{\mathbf{q}}_{\mathbf{in}}$$

$$\begin{bmatrix} T_{int} \\ T_{surf} \end{bmatrix} = \mathbf{c}\mathbf{T}$$

zusammenfassen, wobei $\dot{\mathbf{q}}_{\mathbf{in}}$ ein Vektor mit den Wärmeströmen pro Segment ist. Die Matrix $\mathbf{A}$ besitzt nur Werte auf der Haupt- den beiden Nebendiagonalen mit

$$a_{1,1} = -\tau_{1,1}^{-1}$$
$$a_{1,2} = \tau_{1,1}^{-1}$$
$$\vdots$$
$$a_{n-1,n} = \tau_{n-1,n}^{-1}$$
$$a_{n,n} = -\left[\tau_{n-1,n}^{-1} + \tau_{n,n}^{-1}\right]$$
$$a_{n,+1} = \tau_{n,n}^{-1}$$
$$\vdots$$
$$a_{N-1,N} = \tau N - 1, N^{-1}$$
$$a_{N,N} = -[\tau_{N-1,N}^{-1} + (R_{th,N} + R_{th,amb})^{-1} C_{th,N}^{-1}]$$

wobei $\tau_{n,m}$ mit

$$\tau_{n,m} = R_{th,n} C_{th,m}$$

gegeben ist. Die Eingangsmatrix $\mathbf{b}$ und die Ausgangsmatrix $\mathbf{c}$ sind mit

$$\mathbf{b} = \begin{bmatrix} C_{th,1}^{-1} \\ \vdots \\ C_{th,n}^{-1} \\ C_{th,N}^{-1} \end{bmatrix} \qquad \mathbf{c} = \begin{bmatrix} 1 & 0 \\ 0 & 0 \\ \vdots & \vdots \\ 0 & R_{th,amb}(R_{th,N} + R_{th,amb})^{-1} \end{bmatrix}$$

gegeben.

Zeitdiskrete Darstellung

Durch Zeitdiskretisierung mittels der Euler-Forward Näherung wird mit

$$sT(s) = \frac{T(k+1) - T(k)}{T_s}$$

aus den Gleichungen des kontinuierlichen Zustandsraums eine Beschreibung im diskreten Zustandsraum. Hierbei ist T_s die Abtastfrequenz des Systems und $T(k)$ die Temperatur zum Zeitpunkt $t = k \cdot T_s$. Weiterhin gilt die Einschränkung, dass T_s kleiner gewählt werden muss als das kleinste Produkt von $R_{th,n} \cdot C_{th,n}$. Es lässt sich das einfache diskrete Gleichungssystem aufstellen:

$$\mathbf{T}(k+1) = \mathbf{A_d}\mathbf{T}(k) + \mathbf{b_d}\dot{\mathbf{q}}_{\mathbf{in}}(k)$$
$$\mathbf{T_{out}}(k) = \mathbf{C_d}\mathbf{T}(k)$$

Der Zustandsvektor $\mathbf{T}(k)$ enthält die N Temperaturen zum Zeitpunkt k und $\mathbf{T_{out}}(k)$ ist ein zweizeiliger Vektor

$$\mathbf{T_{out}}(k) = \begin{bmatrix} T_{int}(k) & T_{surf}(k) \end{bmatrix}.$$

Die Matrix $\mathbf{A_d}$ enthält nur Werte auf der Hauptdiagonalen und der oberen und unteren Nebendiagonale. Diese lassen sich mit folgender Systematik besetzen:

$$a_{1,1} = 1 - \frac{T_s}{R_{th,1}C_{th,1}}$$

$$a_{1,2} = \frac{T_s}{R_{th,1}C_{th,1}}$$

$$\vdots$$

$$a_{n,n-1} = \frac{T_s}{R_{th,n-1}C_{th,n}}$$

$$a_{n,n} = 1 - \left[\frac{T_s}{R_{th,n-1}C_{th,n}} + \frac{T_s}{R_{th,n}C_{th,n}}\right]$$

$$a_{n,n+1} = \frac{T_s}{R_{th,n}C_{th,n}}$$

$$\vdots$$

$$a_{N,N-1} = \frac{T_s}{R_{th,N-1}C_{th,N}}$$

$$a_{N,N} = 1 - \left[\frac{T_s}{R_{th,N-1}C_{th,N}} + \frac{T_s}{(R_{th,N} + R_{th,amb})C_{th,N}}\right]$$

Die Eingangsmatrix $\mathbf{b_d}$ wird zu

$$\mathbf{b_d} = \mathbf{b} \cdot T_s,$$

die Ausgangsmatrix bleibt mit dem zeitkontinuierlichen Fall identisch.

D Interpolation der Arbeitspunkte

Nach der Charakterisierung des elektrischen Verhaltens mittels EIS, sind die Impedanzen zu diskreten Operationspunkten (Temperatur/Ladezustand) verfügbar. Dabei bestimmt die Anzahl der Messpunkte die Messdauer. Da die Parametrisierung des DRT-Modells vollautomatisch erfolgen soll, wird das Spektrum nicht über physikalisch basierte Ersatzschaltungselemente beschrieben, so dass zur Interpolation auch kein analytischer Zusammenhang aufgestellt werden kann. In der Praxis wird im Fall einer N-dimensionalen Wertetabelle einfach linear zwischen den Stützstellen interpoliert.
Jedoch können für die Impedanz empirische Zusammenhänge ausgenutzt werden, die eine bessere Interpolation erlauben.

D.1 Interpolation des SOCs

Bei den Impedanzmessungen im Rahmen dieser Arbeit konnte beobachtet werden, dass eine starke Änderung der Leerlaufspannungskennlinie über die Ladung dU/dQ mit einer starken Änderung der Impedanz einhergeht. Daher wurde der Ansatz durchgeführt, die Impedanz anstelle über den Ladezustand über die Leerlaufspannung zu interpolieren. Die Validierung des Ansatzes mit Impedanzspektren der Zelle des Typs HP-NCA bei einer Temperatur von 25 °C ist in Abbildung D.8 für den interessanten SOC-Bereich dargestellt. Als Stützstellen der Interpolation wurden die mit einem Pfeil markierten Ladezustände von 0, 20 und 40 % verwendet. Für Ladezustände über 20 % ergeben sich nur geringe Differenzen zwischen den Interpolationsansätzen, die Veränderung der Impedanz ist jedoch auch vergleichsweise gering. Ab einem SOC von 20 % ist jedoch zu beobachten, dass die Interpolation über den SOC signifikant von den gemessenen Spektren abweicht. Hier beschreiben die Spektren, welche über die OCV interpoliert wurden, die Messung deutlich besser.

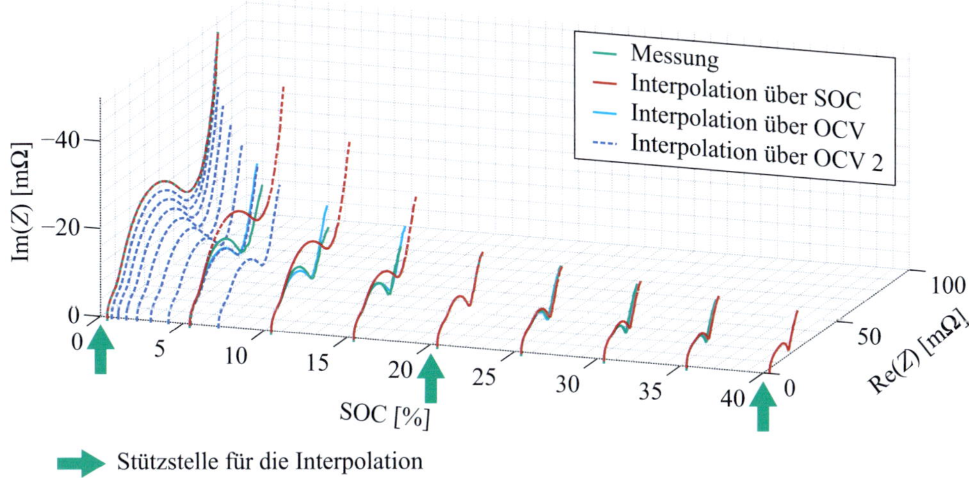

Abbildung D.8: Die Interpolation der Impedanz über die OCV zeigt deutlich bessere Resultate als die über den SOC. Die Stützstellen zur Interpolation wurden an den mit Pfeilen markierten SOCs gewählt.

Die mit *Interpolation OCV 2* bezeichneten Spektren resultieren ebenfalls aus einer Interpolation über die OCV, jedoch wurden dabei nicht äquidistante SOC-Punkte berechnet, sondern äquidistante Leerlaufspannungspunkte, wie in Abbildung D.9 illustriert wird. Hierin ist die Leerlaufspannungskurve in äquidistante SOC- und Spannungsabschnitte eingeteilt, so dass für beide Möglichkeiten gleich viele Abschnitte vergeben werden. Da auch hier nur der SOC-Bereich aus Abbildung D.8 dargestellt ist, weicht die Anzahl der dargestellten Abschnitte im Bildausschnitt jedoch ab. Es ist deutlich zu erkennen, dass sich für eine äquidistante Einteilung der Spannung die resultierenden SOC-Punkte im unteren SOC-Bereich konzentrieren, während für die Bereiche der Spannungsplateaus nur wenige Punkte resultieren. Entsprechend wird die Änderung der Impedanz in Abbildung D.8 bei niedrigen SOCs für die Wahl von äquidistanten Spannungspunkten deutlich besser abgebildet und im Bereich der höheren SOCs, in welchen die Impedanz annähernd konstant bleibt, wird die Impedanz immer noch gut beschrieben.

Mit diesem Ansatz ist noch ein weiterer Vorteil verbunden. Bisher war die Impedanz über ein SOC-Raster abgelegt und es stellt sich die Frage, wieso über einen Bereich von 100 bis 40% mehr Werte liegen, als im Bereich darunter, obwohl die Dynamik der Impedanzänderung äußerst gering ist. Bei einer Ablage der Modellimpedanz für ein Leerlaufspannungsraster, würden im Bereich einer höheren Impedanzänderung auch automatisch mehr Punkte zu liegen kommen. Damit kann bei gleichbleibender Anzahl der Stützpunkte die Auflösung der Modelldynamik deutlich erhöht werden.

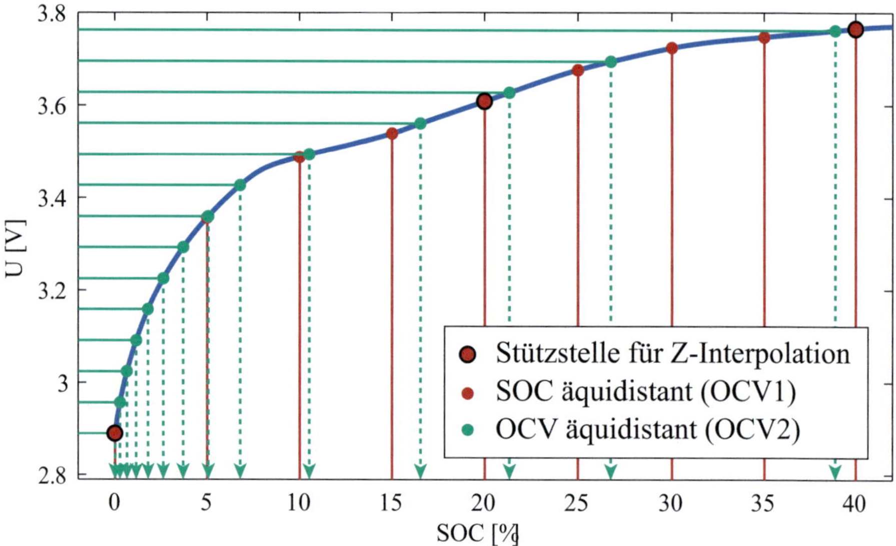

Abbildung D.9: Unterschiedliche Wahl der Stützstellen: äquidistante Spannung und äquidistanter SOC, wobei die Anzahl der Stützstellen konstant ist.

Besonders gut funktioniert das Verfahren, wenn eine quasistationär aufgenommene Leerlaufspannungskennlinie bei Entladung mit einem geringen Strom verwendet wird. Dadurch kann das Abknicken der Spannung bei Ladungsende gut beschrieben werden und damit auch das Ansteigen der Impedanz.

D.2 Interpolation der Temperatur

Für viele elektrochemische Prozesse (Ladungstransfer, Festkörperdiffusion, usw.) kann ein Arrheniusverhalten angenommen werden. Das heißt, dass der jeweilige Widerstand über den Kehrwert der absoluten Temperatur linear verläuft. Für die Interpolation der Temperaturarbeitspunkte wird nun der logarithmische Betrag der Impedanz über den Kehrwert der absoluten Temperatur aufgetragen und dann linear interpoliert. Die Phase wird unverändert belassen. Dies stellt somit eine Näherung des Verhaltens dar und bedarf somit der Validierung.

Die Validierung des Ansatzes mit Impedanzspektren der Zelle des Typs HP-NCA bei einem Ladezustand von 90 % ist in Abbildung D.10 dargestellt.

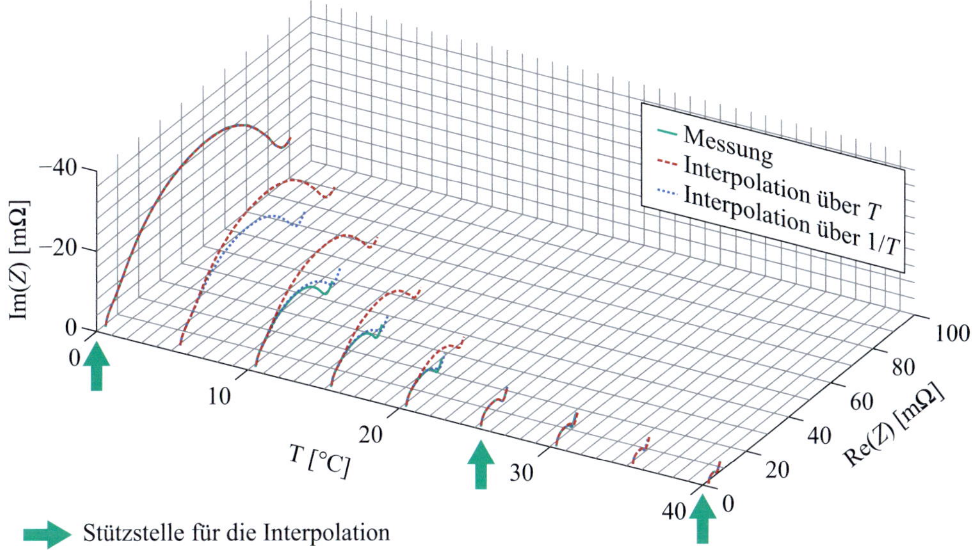

Abbildung D.10: Die Interpolation der Impedanz über die inverse, absolute Temperatur erzielt die besten Ergebnisse. Die Stützstellen zur Interpolation wurden an den mit Pfeilen markierten Temperaturen gewählt.

Auch hier sind die Stützstellen der Interpolation wieder mit Pfeilen markiert. Für Temperaturen über 25 °C zeigen beide Methoden keine großen Differenzen. Aufgrund der Skalierung ist eine Bewertung in der Abbildung jedoch schwierig. Hingegen kann die Interpolation über $1/T$ die tatsächliche gemessene Impedanz bei Temperaturen unter 25 °C deutlich besser abbilden. Dies kann aufgrund des Arrheniusverhaltens vieler elektrochemischer Prozesse in der Lithium-Ionen Zelle gut plausibilisiert werden.

E Übersicht der verwendeten Zellen

HP-NCA

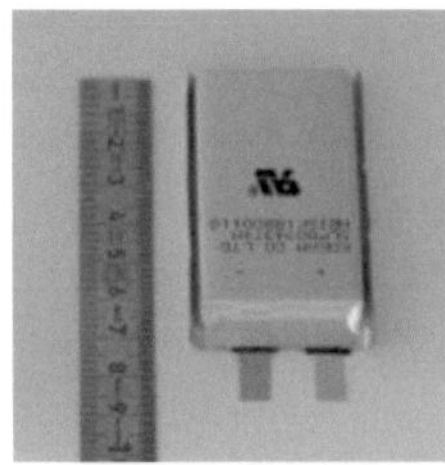

Hersteller	KOKAM
Bezeichnung	SLPB834374H
Nennkapazität	2 Ah
Ladeschlussspannung	4, 2 V
Entladeschlussspannung	2, 7 V
Ladeprotokoll	CC(1C) CV(1h)

Anodenschichtdicke   50 μm   Kathodenschichtdicke   40 μm

HP-LFP1

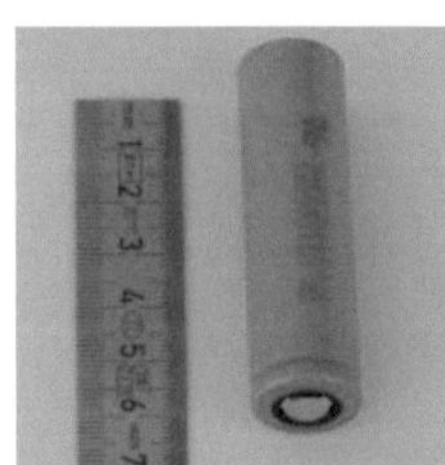

Hersteller	Sony[a]
Bezeichnung	SE US18650FT
Nennkapazität	1, 1 Ah
Ladeschlussspannung	3, 6 V
Entladeschlussspannung	2, 0 V
Ladeprotokoll	CC(1C) CV(C/20,1h)

[a]von der BMZ GmbH unter der Bezeichung BM18650ETC1 bezogen

Anodenschichtdicke   50 μm   Kathodenschichtdicke   60 μm

HP-LFP2

Hersteller	A123System
Bezeichnung	APR18650M1
Nennkapazität	$1,1$ Ah
Ladeschlussspannung	$3,6$ V
Entladeschlussspannung	$2,0$ V
Ladeprotokoll	CC(1C) CV(C/20,1h)

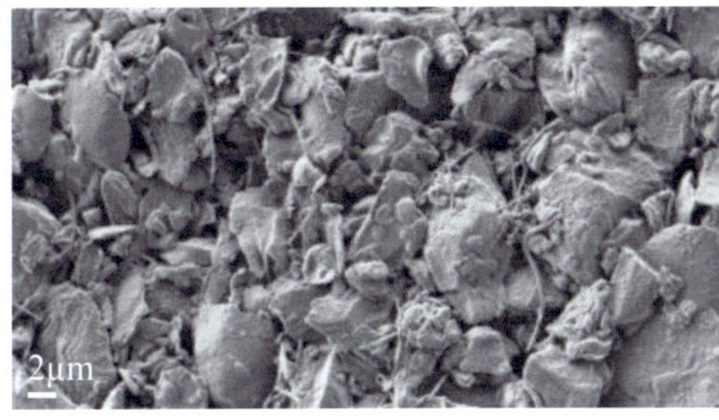

Anodenschichtdicke $30\ \mu$m   Kathodenschichtdicke $55\ \mu$m

HE-LCO

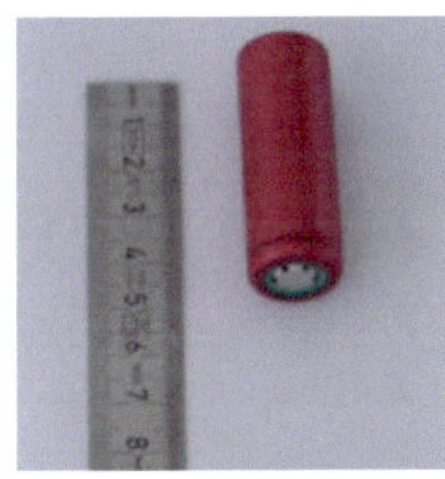

Hersteller	Sanyo
Bezeichnung	UR18500F
Nennkapazität	$1,5$ Ah
Ladeschlussspannung	$4,2$ V
Entladeschlussspannung	$2,7$ V
Ladeprotokoll	CC(1C) CV(1h)

Anodenschichtdicke $50\ \mu$m   Kathodenschichtdicke $80\ \mu$m

F Studentische Arbeiten

Im Rahmen dieser Arbeit betreute studentische Arbeiten:

- Jean-Claude Njodzefon, „Untersuchung von Lithium Plating an Li-Ionen Zellen", externe Diplomarbeit 2010

- Anton Trojosky, „Charakterisierung einer Li-Ionen Batterie mittels Nichtlinearer Impedanzspektroskopie (NLEIS)", Bachelorarbeit 2010

- Michael Wiedmann, „Evaluation der Echtzeitfähigkeit von Simulationstools für Lithium-Ionen-Zellen im Zeitbereich", Studienarbeit 2010

- Steffen Busché, „Modellieren, Parametrieren und Validieren einer Lithium-Ionen Zelle im Automotive-Bereich", externe Diplomarbeit 2011

- André Achstetter, „Modellbildung und Simulation der Längsdynamik eines E-Fahrzeugs mit Lithium-Ionen Batterie", Studienarbeit 2011

- Daniel Manka, „Entwicklung und Validierung eines Verfahrens zur universellen thermischen Charakterisierung von Lithium-Ionen Batterien", Diplomarbeit 2011

- André Achstetter, „Erstellung eines Umweltmodells basierend auf fahrzeugspezifischen Anforderungen zur Optimierung der Betriebsstrategie und der Lebensdauerabsicherung von EV Fahrzeugen", externe Diplomarbeit 2011

- Philipp Berg, „Modellierung einer Lithium-Ionen Batterie mittels eines linearen, zeitvarianten Systemansatzes", Bachelorarbeit 2011

- Jan Richter, „Messung von quasistationären Kennlinien von Batterien und die Simulation der Leerlaufspannung", Diplomarbeit 2011

- Stefan Arnold, „Sensorlose Temperaturerfassung an Lithium-Ionen Batterien", Studienarbeit 2011

- Hosam Alagi, „Bestimmung der Reaktionsentropie von Li-Ionen Zellen", Bachelorarbeit 2011

- André Krefft, „Untersuchung von Lithium-Ionen Batterieelektroden aus geöffneten kommerziellen Zelle", Studienarbeit 2012

- Michael Weiss, „Untersuchung der niederfrequenten Impedanz von Lithium-Ionen Zellen durch Zeitbereichverfahren", Diplomarbeit 2012

- Michael Dippon, „Evaluation verschiedener Methoden zur Messung thermischer Übertragugnsfunktionen", Bachelorarbeit 2012

- Jan Mauler, „Aufbau eines Batteriemodul-Demonstrators", Studienarbeit 2013

- Steffen Flade, „Modellierung des Impulsverhaltens von Lithium-Ionen Batterien aus dem Automotive Bereich", Diplomarbeit 2013

- Stefan Arnold, „Single-Chip Batterie-Monitor am Beispiel eines Lithium-Ionen-Akkus für Elektrofahrräder", externe Diplomarbeit 2013

- Bogdan Brad, „Untersuchung des nichtlinearen Verhaltens einer Lithium-Ionen-Batterie", Studienarbeit 2013

- Kai Stumm, „Auswahl und Erforschung geeigneter Akkuzellen für ein Rennkart", Studienarbeit 2013

G Veröffentlichungen

1. J. P. Schmidt, S. Arnold, A. Loges, D. Werner, T. Wetzel and E. Ivers-Tiffée, „Measurement of the internal cell temperature via impedance: evaluation and application of a new method", J. Power Sources 243, pp. 110-117 (2013).

2. J. P. Schmidt, H. Y. Tran, J. Richter, E. Ivers-Tiffée and M. Wohlfahrt-Mehrens, „Analysis and Prediction of the Open Circuit Potential of Lithium-Ion Cells", J. Power Sources 239, pp. 696-704 (2013).

3. J. P. Schmidt, P. Berg, M. Schönleber, A. Weber and E. Ivers-Tiffée, „The distribution of relaxation times as basis for generalized time-domain models for Li-ion batteries", J. Power Sources 221, pp. 70-77 (2013).

4. M. Weiss, J. Illig, J.P. Schmidt, M. Ender, A. Weber, E. Ivers-Tiffée, „Determination of Lithium Diffusion Coefficients in Commercial Electrodes by Impedance Modelling", 224th ECS Meeting (San Francisco, USA), 27.10. - 01.11.2013

5. J. Illig, M. Ender, T. Chrobak, J. P. Schmidt, D. Klotz and E. Ivers-Tiffée, „Separation of Charge Transfer and Contact Resistance in LiFePO4-Cathodes by Impedance Modeling", J. Electrochem. Soc. 159, p. A952-A960 (2012).

6. J. P. Schmidt, J. Richter, D. Klotz and E. Ivers-Tiffée, „Beneficial Use of a Virtual Reference Electrode for the Determination of SOC Dependent Half Cell Potentials", ECS Trans. 41, pp. 1-8 (2012).

7. D. Klotz, J. P. Schmidt, A. Kromp, A. Weber and E. Ivers-Tiffée, „The Distribution of Relaxation Times as Beneficial Tool for Equivalent Circuit Modeling of Fuel Cells and Batteries", ECS Trans. 41, pp. 25-33 (2012).

8. J. P. Schmidt, D. Klotz, J. Richter and E. Ivers-Tiffée, „Insertion potentials of Li-ion battery electrodes quickly identified by a mathematical transformation of OCV curves", in Dominique Guyomard (Ed.), Proceedings of the Lithium Batteries Discussion 2011, p. P12 (2011).

9. D. Klotz, M. Schönleber, J. P. Schmidt and E. Ivers-Tiffée, „New approach for the calculation of impedance spectra out of time domain data", Electrochimica Acta 56, pp. 8763-8769 (2011).

10. J. P. Schmidt, D. Manka, D. Klotz and E. Ivers-Tiffée, „Investigation of the Thermal Properties of a Li-Ion Pouch-Cell by Electrothermal Impedance Spectroscopy", J. Power Sources 196, pp. 8140-8146 (2011).

11. D. Klotz, J. P. Schmidt, A. Weber and E. Ivers-Tiffée, "Dynamic Electrochemical Model for SOFC-Stacks", in P. Connor (Ed.), Proceedings of the 9th European Solid Oxide Fuel Cell Forum, pp. 1-6 (2010).

12. T. Chrobak, M. Ender, J. Illig, J. P. Schmidt, D. Klotz and E. Ivers-Tiffée, „Studies on LiFePO4 as Cathode Materials in Li-Ion-Batteries", in DECHEMA (Ed.), First International Conference on Materials for Energy, Extended Abstracts - Book B: DECHEMA, pp. 593-595 (2010).

13. J. Illig, T. Chrobak, M. Ender, J. P. Schmidt, D. Klotz and E. Ivers-Tiffée, „Studies on LiFePO4 as Cathode Material in Li-Ion Batteries", ECS Trans. 28, pp. 3-17 (2010).

14. D. Klotz, J. P. Schmidt, A. Weber and E. Ivers-Tiffée, „Dynamic Electrochemical Model for SOFC Stacks", in First International Conference on Materials for Energy, Extended Abstracts - Book A, Frankfurt am Main: DECHEMA, pp. 102-104 (2010).

15. J. P. Schmidt, T. Chrobak, M. Ender, J. Illig, D. Klotz and E. Ivers-Tiffée, „Studies on LiFePO4 as Cathode Material using Impedance Spectroscopy", J. Power Sources 196, pp. 5342-5348 (2010).

H Konferenzbeiträge

1. J.P. Schmidt, M. Weiss, A. Weber, E. Ivers-Tiffée, Enhanced Self-Discharge Tests for Lithium-Ion Cells via Current Pulse Measurements, 224th ECS Meeting (San Francisco, USA), 27.10. - 01.11.2013

2. J.P. Schmidt, J. Illig, A. Weber, E. Ivers-Tiffée, Investigation of the μHz to mHz frequency range of commercial lithium-ion cells, 224th ECS Meeting (San Francisco, USA), 27.10. - 01.11.2013

3. J.P. Schmidt, A. Weber, E. Ivers-Tiffée, A New and Fast Entropy Measurement Method for Lithium-Ion Cells, 224th ECS Meeting (San Francisco, USA), 27.10. - 01.11.2013

4. J.P. Schmidt, Electrochemical Impedance Spectroscopy, 1st Graz Battery Days (Graz, Austria), 01.10. - 02.10.2013

5. J.P. Schmidt, J. Illig, A. Weber, E. Ivers-Tiffée, Lifetime-Tests for Lithium-Ion Cells via Current Pulse Measurements, 2nd International Conference on Materials for EnergyEnMat II (Karlsruhe), 12.06. - 16.06.2013

6. J. Illig, M. Ender, J.P. Schmidt, A. Weber, E. Ivers-Tiffée, Combination of Impedance Modelling and Microstructure Analysis for LiFePO4-Cathodes, 2nd International Conference on Materials for EnergyEnMat II (Karlsruhe), 12.06. - 16.06.2013

7. J.P. Schmidt, S. Arnold, A. Weber, E. Ivers-Tiffée, Sensorlose Temperaturüberwachung an Lithium-Ionen Zellen, Entwicklerforum Batterien & Ladekonzepte (München), 14.03. - 14.03.2013

8. J.P. Schmidt, M. Dippon, A. Weber, E. Ivers-Tiffée, Determination of the Thermal Impedance by Different Methods, Kraftwerk Batterie 2013 (Aachen), 25.02. - 27.02.2013

9. A. Loges, D. Werner, J.P. Schmidt, E. Ivers-Tiffée, T. Wetzel, A comprehensive electrothermal FEM-model of prismatic Li-ion batteries, Kraftwerk Batterie 2013 (Aachen), 26.02. - 27.02.2013

10. J.P. Schmidt, S. Arnold, A. Loges, D. Werner, T. Wetzel, E. Ivers-Tiffée, Sensorless Temperature Monitoring of Lithium-Ion Cells, Advanced Automotive Battery Conference (Pasadena, California), 04.02. - 08.02.2013

11. D. Werner, A. Loges, S. Bekiersch, J.P. Schmidt, E. Ivers-Tiffée, T. Wetzel, Experimental set-up for the investigation of different cooling concepts for lithium-ion battery packs, Advanced Automotive Battery Conference (Pasadena, California), 04.02. - 08.02.2013

12. J.P. Schmidt, M. Dippon, A. Weber, E. Ivers-Tiffée, Application of the Electrothermal Impedance Spectroscopy to a Li-Ion Pouch Cell, IWIS (Chemnitz, Germany), 27.09. - 27.09.2012

13. J. Illig, J.P. Schmidt, M. Weiss, A. Weber, E. Ivers-Tiffée, Understanding the impedance of 18650 cells by experimental cell measurements, IWIS (Chemnitz, Germany), 27.09. - 27.09.2012

14. J. Illig, J.P. Schmidt, M. Weiss, E. Ivers-Tiffée, Quantification of Impedance Contributions of LiFePO4 - and Graphite-Electrode to the Total Impedance of a Commercial 18650 Lithium-Ion Cell, UECT 2012 (Ulm, Germany), 03.07. - 05.07.2012

15. J.P. Schmidt, H.Y. Tran, E. Ivers-Tiffée, M. Wohlfahrt-Mehrens, Analysis and Prediction of OCV Curves of Cathode Blends, 13th Ulm Electrochemical Talks (Ulm, Germany), 03.07. - 05.07.2012

16. J.P. Schmidt, A. Weber, E. Ivers-Tiffée, Fast and Scalable Models for Li-Ion Batteries Based on the Distribution of Relaxation Times, 13th Ulm Electrochemical Talks (Ulm, Germany), 03.07. - 05.07.2012

17. J.P. Schmidt, M. Schönleber, D. Klotz, J. Illig, A. Weber, E. Ivers-Tiffée, Investigation of the μHz-Range in Impedance Spectra of Li-Ion Cells, 16th International Meeting on Lithium Batteries (Jeju, Korea), 17.06. - 22.06.2012

18. J. Illig, J.P. Schmidt, M. Weiss, A. Weber, E. Ivers-Tiffée, Contributions of LiFePO4 - and Graphite-Electrode to the Total Impedance of a 18650 Lithium-Ion Cell, 16th IMLB (Jeju, Island), 18.06. - 18.06.2012

19. M. Schönleber, J.P. Schmidt, D. Klotz, A. Weber, E. Ivers-Tiffée, Applicability and Restrictions for Time-Domain Methods yielding Impedance Spectra, IMLB 2012 (Jeju, Island). - 2012

20. J.P. Schmidt, P. Berg, A. Weber, E. Ivers-Tiffée, The Distribution of Relaxation Times as Basis for Time-Domain Models of Li-Ion Batteries, Kraftwerk Batterie 2012 (Aachen), 06.03. - 07.03.2012

21. J.P. Schmidt, J. Richter, D. Klotz, E. Ivers-Tiffée, A Virtual Reference Electrode Suitable for the Non-Destructive Determination of SOC Dependent Half Cell Potentials, 220th Meeting of The Electrochemical Society (Boston, USA), 09.10. - 14.10.2011

22. J.P. Schmidt, D. Klotz, J. Richter, E. Ivers-Tiffée, Fast Identification of the Insertion Potentials of Li-Ion Battery Electrodes by a Mathematical Transformation of OCV-Curves, 62nd Annual ISE Meeting (Niigata, Japan), 11.09. - 16.09.2011

23. D. Klotz, M. Schönleber, J.P. Schmidt, E. Ivers-Tiffée, New approach for the calculation of impedance spectra out of time domain data, ISE (Niigata, Japan), 09.11. - 09.11.2011

24. J.P. Schmidt, D. Klotz, J. Richter, E. Ivers-Tiffée, Insertion potentials of Li-ion battery electrodes quickly identified by a mathematical transformation of OCV curves, Lithium Batteries Discussion 2011 (Arcachon, Frankreich), 12.06. - 17.06.2011

25. J. Illig, M. Ender, T. Chrobak, J.P. Schmidt, D. Klotz, E. Ivers-Tiffée, Evaluation of LiFePO4-Cathodes by Impedance Modeling, Lithium Batteries Discussion 2011 (Arcachon, France), 12.06. - 17.06.2011

26. D. Vergossen, J.P. Schmidt, E. Ivers-Tiffée, W. John, D.U. Sauer, S. Busché, Parametrisierung eines dynamischen Modells einer Lithium-Ionen-Zelle zur Simulation einer 12 Volt Starterbatterie mit Hilfe eines Hybridverfahrens, Kraftwerk Batterie (Aachen, Deutschland), 01.03. - 02.03.2011

27. J.P. Schmidt, D. Manka, E. Ivers-Tiffée, Electrothermal Impedance Spectroscopy, Kraftwerk Batterie 2011 (Aachen, Germany), 01.03. - 02.03.2011

28. J.P. Schmidt, D. Klotz, A. Weber, E. Ivers-Tiffée, Dynamic Electrochemical Model for SOFC-Stacks, 61st Annual ISE Meeting (Nice, France), 26.09. - 01.10.2010

29. J.P. Schmidt, T. Chrobak, M. Ender, J. Illig, D. Klotz, E. Ivers-Tiffée, Studies on LiFePO4 as Cathode Material using Impedance Spectroscopy, 12th Ulm Electro-Chemical Talks (UECT) (Ulm, Germany), 16.06. - 17.06.2010

30. D. Klotz, J.P. Schmidt, A. Weber, E. Ivers-Tiffée, Dynamic Electrochemical Model for SOFC Stacks, First International Conference on Materials for Energy (Karlsruhe, Germany), 04.07. - 08.07.2010

31. J. Illig, T. Chrobak, M. Ender, J.P. Schmidt, D. Klotz, E. Ivers-Tiffée, Studies on LiFePO4 as Cathode Material in Li-Ion Batteries, 217th Meeting of The Electrochemical Society (Vancouver, Canada), 26.04. - 30.04.2010

32. M. Ender, T. Chrobak, J. Illig, J.P. Schmidt, D. Klotz, E. Ivers-Tiffée, Identification of Reaction Mechanisms in Lithium-Ion Cells by Deconvolution of Electrochemical Impedance Spectra, International Meeting on Lithium Batteries (Montréal, Canada), 27.06. - 02.07.2010

33. T. Chrobak, M. Ender, J. Illig, J.P. Schmidt, D. Klotz, E. Ivers-Tiffée, Studies on LiFePO4 as Cathode Material in Li-Ion-Batteries, First International Conference on Materials for Energy (Karlsruhe, Germany), 05.07. - 08.07.2010

34. D. Klotz, J.P. Schmidt, A. Weber, E. Ivers-Tiffée, Dynamic Electrochemical Model for SOFC-Stacks, SOFC XI (Vienna, Austria), 04.10. - 09.10.2009

30. D. Klotz, J.P. Schmidt, A. Weber, E. Ivers-Tiffée, Dynamic Electrochemical Model for SOFC Stacks, First International Conference on Materials for Energy (Karlsruhe, Germany), 04.07. - 08.07.2010

31. J. Illig, T. Chrobak, M. Ender, J.P. Schmidt, D. Klotz, E. Ivers-Tiffée, Studies on LiFePO4 as Cathode Material in Li-Ion Batteries, 217th Meeting of The Electrochemical Society (Vancouver, Canada), 26.04. - 30.04.2010

32. M. Ender, T. Chrobak, J. Illig, J.P. Schmidt, D. Klotz, E. Ivers-Tiffée, Identification of Reaction Mechanisms in Lithium-Ion Cells by Deconvolution of Electrochemical Impedance Spectra, International Meeting on Lithium Batteries (Montréal, Canada), 27.06. - 02.07.2010

33. T. Chrobak, M. Ender, J. Illig, J.P. Schmidt, D. Klotz, E. Ivers-Tiffée, Studies on LiFePO4 as Cathode Material in Li-Ion-Batteries, First International Conference on Materials for Energy (Karlsruhe, Germany), 05.07. - 08.07.2010

34. D. Klotz, J.P. Schmidt, A. Weber, E. Ivers-Tiffée, Dynamic Electrochemical Model for SOFC-Stacks, SOFC XI (Vienna, Austria), 04.10. - 09.10.2009

Werkstoffwissenschaft @ Elektrotechnik /
Universität Karlsruhe, Institut für Werkstoffe der Elektrotechnik

Die Bände sind im Verlagshaus Mainz (Aachen) erschienen.

Band 1   Helge Schichlein
          Experimentelle Modellbildung für die Hochtemperatur-Brennstoff-
          zelle SOFC. 2003
          ISBN 3-86130-229-2

Band 2   Dirk Herbstritt
          Entwicklung und Optimierung einer leistungsfähigen Kathoden-
          struktur für die Hochtemperatur-Brennstoffzelle SOFC. 2003
          ISBN 3-86130-230-6

Band 3   Frédéric Zimmermann
          Steuerbare Mikrowellendielektrika aus ferroelektrischen
          Dickschichten. 2003
          ISBN 3-86130-231-4

Band 4   Barbara Hippauf
          Kinetik von selbsttragenden, offenporösen Sauerstoffsensoren
          auf der Basis von $Sr(Ti,Fe)O_3$. 2005
          ISBN 3-86130-232-2

Band 5   Daniel Fouquet
          Einsatz von Kohlenwasserstoffen in der Hochtemperatur-Brennstoff-
          zelle SOFC. 2005
          ISBN 3-86130-233-0

Band 6   Volker Fischer
          Nanoskalige Nioboxidschichten für den Einsatz in hochkapazitiven
          Niob-Elektrolytkondensatoren. 2005
          ISBN 3-86130-234-9

Band 7   Thomas Schneider
          Strontiumtitanferrit-Abgassensoren.
          Stabilitätsgrenzen / Betriebsfelder. 2005
          ISBN 3-86130-235-7

Band 8   Markus J. Heneka
          Alterung der Festelektrolyt-Brennstoffzelle unter thermischen
          und elektrischen Lastwechseln. 2006
          ISBN 3-86130-236-5

Band 9   Thilo Hilpert
          Elektrische Charakterisierung von Wärmedämmschichten mittels
          Impedanzspektroskopie. 2007
          ISBN 3-86130-237-3

Band 10   Michael Becker
           Parameterstudie zur Langzeitbeständigkeit von Hochtemperatur-
           brennstoffzellen (SOFC). 2007
           ISBN 3-86130-239-X

Band 11   Jin Xu
           Nonlinear Dielectric Thin Films for Tunable Microwave Applications.
           2007
           ISBN 3-86130-238-1

Band 12   Patrick König
           Modellgestützte Analyse und Simulation von stationären Brennstoff-
           zellensystemen. 2007
           ISBN 3-86130-241-1

Band 13   Steffen Eccarius
           Approaches to Passive Operation of a Direct Methanol Fuel Cell. 2007
           ISBN 3-86130-242-X

Fortführung als
Schriften des Instituts für Werkstoffe der Elektrotechnik, Karlsruher Institut für Technologie (1868-1603)
bei KIT Scientific Publishing

Die Bände sind unter www.ksp.kit.edu als PDF frei verfügbar oder
als Druckausgabe bestellbar.

Band 14   Stefan F. Wagner
           Untersuchungen zur Kinetik des Sauerstoffaustauschs an
           modifizierten Perowskitgrenzflächen. 2009
           ISBN 978-3-86644-362-4

Band 15   Christoph Peters
           Grain-Size Effects in Nanoscaled Electrolyte and Cathode Thin Films
           for Solid Oxide Fuel Cells (SOFC). 2009
           ISBN 978-3-86644-336-5

Band 16   Bernd Rüger
           Mikrostrukturmodellierung von Elektroden für die Festelektro-
           lytbrennstoffzelle. 2009
           ISBN 978-3-86644-409-6

Band 17   Henrik Timmermann
           Untersuchungen zum Einsatz von Reformat aus flüssigen Kohlen-
           wasserstoffen in der Hochtemperaturbrennstoffzelle SOFC. 2010
           ISBN 978-3-86644-478-2